高等学校"十二五"规划教材

物理化学

（下）

刘建兰　郭会明
韩明娟　李冀蜀　主编

化学工业出版社
·北京·

本书对物理化学的基本概念和基本理论进行重点阐述的同时，及时地引入相应的例题讲解，便于读者加深对所学概念和理论的理解。本书既介绍了对物理化学发展作出过重要贡献的科学家生平，又引入了与学科发展趋势相关的前沿内容，拓展了教材的知识面。全书严格遵循国家标准及ISO国际标准的规定，采用SI制单位对物理量进行表示与运算。

全书分上、下两册出版，上册包括气体的性质与液化、热力学第一定律、热力学第二定律、多组分系统热力学、化学平衡、量子力学概论、统计热力学初步七章。下册包括相平衡、电解质溶液、电化学平衡、电解池与极化作用、化学反应动力学、界面化学、胶体分散系统与高分子溶液七章。与本书配套制作的有学习指导，多媒体课件，视频公开课等。

本书既可作为化学化工类、材料类、制药类、食品与轻化类、环境类等相关专业的物理化学课程教材，也可作为科研和工程技术人员的参考书。

图书在版编目（CIP）数据

物理化学（下）/刘建兰，郭会明等主编. —北京：化学工业出版社，2014.1（2019.7重印）
高等学校“十二五”规划教材
ISBN 978-7-122-19126-7

Ⅰ.①物… Ⅱ.①刘…②郭… Ⅲ.①物理化学-高等学校-教材 Ⅳ.①O64

中国版本图书馆CIP数据核字（2013）第282830号

责任编辑：宋林青　　文字编辑：林　媛
责任校对：王素芹　　装帧设计：史利平

出版发行：化学工业出版社（北京市东城区青年湖南街13号　邮政编码100011）
印　　刷：三河市延风印装有限公司
装　　订：三河市宇新装订厂
787mm×1092mm　1/16　印张17¾　字数433千字　2019年7月北京第1版第6次印刷

购书咨询：010-64518888　　售后服务：010-64518899
网　　址：http://www.cip.com.cn
凡购买本书，如有缺损质量问题，本社销售中心负责调换。

定　价：33.00元　

目录

Contents

第 13 章 界面化学 177

第 14 章 胶体分散系统与高分子溶液 211

第 8 章

相平衡

热平衡、化学平衡和相平衡是化学热力学的主要研究内容，同时也是热力学在化学领域中的重要应用。第 2 章热力学第一定律介绍了状态函数热力学能(U)，定义了状态函数焓(H)，在此基础上主要讨论了物理变化和化学变化过程中的热效应问题。第 3 章热力学第二定律中引入了热力学状态函数熵(S)，Helmholtz 自由能(A) 和 Gibbs 自由能(G)。在此基础上讨论了变化过程的方向和限度以及平衡的判据等问题。第 4 章多组分系统介绍了一个重要的偏摩尔量——化学势(μ)。运用以上热力学重要工具，在第 5 章化学平衡中讨论了化学反应的方向、限度以及平衡的判据等化学平衡的问题。本章同样运用以上热力学重要工具讨论相平衡的相关问题。

多相系统相平衡的研究具有重要的实际意义。各种天然的或人工合成的熔岩体系(如石英岩、陶瓷、水泥等硅酸盐)、盐类(如岩盐、盐湖盐等) 和工业合成的产品，都是重要的多相系统。在工业生产中，常需对这些多相的天然资源进行适当的提炼、溶解、蒸馏、结晶、凝结、精馏、吸收和萃取等操作以便分离和提纯。而在这些操作过程中都需要相关的相平衡知识。尤其在金属冶炼过程中，相平衡原理及相变化对研究金属的成分、结构与性能之间的关系具有非常重要的作用。

在多相系统中，温度、压力和浓度等变量的改变对系统产生的影响，常用几何图形来表达，这种几何图形称为相图(phase diagram)，可靠的相图可以提供许多有价值的信息。所以，研究多相系统的相平衡有重要的实际意义。

8.1 相律

8.1.1 基本概念

(1) 相和相数

系统中宏观上物理性质和化学性质完全均匀的部分称为一个相(phase)。多相系统中，在指定的条件下不同相之间有着明显的界面，在界面上，物理性质和化学性质有飞跃式的改变。研究系统中所包含的相的总数称为相数(number of phase)，用符号 P 表示。

自然界中物质一般情况下以气体、液体和固体三种状态存在。通常任何不同的气体之间能够完全均匀地混合，所以一个系统中无论含有多少种气体，只能形成一个气相。而微观粒子结构排布非常规律的固体则可自成一相，一个系统中有几种固体则有几个相。然而，当系统中所含的不同固体之间达到了原子或分子程度的均匀混合，就形成了固溶体(solid solution)，一种固溶体则是一个固相。对于液体则相对复杂，由于不同液体之间相互溶解的程度不同可分为单相、两相或多相。若液体之间完全互溶是一相；部分互溶或完全不互溶，系统出现分层现象，有几层则有几个相。

(2) 物种数和组分数

构成平衡系统各相的组成所需要的最少物种数称为独立组分数(number of independent component)，简称组分数，用符号 C 表示。系统的独立组分数与物种数不一定相同，若用 S 表示系统中的物种数，用 R 表示独立的化学平衡反应数，用 R' 表示独立的限制条件数，则系统的组分数 C，等于系统中的物种数 S 减去独立的化学平衡反应数 R，再减去独立的限制条件数 R'，公式表达为

$$C=S-R-R' \tag{8-1}$$

计算系统的组分数 C 时，必须同时考虑系统中的物种数 S、独立的化学平衡反应数 R 和独立的限制条件数 R'。例如，由 $H_2(g)$，$N_2(g)$ 和 $NH_3(g)$ 构成的系统，在常温下三者之间并不发生化学反应，也无限制条件，则为三组分系统。若在高温、高压且有催化剂存在下，三种物质之间存在化学平衡反应 $3H_2(g)+N_2(g) \rightleftharpoons 2NH_3(g)$，则为二组分系统($C=3-1-0=2$)，只需两种物种就足以表达这个系统的组分构成，第三种物质可以通过上述化学反应计量方程获得。所以，三个物种中只有两个是独立的，每增加一个独立的化学反应，组分数就减少一个。如果在某些情况下，引入一些特殊的限制条件，则系统的组分数又将不同。若其中某些物质在同一相中的浓度始终保持某种数量关系(如化学反应计量方程系数比)，则称浓度限制条件。如上例中再加以限制，使反应物 $H_2(g)$ 和 $N_2(g)$ 的初始摩尔比为 1∶3，则为单组分系统($C=3-1-1=1$)。

(3) 自由度

确立平衡系统状态所需的独立的强度变量(如温度、压力、组成等)数，称为系统的自由度(degree of freedom)，用符号 F 表示。这些独立变量的数值可以在一定范围内任意改变，而不会引起系统中旧相消失或新相形成，自由度一般包括温度、压力、浓度等参数。

例如，在 373K、101.325kPa 下，$H_2O(l) \rightleftharpoons H_2O(g)$ 两相平衡共存，若温度降为 298K，则水蒸气会冷凝成液态水，若要重新保持气、液两相平衡共存，则系统压力必须等于该温度下的饱和蒸气压 3.167kPa，否则水蒸气相将消失。同样，若改变系统压力，温度也不能任意选择，必须是该系统压力下的平衡温度。因此，对于水与水蒸气两相平衡的单组分系统，要保持水和水蒸气两相共存，温度和压力两者之间只有一个可以独立改变，故自由度 $F=1$。

简单相平衡系统的自由度，可以凭借经验判断。但是，对于复杂的多组分、多相平衡系统，要确立系统的自由度，则需要研究系统的自由度(F)与系统的组分数(C)和相数(P)之间的关系，这种关系就是相律。

8.1.2 相律

相律(phase rule)是研究多相平衡系统热力学的基础，是物理化学中的普遍规律之一，它只能对平衡系统作出定性的表述，而不能讨论其数值大小。例如，根据相律可以确立有几个因素对系统的平衡产生影响，在一定条件下系统有几个相可以同时存在等。相律的主要目的是确立描述平衡系统的独立变量数，即自由度数。对于多相平衡系统，自由度数等于描述

平衡系统的总变量数减去非独立变量数，即

$$自由度数=总变量数-非独立变量数$$

设多相平衡系统有 S 个物种，P 个相，且 S 个物种分布在每一个相中，这样每一相中就有 S 个浓度变量。若采用摩尔分数表示浓度，则每个相中浓度之间的关系为

$$x_1+x_2+\cdots+x_S=1$$

因此，每一个相中有$(S-1)$个浓度变量，在 P 个相中则共有 $P(S-1)$个浓度变量。平衡系统处于热平衡和力平衡中，因而各相具有相同的温度和压力。故总的变量数为

$$P(S-1)+2$$

式中，“2”表示温度(T) 和压力(p) 两个变量。

同一种物质在各个相的化学势相等是相平衡的前提条件，即

$$\begin{aligned}
&\mu_1(\text{Ⅰ})=\mu_1(\text{Ⅱ})=\cdots=\mu_1(P)\\
&\mu_2(\text{Ⅰ})=\mu_2(\text{Ⅱ})=\cdots=\mu_2(P)\\
&\vdots\qquad\quad\ \vdots\qquad\qquad\ \vdots\quad\ \ \vdots\\
&\mu_S(\text{Ⅰ})=\mu_S(\text{Ⅱ})=\cdots=\mu_S(P)
\end{aligned}$$

化学势是温度、压力和组成的状态函数，例如对理想气体，有 $\mu_B(T,p)=\mu_B^{\ominus}(T)+RT\ln x_B$。在一定温度 T、压力 p 下，化学势只是组成的函数。每种物质有$(P-1)$个化学势相等的方程式，S 种物质共有 $S(P-1)$个化学势相等的方程式。另外，若系统中还有 R 个独立的化学平衡反应式和R'个独立的浓度限制条件。因此，总的非独立变量数为

$$S(P-1)+R+R'$$

故自由度数

$$\begin{aligned}F&=\{P(S-1)+2\}-\{S(P-1)+R+R'\}\\&=S-R-R'-P+2\end{aligned}$$

所以

$$F=C-P+2 \tag{8-2}$$

这就是著名的吉布斯相律，此式适用于只受温度和压力影响的平衡多相系统，使用此公式时有以下几点说明。

① 有时 S 种物质不一定都分布在每个相中，但相律的形式不受影响。因为若某相中不含某种物质，则在这一相中就少了一个该物质的组成，同时，该物质在各相化学势相等的关系式也相应地减少一个。也就是说，总变量数减少一个，限制条件数也相应减少一个，故 $F=C-P+2$仍然成立。

② $F=C-P+2$ 式中的“2”表示整个系统的温度 T、压力 p 皆相同，不符合此条件的系统则不适用。如渗透平衡系统，半透膜两侧的平衡压力不同，有两个压力变化因素，相律相应修改为

$$F=C-P+3$$

假如除 T、p 之外，还需要考虑其他外界因素(如电场、磁场、重力场……)对平衡系统的影响。设 n 为包含 T、p 及各种外界影响因素的个数，则相律的形式应为

$$F=C-P+n$$

③ 压力对凝聚系统相平衡的影响很小，因此在研究液、固凝聚系统相平衡时，常常可以不考虑压力对液固平衡的影响，故这时系统的自由度数为

$$F=C-P+1$$

【例 8-1】 在一个真空容器中放有固态 $NH_4Cl(s)$，且存在下列反应平衡

$$NH_4Cl(s) \rightleftharpoons NH_3(g) + HCl(g)$$

求此系统的自由度数。

解 此系统有气、固两个平衡相，故 $P=2$；有三种物质，$S=3$；有一个化学反应式，$R=1$；$y(NH_3)=y(HCl)$，有一个独立的浓度限制条件 $R'=1$，则

$$C=S-R-R'=3-1-1=1$$

$$F=C-P+2=1-2+2=1$$

系统自由度为1，表明在此系统中 T、p 及气相组成三个变量中，只有一个独立变量，在一定温度下系统有确定的压力和气相组成。

【例 8-2】 在一个真空容器中放入过量的 $NH_4Cl(s)$后，系统达到平衡时存在下列平衡

$$NH_4I(s) \rightleftharpoons NH_3(g) + HI(g)$$

$$2HI(g) \rightleftharpoons H_2(g) + I_2(g)$$

$$2NH_4I(s) \rightleftharpoons 2NH_3(g) + H_2(g) + I_2(g)$$

求此系统的自由度数。

解 此系统有气、固两个平衡相，故 $P=2$；有物质五种，$S=5$；系统有三个平衡反应，但只有两个是独立的，因此，$R=2$；因系统中四种气体的分压（或物质的量）之间存在以下的定量关系

$$p(H_2)=p(I_2)$$

$$p(NH_3)=p(HI)+2p(H_2)$$

有两个浓度限制条件，因此，$R'=2$，故

$$C=S-R-R'=5-2-2=1$$

$$F=C-P+2=1-2+2=1$$

系统自由度为1，表明在此系统中温度 T、总压 p 及任意三种气相的组成（或温度 T 和四个气体的分压 p）五个变量中，只要一个变量确定，其余全为定值。

8.2 单组分系统相图

单组分系统即纯物质系统，只存在一种纯物质而不涉及组成及化学反应，故 $C=S=1$，描述系统状态仅需温度 T、压力 p 两个变量。因此，单组分系统状态随温度 T、压力 p 两变量变化的两维图形为 p-T 图。单组分系统的 p-T 相图上常有点、线和面三类平衡系统。可以运用相律对单组分系统的 p-T 相图予以讨论说明。单组分系统的相律关系式可表示为

$$F=C-P+2$$
$$=3-P$$

(1) 点

单组分系统最多只可能有三个相平衡共存，即 $P=3$，则系统自由度数为零，$F=0$，称为无变量系统。如水、冰和水蒸气三相平衡共存系统，温度和压力均为定值。在 p-T 相图上仅用一个点来表示这类平衡系统，此点就是三相点。

(2) 线

当相数 $P=2$ 时，自由度 $F=1$，说明单组分两相平衡系统只有一个自由变量，称为单变量系统。温度和压力两个变量中只有一个是独立变量，平衡温度和平衡压力之间保持一定

的函数关系。一定的温度对应一个确定的平衡压力，反之亦然。因此，在 p-T 相图上可用线来表示此类平衡系统。

(3) 面

当相数最小，即 $P=1$ 时，自由度 $F=2$，此时单组分系统最多可有两个自由变量——温度 T 和压力 p，称为双变量系统。此时，温度 T 和压力 p 是两个独立变量，两者之间无任何函数关系，可以在一定的范围内同时任意选定。因此在 p-T 相图上可用二维的面来表示此类平衡系统。

下面以水、硫的相图为例分别介绍不同类型单组分系统的相图。

8.2.1 水的相图

根据相律，在常压下，H_2O 能够以固（冰）、液（水）、气（水蒸气）三种不同的单相态存在（自由度 $F=2$），以冰$\rightleftharpoons$水、冰$\rightleftharpoons$水蒸气和水$\rightleftharpoons$水蒸气三种不同两相平衡状态存在（自由度 $F=1$），还可以以冰$\rightleftharpoons$水$\rightleftharpoons$水蒸气三相平衡状态存在（自由度 $F=0$）。

由实验数据结果可得到图 8-1 所示水的 p-T 相图。通常情况下，水的 p-T 相图基本上可分为一个三相点、三条线和由点线分开的三个面构成。

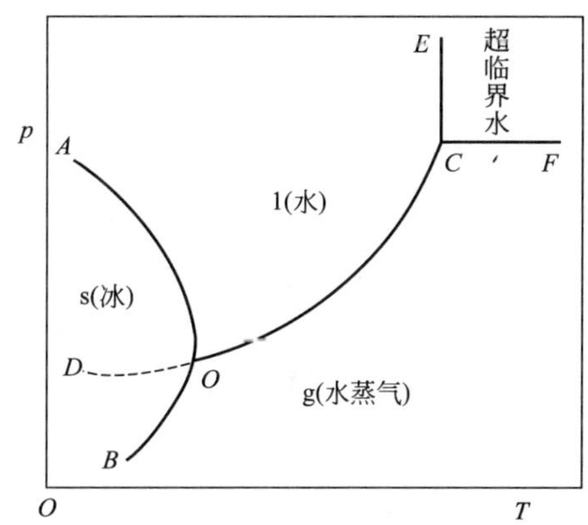

图 8-1 水的相图

图中 OC 线是水和水蒸气的平衡曲线，即水在不同温度下的饱和蒸气压曲线，常称为水的饱和蒸气压曲线或蒸发曲线。在 p-T 相图上 OC 线的斜率为正，即表示水的饱和蒸气压 p 随着温度 T 的升高而增加。OC 线的斜率可由 Clapeyron 方程式求得

$$\frac{dp}{dT}=\frac{\Delta_{vap}H_m}{T\Delta_l^g V_m}$$

式中，水的摩尔蒸发焓 $\Delta_{vap}H_m>0$，$\Delta_l^g V_m>0$，故 $\frac{dp}{dT}>0$。

OC 线以上为水的相区，OC 线以下为水蒸气的相区。若对此两相平衡系统恒温加压或恒压降温，水蒸气凝结为液态水，气相逐步消失；恒温减压或恒压升温则液态水蒸发为水蒸气，液相逐步消失。OC 线一直向高温区延伸，终止于水的临界点 C（647.06K，22050kPa）。在临界点时液态水的密度和水蒸气的密度相等，液态水和水蒸气之间的界面消失，液态水和水蒸气将变得不可区分。

图中 OB 线是冰的饱和蒸气压曲线或升华曲线，此线表示冰在不同温度下的饱和蒸气压曲线。在 p-T 相图上 OB 线的斜率为正，且大于 OC 线的斜率。这是因为冰的摩尔升华焓大于水的摩尔蒸发焓（$\Delta_{sub}H_m>\Delta_{vap}H_m$），根据 Clapeyron 方程式，$OB$ 线的斜率更大。因此，冰$\rightleftharpoons$水蒸气平衡使得蒸气压随温度 T 的升高而有更为显著的增加。OB 线之上的区域为冰的固相区，OB 线以下则为气相区。此曲线的下端原则上应趋近于绝对零度。若对此平衡系统恒温加压或恒压降温，水蒸气凝结为固体冰，气相逐步消失；恒温减压或恒压升温，则固体冰升华为水蒸气，固体逐步消失。

图中的 OA 线是冰的熔点曲线。此线表示不同压力下水和冰两相平衡曲线。在 p-T 相图上 OA 线向左上方倾斜，斜率为负，这是因为当冰融化为水时体积变小，根据 Clapeyron 方

程式

$$\frac{\mathrm{d}p}{\mathrm{d}T}=\frac{\Delta_{\mathrm{fus}}H_{\mathrm{m}}}{T\Delta_{\mathrm{s}}^{\mathrm{l}}V_{\mathrm{m}}}$$

式中，冰的摩尔融化焓 $\Delta_{\mathrm{fus}}H_{\mathrm{m}}>0$，$\Delta_{\mathrm{s}}^{\mathrm{l}}V_{\mathrm{m}}<0$，故$\frac{\mathrm{d}p}{\mathrm{d}T}<0$。说明冰的熔点随着压力的上升而下降。$OA$ 线之左为冰的固相区，OA 线之右为水的液相区。在一定压力下对此平衡系统加热则冰熔化，冷却则水结冰。OA 线可延伸至 246.15K，对应的平衡压力为 207.0MPa。

在 p-T 相图中，OA、OB、OC 三条两相线将图面分成三个不同的单相区，在每个单相区内 T、p 皆可独立改变而无新相出现。

图中 O 点表示系统内冰、水、水蒸气三相平衡，所以 O 点称为三相点。由相律可知，三相平衡时自由度为零，是无变量系统，也就是说，此时水的三相点的温度 273.16K 和压力 0.610kPa 是确定值，均不能改变。1967 年，第十三届国际计量大会(CGPM)确定，将水的三相点温度定义为 273.16K。

水的三相点不同于水的正常冰点(273.15K)。水的三相点是纯水在它自身的饱和蒸气压下的凝固点，冰点则是在 101.325kPa 的大气压力下，被空气饱和了的水溶液的凝固点(273.15K)。由于空气的溶解形成水溶液，使凝固点降低了 0.0023K；同时系统压力从 0.610kPa 增加到 101.325kPa，又使凝固点降低了 0.0075K。这两种效应总的结果使水的三相点比冰点高了 0.0098K。

图中 OD 虚线是 CO 线的延长线。水和水蒸气平衡系统的温度降至 273.15K 以下直到 253.15K 仍可能不结冰，这种现象称为过冷现象。这种状态在一定条件也能长时间存在，但在热力学上是不稳定的，故称为亚稳态。图中的 OD 曲线为过冷水的饱和蒸气压曲线，过冷水可以自发地转变成冰。C 点的右上方，是超临界水。

超临界流体属于一种稠密的气态，密度比一般气体大两个数量级，与液体接近。黏度比液体小一个数量级，扩散比液体快，所以有较好的流动性和传递性能。

8.2.2 硫的相图

硫单质有四种不同的聚集状态，即气态硫(g)、液态硫(l)、固态的正交硫(rhombic sulfur，表示为 r)和固态的单斜硫(monoclinic sulfur，表示为 m)。对单组分系统而言，最多只能有三个相同时共存，故上述四个相不可能同时存在，硫的相图见图 8-2。O、B、C、b 四个三相点，自由度 $F=0$，各点代表的平衡体系如下。

O 点：$S(r) \rightleftharpoons S(m) \rightleftharpoons S(g)$ (95.4℃，9.33×10^{-4}kPa)

B 点：$S(m) \rightleftharpoons S(g) \rightleftharpoons S(l)$ (119.3℃，6.67×10^{-3}kPa)

C 点：$S(r) \rightleftharpoons S(m) \rightleftharpoons S(l)$ (151.0℃，172.0kPa)

b 点：$S(r) \rightleftharpoons S(g) \rightleftharpoons S(l)$ (113.0℃，3.47×10^{-3}kPa)

如图 8-2 所示，各实线为其相邻两相共存平衡线。可以看出，在室温下正交硫(r)是稳定的。由于晶体转变是个慢过程，故只能缓慢加热到 95.4℃(O 点)时正交硫才逐渐转变为单斜硫(m)，一旦加热太快，则可使正交硫以介稳态平衡到它的熔点(113.0℃，b 点)而不必经过单斜硫。95.4℃以上单斜硫(m)是稳定的，于 119.3℃(B 点)开始熔解。在 95.4℃时两种不同晶型的固体(r 和 m)与硫蒸气平衡共存(O 点)，此温度称为“转变温度”，因它处于正交硫(r)和单斜硫(m)熔点以下，故转变可以在任一方向进行，即相转变是可逆的，这种相转变叫做对称异构（双变）现象的同质多晶体转变，简称多晶体中的“互变现象”，但也有许多物质其晶型转变是不可逆的，即只能朝一个方向变化。此类物质的熔点比转变温度低，故在物质未达到转变温度之前就溶解了，这种相转变称为单变现象的同质多晶型转变，例如磷就表现出此类性质。

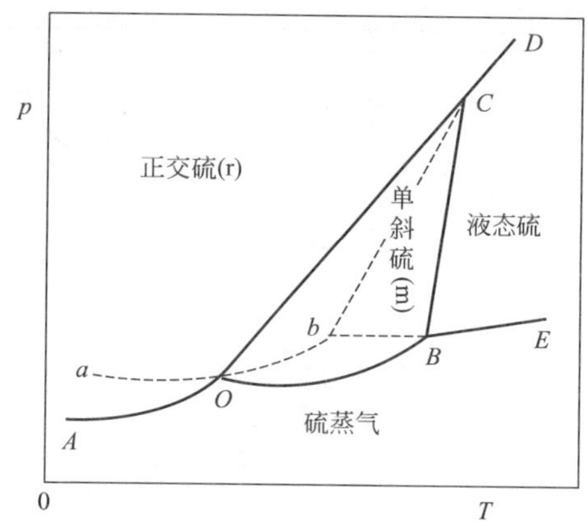

图 8-2 硫的相图

图中虚线 Ob 代表 $S(r) \rightleftharpoons S(g)$ 介稳平衡，此即过热正交硫(r)的蒸气压曲线。若加热太快，体系可超过 95.4℃，沿 Ob 线上升而不转变为单斜硫(m)。虚线 bC 代表 $S(r) \rightleftharpoons S(l)$ 介稳平衡，即过热正交硫(r)的熔化曲线。虚线 bB 代表 $S(l) \rightleftharpoons S(g)$ 介稳平衡，即过冷液硫的蒸气压曲线，虚线 aO 代表 $S(m) \rightleftharpoons S(g)$ 介稳平衡，即过冷单斜硫(m)的蒸气压曲线。E 点为临界点，高于此点温度只有气相存在。

8.3 二组分理想液态混合物系统的气-液平衡相图

对于二组分系统，根据相律 $F=C-P+2=4-P$，当 $F=0$ 时，系统平衡共存的相数最多 $P=4$，为无变量系统。当 $P=1$ 时，自由度数最大 $F=3$，为三变量系统。此时要描述二组分系统的相图必须用三维坐标系。但是在温度或压力为定值的条件下，相律的数学表达式则变为 $F^*=C-P+1$，F^* 称为条件自由度。当 $P=1$ 时，自由度数 $F^*=2$。因此就可以用一个平面坐标系来描述二组分系统的相图。

由于理想液态混合物中任一组分皆服从拉乌尔定律，因而这类气-液平衡相图最具有规律性，相图的形状最简单，是讨论其他气-液平衡系统的基础。

8.3.1 压力-组成图

如果 A(l)和 B(l)可形成理想液态混合物，假设在温度 T 时，$p_A^* < p_B^*$。气-液两相平衡时，由拉乌尔定律可知，气相中 A 和 B 的分压力 p_A 和 p_B 与液相组成 x_B 的关系式可分别表示为

$$p_A = p_A^* x_A = p_A^* (1-x_B) \tag{8-3}$$

$$p_B = p_B^* x_B \tag{8-4}$$

与液相成平衡的气相的总压力 p 为 A、B 在气相的分压力之和，即

$$p = p_A + p_B = p_A^* + (p_B^* - p_A^*) x_B \tag{8-5}$$

上述三个式子表明平衡气相的分压力 p_A、p_B 及总压 p 均与液相组成 x_B 成线性关系，如图 8-3 所示。图中 p_A 线及 p_B 线分别称为 A 和 B 的分压线。总压线 p 因为对应的是液相组成，又称为液相线。从液相线上可以找出指定组成液相的蒸气总压，或指定总压下的液相组成。由图可知，在 $0<x_B<1$ 的浓度范围内，理想液态混合物蒸气的总压力总是介于两纯液体的饱和蒸气压之间，即

$$p_A^* < p < p_B^*$$

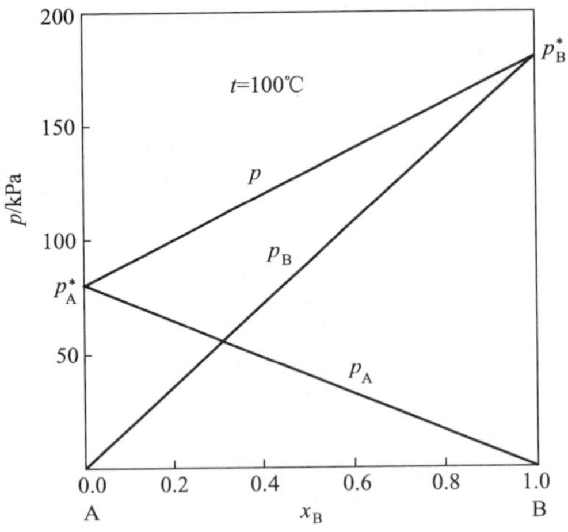

图 8-3 理想液态混合物甲苯(A)-苯(B)系统的蒸气压-液相组成相图

在一定温度下，系统气相的总压力 p 与气相的组成 y_B 的关系也可以根据分压定律得到。以组分 B 为例，假设蒸气为理想气体，根据分压定律，则存在

$$y_B=\frac{p_B}{p}=\frac{p_B^*}{p}x_B$$

由于

$$p_B^*>p$$

所以

$$y_B>x_B$$

可见，在一定温度下，二组分理想液态混合物的气-液平衡系统，气液两相的组成并不相同，易挥发组分(如 B)在气相中的相对含量大于它在液相中的相对含量，这就是液态混合物可以通过蒸馏进行分离的原因。事实上气相总压 p 与气相组成 y_B 的关系为(留作读者自行推导)

$$p=\frac{p_A^* p_B^*}{p_B^*-(p_B^*-p_A^*)y_B}$$

p 与 y_B 显然不是线性关系。将气相总压 p 与液相组成 x_B、气相组成 y_B 的关系同时作于一张图上，就得到一张完整的理想液态混合物的压力-组成图，如图 8-4 所示。

在所有浓度范围内总有 $y_B>x_B$，所以 p-y_B 线在液相线右下方，称为气相线。图中上方的斜直线为液相线，液相线以上的区域为液相区；气相线以下的区域为气相区；被液相线和气相线所包围的区域是气-液两相平衡共存区。在指定温度下的单相区内，$F^*=2$，压力和组成可以独立改变而无新相产生。在两相平衡区内，$F^*=1$，压力、气相组成及液相组成三个变量中只要有一个确定，其他两个皆为定值。

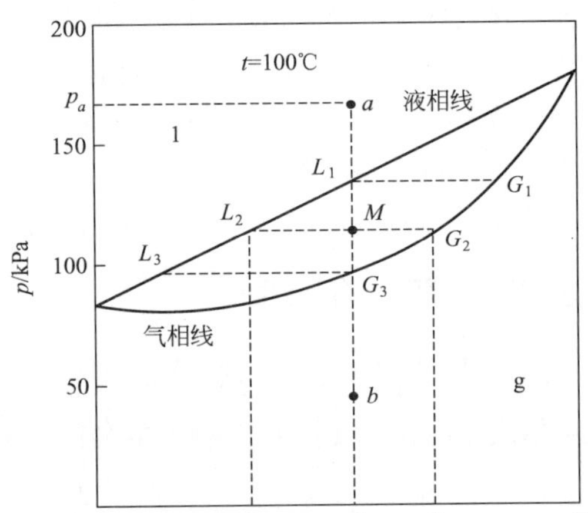

图 8-4 理想液态混合物甲苯(A)-苯(B)系统的压力-组成相图

通过相图可以获知外界条件发生变化时系统的相变化情况。例如，在一个带有活塞的导热气缸中，装满 A、B 理想液态混合物，总组成为 x_M，将气缸置于温度恒定为 373.15K 的恒温环境中，始态压力为 p_a，系统的状态点相当于图 8-4 中的 a 点。当压力缓慢地降低时，系统的状态点将沿着恒组成线而垂直下移，直至 L_1 点之间前一直是单一的液相。到达 L_1 点时液体开始蒸发，出现第一个微小的气泡，因为量微小，而不影响液相的组成，气相的状态点为图中的 G_1 点。随着压力的降低，气相的量逐渐增加，其组成沿气相线由 G_1 向 G_3 移动；液相的量逐渐减少，其组成沿液相线由 L_1 向 L_3 移动。当系统点为 M 时，气相的状态点为 G_2 点，液相的状态点为 L_2 点，G_2 点和 L_2 点是平衡的两相，都称为

相点，两个平衡相点的连结线称为结线。当压力降低到 G_3 点所对应的压力时，液相全部蒸发，G_3 点所对应的组成为系统组成，最后消失的一滴液体状态点为 L_3 点。此后系统点进入气相区，在单相区内系统点和相点是重合的。在两相区内系统点与相点是分开的，分为两个共轭相，两相的组成和相对数量皆随总压而改变，两相的相对数量可由杠杆规则计算。

8.3.2 杠杆规则

以上述系统为例，当系统点为图 8-5 中的 M 点时，系统组成为 x_M，气相的组成为 x_G，液相的组成为 x_L，以 n_g 和 n_l 分别代表气相和液相物质的量。系统中组分 B 的物质的量，等于该组分在气、液两相中物质的量之和，即

$$n_B = n_g x_G + n_l x_L = (n_g + n_l) x_M$$

整理上式可得

$$\frac{n_l}{n_g} = \frac{x_G - x_M}{x_M - x_L} \tag{8-6}$$

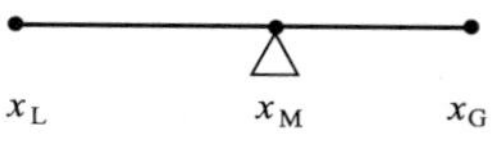

图 8-5 杠杆规则

或

$$n_l(x_M - x_L) = n_g(x_G - x_M) \tag{8-7}$$

式(8-6)和式(8-7)都称为杠杆规则。它表明，当组成以摩尔分数表示时，两相的物质的量反比于系统点到两个相点的线段的长度。系统点 M 相当于杠杆的支点，两个相点为力点，分别挂着 n_g 及 n_l 的重物，当杠杆达到平衡时，则存在上述关系。若图中横坐标用质量分数表示，则杠杆规则中两相的量换成质量，组成都换成质量分数，杠杆规则仍然成立。杠杆规则适用于任意两相平衡系统。

8.3.3 温度-组成图

当外压恒定时，表示二组分系统气-液两相的组成与温度关系的相图，叫做温度-组成图。对理想液态混合物来说，在恒定外压下，若已知两个纯液体在不同温度下的饱和蒸气压，可通过计算求出在不同温度下气-液两相的平衡组成，从而得到温度-组成图，如图 8-6 所示。

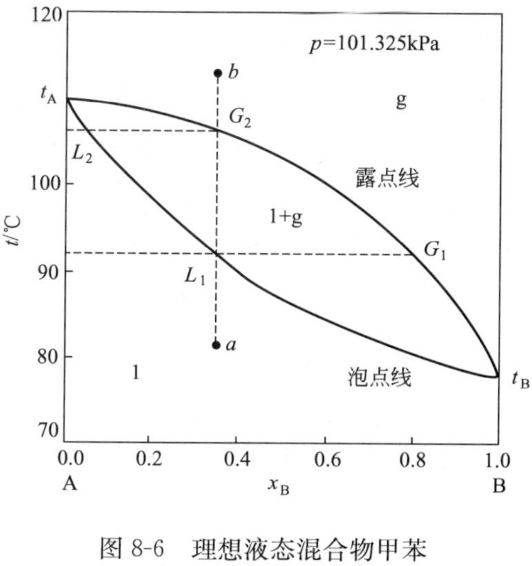

图 8-6 理想液态混合物甲苯(A)-苯(B)系统的温度-组成相图

在理想液态混合物的温度-组成图上，当液态物质饱和蒸气压 $p = p_{环} = 101.325\text{kPa}$，所对应的平衡温度称为该液体的沸点。图中 t_A 和 t_B 分别为纯 A(l)和纯 B(l)的沸点。由于在同一温度下，A 的饱和蒸气压较 B 的低，故 $t_A > t_B$。图中上面的曲线为气相组成线，此线以上为气相区；下面的曲线为液相组成线，此线以下为液相区；两曲线之间的区域为气-液两相平衡区。若将状态为 a 的混合液体恒压升温到液相线的 L_1 点时，液相开始起泡沸腾，L_1 点对应的温度 t_1 称为该液体的泡点。液相线表示液相组成与泡点的关系，故液相线也叫泡点线。若将状态点为 b 的

气体恒压降温到气相线的 G_2 点时，气体开始凝结成露珠似的液滴，G_2 点对应的温度 t_2 称为该气体的露点。气相线表示气相组成与露点的关系，故气相线也叫露点线。

8.4 二组分实际液态混合物系统的气-液平衡系统

不能在全部浓度范围内都符合拉乌尔定律，这种液态混合物称为实际液态混合物。绝大多数的二组分液态混合物是实际液态混合物。对拉乌尔定律产生一定的偏差。若某一组分 B 的蒸气压大于按拉乌尔定律的计算值，即

$$p_B > p_B^* x_B$$

则称为正偏差，反之，称为负偏差。

8.4.1 压力-组成图

根据实际液态混合物蒸气总压对理想液态混合物蒸气总压产生偏差的程度，实际液态混合物可分为一般正偏差、一般负偏差、最大正偏差和最大负偏差四类。

(1) 一般正偏差

水-甲醇、四氯化碳-苯、丙酮-苯等系统，它们的蒸气总压大于拉乌尔定律的计算值，即对理想情况产生正偏差。然而，在一定温度下，系统的蒸气总压始终介于纯物质饱和蒸气压之间，即

$$p_A^* < p < p_B^*$$

蒸气压与液相组成关系如图 8-7 所示。

(2) 一般负偏差

氯仿(A)-乙醚(B)系统，在一定温度下，其蒸气压小于拉乌尔定律的计算值，即对理想情况产生负偏差，同时，系统总的蒸气压 p 仍然是介于两种纯组分的饱和蒸气压之间，即

$$p_A^* < p < p_B^*$$

其蒸气压与液相组成关系如图 8-8 所示。

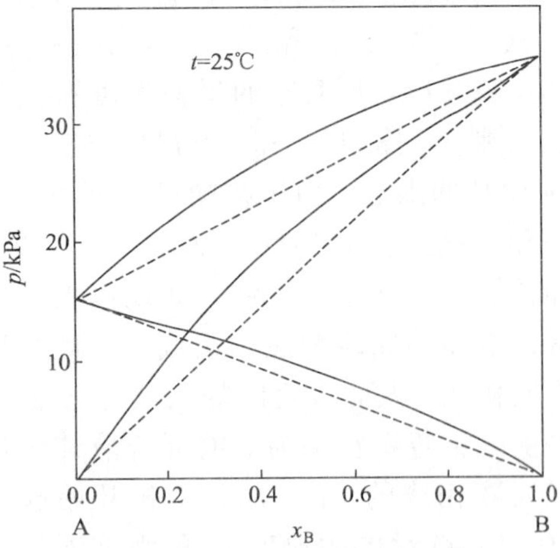

图 8-7 具有一般正偏差的甲苯(A)-丙酮(B)系统蒸气压-液相组成图

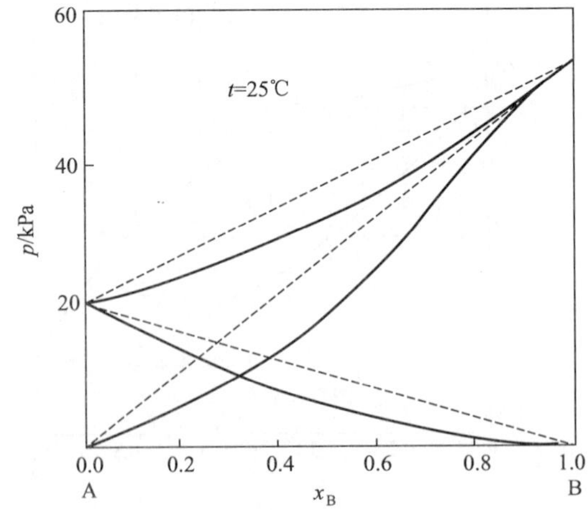

图 8-8 具有一般负偏差的氯仿(A)-乙醚(B)系统的蒸气压-液相组成图

(3) 最大正偏差

甲醇(A)-氯仿(B)系统，在一定温度下，蒸气总压对理想情况产生正偏差，且在某一浓度范围内，蒸气总压大于易挥发组分的饱和蒸气压，即

$$p > p_B^* > p_A^*$$

这样必然在总压线上出现最大值。如图 8-9 所示，总压出现最大值。

(4) 最大负偏差

氯仿(A)-丙酮(B)系统，在一定温度下，蒸气总压对理想情况产生负偏差，而且在某一浓度范围内有

$$p < p_A^* < p_B^*$$

如图 8-10 所示，在总压线上出现最低点。

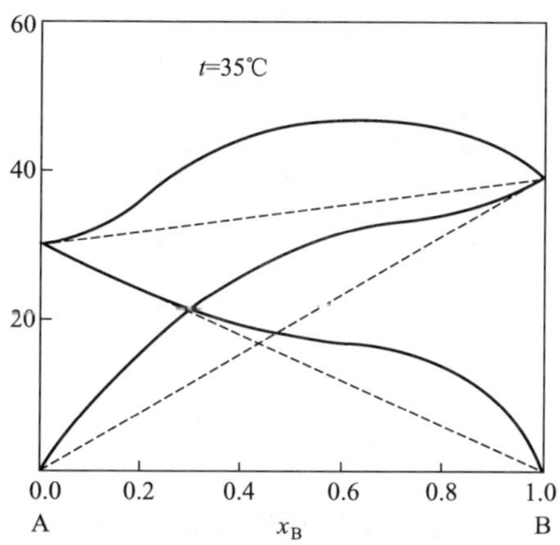

图 8-9 具有最大正偏差的甲醇(A)-氯仿(B)系统的蒸气压-液相组成图

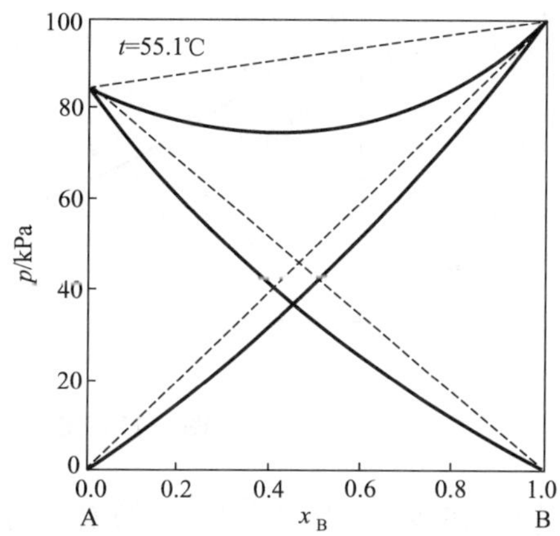

图 8-10 具有最大负偏差的氯仿(A)-丙酮(B)系统的蒸气压-液相组成图

上面介绍的是实际液体混合物的压力-组成图中的液相线，气-液平衡时还存在气相的压力-组成图，即气相线。因此，完整的实际液态混合物压力-组成相图如图 8-11。特别要注意的是，出现最大偏差时，无论是最大正偏差还是最大负偏差，在压力极值点液相线与气相线相切，即在该点气相组成与液相组成相同，这可以由热力学原理证明。

8.4.2 温度-组成图

在一定外压下，由实验测定一系列不同组成液体的沸腾温度及气-液两相的平衡组成，即可绘出该压力下的温度-组成图，又称为沸点-组成图。具有一般正偏差或负偏差系统的温度-组成图与理想系统(图 8-6)类似。易挥发组分的沸点相对较低，在一定外压下，液态混合物的沸点介于两纯液体的沸点之间；在一定外压和温度下，气液两相平衡时，易挥发的组分在气相的相对含量总是高于其在平衡液相中的含量。

但是，不同的系统，相图的形状可以不同。具有最大正偏差的系统，在一定压力下的温度-组成图中出现最低点。例如，甲醇(A)-氯仿(B)系统，在 $p=53.33\text{kPa}$ 下的温度-组成图中，在气相线与液相线相切处出现最低点，此点的气、液两相的组成相等，即 $y_B=x_B$，此点对应的温度称为最低恒沸点，对应的组成称为恒沸混合物的组成，如图 8-12(a)所示。具有最大负偏差的系统，在一定压力下的温度-组成图中出现最高点。例如，氯仿(A)-丙酮

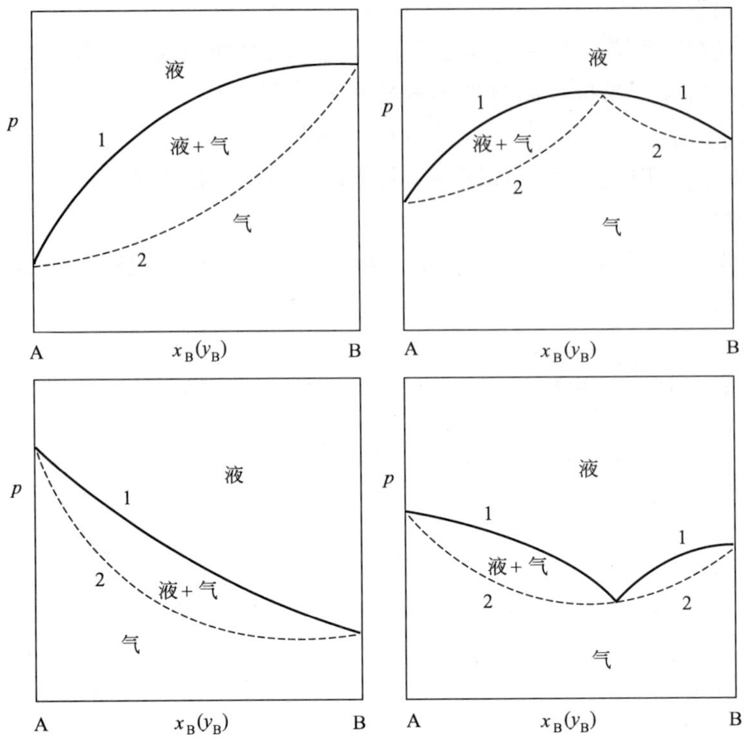

图 8-11 实际液态混合物的压力-组成相图

(B)系统，在 $p=101.325\text{kPa}$ 下的温度-组成图中，在其气相线与液相线相切处出现最高点，此点 $y_B=x_B$，所对应的温度称为最高恒沸点，对应的组成称为恒沸混合物的组成，如图 8-12(b)所示。

需要指出的是，恒沸点处气、液两相组成虽然相同，但它仍是混合物，不是化合物。对于指定系统的恒沸组成与压力有关，当外压改变时，恒沸混合物的组成也随之改变。在理想

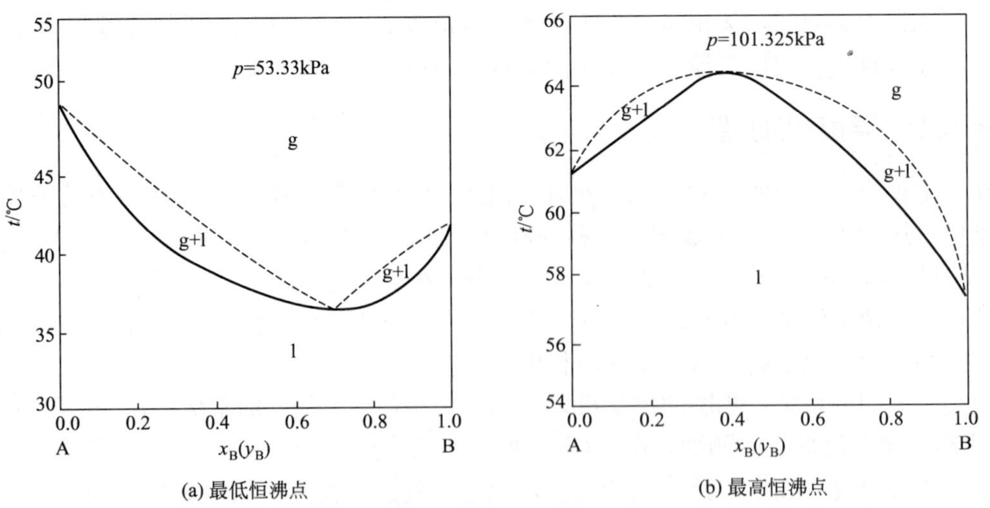

图 8-12 具有恒沸点的温度-组成相图

系统或具有一般偏差的二组分气-液平衡系统中，易挥发组分在气相中的相对含量总是大于平衡液相中的相对含量。但是具有恒沸点的二组分气-液平衡系统则不具有这种规律。如在图 8-12(a)所示的系统中，在恒沸点的左侧，易挥发组分 B 在气相中的相对含量大于它在液相中的相对含量，即 $y_B > x_B$；在恒沸点的右侧则相反，两相平衡时 $y_B < x_B$。在图 8-12(b)所示的系统中，恒沸点的左侧 $x_B > y_B$；恒沸点的右侧则相反，$y_B > x_B$。这种现象可用柯诺瓦洛夫-吉布斯(Konovalov-Gibbs)定律来说明，在一定压力下，若在液态混合物中增加某组分能使混合液体的沸点下降(或在一定温度下能使蒸气的总压增加)，则该组分在气相中的含量大于它在平衡液相中的含量。“在压力(或温度)-组成图中最高点或最低点上，气、液两相的组成相同”。这是柯诺瓦洛夫的实验结论，同时，吉布斯也从理论上推导出上述结论，故称为柯诺瓦洛夫-吉布斯定律。

*8.5 精馏原理

在恒压下，将沸点不同的液态混合物进行部分汽化和部分液化而使之分离的操作，称为蒸馏。温度-组成如图 8-13 所示，若液态混合物由 A 和 B 两种物质混合而成，组成为 x_1，加热到 t_1时开始沸腾，此时气液两相达到平衡共存，气相的组成为 y_1，由于气相中含低沸点、易挥发的组分较多，一旦气相生成，则液相中含有高沸点的组分必然增加，液相的组成将沿 OC 线上升，相应的沸点也要升高，当温度升高到 t_2时，共存气相的组成为 y_2。如果冷凝回收 $t_1 \sim t_2$温度区间的气相馏分，则回收的馏分组成在 $y_1 \sim y_2$之间，其中组分 B 的含量将比原始混合物中的多。而所剩的液相混合物中高沸点、不易挥发的组分将比原始混合物中的多。这种较为简单的一次蒸馏只能粗略地把多组分系统相对分离，但不能分离得很好。要使混合物得到完全的分离，就需要采用同时经过多次部分汽化和部分液化的精馏方法。

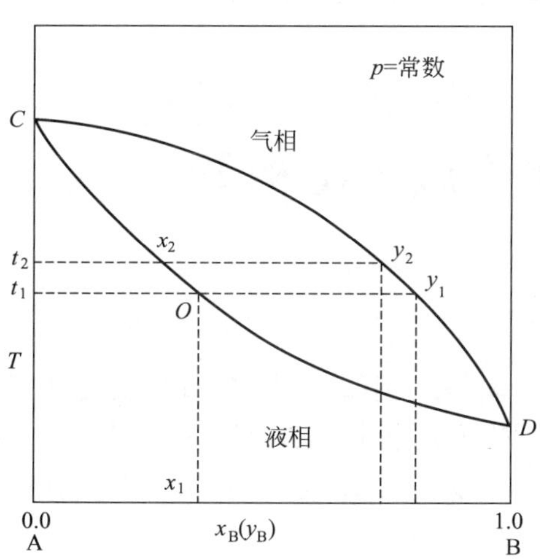

图 8-13 简单蒸馏的温度-组成图

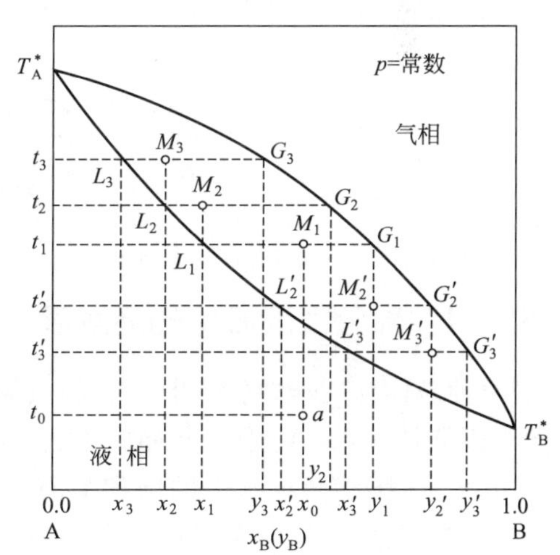

图 8-14 精馏过程中的温度-组成的示意图

精馏实际是多次的简单蒸馏操作的组合。温度-组成如图 8-14 所示，设液态混合物的原始组成为 x_0、温度 t_0，相当于图中的 a 点。在恒压下，将系统的温度升到 t_1时，系统点为 M_1点，混合物部分汽化，平衡时气、液两相的相点分别为 G_1和 L_1，组成分别是 y_1和 x_1。

将气、液两相分开，先考虑液相部分，如果将液相 L_1 加热到 t_2，即 M_2 点，液体又部分汽化，气相点和液相点分别为 G_2 和 L_2，组成分别是 y_2 和 x_2。再使气、液两相分开，将液相 L_2 加热到 t_3，M_3 点，液体又部分汽化为气相点 G_3 和液相点 L_3，组成分别是 y_3 和 x_3。由于 $x_3 < x_2 < x_1 < x_0$，因此液体每部分汽化一次，组分 A 在液相中的相对含量就增大一点，这样一直多次重复这种操作，就可得到 x_B 很小的液相，最终得到纯的组分 A。再考虑气相部分，将 t_1 温度下分离出的气相 G_1 冷却到 t'_2 即 M'_2 点，气相部分冷凝，气相点和液相点分别为 G'_2 和 L'_2，组成分别是 y'_2 和 x'_2。分开气、液两相后，将气相 G'_2 冷却到 t'_3 即 M'_3 点，气相部分冷凝，气相点和液相点分别为 G'_3 和 L'_3，由于 $y_1 < y'_2 < y'_3$，可见气相每部分冷凝一次，组分 B 在气相中的相对含量就增大一些，如此多次的重复下去就可得到 y_B 很大的气相，最终可获得纯的组分 B。总之，多次反复部分的汽化和部分液化的结果，使得液相组成沿着液相线上升，最后剩余的是纯 A，而气相组成沿着气相线下降，最后蒸发出的得纯 B。

具有最低恒沸点和最高恒沸点的二组分系统相图，可以看作是以恒沸混合物为分界的左、右两个相图。由于恒沸混合物沸腾时气相组成与液相组成相同，部分汽化或部分液化均不能改变混合物的组成，故在特定恒压下具有恒沸点的二组分液态混合物经过精馏后只能得到一个纯的组分和恒沸混合物，而不能同时得到两个纯组分。

在工业上这种反复的部分汽化和部分液化是在精馏塔中进行的。塔中有很多塔板，物料在塔釜(相当于最下面的蒸馏器)经加热后，蒸汽通过塔板上的浮阀(或泡罩)和塔板上的液体接触。蒸气中的高沸点物就冷凝为液体并放出冷凝热，使液体中的低沸点物汽化为蒸气，升到高一层的塔板。所以，在上升的蒸气中，低沸点物的含量总是比由下一塔板上来的蒸气中的含量大，而下降到下一块塔板的液体，其中高沸点物的含量就增大。在每一块塔板上都同时发生着由下一塔板上来的蒸气的部分冷凝，和由上一塔板下来的液体的部分汽化过程。具有 n 块塔板的精馏塔中发生了 n 次的部分冷凝和部分汽化，相当于 n 次的简单蒸馏，因此精馏比简单蒸馏的效率大大提高了。关键问题是如何根据需要设计精馏塔中的塔板数，在实际的工业生产中不仅要考虑产品质量，还要考虑设备、能源等成本问题。

8.6 二组分液态部分互溶及完全不互溶系统的气-液平衡相图

8.6.1 部分互溶液体的溶解度关系

当两种液体性质相差较大时，它们只能相互部分溶解。例如，在一定外压及温度下，将苯酚(B)逐渐加入水(A)中，开始时全部溶解，达到饱和时再加入苯酚，将分为两个液层。上一层 L_1 是苯酚溶解在水中的饱和溶液，简称水层，下一层 L_2 是水溶解在苯酚中的饱和溶液，简称苯酚层。这两个平衡共存的液层，称为共轭溶液。

实验测出不同温度下共轭溶液两相的组成，即可绘出如图 8-15 所示的水-苯酚系统的相互溶解度曲线。图中 MC 线为苯酚在水中的饱和溶解度曲线，CN 线为水在苯酚中的饱和溶解度曲线。MCN 曲线以内为液-液两相平衡区，曲线以外则为单相区。从 c 点开始，沿着恒组成线 cC 逐渐升温，共轭溶液两相的连线逐渐缩短，两相的组成逐渐接近，达到 C 点时，两液相的组成变为完全相同，液层之间的相界面消失而成为均匀的一个液相。相互溶解度曲

线的最高点 C，称为高会溶点或高临界会溶点。C 点对应的温度，称为高会溶温度。高于此温度两液体完全互溶。若系统点在 cC 线右侧，如 a 点，这时共轭溶液两个相点分别为 L_1 和 L_2 点，两个液层的质量比可由杠杆规则计算。当系统沿恒组成线 ab 升温时，两相组成分别沿着 L_1C 和 L_2C 变化。由杠杆规则可知，水层的质量逐渐减少，酚层的质量逐渐增加，到达 L'_2 时，水层全部消失。水-苯胺、水-正丁醇等系统也具有最高会溶点。

水-三乙胺系统在 291.15K 以上部分互溶，在 291.15K 以下能完全互溶，这样的系统则具有最低会溶点。水-烟碱系统在 333.95～481.15K 的范围内部分互溶，在此范围之外能完全互溶，这样的系统则具有最低和最高两个会溶点。

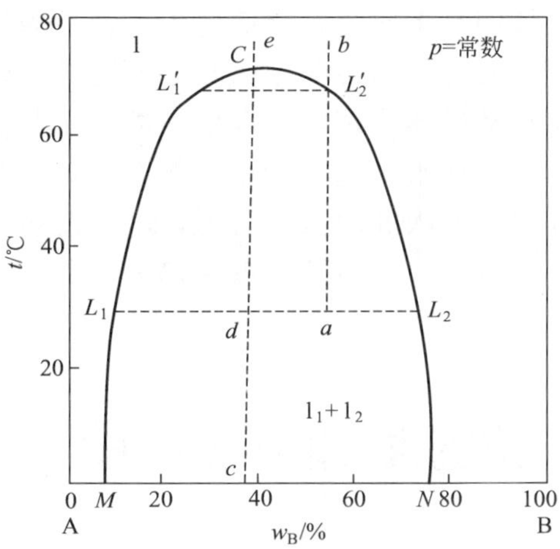

图 8-15 部分互溶系统的相互溶解度图

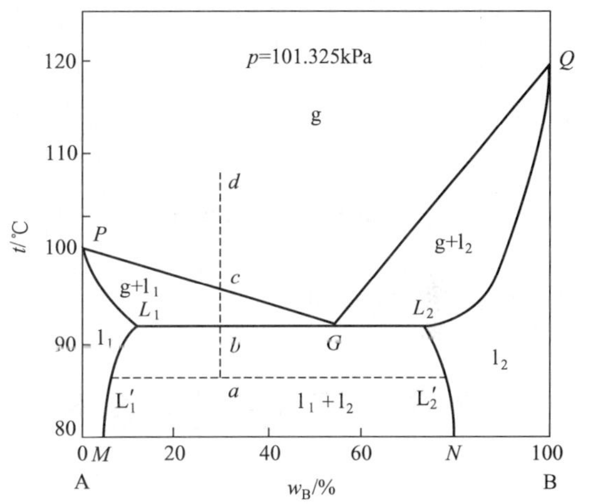

图 8-16 水-正丁醇系统的温度-组成图

8.6.2 部分互溶系统的温度-组成相图

在 $p=101.325\text{kPa}$ 下，将水-正丁醇部分互溶系统的共轭溶液由 303.15K 逐渐加热，随着温度的升高两液层的组成逐渐靠近，当加热至 265.15K 时液体开始沸腾。这时溶液的饱和蒸气压等于外压，所出现气相的组成介于两液相 L_1 和 L_2 之间，二组分系统在指定压力下三相共存，条件自由度 $F^*=C-P+1=0$，对应的温度称为共轭溶液的共沸点。继续加热，三相的组成及温度皆不变，直至有一个液相消失温度才能上升，此系统的温度-组成如图 8-16 所示。图中 P、Q 两点分别为水和正丁醇的沸点，曲线 PG 和 QG 为气相组成线，PL_1 和 $L_1\text{M}$，QL_2 和 L_2N 皆为液相组成线。水平线 L_1GL_2 为三相平衡线，在此线上 L_1、L_2 与 G(g)三相平衡共存。沿着垂直线 ad 加热，当加热至三相线时液体开始沸腾，二液相按一定比减少，直至 l_2 消失温度才上升而进入二相区，气相组成沿着 GP 线变化，液相组成沿 L_1P 线变化，当加热至 c 点时剩下最后一小滴液体，再升温液相消失而进入气相区。

8.6.3 完全不互溶系统的温度-组成相图——蒸汽蒸馏

水和许多有机液体相互溶解度极小，常称其为完全不互溶系统。在一定外压下，将两个不互溶液体的共存系统加热，当温度上升到系统的蒸气总压 $p=p_A^*+p_B^*=p_{\text{amb}}$时，两液体同时沸腾，此温度称为在指定外压下两液体的共沸点。这时的条件自由度为零，不论总组成

如何，此时混合气体的组成为定值

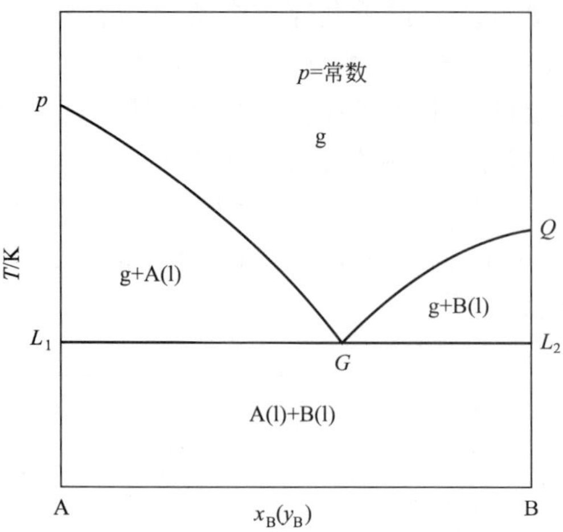

图 8-17 完全不互溶系统的温度-组成相图

$$y_B = \frac{p_B^*}{p_A^* + p_B^*}$$

对应于图 8-17 中的 G 点。此点为三相平衡时的气相点，对应的组成称为共沸物。在三相平衡时，继续加热温度不变，两液相的量不断减少，气相的量增大，直至有一个液相消失温度才能上升。若两液体的系统点恰好为 G 点所对应的组成，加热时两液体同时蒸发完，全部变为气相后温度才能上升。利用共沸点比两个不互溶液体的沸点都低的原理，可以把不溶于水的高沸点液体和水一起进行水蒸气蒸馏，而且操作温度比水的沸点还要低，这样既可保持高沸点的液体不因温度过高而分解，又能达到分离、提纯的目的。

8.7 二组分固态不互溶系统的液-固平衡相图

由液相和固相构成的系统称为凝聚系统。压力对凝聚系统相平衡的影响很小，当压力变化不大时，则不必考虑压力的变化对凝聚系统相平衡的影响。相应地，相律的形式变为

$$F^* = C - P + 1 = 2 - P + 1 = 3 - P$$

二组分凝聚系统相图一般都比较复杂。这主要是因为两组分系统不仅液相有完全互溶和部分互溶，而且固相也可能有完全互溶、完全不互溶和部分互溶，有时还出现晶型转变，同时，它们之间还可能生成一种或几种化合物。

本教材主要介绍几种简单的又是最为典型的二组分凝聚系统相图。液态完全互溶时，讨论固态完全不互溶、固态完全互溶或固态部分互溶系统的相图，以及生成化合物系统的相图；最后讨论液态部分互溶、固态不互溶的相图。

本节从介绍最为简单的液态完全互溶、固态完全不互溶系统的相图解析出发，引出绘制凝聚系统相图的两种主要方法——热分析法和溶解度法。

8.7.1 相图的解析

液态完全互溶而固态完全不互溶的二组分系统主要有：铋和镉，锗和锑，水和氯化铵，水和硫酸铵等。它们的液-固平衡相图是二组分凝聚系统相图中最简单的一类，如图 8-18 所示。

图中点 P 为组分 A 的凝固点。在液态组分 A 中加入组分 B 形成溶液，溶液的凝固点降低，线 PL 表示组分 A 的凝固点与液相组成的关系，因此称线 PL 为组分 A 的凝固点降低曲线。同时，线 PL 也表示固体 A 与液相成平衡时系统的温度与液相组成的函数关系，这样又可以将线 PL 看作是固体 A 在液体 B 里的溶解度曲线。同样，点 Q 为组分 B 的凝固点，

线 QL 为 B 的凝固点降低曲线，或固体 B 在液体 A 里的溶解度曲线。线 PL 和线 QL 以上区域是二组分的液相单相区，$F^*=2$。

点 L 是线 PL 和线 QL 的交点，所以状态为 L 的液相对固体 A 和 B 均达到了饱和，因此该液相在冷却时，将按照点 L 所对应的组成比例同时析出状态为 S_1 的固体 A 和状态为 S_2 的固体 B，即

$$l(L) \rightleftharpoons A(s)+B(s)$$

这时液相 l、固体 A 和固体 B 三相共存，S_1S_2 为三相线。根据相律 $F^*=2-3+1=0$，此时是无变量系统，温度和三个相的组成保持恒定，只有冷却到液相 l 完全凝固后，温度才会下降。液相 l 完全凝固后形成的固体 A 和固体 B 仅是两种固体的机械混合物(其组成为液相 l 在点 L 所对应的组成)。系统任意组成的固体 A 和固体 B 形成的混合物加热到该温度时，将会以点 L 所对应的组成同时熔化。因此，该温度既是液相能够存在的最低温度，亦是固体 A 和固体 B 能够同时熔化的最低温度。此温度称为低共熔点，该两相固体混合物称为低共熔混合物。

PL 线和 S_1L 线之间的区域是固体 A 和液相的两相区，QL 线和 LS_2 线之间的区域是固体 B 和液相的两相区，S_1S_2 线以下的区域是固体 A 和固体 B 两相区。根据相律，在这三个两相区内 $F^*=2-2+1=1$，可选温度或组成作为独立变量。

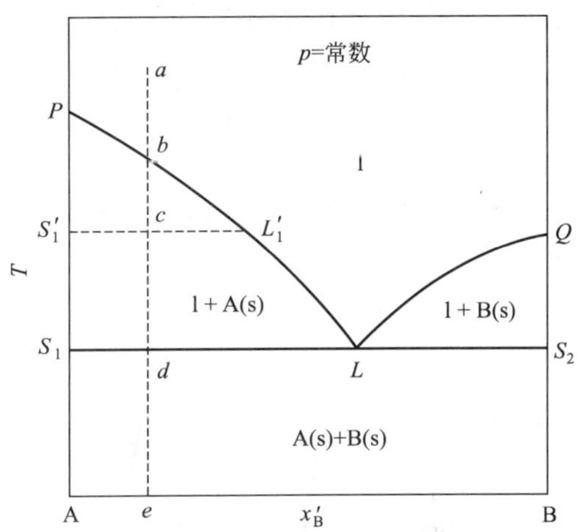

图 8-18 固态不互溶系统成图

在系统组成不变的情况下，系统点为 a 的液相不断冷却时，系统点将沿着垂直线 ae 移动。ab 段是液体 A 和液体 B 形成的液相混合物的降温过程。到达点 b，纯的固体 A 开始由液相中混合物的析出。bd 段是温度不断下降、固体 A 不断析出的过程，由于固体 A 的析出，与之平衡的液相中 A 的含量逐渐减少、B 的含量不断增高，因而液相点相应地沿着 bL 改变，固体 A 的量逐渐增多和液相量逐渐减少，两相的量可以用杠杆规则计算。例如系统点为 c 时，固相点为 S_1'，液相点为 L_1'，固相 S_1' 的量与液相 L_1' 的量之比为 cL_1' 线段与 $S_1'c$ 线段之比。刚刚冷却到低共熔点时，系统点为 d，此时液相点刚好到达 L 点。继续冷却，液相 L 不断凝固成低共熔混合物，即固体 A 和固体 B 能够同时析出，系统内三相共存，温度不降低，系统点仍为 d 点。冷却到液相 L 刚好消失时，系统点仍为 d 点，两个固相点分别为 S_1 和 S_2。再继续冷却，系统点离开 d 点，de 段是固体 A 和固体 B 的降温过程。此固体混合物是由原来(即在 bd 段)析出的固体 A 和低共熔混合物所构成，低共熔混合物中固体 A 与原来析出的固体 A 是一个相，低共熔混合物中固体 B 是另一个相。

固态低共熔混合物虽为 A 和 B 两种固体构成，但因它是由液态的低共熔混合物 L 同时析出的两种小晶体，与之前析出的固体 A 相比，十分细小，以至于在普通显微镜下，其晶相显得十分均匀，因而固态低共熔混合物加热到共熔点时，其中的 A 和 B 两种小晶体才能同时熔化。按杠杆规则，如图 8-18 所示，系统点冷却至 d 点，液相消失后，所有固体混合物中，低共熔混合物与此前析出的固体 A 的量之比等于线段 S_1d 和 dL 之比。这一比值也就

是在 d 点时未凝固的液态低共熔混合物 L 与固体 A 的量之比。

系统的低共熔性质常被利用到冶金工业中，一些常见的氧化物熔点远高于炼钢温度（如纯 CaO 熔点为 2570℃），但当加入助熔剂 CaF_2（萤石）后，由于两者能形成低共熔混合物，而低共熔温度（低于 1400℃）远低于各自纯组分的熔点，因而可使高熔点氧化物在炼钢温度以下熔化，且能改善炉渣的流动性能。另外，用作焊接、保险丝等的易熔合金等，也都是利用了合金的低共熔性质。

8.7.2　热分析法

热分析法（thermal analysis）是绘制相图常用的方法之一。其基本原理是在系统由较高温度的液态进行缓慢而均匀的降温过程中，若系统内没有相的变化，则温度随时间均匀地下降。当系统中有相变发生时，会发生放热或吸热现象，这时温度-时间曲线（步冷曲线或冷却曲线）上就会出现转折点或水平线段。转折点表示温度随时间的变化率发生了变化，水平线段则表示在水平线段内，系统温度不随时间变化。实验时将组成恒定的系统加热，直至全部熔化成液态，然后令其缓慢而均匀地冷却，记录下冷却过程中系统在不同时刻的温度，再以温度为纵坐标，时间为横坐标，绘出温度-时间曲线，得到步冷曲线（或称冷却曲线）。根据步冷曲线的形状来判断系统中是否发生了相变化。测出一系列组成不同的系统的步冷曲线，就可绘制出相图。

Bi 与 Cd 液态完全互溶、固态完全不互溶。现以 Bi-Cd 系统为例，实验得到的步冷曲线见图 8-19(a)。

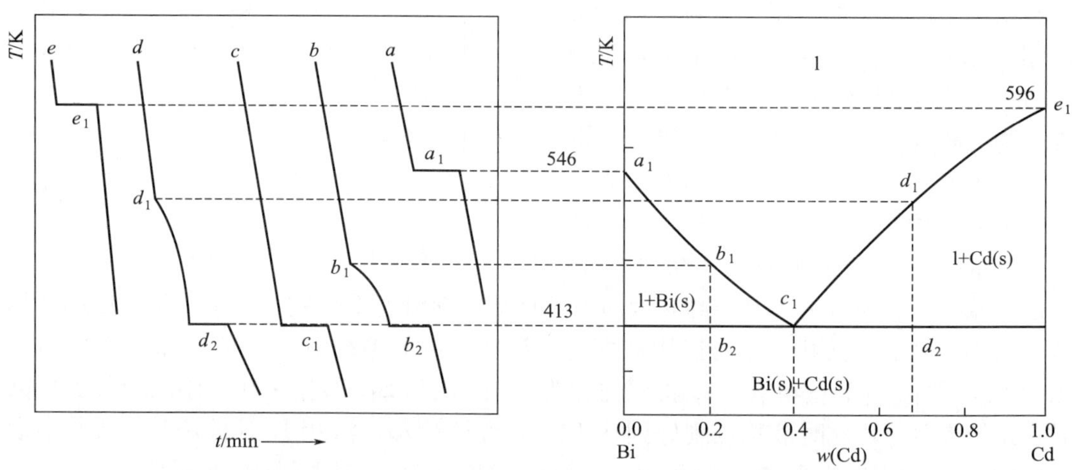

(a)Bi-Cd系统的步冷曲线　　(b)Bi-Cd系统的相图

图 8-19　Bi-Cd 系统

线 a 是纯 Bi 的步冷曲线。点 a 至 a_1 是纯 Bi(l)的匀速降温过程，aa_1 线是一条直线，降温至点 a_1 时，开始有 Bi(s)析出，即 Bi(l)⟶Bi(s)，此过程所放出的热量，可以刚好完全补偿冷却过程系统向环境散发的热量，故系统温度保持不变，在步冷曲线上表现为水平段。由相律可知，对于纯 Bi 的固、液两相平衡，$F^* = 1-2+1=0$，是无变量系统，温度为定值。点 a_1 对应的温度 546K 为 Bi 的熔点，直至液相完全凝固（水平段最右端），温度才继续降低。

线 e 是纯 Cd 的步冷曲线，其发生的物理过程与纯 Bi 的完全一致，因此，线 e 与线 a 的形状相似，水平段要高些，所对应的温度 596K，是纯 Cd 的凝固点（熔点）。

线 c 是含 Cd 为 $w(\mathrm{Cd})=0.40$ 的 Bi-Cd 系统的步冷曲线。系统的组成恰好是 Bi-Cd 低共熔混合物的组成，液相由点 c 匀速降温至 c_1 点时，系统开始以 $w(\mathrm{Cd})=0.40$ 的比例并始终保持这一比例，同时从溶液相中不断析出 Bi(s)及 Cd(s)。这时组成为 $w(\mathrm{Cd})=0.40$ 的溶液相、析出的 Bi 固相和 Cd 固相三相共存，$F^*=2-3+1=0$，为无变量系统，温度恒定为 413K，出现水平线段。冷却到水平段的右端时，溶液相消失，完全凝固为 $w(\mathrm{Cd})=0.40$ 的 Bi-Cd 固态混合物。此后是固态低共熔混合物(两相)的均匀降温过程。这条冷却曲线的形状与纯物质的完全相同，只有水平线段，没有转折点。

线 b 是含 Cd 的质量分数 $w(\mathrm{Cd})=0.20$ 的 Bi-Cd 混合物的步冷曲线。bb_1 段为液态混合物的匀速降温过程，降温至点 b_1 所对应温度时，Bi(s)开始析出，由于 Bi(s)析出时放出的凝固热，只能部分地补偿系统向环境的散热，因而降温速度变慢，冷却曲线的斜率变小，在点 b_1 出现转折。由相律可知，两相共存时，$F^*=2-2+1=1$，随着 Bi(s)的不断析出，温度继续下降，液相中 Bi(l)的质量不断减少，使得液相中 Cd(l)的相对含量不断增加。温度下降到点 b_2 的瞬间，一方面从液相混合物中析出的纯 Bi(s)的量达到最大，另一方面此时剩余液相混合物中 Cd(l)的含量已升高到 $w(\mathrm{Cd})=0.40$。因此，从点 b_2 开始往后的降温过程，与线 c 降温到点 c_1 之后的降温情况完全一样。

线 d 是含 Cd 的质量分数 $w(\mathrm{Cd})=0.68$ 的 Bi-Cd 混合物的步冷曲线，其降温过程的情况与线 b 相似。只是降温至点 d_1 时从溶液中首先析出 Cd(s)，由点 d_1 到点 d_2 的降温过程，是液相中 Cd(l)的质量不断减少，使得液相中 Cd(l)的相对含量不断降低。温度降到点 d_2 的瞬间，从液相混合物中析出的纯 Cd(s)的量达到最大，同时，剩余液相混合物中 Cd(l)的含量降低到 $w(\mathrm{Cd})=0.40$。

将实验测出的一系列冷却曲线上的转折点、水平线段所对应的温度及相对应系统的组成都表示在温度-组成图上，然后将各转折点连成光滑的曲线，将各三相点连结成水平的直线，得到图 8-19(b)所示的 Bi-Cd 系统相图。此相图的特征是具有低共熔点、液态完全互溶且固态完全不互溶。

对所得到的相图 8-19(b)作如下分析。点 a_1(546K)、点 e_1(596K)分别为纯 Bi 和纯 Cd 的凝固点。$a_1b_1c_1$ 线为液相与 Bi(s)的两相平衡线。由于 Cd 的加入使 Bi 的凝固点降低，且凝固点是液相组成的函数，故 $a_1b_1c_1$ 线称为 Bi 的饱和溶解度曲线或 Bi 的凝固点降低曲线。同理，$e_1d_1c_1$ 线为 Cd 的饱和溶解度曲线或凝固点降低曲线。图中 c_1 点为 $a_1b_1c_1$ 及 $e_1d_1c_1$ 两条曲线的交点，c_1 点处 Bi(s)和 Cd(s)均达到饱和状态，故状态点为 c_1 的液相冷却时，将按 $w(\mathrm{Cd})=0.40$ 的比例同时析出 Bi(s)及 Cd(s)，可表示为

$$\mathrm{l} \longrightarrow \mathrm{Bi(s)}+\mathrm{Cd(s)}$$

此时溶液相 l、Bi(s)和 Cd(s)三相共存，水平线 $b_2c_1d_2$ 称为三相共存线。在金相显微镜下可以看到 Bi(s)及 Cd(s)之间有相界面存在，只有当液相全部凝固成 Bi(s)和 Cd(s)两种固态的机械混合物时，系统的温度才会降低。若将任意比例的 Bi(s)和 Cd(s)混合系统，加热到 $b_2c_1d_2$ 水平线所对应的温度(413K)时，系统开始熔化，此时产生的液相，其组成皆为 c_1 点所对应的组成 $w(\mathrm{Cd})=0.40$，直到至少有一个固相熔化完，温度才能上升。随着温度的上升，液相的组成将沿着 $c_1b_1a_1$ 或 $c_1d_1e_1$ 线不断改变，故 c_1 点所对应的温度为 Bi-Cd 系统的最低共熔点，所对应的混合物为低共熔混合物。图中 $a_1c_1e_1$ 曲线以上的区域为单一的液相区，此区域内条件自由度数 $F^*=2$，温度及液相组成皆可独立改变而不会产生新相。在三个两相区内，$F^*=1$，即只有温度或组成是独立变量。

8.7.3 溶解度法

溶解度法是利用溶解度曲线绘制相图的方法。在温度不是很高时，许多水-盐的系统相图常采用溶解度方法绘制。以不生成水合物的 H_2O-$(NH_4)_2SO_4$ 系统相图为例，予以说明。

利用不同温度下 H_2O-$(NH_4)_2SO_4$ 系统的液-固相平衡数据，可以绘制成 H_2O-$(NH_4)_2SO_4$ 系统的温度-组成相图，见图 8-20。图中 P 点是水的凝固点，$(NH_4)_2SO_4$ 的凝固点已超出图外。*PL* 线是由于溶入$(NH_4)_2SO_4$ 而引起水的凝固点降低曲线。*LQ* 线是不同温度下$(NH_4)_2SO_4$ 的溶解度曲线。*Q* 点是在压力 101.325kPa 下$(NH_4)_2SO_4$ 饱和溶液可能存在的最高温度，若温度再高，液相就要消失而成为水蒸气和固态的$(NH_4)_2SO_4$。但若增大外压，*LQ* 线还可向上延长。*L* 点是冰、固体硫酸铵及饱和溶液的三相共存点，*L* 点对应的温度（254.65K），即为 H_2O（A）-$(NH_4)_2SO_4$（B）系统的最低共熔点，它是压力为 101.325kPa 下液相能存在的最低温度。与最低共熔点对应的饱和溶液，称为低共熔混合物，又称低熔冰盐合晶，其中$(NH_4)_2SO_4$ 的质量分数为 39.75%。在冷却低共熔混合物时，$H_2O(s)$和$(NH_4)_2SO_4(s)$按与液相组成相同的比例同时析出。

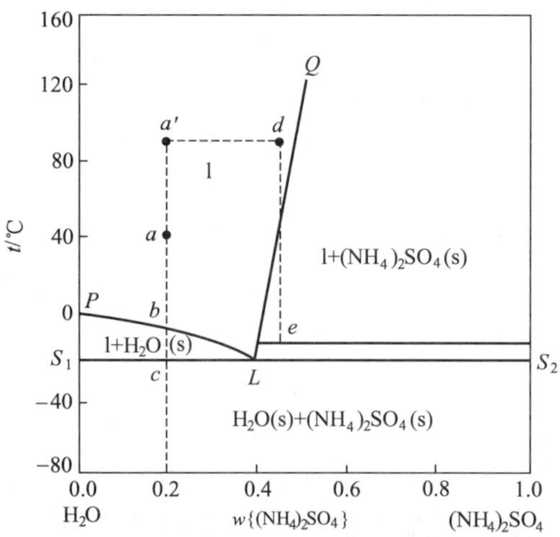

图 8-20 水-硫酸铵系统的温度-组成相图

从图 8-20 可知，在常压下，硫酸铵质量分数小于 39.75%的水溶液在 273K 时并没有冰析出，溶液中盐的浓度越大，析出冰的温度就越低。若将硫酸铵质量分数大于 39.75%的水溶液冷却，达到硫酸铵的饱和浓度时，将首先析出$(NH_4)_2SO_4(s)$，这是因为硫酸铵在水中的溶解度随温度下降而减小。浓度越大析出盐的温度就会越高。若正好是硫酸铵质量分数等于 39.75% 的水溶液，则冷却到 254.65K，$H_2O(s)$和$(NH_4)_2SO_4(s)$同时析出。

这类水-盐系统相图广泛应用于盐类分离。例如欲从 40℃下质量分数为 20%的$(NH_4)_2SO_4$ 水溶液中结晶出纯$(NH_4)_2SO_4$ 晶体，此时系统处于图 8-20 中的点 *a* 处。从 H_2O-$(NH_4)_2SO_4$ 系统的温度-组成图上看，降温时系统点沿 *abc* 线垂直下降，系统点进入 PLS_1 区时，析出的是冰而不是盐；温度降至 *c* 点以下，冰和盐的晶体同时析出，亦无法获得纯盐晶体。要想得到纯盐的晶体，可先蒸发浓缩盐溶液，此时系统组成从 a'向右移至 *d* 点，然后将此浓缩液降温，系统点将垂直下降。当系统点进入 QLS_2 区时，例如到达 *e* 点，此时可以从饱和溶液中析出纯$(NH_4)_2SO_4$ 晶体。由于 *e* 点处于两相平衡区，因此利用水-盐系统相图，通过杠杆规则可以计算出析出$(NH_4)_2SO_4$ 晶体的量。

使用相图时应注意以下几点。

① 改变系统的温度，即通过系统点画一条垂直于横坐标的直线，从其经过的区域可以判断系统随温度变化而产生的相变化情况。

② 恒温条件下改变系统的组成，即通过系统点画一条平行于横坐标的直线。例如，图 8-20 中要增加系统的含水量，则系统点向代表纯水的纵坐标方向移动；如蒸发脱水，则系

统点向代表纯盐的纵坐标方向移动。

③ 两相平衡区内可利用杠杆规则进行计算。

8.8 生成化合物的系统的液-固平衡相图

8.8.1 生成稳定化合物系统的液-固平衡相图

在固、液两相皆能稳定存在的化合物，称为稳定化合物。它熔化时固、液两相的组成相同，故称其有相合的熔点。这类系统中最简单的情况是两种物质间只生成一种化合物，而且这种化合物与两纯物质在固态时相互之间完全互不相溶。

苯酚(A)和苯胺(B)可以生成分子数之比为 1∶1 的化合物 $C_6H_5OH \cdot C_6H_5NH_2$(C)：

$$C_6H_5OH(A)+C_6H_5NH_2(B) \longrightarrow C_6H_5OH \cdot C_6H_5NH_2(C)$$

苯酚及苯胺在常压下的熔点分别为 313K 及 267K，化合物 C 的熔点为 304K。苯酚(A)-苯胺(B)凝聚系统的相图如图 8-21 所示。

图中点 C 的位置在 $x_B=0.5$ 处，点 R 代表纯 C 物质的凝固点，表示 C(l)与 C(s)处于两相平衡态，$F^*=1-2+1=0$。此相图可视为由两个均具有低共熔点且固体完全不互溶系统的相图组合而成。

有些二组分系统还可能生成两种以上的稳定化合物，如 H_2O-H_2SO_4 系统的相图，该系统生成三种稳定化合物：$H_2SO_4 \cdot 4H_2O$、$H_2SO_4 \cdot 2H_2O$ 和 $H_2SO_4 \cdot H_2O$，整个相图可以视为由四个具有简单低共熔点的相图组合而成。

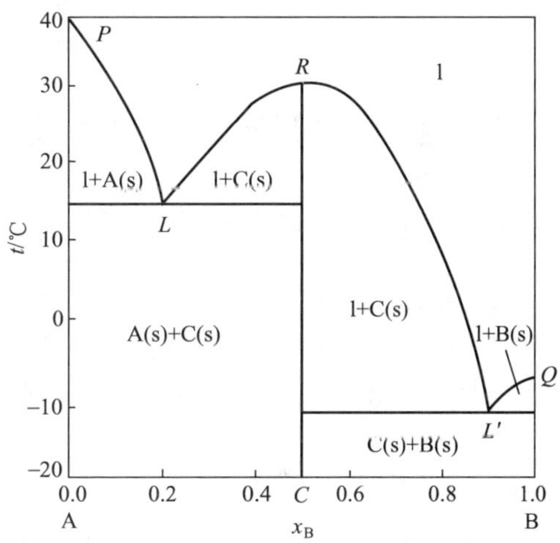

图 8-21 苯酚(A)-苯胺(B)系统的温度-组成图

8.8.2 生成不稳定化合物系统的液-固平衡相图

若 A 及 B 两物质所生成的化合物只能在固态时存在，将其加热到某一温度时，它就分解成另一种固态物质和液相，而且液相的组成完全不同于固态化合物的组成，这是生成不稳定化合物的系统。

最简单的不稳定化合物系统是两种物质 A 和 B 只生成一种不稳定化合物 C，而且 C 和原来的两种物质在固态时互不相溶，其相图如图 8-22 所示。若加热 C(s)，系统点沿 C 垂直向上移动，达到相当于 S_1' 点所对应的温度时，化合物开始分解成 B(s)及相点为 L' 的液相，即

$$C(s) \longrightarrow l(L')+B(s)$$

水平线 $L'S_1'S_2'$ 所对应的温度称为不相合熔点或转熔温度。在此温度下，三相共存，$F^*=0$，三相的组成及温度皆为定值，直到加热至 C(s)完全分解，温度才开始上升。再继续加热，B(s)将不断地熔化，对应的液相组成将沿着 $L'Q$ 曲线移动，直至 B(s)消失，液相点与系统点重合。以后则是液相的升温过程。

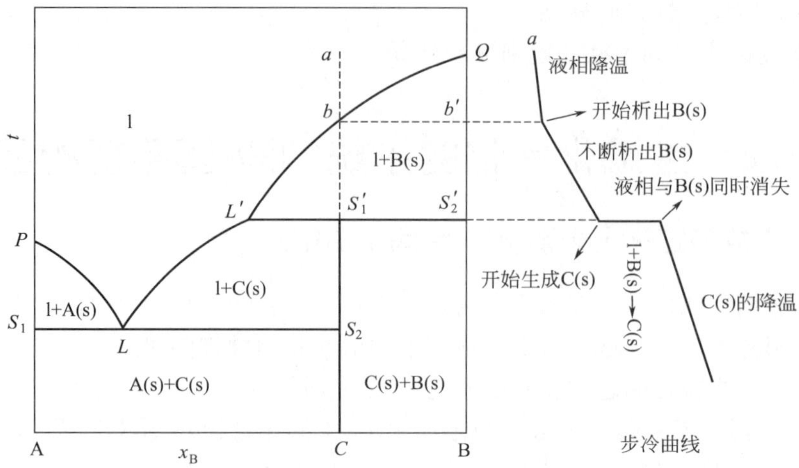

图 8-22　生成不稳定化合物系统的相图及步冷曲线

8.9　二组分固态完全及部分互溶系统液-固平衡相图

8.9.1　固态完全互溶系统液-固平衡相图

二组分液态混合物凝固时，若能形成以分子、原子或离子大小相互均匀混合的固相，则此固相称为固态混合物或固态溶液，简称为固溶体。当两种物质具有相同的晶形，分子、原子或离子大小相近，一种物质晶格上的这些物质粒子，可以被另一种物质粒子以任意比例取代时，这样的系统称为固态完全互溶系统。属于固相完全互溶的系统有 Sb-Bi，Co-Ni，Au-Pt，Ag-Au，Mo-Ta 等，图 8-23 为 Sb-Bi 液-固平衡相图。

图中 946.65K 及 544.45K 分别为纯锑和纯铋在常压下的熔点。上面的一条曲线，表示锑和铋的液态混合物的凝固点与其液相组成的关系，称为液相线或凝固点下降曲线；下面的一条曲线，表示锑和铋的固溶体的熔点与其组成的关系，称为固相线或熔点曲线。液相线以上的区域为液相区；固相线以下的区域为固相区；两条曲线之间的区域为固-液两相平衡共

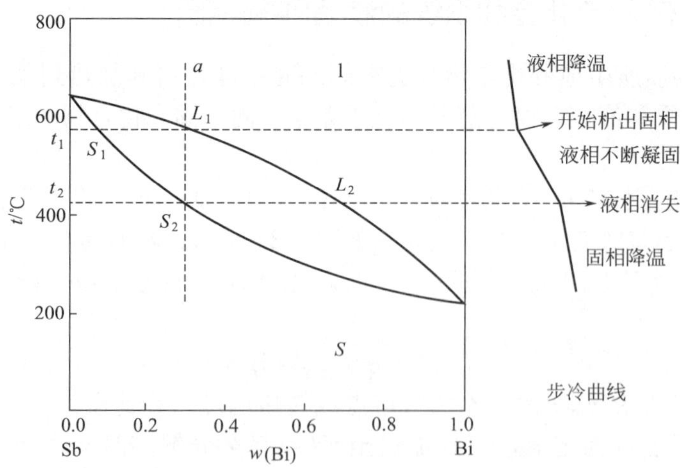

图 8-23　锑-铋系统相图及冷却曲线

存区。

将状态点为 a 的液态混合物降温到液相线上 L_1 时，开始有固溶体析出，其相点为 S_1。继续缓慢地冷却，温度从 t_1 降到 t_2 的过程中，不断有固溶体析出。若确能保证固-液两相始终处于平衡态，液相点将沿着液相线从 L_1 变至 L_2，固相点相应地沿固相线由 S_1 点变到 S_2 点。在 t_2 温度下，系统点与固相点重合为 S_2，系统完全凝固，最后消失的一滴液相组成为 L_2 点所对应的组成。步冷曲线如图 8-23 右侧所示。

在上述冷却过程中，如果是在极其缓慢的条件下进行的，固相和液相始终处于相平衡状态，析出的固溶体组成是均匀的。但实际上由于冷却速度较快，仅固相表面和液相达到平衡，因此析出的固溶体表面的组成与内部组成不同，如最先析出的固溶体具有 S_1 的组成，其中含有较多的高熔点组分 Sb，以后析出的固溶体 Sb 含量则逐渐减少，最先析出的部分在晶体的中央、后析出的则依次排布在外层，晶体内部 Sb 含量不同。合金凝固后，其内部所产生的组成不均匀现象称为偏析，偏析对合金质量造成不利影响，工业上用长时间加热的方法(扩散退火)可使系统趋向平衡，并促进固相内部均匀化。

二组分固态完全互溶系统的液-固平衡相图，除上述类型外，还有具有最低熔点和最高熔点的两类相图，见图 8-24 和图 8-25，这两类相图与具有最低恒沸点和最高恒沸点的二组分气-液平衡系统的温度-组成相图相类似，在最低(或最高)熔点处，固相与液相的组成相同。

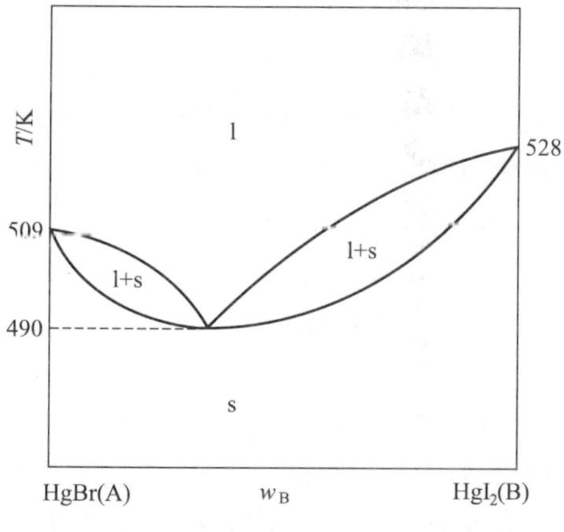

图 8-24 具有最低熔点的相图

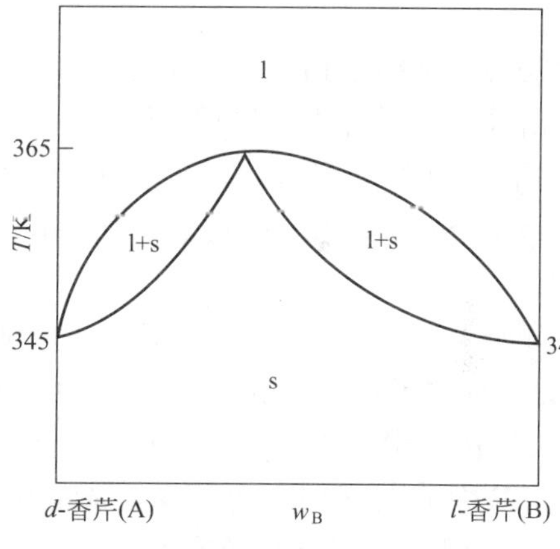

图 8-25 具有最高熔点的相图

具有最低熔点的系统较多，如 Cu-Au，KCl-KBr，Cu-Mn，Ni-Pd 等，而具有最高熔点的类型较少见。

8.9.2 固态部分互溶系统液-固平衡相图

若 A 和 B 两种物质液态时完全互溶，冷凝成固态时可同时形成 A 和 B 相互溶解度不等的两个固溶体，一种是固体 A 为溶剂、固体 B 为溶质，另一种则恰好相反，这是固态部分互溶系统。溶质的粒子若是填入到溶剂晶体结构的空隙中，则形成填隙型的固溶体；若是取代溶剂晶体中相应的粒子，则形成取代型固溶体。

(1) 具有低共熔点的固态部分互溶系统

这类相图如图 8-26 所示。其中 α 相为 B 溶于 A 中的固态溶液(固溶体)，β 相为 A 溶于 B 中的另一种固溶体。P 及 Q 点分别为纯 A 及纯 B 的熔点。PL 及 QL 线为液相组成线，也

可分别称为 α 相及 β 相的饱和溶解度曲线。PS_1M 及 QS_2N 曲线分别为 α 固溶体和 β 固溶体的固相组成线。水平线 S_1LS_2 为三相共存线，在此线上

$$l(l) \rightleftharpoons \alpha(S_1) + \beta(S_2)$$

S_1LS_2 线对应的温度称为低共熔温度，点 L 称为低共熔点，对应的组成称为低共熔组成。

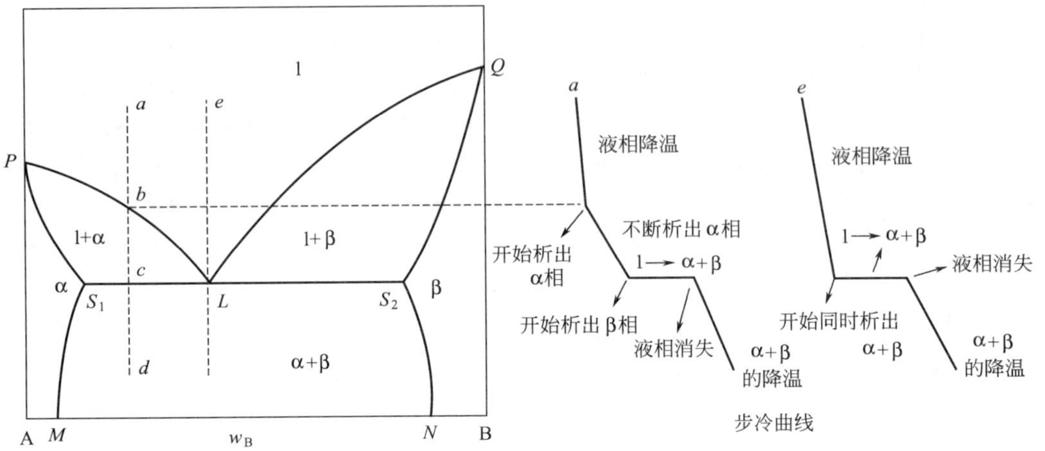

图 8-26 具有低共熔点的二组分固体部分互溶系统相图及冷却曲线

状态点为 e 的液相冷却降温到 L 点时，α 相及 β 相皆达到饱和状态，因此系统中同时析出 α 固溶体和 β 固溶体，此时 $l(L) \rightleftharpoons \alpha(S_1) + \beta(S_2)$ 三相共存，$F^* = 0$，温度和液相、α 相、β 相三相的组成皆为定值，直至液相消失温度才能继续下降。再冷却，相点为 S_1 的 α 相组成和相点为 S_2 的 β 相组成将分别按相图中 S_1M 和 S_2N 曲线变化，两相的质量也相应地发生变化。

属于此种类型的系统有 Pb-Sn，Pb-Sb，Bi-Sn，$AlCl_3$-$CuCl_2$，MgO-CaO 等。

(2) 具有转变温度的固态部分互溶系统

这类相图如图 8-27 所示。在固溶体 α 相及 β 相之间不存在低共熔点，而有一个转变点 L。当向 B 中加入 A 时，可使固溶体的熔点有所下降；当向 A 中加入 B 时，固溶体的熔点反而上升，因此 L 点称为转变点，L 点所对应的温度称为转变温度，所发生的反应为

$$l(L) + \beta(S_2) \longrightarrow \alpha(S_1)$$

此时条件自由度 $F^* = 0$，即温度及三个相的组成均为定值。相图分为六个相区，各区的稳定相已标明于图中。系统 a 的步冷曲线如图 8-27 右侧所示。

属于这一类型的系统有 Ag-Pt，AgCl-LiCl，FeO-MnO，Hg-Cd 等。

* 8.9.3 区域熔炼

区域熔炼(zone melting)是深度提纯金属、金属化合物或改变杂质在金属锭内分布的一种火法精炼方法。随着科学技术的不断发展，要求具有纯度很高的金属材料，例如半导体材料锗和硅，其纯度要求达到 0.99999999 以上(8 个 9)。如此高的纯度，采用一般的方法是难以达到的，而区域熔炼则为制备高纯度物质提供了一个有效的方法。

由于微量杂质的存在，金属 A 的熔点可能会降低，如图 8-28(a)所示；熔点也可能会升高，如图 8-28(b)所示。图中纵坐标代表温度，横坐标代表杂质 B 的含量。在液相线和固相

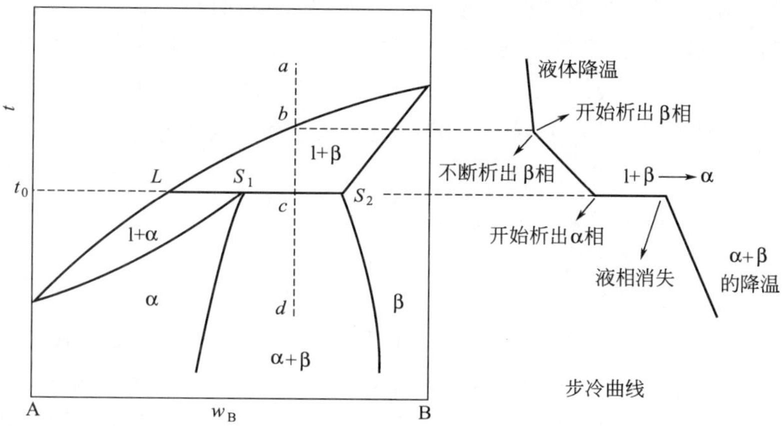

图 8-27 具有转变温度的二组分固态部分互溶系统的相图及冷却曲线

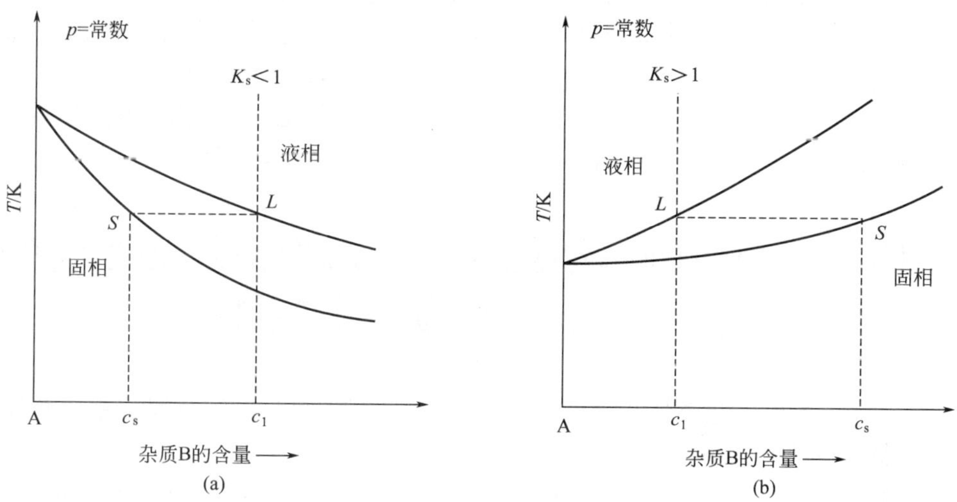

图 8-28 熔融液体凝固时固体中杂质含量的变化

线之间是两相平衡区。杂质在液相和固相中的分布浓度不同。如令 c_l 和 c_s 分别代表杂质在液相和固相中的浓度，则

$$K_s=\frac{c_s}{c_l}$$

K_s 称为分凝系数(fractional coagulation coefficient)，图 8-28(a)中 $K_S<1$，图 8-28(b)中 $K_s>1$。

先考虑图 8-28(a)中 $K_s<1$ 的情况。假设将相当于 L 点的金属放在水平的管式炉中，如图 8-29 所示，管外绕上可以移动的加热环(如高频加热环)。首先，将加热环放在最左端，使该区域的金属全部熔化成液体，然后慢慢向右移动加热环，熔化区也随着慢慢向右移动。而最左端原先熔化的金属则慢慢地再凝固。然而此时所析出的固相 S 中[见图 8-28(a)]杂质的含量比原来金属中的少。在“再凝固区”与“熔化区”的界面上，杂质分配在液相的浓度恒比固相中的大。所

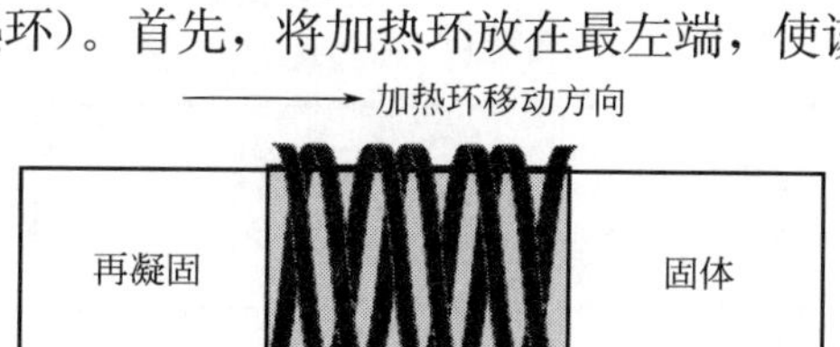

图 8-29 区域熔炼示意图

以随着熔化区向右端移动，杂质也向右移动。当加热环移到最右端后，再把它重新放到最左端，重新使左端的固体熔化，同样是加热环右移。如此在最左端析出的固体中杂质的含量又少了一些。如此多次重复上述操作，就像扫帚一样。最后能使杂质集中“扫”到最右端，而在最左端则得到极纯的金属。所以对于 $K_s<1$ 的系统，其杂质向尾部集中。

对于 $K_s>1$ 的系统，其情况恰好相反，杂质集中于最左端，最右端为极纯的金属。

在硅中所有的杂质都是 $K_s<1$，所以经过区域熔炼后杂质集中在尾部。但在锗中，硼和硅两种杂质的 $K_s>1$，其余杂质的 $K_s<1$，所以经过区域熔炼后的锗锭，应除去前部和尾部后选用中间的部分。

从上可见，区域熔炼的效率一方面决定于 K_s 的大小，另一方面还取决于原来金属的纯度。原材料的纯度越高，区域熔炼的效率就越高。所以在使用区域熔炼方法之前，常常要先用其他的方法对材料进行预处理，再采用区域熔炼进一步的深度提纯，以提高其纯度。

区域熔炼提纯也可以提纯有机化合物。把有机化合物冷冻成固体，然后进行区域熔炼。用此方法可很容易得到纯度为 0.999 以上的有机物，这比一般的精馏方法要好很多。如果重复熔炼也可以把有机物的纯度提高到 0.99999 或 0.999999，这是精馏法所不能及的。

利用区域熔炼的方法，还可以使高聚物进行分级。高聚物的摩尔质量并不均一，在一定范围内有一定的分布，这种分布是决定高聚物性能的重要参数之一。由于摩尔质量不同，它们可以以不同的速度随熔化区而移动，因此可以用区域熔炼法使之逐步分级。

8.10 二组分固态不互溶、液态部分互溶系统的液-固平衡相图

固态完全不互溶而液态部分互溶的二组分液-固平衡相图是二组分凝聚系统相图中的另一类相图，如图 8-30 所示。

图中点 Q 是组分 B 的凝固点，线 QL_1 为 B 的凝固点降低曲线，或固体 B 在液态 L_1 里的溶解度曲线。L_1L_1' 线为 A 的凝固点降低曲线，或固体 A 在液态 L_1 里的溶解度曲线。L_1 点是固体 A 和固体 B 的最低共熔点，其状态为 L_1 的液相对固体 A 和固体 B 均达到了饱和，$S_1L_1S_2$ 为固体 A、固体 B 和液态 L_1 三相线。P 点是组分 A 的凝固点，PL_2 线为固体 A 的凝固点降低曲线，或固体 A 在液态 L_2 里的溶解度曲线。$L_2L_2'd$ 线为固体 B 在液态 L_2 里的溶解度曲线。PL_2 线和 $L_2L_2'd$ 线交于 L_2 点，$S_1'L_2L_1'$ 为固体 A、液态 L_2 和液态 L_1' 三相线。$L_1'L_1''d$ 线为固体 A 在液态 L_1' 里的溶解度曲线。两溶解度曲线 $L_1'L_1''d$ 与 $L_2L_2'd$ 交汇于高临界会溶 d 点。

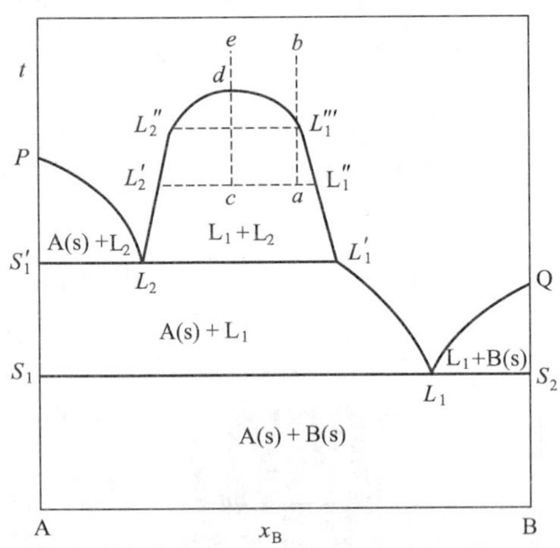

图 8-30 固态不互溶系统相图

在系统总组成不变的情况下，若系统点为 a 点，这时共轭溶液两个相点分别为 L_1'' 和 L_2' 点。当系统沿恒组成线 ab 升温时，两相组成分别沿着 $L_1''L_1'''d$ 和 $L_2'L_2''d$ 曲线变化。两个液层

的相对量也在改变，两个液层的质量比可由杠杆规则计算。到达L_1'''时，L_2'液层全部消失。若系统点为c点时，共轭溶液的两个相点仍分别为L_1''和L_2'点。在加热过程中共轭溶液的组成逐渐接近。到d点时，两相的组成完全相同，因此两液层间的界面消失而成均匀的一个液相。$PL_2dL_1'L_1Q$曲线以上是A和B的完全互溶的液态单相区，$F^*=2-1+1=2$。

$S_1L_1S_2$线以下区域是固体A和固体B完全不互溶、机械混合两相区；QL_1线和L_1S_2线之间的区域是固体B和液相L_1的两相平衡区；$S_1L_1L_1'S_1'$之间的区域是固体A和液相L_1的两相平衡区；PL_2线和L_2S_1'线之间的区域是固体A和液相L_2的两相平衡区；$L_1'L_1''dL_2''L_2$曲线以内为液-液两相平衡区。两相区内$F^*=2-2+1=1$。

以上所述是各种类型二组分凝聚系统相图最简单的情况。实际上，在同一个二组分凝聚系统的相图中，既可出现液态部分互溶，也可出现固态部分互溶；既可存在稳定化合物，也可存在不稳定化合物；既可存在固态完全不互溶，也可存在固态完全互溶。总之，由上述简单相图可以组合成各式各样的复杂相图。

8.11　三组分系统的液-液平衡相图

三组分系统相图比二组分系统相图要复杂得多。根据系统凝聚状态的不同，可以分为气-液平衡、液-液平衡与固-液平衡等。本节仅介绍三组分系统液-液平衡相图中最简单的一类，即只有一对液体部分互溶、其余两对液体完全互溶的相图。

8.11.1　三组分系统的图解表示法

根据相律，三组分系统$C=3$，自由度$F=3-P+2=5-P$，系统最多可能有四个自由度。这四个变量为温度、压力及两个组分的浓度，则需要用四维空间模型来表示。若压力不变，则变量还有三个，即温度及两个组分的浓度，需要用三维空间的立体模型来表示。若再固定温度，则只剩下两个组分的浓度为变量。于是可以方便地使用二维平面图形来表示。

等腰直角三角形相图：组成变量可以用质量分数w或摩尔分数x表示。以质量分数为例，如果在A、B、C三个组分中选w_A、w_B为独立变量，则$w_C=1-w_A-w_B$，以w_A为横坐标，w_B为纵坐标，则等腰直角三角形中的一个点即表示一个三组分系统（水盐系统常用等腰直角三角形相图），如图8-31所示。图中与纵坐标平行的直线为等w_A线，与横坐标平行的直线为等w_B线，与斜边平行的直线为等w_C线。三角形的三个顶点分别代表三个纯组分。三角形三条边上的一个点代表一个二组分系统。

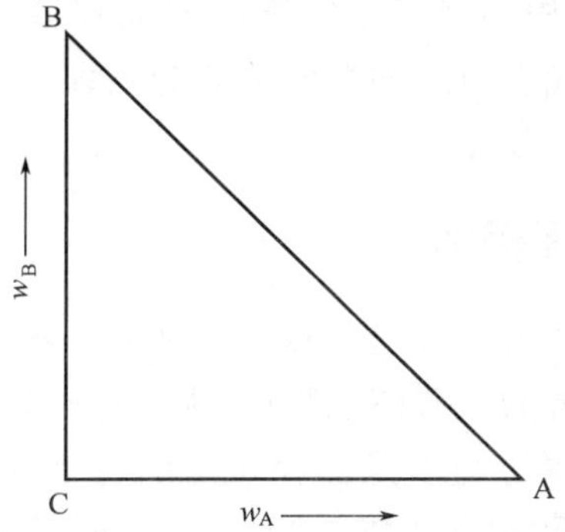

图8-31　三组分系统的直角三角形图

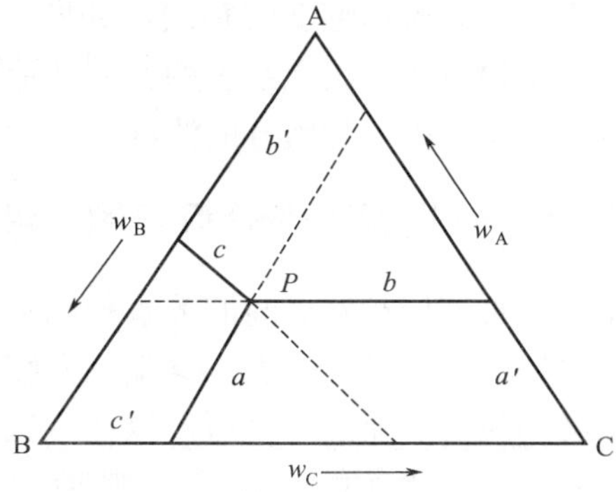

图8-32　三组分系统的等边三角形图

更为常用的三组分平面相图是等边三角形相图。如图 8-32 所示，边长为 l 的等边三角形的三个顶点，代表组成系统的三种纯组分 A、B 和 C。每条边上的点代表由两种组分组成的系统。即 AB、AC、BC 线上的点分别代表由 A 和 B、A 和 C、B 和 C 所组成的二组分系统。三角形内任意一点代表由 A-B-C 组成的一个三组分系统。将三角形的每一条边从 0 到 1 分为 10 等份。通过三角形内任意一点 P 分别作三角形三条边的平行线段 a、b 和 c，则 a、b 及 c 的长度之和应等于三角形的一边之长，即

$$a+b+c=任一边的边长=l$$

因此，点 P 的组成可由这些平行线在各边上的截距 a'、b'、c' 来表示，通常沿着逆时针的方向在三角形的三边上标出 A、B、C 三个组分的质量分数。因此，系统点 P 的 A、B 与 C 的含量分别是 $a\%$、$b\%$ 和 $c\%$。

如果有一系列系统，其组成位于平行于三角形某一边的直线上，则这一系列系统含有该边对应顶角所代表的组分的质量分数都相等。例如图 8-33 中，代表三个不同系统的 d、e、f 三点都位于平行底边 BC 的线上，这三个系统中所含 A 的质量分数都相等。

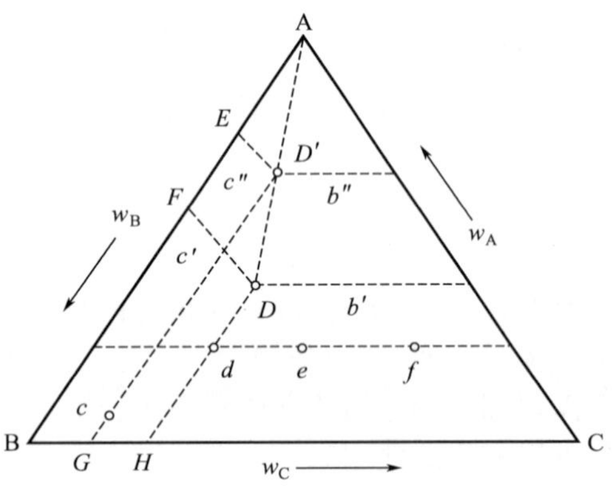

图 8-33 三组分系统的等边三角形图

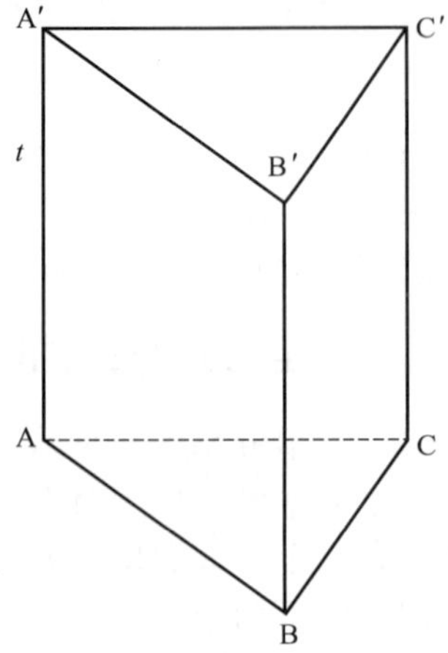

图 8-34 三组分系统温度-组成关系的三角棱柱图

凡位于通过顶点 A 的任一直线上的系统，例如图 8-33 中 D 和 D' 两点所代表的系统，其中 A 的含量不同(D 中含 A 比 D′中少)，但其他两组分 B 和 C 的质量分数之比 $AE/AF=BG/BH$。

如果考虑温度的变化，可以在等边三角形的顶点作三角形平面的垂直轴，构成等边三角棱柱，垂直轴即表示温度的轴线，如图 8-34。立体的相图被三维空间的曲面划分成不同的相区。三个顶点代表组成系统的三种纯液体，每条边代表由两种组分组成的系统，边上的坐标刻度为三组分中一种组分的浓度。

8.11.2 恒温下部分互溶的三液体液-液平衡相图

根据三种液体相互之间的溶解程度不同，三液体系统可分为一对部分互溶、两对部分互溶和三对部分互溶平衡相图。这里只介绍一对部分互溶的三液体系统液-液平衡相图。

醋酸与氯仿、醋酸与水可以以任意比例互溶，而氯仿与水只能在一定温度下部分互溶，因此，醋酸(A)-氯仿(B)-水(C)是典型的一对部分互溶的三液体系统，其液-液平衡相图见图 8-35。

B 和 C 的浓度在 Ba 和 bC 之间，可以完全互溶，而组成介于 a 和 b 之间的系统为部分互溶，系统分为两层，一层是水在氯仿中的饱和溶液(点 a)，另一层是氯仿在水中的饱和溶液(点 b)，这两对溶液称为共轭溶液。如在组成为点 c 的双液系统中逐渐加入少许醋酸(A)，由于醋酸在两层中并非等量分配，因此代表两层浓度的各对应的点 a_1b_1，a_2b_2，…的连线，未必和底边 BC 平行，这些连线称为连接线(tie line)。如已知物系点，则可以对连接线用杠杆规则，求得共轭溶液数量比值。继续加入 A，物系点将沿 cA 线上升。由于醋酸的加入，使得 B 和 C 的互溶度增加。当物系点接近 b_4 时，含氯仿较多的一层(接近 a)数量逐渐减少；最后该层将逐渐消失，系统进入帽形区以外，成为单相系统。在帽形区内系统分为两相，其组成可由连接线的两端点读出。由图可见，自下而上，连接线愈来愈短，两层溶液的组成逐渐靠近，最后汇聚成一点 O。此时两层溶液的浓度完全一样，两个共轭三组分溶液变成一个三组分溶液，O 点称为等温会溶点或褶点(isothermal consolute point or plait point)。曲线 aOb，则称为双结点溶解度曲线(binodal solubility curve)，或简称为双结线。

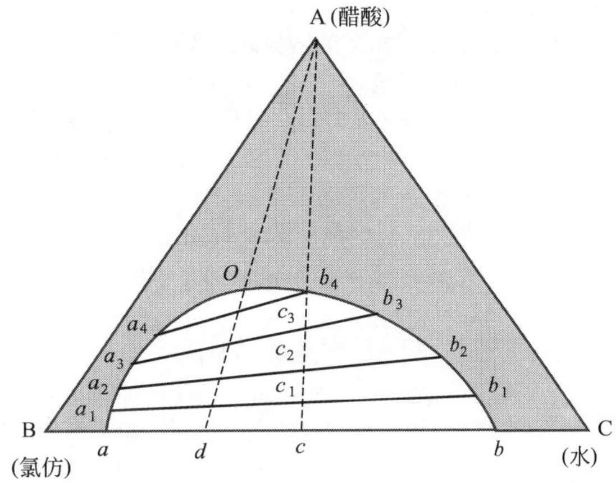

图 8-35 三液体有一对部分互溶系统的相图

学习基本要求

1. 了解相、组分数和自由度等相平衡中的基本概念。

2. 了解相律的推导过程，熟练掌握相律在相图中的应用。

3. 能看懂各类型的相图，理解相图中各个点、线和面(相区)所代表的意义，了解其自由度的变化情况，并能进行简单的相图分析。

4. 掌握完全互溶、部分互溶和完全不互溶等各种类型二组分液态混合物气-液平衡相图和二组分凝聚系统液-固平衡相图的特点及其应用。能熟练地应用杠杆规则。

5. 理解热分析法制作相图的方法。学会用步冷曲线绘制二组分低共熔相图，并能对其相图进行分析，了解二组分低共熔相图在冶金、分离、提纯等方面的应用。

6. 掌握三组分系统三角形相图的表示方法，了解三组分系统相图中点、线、面的含义。了解三组分系统液-液平衡相图和盐类溶解度图及其应用。

习　题

8-1 指出下列各平衡系统中的组分数 C、相数 P 及自由度数 F。

(1) 冰与 $H_2O(l)$ 成平衡；

(2) 在一个抽空的容器中，$CaCO_3(s)$ 与其分解产物 $CaO(s)$ 和 $CO_2(g)$ 成平衡；

(3) 300K 下在一抽空的容器中，$NH_4HS(s)$ 与其分解产物 $NH_3(g)$ 和 $H_2S(g)$ 成平衡；

(4) 取任意量的$NH_3(g)$、$HI(g)$与$NH_4I(s)$成平衡；

(5) $I_2(s)$溶于互不相溶的液体水与$CCl_4(l)$中，并达到平衡。

8-2 在一个抽空的容器中放入过量的$NH_4I(s)$，发生下列反应并达到平衡

$$NH_4I(s) \longrightarrow NH_3(g) + HI(g)$$
$$2HI(g) \longrightarrow H_2(g) + I_2(g)$$

此反应系统的自由度F为若干?

8-3 已知水在350K时的饱和蒸气压为41.847kPa，试求：

(1) 表示蒸气压p与温度T关系的方程中A和B，$\ln(p/\text{kPa})=-A/T+B$；

(2) 水的$\Delta_{vap}H_m$；

(3) 在多大压力下水的沸点是374K。

8-4 在101.325kPa、846.15K时，α-石英变为β-石英过程的摩尔相变焓和摩尔体积变化分别为$\Delta H_m(SiO_2)=-447.92\text{J}\cdot\text{mol}^{-1}$和$\Delta V_m(SiO_2)=-2.0\times10\text{m}^3\cdot\text{mol}^{-1}$。在温度变化范围不大的条件下，$\Delta H_m$和$\Delta V_m$都可视为常数。若温度上升到846.50K，要维持α和β两相平衡，必须对系统施加多大的外压?

8-5 已知水在350～373K的范围内，饱和蒸气压与温度T的关系可表示为

$$\ln(p/\text{kPa})=-5024.61\text{K}/T+18.08$$

试求在353K时$H_2O(l)\longrightarrow H_2O(g)$蒸发过程的$\Delta_{vap}H_m$、$\Delta_{vap}S_m$及$\Delta_{vap}G_m$各为若干?

8-6 附图为碳的相图，问：

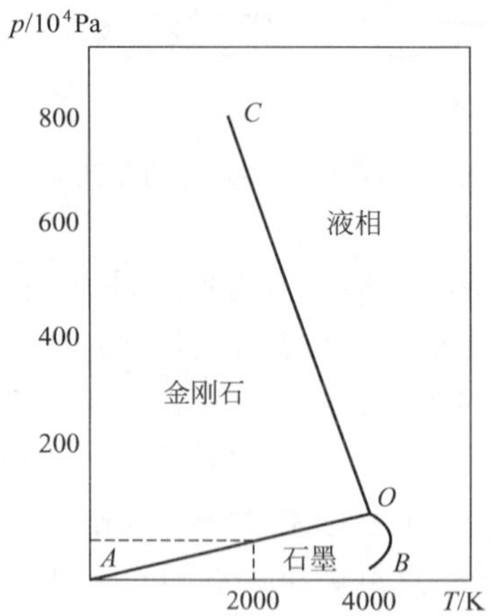

习题8-6附图

(1) O点是什么点；

(2) 曲线OA，OB，OC分别表示什么?

(3) 常温压下石墨、金刚石何者是热力学上的稳定相；

(4) 在2000K把石墨转变成金刚石需要多大压力?

(5) 在任意给定的温度和压力下，石墨和金刚石哪个体积质量(密度)大? 如何证明? 已知C(石墨)$\longrightarrow$C(金刚石)$\Delta H_m<0$。

8-7 298K时，丙醇(A)-水(B)系统气-液两相平衡时，两组分蒸气分压与液相组成的关系如下表：

x_B	0	0.1	0.2	0.4	0.6	0.8	0.95	0.98	1
p_A/kPa	2.90	2.59	2.37	2.07	1.89	1.81	1.44	0.67	0
p_B/kPa	0	1.08	1.79	2.65	2.89	2.91	3.09	3.13	3.17

(1) 画出完整的压力-组成图(包括蒸气分压及总压，液相线及气相线)；

(2) 组成为$x_B=0.3$的系统在平衡压力$p=4.16$kPa下气-液两相平衡，求平衡时气相组成y_B及液相组成x_B；

(3) 上述系统总的物质的量为5mol，在$p=4.16$kPa下达到平衡时，气相、液相的量各为多少摩尔? 气相中含丙酮和水各多少摩尔?

(4) 上述系统中混合物总质量为10kg，在$p=4.16$kPa下达到平衡时，气相、液相的量各为多少千克?

8-8 水与异丁醇液相部分互溶，在101.325kPa下，系统的共沸点为362K，这时两个液相与气相中各含异丁醇的质量分数对应如下：

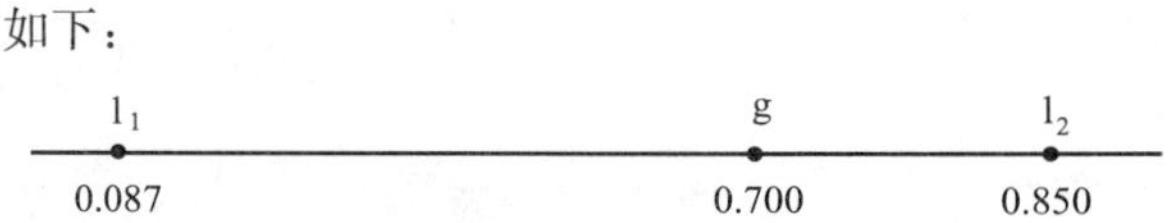

今由350g水和150g异丁醇形成的共轭溶液在101.325kPa下加热，问：

(1) 温度刚要达到共沸点时，系统中存在哪些平衡相? 其质量各为若干?

(2) 温度由共沸点刚有上升的趋势时，这时系统又存在哪些平衡相? 其质量各为多少?

8-9 为了将含非挥发性杂质的甲苯提纯，在86.02kPa的压力下用水蒸气蒸馏。已知在此压力下该系统的共沸点为352K，353K时水的饱和蒸气压为47.32kPa。试求：

(1) 气相中含甲苯的摩尔分数；

(2) 欲蒸出 100kg 甲苯，需要消耗水蒸气多少千克？

8-10 附图为一定压力下 As-Pb 系统的相图，试从相图：

(1) 画出 w(Pb)为 0.60，0.967 和 1.00 的熔融物冷却时的步冷曲线；

(2) 写出含 w(Pb)＝0.60 的熔融物在冷却过程中相的变化；

(3) 从图上找出由 100g 固态砷与 200g 含 w(Pb)＝0.60 的溶液平衡的系统的表示点，并说明系统的组成。

8-11 附图为 CaF_2-$CaCl_2$ 相图，欲从 CaF_2-$CaCl_2$ 系统中得到化合物 CaF_2-$CaCl_2$ 的纯粹结晶体。试述应采取什么措施和步骤？请画出 a 点的步冷曲线。

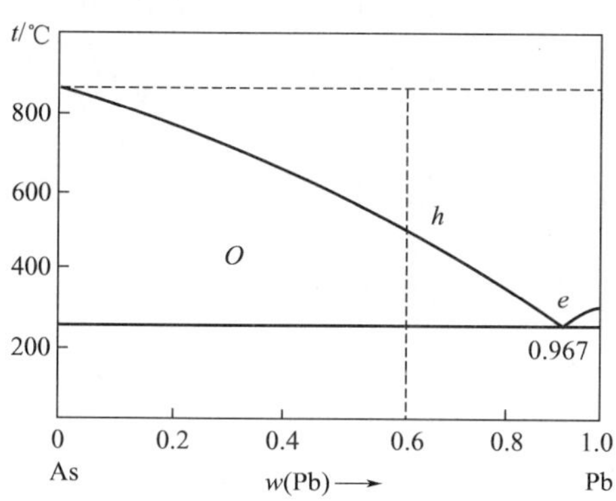

习题 8-10 附图

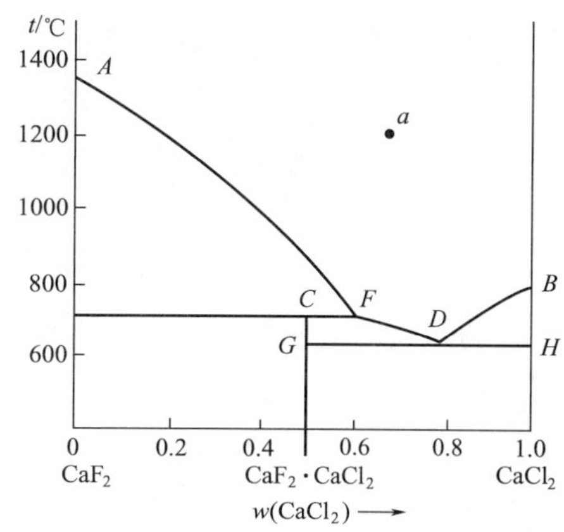

习题 8-11 附图

8-12 A、B 二组分液态部分互溶的液-固平衡相图如附图，试指出各相区的相平衡关系，每条曲线所代表的意义，以及各三相线所代表的相平衡关系。

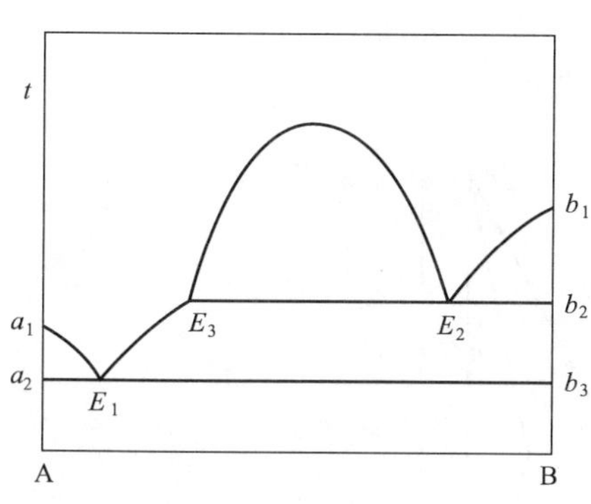

习题 8-12 附图

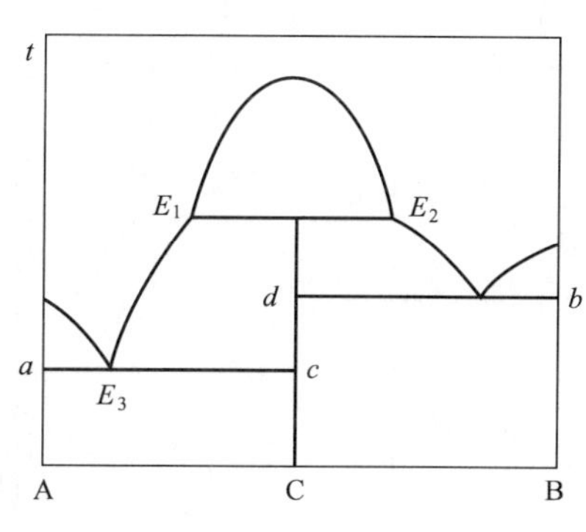

习题 8-14 附图

8-13 利用下列数据，粗略地描绘出 Mg-Cu 二组分凝聚系统相图，并标出各区的稳定相。Mg 与 Cu 的熔点分别为 921K、1358K。两者可形成两种稳定化合物 Mg_2Cu、$MgCu_2$，其熔点依次为 853K、1073K。两种金属与两种化合物四者之间形成三种低共熔混合物。低共熔混合物的组成(含 Cu 的质量分数)及对应的低共熔点 Cu：0.35，653K；Cu：0.66，833K；Cu：0.906，953K。

8-14 高温时液态部分互溶，且生成不稳定化合物 C 的 A-B 二组分凝聚系统相图如附图。试写出各相区稳定的平衡相及各三相线上的相平衡关系。

8-15 A和B二组分凝聚系统的相图如附图所示。

(1) 试写出图中1、2、3、4、5、6、7各个相区的稳定相；

(2) 试写出图中各三相线上的相平衡关系；

(3) 试绘出过状态点 a，b 两个样品冷却曲线的形状，并写明冷却过程相变化。

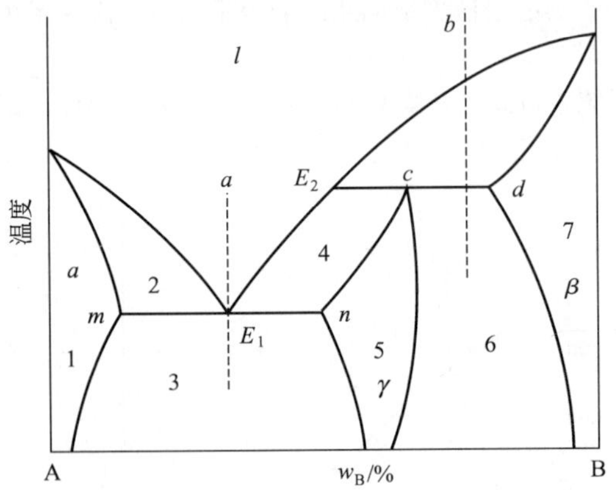

习题 8-15 附图

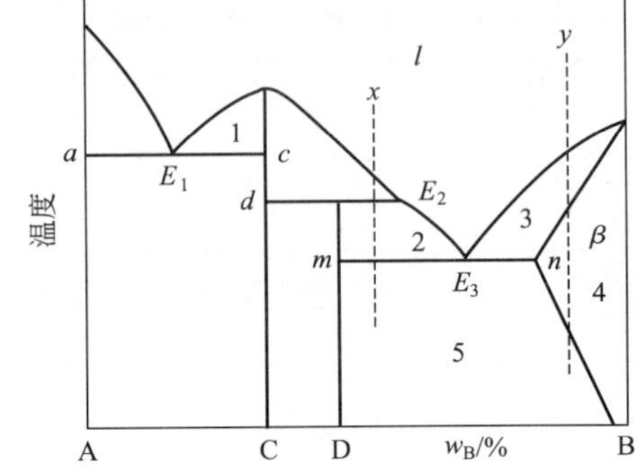

习题 8-16 附图

8-16 A、B二组分凝聚系统相图如附图所示。

(1) 试写出1、2、3、4、5各相区的稳定相；

(2) 试写出各三相线上的相平衡关系；

(3) 绘出通过图中 x，y 两个系统点的冷却曲线形状，并注明冷却过程的相变化情况。

8-17 A和B二组分凝聚系统相图如下，图中C、D为A、B所形成的化合物，组成 w_B 分别为0.52及0.69，A、B的摩尔质量分别为 $108g \cdot mol^{-1}$ 和 $119g \cdot mol^{-1}$：

(1) 标出各区的相态及成分；

(2) 确定在C、D点形成化合物的分子式；

(3) 作 a、b 组成点的步冷曲线并标出自由度数及相变化；

(4) 将1kg w_A＝0.60的熔融体冷却，可得何种纯固体物质？计算最大值；

(5) 要得到最大量的上述纯固体物质，反应控制在什么温度？

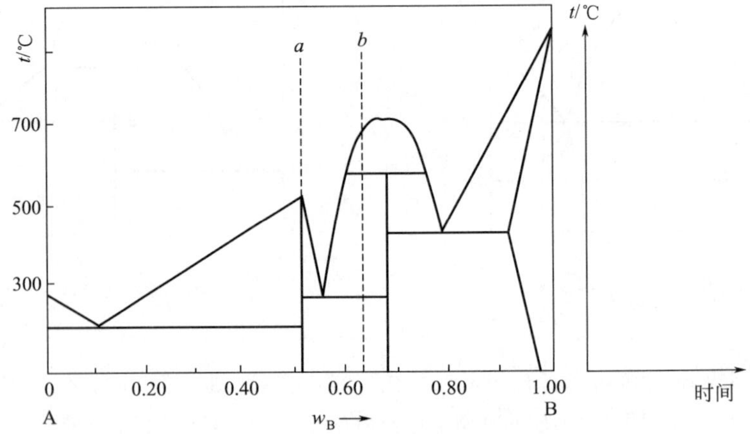

习题 8-17 附图

第 9 章

电解质溶液

1791 年伽伐尼(L. Galvani)在对青蛙解剖时意外发现了金属能使蛙腿肌肉抽搐的“动物电”现象，一般认为这是电化学的起源；1799 年伏打(Volta)在伽伐尼工作的基础上发明了用不同的金属片夹湿纸组成的“电堆”，即现今所谓“伏打堆”，这是化学电源的雏形。1834 年法拉第(M. Faraday)电解定律的发现为电化学奠定了定量基础。19 世纪下半叶经过亥姆赫兹(Helmholtz)和吉布斯(Gibbs)的努力，赋予电池的“起电力”(现称电动势)以明确的热力学含义。1889 年能斯特(W. H. Nernst)依据热力学方法，导出了参与电极反应的物质组成与电极电势的关系，即著名的能斯特方程。1905 年塔菲尔(Tafel)通过对实际电流通过时电极极化作用的研究，提出了氢超电势与电流密度关系的塔菲尔公式。1923 年德拜(Debye)和休克尔(Hückel)基于离子氛模型，提出了强电解质稀溶液的离子互吸理论，大大促进了人们对电解质溶液中粒子间相互作用的认识。极谱技术和马科斯(Marcus)电子传递理论的创立，以及电化学稳态和暂态研究方法的应用，为研究电极/溶液界面结构、界面电子传递和界面电化学反应提供了支撑。在 GCS 模型基础上，考虑吸附溶剂分子对双电层影响后所建立的 BDM(Bockris-Davanathan-Muller)理论，已成为公认的电极/溶液界面结构模型。20 世纪后期，在表面光谱、波谱、各种高真空谱学技术及扫描隧道显微技术等实验技术基础上，发展起来的电化学现场(in situ)以及非现场(ex situ)的表面和界面表征手段，使界面电化学在分子和原子水平上的研究成为可能，为现代电化学理论的建立及其在能源、材料、生命、环境等领域的应用奠定了坚实的基础。

电化学作为物理化学的一个重要组成部分，其主要研究化学能和电能之间的相互转化及转化过程中的有关规律。将化学能转化为电能的反应装置称为原电池(primary cell)，而将电能转化为化学能的反应装置则称为电解池(electrolytic cell)。在一定条件下能自发进行的化学反应才具有做非体积功的能力，因而才能将其构造成原电池实现对环境做电功；对于非自发的化学反应，若要使其进行，环境则必须要至少对系统做一定的电功即借助于电解方能实现。无论是原电池还是电解池都包含有电极反应和电解质溶液，因此电化学的研究内容也必然与这二者密切相关，可分为以下几个方面：①电解质溶液理论，主要研究离子的溶剂化作用、离子缔合和离子间的相互作用、电离平衡和电解质溶液热力学及电解质溶液的导电性质；②电化学平衡，讨论在电池两极上进行的化学反应的平衡规律，包括可逆电池及其热力学、电极电势和电池电动势及其产生机理等；③电极过程动力学，主要讨论电极/溶液界面的结构与性质及其影响因素、实际电流通过电极时电极发生极化的规律、界面结构和各种反应条件对电极反应速率的影响以及电极反应过程的机理；④应用电化学，讨论电化学原理在电解、电镀、电催化和电化学合成及化学电源等实际中的应用。电化学理论和研究方法已广泛应用于分析化学、生物学、冶金学、能源科学、环境科学等相关学科领域和工业生产中，电化学工业已成为国民经济的重要组成部分。

9.1 电化学中的基本概念与法拉第定律

9.1.1 电解质及其分类

电解质(electrolyte)是指熔化或溶于溶剂时能解离成带相反电荷的离子，从而在外电场存在下具有导电能力的物质。由于电解质与溶剂间的相互作用，电解质在溶剂中会解离成正、负离子，这种现象称为电离。显然，不同的电解质在同种溶剂，或同种电解质在不同溶剂中的电离程度是有明显差异的。根据电离度的差异，通常将电解质区分为强电解质和弱电解质，强电解质在溶液中几乎全部解离成正、负离子，比如 KCl、$ZnCl_2$、$CuSO_4$ 等在溶剂水中均属强电解质；弱电解质在溶液中只能部分解离成正、负离子，未解离的电解质分子与解离的正、负离子间达成电离平衡，其电离平衡常数与温度有关，CH_3COOH、NH_3 等在溶剂水中均只能部分解离，属弱电解质。

从本质上看，电解质在溶剂中的解离是由于它们两者之间的相互作用。因此，一定温度下电离度大小除了取决于电解质本身性质外，还与溶剂性质密切相关。例如，KI 在溶剂水中虽属强电解质，但在溶剂丙酮中则属弱电解质；CH_3COOH 在溶剂水中虽属弱电解质，但在液氨中则可全部解离，其导电能力仅次于氯化钠，属强电解质。所以，谈及电解质强弱时需指定溶剂种类。

根据成键类型不同，可将电解质区分为真正电解质和潜在电解质。以离子键结合的电解质在纯态时即是优良导体，属真正电解质，如 NaCl、$CuSO_4$ 等；以共价键结合的电解质在纯态时则是电的不良导体，只有在溶剂化作用后才能解离成正、负离子从而具有导电能力，故称为潜在电解质，如 CH_3COOH、HCl 等。此种分类方法反映的是电解质本性，与溶剂性质没有关系。

电解质溶液是电化学反应装置中电极间传递电子的媒介，它是由溶剂和高浓度电解质等物种组成，其普遍存在于自然界及生物、能源、冶金等工业生产中。所有电化学体系中均离不开电解质溶液的参与，研究电解质溶液的电荷传导性质、粒子间相互作用与热力学性质，对深入理解电化学体系中化学能和电能之间的相互转化规律具有重要意义。后续讨论中若不特别注明均是针对电解质水溶液体系。

9.1.2 原电池、电解池及电解质溶液的导电机理

前已述及原电池是指将化学能转化为电能的电化学反应装置，电解池是指将电能转化为化学能的电化学反应装置。像这样的电化学体系均含有浸在电解质溶液或紧密附于电解质上的电极，通常会用隔膜将两个电极区分开。电极是实施电极反应的场所，为多相体系，电化学体系借助于电极实现电能的输入或输出。在电化学研究中常采用三电极体系，对应的三个电极分别是工作电极、对电极和参比电极。工作电极又称研究电极，所研究的反应即在该电极上发生，对工作电极的基本要求是：电极不能与溶剂或电解液组分发生反应，应能在较大

的电位区域中进行测定，电极面积不宜太大，电极表面应均一、平滑等。对电极又称辅助电极，它与工作电极组成回路使电流畅通，以保证所研究的反应在工作电极上发生，辅助电极不能影响和干扰研究电极上所发生的反应，其自身应不易极化且具有较大的电极表面和较小的电阻，以使极化主要体现在工作电极上。参比电极是电极电势已知且接近于理想不极化的电极，主要用于测定研究电极的电极电势，一般应具有良好的电势稳定性和重现性。对于化学电源和电解装置，通常将辅助电极和参比电极合二为一。

无论是原电池还是电解池，电化学中总是把失去电子、发生氧化反应的电极称为阳极，把得到电子、发生还原反应的电极称为阴极；物理学中则把电势较高的电极称为正极，电势较低的电极称为负极。在图 9-1 所示的电解池中，与外加电源正极相连接的电极电势较高，发生失去电子的氧化反应 $2Cl^-(aq) \longrightarrow Cl_2(g)+2e^-$，所以该电极是正极也是阳极；与外加电源负极相连接的电极电势较低，发生得到电子的还原反应：$2H^+(aq)+2e^- \longrightarrow H_2(g)$，所以其是负极也是阴极。而在图 9-2 所示的原电池中，锌单质较铜活泼，发生氧化反应：$Zn(s) \longrightarrow Zn^{2+}(aq)+2e^-$，锌电极是阳极，其多余电子、电势较低为负极；铜电极上发生还原反应：$Cu^{2+}(aq)+2e^- \longrightarrow Cu(s)$，铜电极是阴极，其缺乏电子、电势较高则为正极。

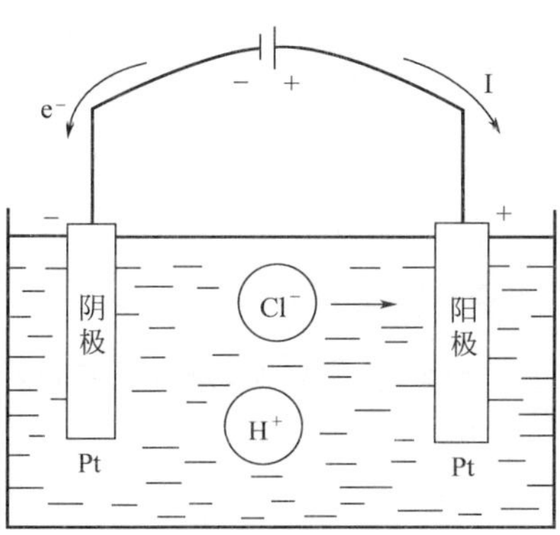

图 9-1 电解池

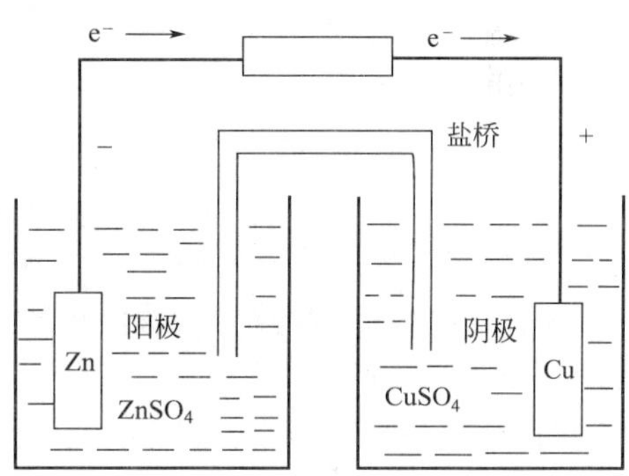

图 9-2 原电池

具有导电本领的物质称为导体，按照导电机理的不同可将导体分为两类，即电子导体和离子导体。电子导体是依靠自由电子在外加电场作用下的定向运动而导电，在导电过程中导体本身并不发生任何化学变化，当温度升高时由于导电物质内部质点的热运动加剧，阻碍自由电子的定向运动，因而电阻增大，导电能力下降。金属、石墨和某些金属的化合物等属于电子导体。离子导体如电解质溶液和熔融的电解质等的导电，不仅要依靠电解质溶液或熔盐中的正、负离子在外加电场作用下的定向运动来输送电荷，还要借助于在电极与溶液界面上发生得失电子的电极反应来共同实现，当温度升高时，由于溶液的黏度降低、离子运动速度加快、在水溶液中溶剂化作用减弱等原因，其导电能力通常会增强。

下面以实例来说明电解质溶液的导电机理。将金属铜片和铂片浸入氯化铜溶液中，并通过导线分别与外电源的负极和正极相连便构成了图 9-3 所示的电解池，其中铂电极与电源正极相连电势高为正极，铜电极与电源负极相连电势低为负极。通电后，在外电场作用下，溶液中的 Cl^- 向正极移动，Cu^{2+} 向负极移动；与此同时，在正极与溶液界面处的 Cl^- 失去电子而发生氧化反应，在负极与溶液界面处的 Cu^{2+} 得到电子而发生还原反应。

阳极：$2Cl^-(aq) \longrightarrow Cl_2(g)+2e^-$

阴极：$Cu^{2+}(aq)+2e^- \longrightarrow Cu(s)$

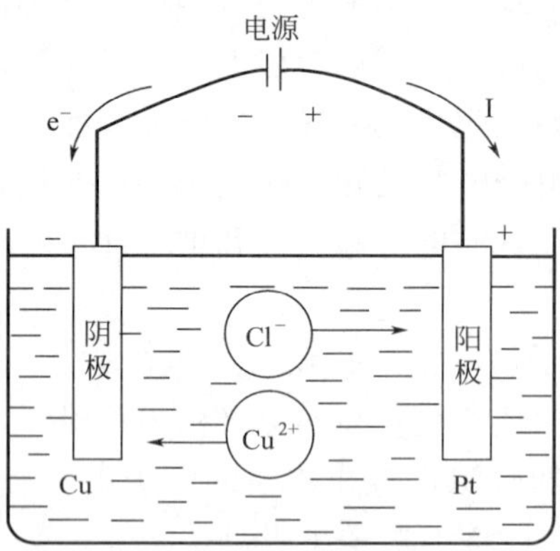

图 9-3 电解质溶液的导电机理

两个电极反应的总结果，即电解所发生的化学反应为：

$$CuCl_2 \longrightarrow Cl_2(g)+Cu(s)$$

与电子导体导电仅涉及大量电子定向移动的物理过程不同，电解质溶液的导电机理实际上借助于溶液中正、负离子的定向运动和两个电极上的反应共同实现，前者是物理变化，后者则属于化学变化。溶液中正、负离子的定向运动方向虽然相反，但产生的导电效果都相当于使电子向阳极方向移动，电子由电源负极至阴极后并不能直接越过电解质溶液，正是借助于正离子在阴极得到电子、负离子在阳极释放出电子和溶液中正、负离子的定向运动，才使电流在电极和溶液界面处得以连续，从而保证了电流在整个回路中连续通过。

9.1.3 法拉第定律

法拉第(M. Faraday)通过对大量电解实验结果的归纳分析，于 1834 年总结出通过电极的电量与电极反应的物质的量之间的关系，即法拉第定律：在电极上发生化学反应的物质的量与通过的电量成正比。

若将电极反应写成通式：

$$\text{氧化态}+ze^- \longrightarrow \text{还原态}$$

或

$$\text{还原态} \longrightarrow \text{氧化态}+ze^-$$

其中 z 为电极反应的电荷数即转移的电子数。当电极反应的反应进度为 ξ 时，通过电极的电荷数为 $zL\xi$($L=6.022\times10^{23}\text{mol}^{-1}$)，通过的电量则为 $zL\xi e$($e=1.602\times10^{-19}\text{C}$)，故可得出通过电极的电量 Q 正比于反应进度和反应电荷数的乘积，即

$$Q=zF\xi$$

式中，F 为法拉第常数，$F=Le=96485\text{C}\cdot\text{mol}^{-1}$，在一般计算中可近似取 $F=96500\text{C}\cdot\text{mol}^{-1}$。

以二价铜离子在阴极的还原反应为例，阴极反应：$Cu^{2+}+2e^- \longrightarrow Cu(s)$

其中 $z=2$，若通电量 $Q=2\times96500\text{C}$，可得

$$\xi=\frac{Q}{zF}=\frac{2\times96500}{2\times96500}\text{mol}=1\text{mol}$$

$$\Delta n_{Cu}=\nu_{Cu}\xi=1\text{mol}$$

但若将此电极反应写成：$2Cu^{2+}+4e^- \longrightarrow 2Cu(s)$，则 $z=4$，若通电量 $Q=2\times96500\text{C}$，可得

$$\xi=\frac{Q}{zF}=\frac{2\times96500}{4\times96500}\text{mol}=0.5\text{mol}$$

$$\Delta n_{Cu}=\nu_{Cu}\xi=2\times0.5\text{mol}=1\text{mol}$$

虽然法拉第定律是在研究大量电解实验时总结出来的，但它对原电池放电过程的电极反应也同样适用，而且不受温度、压力、电解质浓度、电极材料和溶剂性质等因素的限制，属自然科学中最准确的定律之一。根据法拉第定律，通过测定电解过程中电极反应时物质的量的变化，可以计算通过电路中的电量，相应的测量装置称为电量计或库仑计，常用的有银电量计、铜电量计等。

需要注意的是在实际电解时，电极上往往发生副反应或次级反应，要析出一定数量的其他物质，此时实际所消耗的电量要比按照法拉第定律所计算的理论耗电量多，理论耗电量与

实际耗电量之比称为电流效率 η。

【例 9-1】 假定在电镀光亮镍中电流效率为 95%，欲在某材料上镀 5.87×10^{-4}kg 镍，需要在 2A 的电流下电镀多长时间？

解 电镀反应为 $Ni^{2+}+2e^{-}\longrightarrow Ni(s)$

$$Q=nzF=\frac{m}{M}zF=\left(\frac{5.87\times10^{-4}}{58.7\times10^{-3}}\times2\times96500\right)\text{C}=1930\text{C}$$

$$t=\frac{Q}{\eta I}=\frac{1930}{0.95\times2}\text{s}=1016\text{s}$$

法拉第(M. Faraday，1791—1867) 19 世纪电磁学领域中最伟大的实验物理学家。法拉第凭着超人的直觉和对现象敏锐的观察，在物理、化学的许多领域做出了杰出贡献。1812 年，法拉第成为伦敦皇家学院院长戴维的助手，不久他就成为皇家学院的一员。他发现的电磁感应现象，在物理学上起了十分重要的作用。1834 年他在研究电流通过溶液产生的化学变化时，提出了法拉第电解定律。1845 年 9 月 13 日法拉第发现，一束平面偏振光通过磁场时发生旋转，这种现象称为"法拉第效应"。1852 年他引进磁力线概念，他主张电磁作用依靠充满空间的力线传递，为麦克斯韦电磁理论开辟了道路，也是提出光的电磁波理论的先驱，他的很多成就都是很重要的、带根本性的理论。他制造了世界上第一台发电机，所有现代发电机都是根据法拉第提出的原理制作的。法拉第还提出了介电常数的概念，后来电容的单位"法拉"就是以他的名字命名的。

9.2 离子的电迁移和迁移数

9.2.1 离子的电迁移现象和迁移数

电解质溶液的导电是依靠正、负离子来共同实现的，因电路中电荷不可能累积，单位时间内通过电路中任一截面的电量必相等，即 $Q_{电极}=Q_{溶液}=Q_{+}+Q_{-}$。电流通过电解质溶液时，正离子向阴极运动，负离子向阳极运动，这种在外加电场作用下发生的正、负离子的定向运动并在溶液中共同承担导电任务的现象称为离子的电迁移。与此同时，在两个电极界面上发生氧化或还原反应，使电极附近的溶液浓度也发生了变化。若在两个惰性电极间充满 1-1 型电解质溶液，以假想界面Ⅰ-Ⅰ和Ⅱ-Ⅱ将电解池分为阳极区、阴极区和中间区三部分，每个部分初始均含有 5mol 电解质。在溶液中离子电迁移和电极反应的共同作用下，通电前后电解池内各区浓度的变化情况见图 9-4，通电前状态如图 9-4(a)所示。

将两电极与直流电源相接，并在一定时间内通以 3×96500C 电量，则在电极和电解池中的任一截面上该段时间内通过的电量均应为 3×96500C。在阳极上，负离子失去 3mol 电子发生氧化反应，应有 3mol 氧化态产物析出；在阴极上正离子得到 3mol 电子发生还原反应，应有 3mol 还原态产物析出，通电中状态如图 9-4(b)所示。在溶液中，若假定负离子运动速度为正离子的两倍，则在任一截面上 2mol 负离子通过的同时应有 1mol 正离子逆向通过，从而保证溶液中任一截面通过的电量均为 3×96500C，即溶液中的导电任务是由正、负离子共同承担的。

从通电后状态图 9-4(c)可以看出，通电后中间区电解质的物质的量没有发生变化，仍然

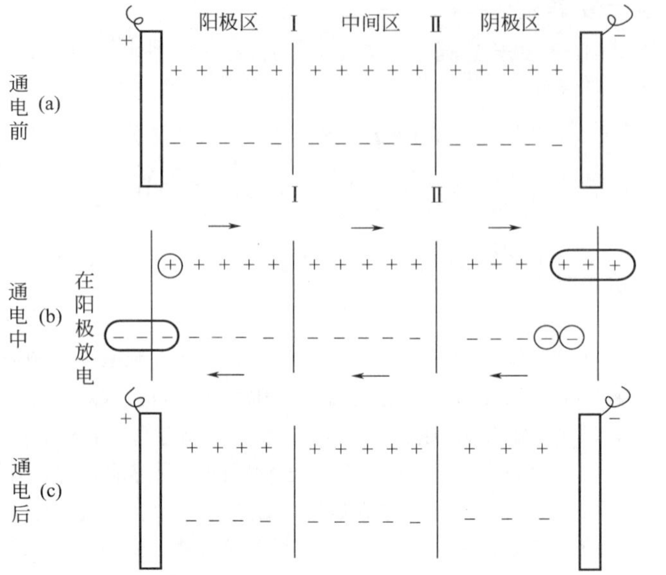

图 9-4　离子的电迁移现象

为 5mol。由于在两电极上发生氧化或还原反应，使阳极区和阴极区的电解质的物质的量均有所减少，阳极区减少的电解质的物质的量等于正离子迁出阳极区的物质的量 1mol，而阴极区减少的电解质的物质的量等于负离子迁出阴极区的物质的量 2mol。

从以上分析可知，正、负离子运动速度的不同，决定了它们在通过溶液的总电量中承担的导电份额不同，也使得正离子迁出阳极区的物质的量与负离子迁出阴极区的物质的量有所不同，显然应有以下等式成立：

$$\frac{\text{正离子速度 } v_+}{\text{负离子速度 } v_-}=\frac{\text{正离子迁移的电量 } Q_+}{\text{负离子迁移的电量 } Q_-}=\frac{\text{正离子迁出阳极区的量}}{\text{负离子迁出阴极区的量}}$$

由某离子 B 所运载的电量 Q_B 与通过溶液的总电量 $\sum Q_B$ 之比，称为离子 B 的迁移数 (transference number of B)，它表示在总的导电份额中离子 B 所承担的比例，以 t_B 表示，若溶液中只有一种正离子和一种负离子，则应有下列等式成立：

$$t_+=\frac{Q_+}{Q_++Q_-}=\frac{v_+}{v_++v_-} \tag{9-1}$$

$$t_-=\frac{Q_-}{Q_++Q_-}=\frac{v_-}{v_++v_-} \tag{9-2}$$

$$t_++t_-=1$$

9.2.2　离子电迁移率

某种离子在溶液中的电迁移速度决定了其承担的导电份额即迁移数的大小，而离子在溶液中的电迁移速度 v 则与以下因素有关。

① 离子本性　主要是指水化离子半径和离子电价。水化离子半径越大，离子在溶液中迁移运动受到的阻力便越大，迁移速度就越小；离子电价越高，受到的电场作用和迁移速度必越大。因此，在相同电场作用下，不同离子的迁移速度是有差异的。

② 溶剂性质　在不同溶剂中，同一种离子的溶剂化作用、半径及迁移时受到的阻力是不同的，溶剂黏度越大，离子在溶液中迁移运动受到的阻力便越大，迁移速度就越小。

③ 溶液浓度　电解质溶液中离子间存在静电作用，浓度增大后离子间距离会变小，相互作用加强，从而使离子迁移运动受到的阻力变大。

④ 温度因素　一般升高温度会使溶剂黏度下降，离子在溶液中迁移速度增大。

⑤ 外电场强度 E　外电场强度 E 越大，离子受到的电场作用和迁移速度必然越大。为了便于比较，通常将外电场强度 $E=1\mathrm{V\cdot m^{-1}}$时离子在指定溶液中的迁移速度称为该离子的电迁移率(electric mobility)，以符号 μ 表示，即某种离子 B 的电迁移率 $\mu_B=\dfrac{v_B}{E}$，由于 v 和 E 的单位分别为 $\mathrm{m\cdot s^{-1}}$、$\mathrm{V\cdot m^{-1}}$，所以 μ 的单位为 $\mathrm{m^2\cdot V^{-1}\cdot s^{-1}}$。表 9-1 列出了 25℃时一些离子在无限稀释水溶液中的极限电迁移率数值。

表 9-1　25℃时无限稀释水溶液中离子的极限电迁移率

正离子	$\mu_+^\infty/\mathrm{m^2\cdot V^{-1}\cdot s^{-1}}$	负离子	$\mu_-^\infty/\mathrm{m^2\cdot V^{-1}\cdot s^{-1}}$
H^+	36.30×10^{-8}	OH^-	20.52×10^{-8}
Li^+	4.01×10^{-8}	Cl^-	7.91×10^{-8}
Na^+	5.19×10^{-8}	NO_3^-	7.40×10^{-8}
K^+	7.62×10^{-8}	Br^-	8.10×10^{-8}
Ag^+	6.40×10^{-8}	HCO_3^-	4.61×10^{-8}
Ba^{2+}	6.59×10^{-8}	SO_4^{2-}	8.27×10^{-8}

由表中数据可知，在相同条件下不同离子的电迁移率有很大差别，其中 H^+ 的极限电迁移率 $\mu_{H^+}^\infty$ 最大，$\mu_{OH^-}^\infty$ 次之。这是由于在水溶液中 H^+ 和 OH^- 存在着特殊的迁移方式，使它们在单位场强下的迁移速度比一般离子大得多。比如有人认为，H^+ 在水溶液中是以水合氢离子 H_3O^+ 形式存在，H_3O^+ 除了像其他一般离子那样在电场作用下定向运动外，还存在一种更快的迁移机制，即质子从 H_3O^+ 上转移到邻近的水分子上，形成新的 H_3O^+，新的 H_3O^+ 上的质子再重复上述过程，这就好像接力赛一样，质子被迅速传递过去，称为质子跃迁机理。根据相关分子结构数据推算，质子从 H_3O^+ 上转移到邻近水分子上只需要通过 $0.86\times10^{-8}\mathrm{cm}$ 的距离，相当于 H_3O^+ 移动了 $33.1\times10^{-8}\mathrm{cm}$，因而 H^+ 的实际迁移速度比其他一般离子大得多。

外加电场强度 E 虽然会影响离子迁移速度，但由于它会按相同比例改变正、负离子迁移速度，因此它并不影响离子迁移数，这可从式 $t_B=\dfrac{v_B}{\sum v_B}=\dfrac{\mu_B}{\sum\mu_B}$ 看出。

由于迁移数与浓度有关，某种离子迁移数在很大程度上要受到其他电解质的影响。当其他电解质浓度很大时，甚至可以使该离子的迁移数减小到几乎可略去不计。例如，在浓度为 $1.0\times10^{-3}\mathrm{mol\cdot dm^{-3}}$的 HCl 溶液中，因 H^+ 的电迁移率比 Cl^- 的大很多，其迁移数 t_{H^+} 也远大于 Cl^- 的迁移数 t_{Cl^-}，但若溶液中存在高浓度 KCl，则情况就完全不同了。假定 KCl 浓度为 $1.0\mathrm{mol\cdot dm^{-3}}$，$\mu_{K^+}=6.0\times10^{-8}\mathrm{m^2\cdot V^{-1}\cdot s^{-1}}$，$\mu_{H^+}=30.0\times10^{-8}\mathrm{m^2\cdot V^{-1}\cdot s^{-1}}$，可求得两者迁移数之比，$\dfrac{t_{K^+}}{t_{H^+}}=\dfrac{c_{K^+}\mu_{K^+}}{c_{H^+}\mu_{H^+}}=200$，这表明虽然 H^+ 的迁移速度比 K^+ 大很多，但由于其浓度远低于 K^+ 和 Cl^- 的浓度，所以由其迁移的电流只是 K^+ 的 1/200。这正是在原电池中可以使用高浓度 KCl 作盐桥消除液体接界电势的重要原因之一。

9.2.3　离子迁移数的测定

测定离子迁移数的方法主要有：①希托夫(Hittorf)法；②界面移动法；③电动势法。

下面对希托夫法作简单介绍。

希托夫(Hittorf)法是通过测定阳离子迁出阳极区或阴离子迁出阴极区的物质的量，以及发生电极反应的物质的量，从而求得离子的迁移数。希托夫法测定装置如图 9-5 所示。

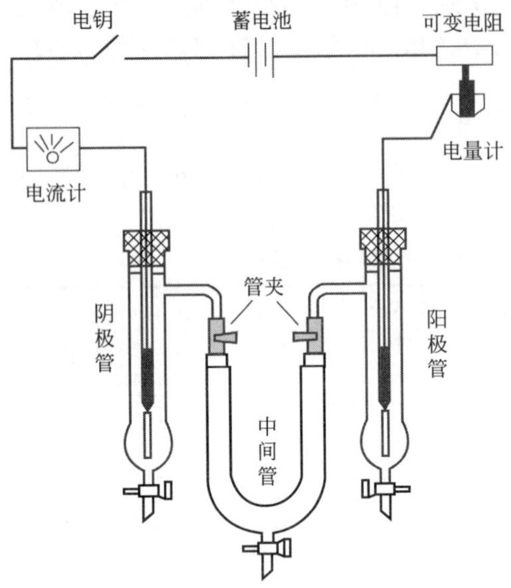

图 9-5 希托夫法测定迁移数装置

串联的电量计可用于测定电极反应的物质的量。通过测定通电前后阳极区或阴极区溶液中电解质浓度的变化，可计算出相应区域内电解质的物质的量的变化。当两个电极均为惰性电极时，两个电极区内电解质溶液的浓度均有所下降。但是若阳极为可溶性电极，如用两个银电极电解 $AgNO_3$ 溶液时，由于阳极单质银氧化成 Ag^+ 进入溶液及负离子 NO_3^- 的迁入，反而使得电解后阳极区 $AgNO_3$ 溶液浓度有所增加，此时若对阳极区物质的量进行衡算，则有：

阳离子迁出阳极区的物质的量＝电解前阳极区电解质的物质的量＋电量计电极反应的物质的量－电解后阳极区电解质的物质的量。

希托夫法测定离子迁移数的原理比较简单，但测定过程中很难避免因振动、对流、扩散等造成的溶液相混，故不易获得准确结果。严格地说，这样测出的迁移数只是表观迁移数即包含了水迁移的影响，因为溶液中离子都是水化的，在电场作用下离子总是带着水化壳层一起迁移，而通常在根据浓度变化求算迁移数时并未考虑溶剂水分子随离子的迁移。

【例 9-2】 假定在希托夫法测定迁移数装置中用铜电极电解已知浓度的硫酸铜溶液，以 20mA 的直流电通过溶液约 2h，通电结束后，串联在电路中的银电量计阴极上有 0.0405g 银析出。由分析得知阴极区溶液的质量为 36.434g，通电前其中含硫酸铜 1.1276g，通电后含硫酸铜 1.109g，求 ${SO_4}^{2-}$ 和 Cu^{2+} 的迁移数。

解 阴极区 Cu^{2+} 浓度的改变由以下两个原因造成：Cu^{2+} 的迁入；Cu^{2+} 会在阴极上发生还原反应：$\frac{1}{2}Cu^{2+}+e^- \longrightarrow \frac{1}{2}Cu(s)$。

Cu^{2+} 的物质的量变化为

$$n_{最终}=n_{起始}+n_{迁移}-n_{电解}$$

式中 n 表示($\frac{1}{2}Cu^{2+}$)的物质的量，则

$$n_{电解}=\frac{0.0405}{107.88}mol=3.754\times10^{-4}mol$$

$$n_{起始}=\frac{1.1276}{79.75}mol=1.4139\times10^{-2}mol$$

$$n_{终了}=\frac{1.109}{79.75}mol=1.3906\times10^{-2}mol$$

$$\begin{aligned}n_{迁移}&=n_{电解}+n_{最终}-n_{起始}=(3.754\times10^{-4}1.3906\times10^{-2}-1.4139\times10^{-2})mol\\&=1.424\times10^{-4}mol\end{aligned}$$

$$t_{Cu^{2+}}=\frac{n_{迁移}}{n_{电解}}=\frac{1.424\times10^{-4}}{3.754\times10^{-4}}=0.38$$

$$t_{SO_4^{2-}}=1-t_{Cu^{2+}}=1-0.38=0.62$$

也可以根据 SO_4^{2-} 浓度的变化先求 $t_{SO_4^{2-}}$。阴极区 SO_4^{2-} 浓度的变化仅仅是由于 SO_4^{2-} 的迁出所导致，因此 SO_4^{2-} 的物质的量的变化为 $n_{最终}=n_{起始}-n_{迁移}$，其中 n 表示($\frac{1}{2}SO_4^{2-}$)的物质的量。

$$n_{迁移}=(1.4139\times10^{-2}-1.3906\times10^{-2})\text{mol}=2.33\times10^{-4}\text{mol}$$

$$t_{SO_4^{2-}}=\frac{n_{迁移}}{n_{电解}}=\frac{2.33\times10^{-4}}{3.754\times10^{-4}}=0.62$$

$$t_{Cu^{2+}}=1-t_{SO_4^{2-}}=1-0.62=0.38$$

9.3 电导、电导率和摩尔电导率

根据前述电解质溶液的导电机理可知，离子的存在是电解质溶液导电的根本原因，电解质溶液的导电能力应主要取决于两个方面：①溶液中所含离子的数目(严格地说应该是电荷数目)，离子越多，即参加导电的基本粒子越多，溶液的导电能力就越强；②离子的电迁移率，离子的电迁移率越大，表明单位场强下离子电迁移的速度越快，则溶液的导电能力就越强。例如有 HCl 和 KCl 两种溶液，若两溶液的浓度相同且均为单位体积，则它们所含的离子数目相同，但由于 HCl 溶液中的 H^+ 的电迁移率远大于 KCl 溶液中的 K^+ 的电迁移率，因此，HCl 溶液比 KCl 溶液的导电能力强些。同样，若两个溶液中正、负离子的电迁移率均十分接近，则含离子(电荷)多的溶液导电能力就强些。

9.3.1 电导与电导率

在电学中常用电阻的大小来描述导体内电子定向运动受到的阻碍或导体的导电能力：

$$R=\rho\frac{l}{A_s} \tag{9-3}$$

式中，R 为电阻；ρ 为电阻率；l 和 A_s 分别为导体的长度和横截面积。在电解质溶液中，人们习惯于用电导来表示溶液的导电能力，电阻 R 的倒数称为电导(electric conductance)，一般用符号 G 表示：

$$G=\frac{1}{R} \tag{9-4}$$

G 的单位是 Ω^{-1}，称为西门子(Siemens)，用符号 S 表示。通常认为，电导越大，导体的导电能力便越强。由以上两式可得

$$G=\frac{1}{\rho}\times\frac{A_s}{l}=\kappa\times\frac{A_s}{l} \tag{9-5}$$

式中，κ 为电阻率 ρ 的倒数，叫做电导率(conductivity)，单位为 $S\cdot m^{-1}$。

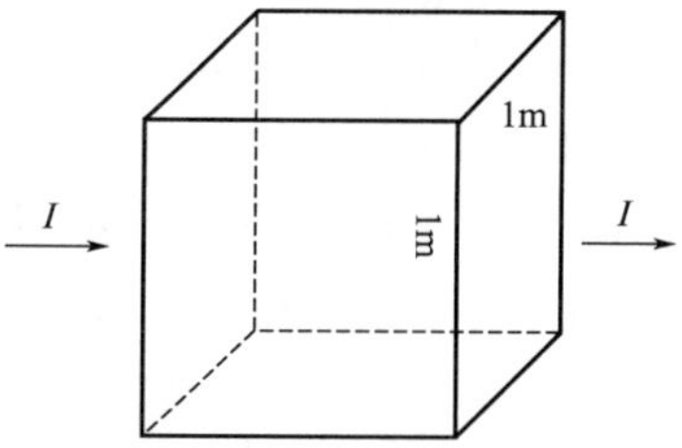

图 9-6 电导率的物理意义

溶液电导率 κ 的物理意义如图 9-6 所示，表示横截面积为 $1m^2$、长度为 1m 的一个单位体积溶液柱体所具有的电导。此柱体中所含离子数目的多少取决于溶液

的浓度，所以它的导电能力(即 κ 值大小)取决于溶液浓度和离子的电迁移率。

电导率 κ 的数值大小取决于溶液的温度、压力、浓度和电解质本身性质，对某指定的电解质溶液可表示为 $\kappa=\kappa(T, p, c)$。对于同一种电解质溶液，由于压力对于电导率 κ 的影响极小，一般不予考虑。人们精确地测定了不同浓度的 KCl 水溶液在各种温度下的电导率，并把它们列入电化学手册。对一种金属导体来说，在一定温度下其电导率是确定的；但对于某种电解质的溶液，κ 的数值除了与温度有关，还随溶液的浓度而改变，这是由于柱体中离子的数目及其电迁移率均随浓度而变化所致。在 291K 常压下一些电解质溶液的电导率随溶液浓度的变化情况如图 9-7 所示。

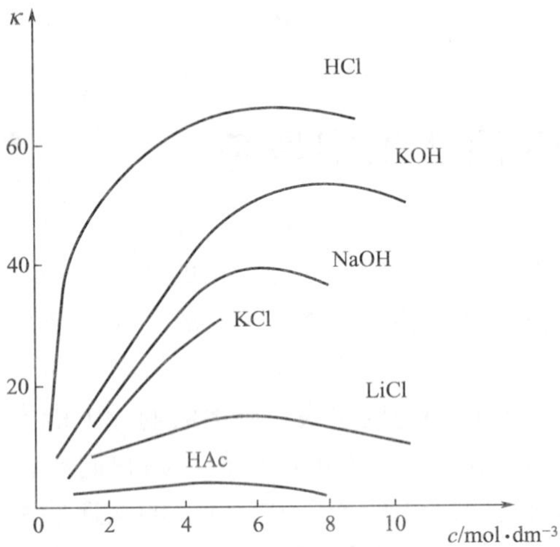

图 9-7　291K 常压下一些电解质溶液的电导率与浓度的关系

由图 9-7 可以看出如下两点：

① 相同温度和浓度下强酸的电导率最大，强碱次之，盐类较低，弱电解质则更低。这是由于 H^+ 和 OH^- 的电迁移率远远大于其他离子，而弱电解质很低则是由于通常情况下其电离度较小因而单位体积中实际参加导电的离子很少所致。

② 不同电解质溶液的 κ-c 曲线上往往存在极大值点。实际上除了那些溶解度较低的盐类，由于它们在没有到达极大值点时就已经饱和了，其他的电解质都有类似的情况。在较稀的浓度范围内，离子间的静电作用较弱处于次要地位，单位体积溶液中的离子数目随着溶液浓度增大而增加，κ 值便逐渐增大。当浓度超过一定数值以后，离子间的静电作用增强，将使离子的迁移速度迅速减小，甚至正、负离子还有可能缔合成荷电量较少或中性的离子对，因而会出现随溶液浓度增大 κ 值减小的情况，这表明在较高浓度下必须要考虑离子间的静电作用对导电性质的影响。由于弱电解质溶液是部分电离的，其单位体积内离子的数目一般较少，因而其电导率随浓度的变化远不像强电解质那样明显。

9.3.2　电导的测定

通过测量某电解质溶液的电阻即可获得其电导数值，而电解质溶液的电阻可以采用物理学中的惠斯登电桥法进行测定，但需注意应采用适当频率的交流电源而不能用直流电源测定，因为直流电通过电解质溶液时将会产生电解，使电极附近溶液浓度发生变化，并且产物的沉积和析出也会改变电极的特性。

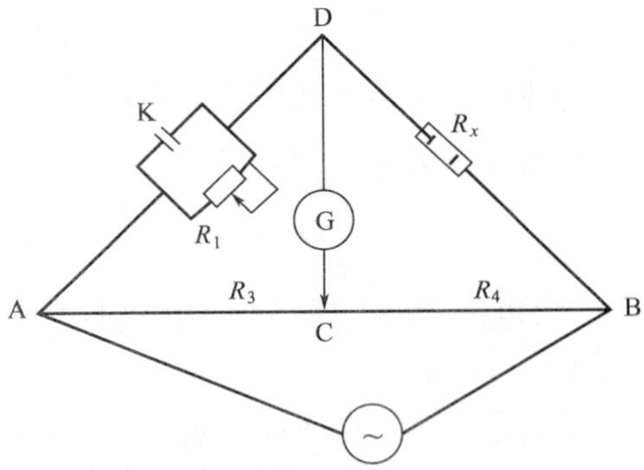

图 9-8　惠斯登电桥测定电解质溶液电阻的原理图

图 9-8 是惠斯登电桥测定电解质溶液电阻的原理图，其中 G 为检流计，AB 为均匀的滑线电阻，K 为一可以抵消电导池电容的可变电容器，测定时只需接通交流信号源，选择适宜的电阻 R_1，移动触点 C 直到检流计

G 指在零，此时电桥平衡，因此，待测溶液的电导为：

$$G_x=\frac{1}{R_x}=\frac{1}{R_1}\times\frac{R_3}{R_4}=\frac{\overline{AC}}{\overline{CB}}\times\frac{1}{R_1}$$

待测溶液的电导率为：

$$\kappa_x=G_x\times\frac{l}{A_s}=\frac{1}{R_x}\times\frac{l}{A_s}=K_{cell}\times\frac{1}{R_x} \tag{9-6}$$

式中 $K_{cell}=\frac{l}{A_s}$，对于一个固定的电导池，由于其 l 和 A_s 均为定值，因此 K_{cell} 必然也是一固定值，通常称其为电导池常数。某电导池的常数可这样得出：将已知电导率的 KCl 水溶液装入该电导池并测量其电阻 R_{KCl}，即可求出 $K_{cell}=R_{KCl}\kappa_{KCl}$。当测出某电导池的常数 K_{cell} 后，再将需测定电导率的未知溶液注入该电导池中并测量其电阻 R_x 即可计算出其电导率：$\kappa_x=K_{cell}\frac{1}{R_x}$。25℃时不同浓度 KCl 水溶液的电导率数据见表 9-2。

表 9-2 25℃时不同浓度 KCl 水溶液的电导率

$c/mol \cdot dm^{-3}$	$\kappa/S \cdot m^{-1}$
0.0001	0.001489
0.001	0.01469
0.01	0.1413
0.1	1.289
1.0	11.19

9.3.3 摩尔电导率及其与浓度的关系

电解质溶液电导率 κ 代表单位体积即 $1m^3$ 溶液的导电能力，它不仅与电解质本性有关，还与这单位体积中所加入溶液的浓度大小相关。因此，仅仅根据电导率 κ 的数值来比较不同电解质、不同浓度溶液的导电能力是不合理的。为此，人们引入摩尔电导率(molar conductivity)的概念，即

$$\Lambda_m=\frac{\kappa}{c} \tag{9-7}$$

式中，κ 为溶液的电导率，$S \cdot m^{-1}$；c 为物质的量浓度，$mol \cdot m^{-3}$；Λ_m 为电解质溶液的摩尔电导率，$S \cdot m^2 \cdot mol^{-1}$。

摩尔电导率是指将含有 1mol 电解质的溶液放入两个相距为 1m 的平行板电极之间，此时溶液所具有的电导，即含 1mol 电解质溶液的导电能力。Λ_m 数值大小反映了各种电解质性质的差异以及溶液浓度的影响，为比较不同溶液的导电能力提供了相同的基础，通常所说溶液的导电能力就是指该溶液的摩尔电导率大小。任何电解质的摩尔电导率均是指含 1mol 电解质而言，因涉及物质的量，故还必须要指明电解质的基本单元，例如，1mol NaCl，1mol $1/2CuSO_4$，1mol $CuSO_4$ 等。显然，在相同的温度和浓度下，以 $CuSO_4$ 和 $1/2CuSO_4$ 作为基本单元时，两者摩尔电导率间的关系为：$\Lambda_m(CuSO_4)=2\Lambda_m(1/2CuSO_4)$。

摩尔电导率 Λ_m 与溶液浓度 c 的关系可由实验得出，图 9-9 为 298K 时一些电解质的摩尔电导率与浓度平方根的关系，由图中 Λ_m-$\sqrt{c}$ 的关系可以看出如下规律。

① 对于强电解质，Λ_m 随浓度降低而增大。这是由于强电解质在水溶液中是完全电离的，当浓度降低时，这些离子之间的静电作用减弱使离子电迁移率增大。进一步的研究发

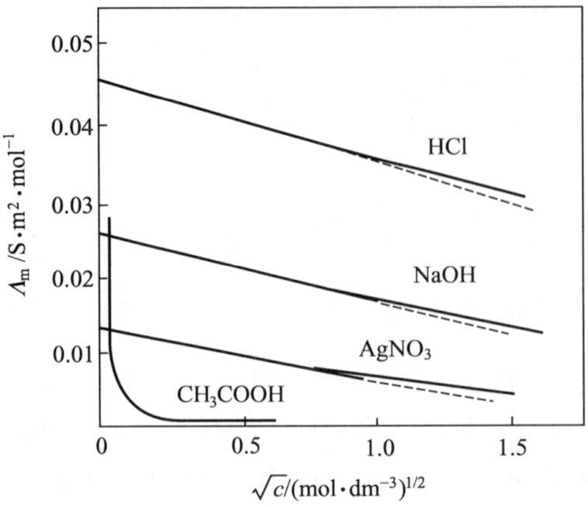

图 9-9 298K 时一些电解质溶液的 Λ_m 与浓度平方根的关系

现，在较稀的浓度范围内，强电解质的 Λ_m 与 $\sqrt{c}$ 都成直线关系。化学家柯尔劳施在实验基础上将这种关系整理成：

$$\Lambda_m = \Lambda_m^\infty (1-\beta\sqrt{c}) \tag{9-8}$$

式中，β 在一定温度下对于指定的电解质是常数；Λ_m^∞ 为无限稀时的摩尔电导率，通常称为极限摩尔电导率，其值与电解质性质和温度有关。

② 对于弱电解质，Λ_m 也随浓度降低而增大。但与强电解质的表现有所不同，当浓度较高时 Λ_m 随浓度降低只是稍增大，而当浓度趋近于零时，Λ_m 则随浓度降低呈急剧增大，表现出 Λ_m-$\sqrt{c}$ 曲线十分陡峭。这是因为在通常浓度范围内弱电解质的电离度一般都很小，实际参与导电的离子数目很少，当浓度很稀时弱电解质的电离度明显增大，导电离子的数目会急剧增多。

在溶液无限稀的情况下，不论是强电解质还是弱电解质均会完全电离，且电离产生的离子间距离很大，基本可忽略相互间的静电作用。所以电解质溶液的极限摩尔电导率 Λ_m^∞ 可看作是 1mol 电解质完全电离成正离子和负离子，且两种离子间互不干扰的情况下的导电能力。在一定温度下，Λ_m^∞ 只取决于组成电解质的两种离子本身，即 Λ_m^∞ 是电解质的特性参数，反映了离子间无静电作用时电解质的导电本领。因此，在研究电解质溶液的导电时，Λ_m^∞ 是很重要的参数。对于强电解质，由于其在稀浓度范围内 Λ_m-$\sqrt{c}$ 成直线关系，因而可通过外推法求得其 Λ_m^∞ 的准确值，但弱电解质的 Λ_m^∞ 则不能用外推法求取。

【例 9-3】 温度为 298K 时，向某电导池中装入浓度为 0.02mol·dm⁻³、电导率为 0.2768S·m⁻¹ 的 KCl 水溶液，测得其电阻为 453Ω。若向该电导池中注入同样体积、浓度为 0.005mol·dm⁻³ 的 $CaCl_2$ 水溶液，测出的电阻则为 1050Ω。试计算：(1) 电导池常数 K_{cell}；(2) $CaCl_2$ 溶液的电导率 κ；(3) $\Lambda_m(CaCl_2)$；(4) $\Lambda_m(\frac{1}{2}CaCl_2)$。

解 (1) 电导池常数 $K_{cell}=\frac{l}{A_s}=R_{KCl}\kappa_{KCl}=(453\times0.2768)\text{m}^{-1}=125.4\text{m}^{-1}$

(2) $CaCl_2$ 溶液的电导率 $\kappa=K_{cell}G_{CaCl_2}=(125.4/1050)\text{S·m}^{-1}=0.1194\text{S·m}^{-1}$

(3) $\Lambda_m(CaCl_2)=\frac{\kappa}{c}=\left(\frac{0.1194}{0.005\times10^3}\right)\text{S·m}^2\text{·mol}^{-1}=0.02388\text{S·m}^2\text{·mol}^{-1}$

(4) $\Lambda_m(\frac{1}{2}CaCl_2)=\frac{1}{2}\Lambda_m(CaCl_2)=0.01194S\cdot m^2\cdot mol^{-1}$

9.3.4 离子独立运动定律和离子的极限摩尔电导率

如前所述，极限摩尔电导率的大小反映了电解质在离子间无静电作用时的导电能力，为某电解质的特性参数，不同强电解质的极限摩尔电导率数值是不同的。298K 时通过实验测得一些电解质在无限稀释时的摩尔电导率数据如下：

$\Lambda_m^\infty(KCl)=0.01499S\cdot m^2\cdot mol^{-1}$，$\Lambda_m^\infty(LiCl)=0.01150S\cdot m^2\cdot mol^{-1}$

$\Lambda_m^\infty(KNO_3)=0.01450S\cdot m^2\cdot mol^{-1}$，$\Lambda_m^\infty(LiNO_3)=0.01101S\cdot m^2\cdot mol^{-1}$

$\Lambda_m^\infty(HCl)=0.042616S\cdot m^2\cdot mol^{-1}$，$\Lambda_m^\infty(HNO_3)=0.04213S\cdot m^2\cdot mol^{-1}$

仔细分析以上数据可以看出：

① 在一定温度下，具有相同负离子的任何两种电解质(如 KCl 和 LiCl，KNO_3 和 $LiNO_3$)的 Λ_m^∞ 之差近似为一常数，与负离子的种类和性质无关，即

$\Lambda_m^\infty(KCl)-\Lambda_m^\infty(LiCl)=\Lambda_m^\infty(KNO_3)-\Lambda_m^\infty(LiNO_3)=0.00349S\cdot m^2\cdot mol^{-1}$

② 在一定温度下，具有相同正离子的任何两种电解质(如 KCl 和 KNO_3，LiCl 和 $LiNO_3$)的 Λ_m^∞ 之差也近似为一常数，也与正离子的种类和性质无关，即

$\Lambda_m^\infty(KCl)-\Lambda_m^\infty(KNO_3)=\Lambda_m^\infty(LiCl)-\Lambda_m^\infty(LiNO_3)=0.00049S\cdot m^2\cdot mol^{-1}$

对其他电解质也存在同样的规律。根据大量实验事实，柯尔劳施提出了离子独立运动定律(law of the independent migration of ion)——在无限稀释的电解质溶液中，离子彼此独立运动，互不影响，因此每种离子的电导不受其他离子的影响，而每种电解质的极限摩尔电导率在溶剂、温度一定的条件下，只取决于其正、负离子的极限摩尔电导率，为正、负离子的极限摩尔电导率之和。

不论是强电解质还是弱电解质，在一定温度下的无限稀释水溶液中，皆可视为全部电离，即

$$C_{\nu_+}A_{\nu_-}\longrightarrow \nu_+C^{z+}+\nu_-A^{z-}$$

$$\Lambda_m^\infty=\nu_+\Lambda_{m,+}^\infty+\nu_-\Lambda_{m,-}^\infty \tag{9-9}$$

式中，ν_+ 及 ν_- 分别为正、负离子的化学计量数；$\Lambda_{m,+}^\infty$ 和 $\Lambda_{m,-}^\infty$ 分别为正离子和负离子的极限摩尔电导率；Λ_m^∞ 为整体电解质的极限摩尔电导率。式(9-9)即为柯尔劳施离子独立运动定律的数学表达形式。根据此定律和离子迁移数的定义，对无限稀溶液有

$$t_+^\infty=\frac{\nu_+\Lambda_{m,+}^\infty}{\Lambda_m^\infty}\quad t_-^\infty=\frac{\nu_-\Lambda_{m,-}^\infty}{\Lambda_m^\infty}$$

也就是说，通过实验测定出整体电解质的极限摩尔电导率和离子迁移数，即可得出正、负离子的极限摩尔电导率。在谈及离子的摩尔电导率时也必须要指明物质量的基本单元，比如是以 Ca^{2+} 还是以 $\frac{1}{2}Ca^{2+}$ 作为基本单元，两者摩尔电导率间的关系为：$\Lambda_m(Ca^{2+})=2\Lambda_m(\frac{1}{2}Ca^{2+})$，一般将电荷数为 z_B 的离子的 $\frac{1}{z_B}$ 作为基本单元，这样不同种类离子在基本单元中均含有 1mol 基本电荷，即是摩尔电荷电导率。离子的极限摩尔电导率数值可通过实验测定，表 9-3 列出了一些离子在 25℃下无限稀释水溶液中的摩尔电荷电导率数据。

根据离子独立运动定律，可以通过离子的极限摩尔电导率或相关强电解质的极限摩尔电

导率，计算弱电解质的极限摩尔电导率。例如，在25℃下的无限稀释水溶液中，弱电解质CH_3COOH的极限摩尔电导率可按如下两种方法求出。即

$$\begin{aligned}\Lambda_m^\infty(CH_3COOH)&=\Lambda_m^\infty(CH_3COO^-)+\Lambda_m^\infty(H^+)\\&=(40.9+349.82)\times10^{-4}S\cdot m^2\cdot mol^{-1}\\&=390.72\times10^{-4}S\cdot m^2\cdot mol^{-1}\end{aligned}$$

$$\begin{aligned}\Lambda_m^\infty(CH_3COOH)&=\Lambda_m^\infty(CH_3COONa)+\Lambda_m^\infty(HCl)-\Lambda_m^\infty(NaCl)\\&=(91.01+426.16-126.45)\times10^{-4}S\cdot m^2\cdot mol^{-1}\\&=390.72\times10^{-4}S\cdot m^2\cdot mol^{-1}\end{aligned}$$

表9-3 25℃时无限稀释水溶液中离子的摩尔电荷电导率

正离子	$10^4\Lambda_{m,+}^\infty/S\cdot m^2\cdot mol^{-1}$	负离子	$10^4\Lambda_{m,-}^\infty/S\cdot m^2\cdot mol^{-1}$
H^+	349.82	OH^-	198.0
Li^+	38.69	Cl^-	76.34
K^+	73.52	Br^-	78.40
Na^+	50.11	I^-	76.80
Ag^+	61.92	NO_3^-	71.44
NH_4^+	73.40	ClO_4^-	68.0
$\frac{1}{2}Ca^{2+}$	59.50	CH_3COO^-	40.90
$\frac{1}{2}Ba^{2+}$	63.64	MnO_4^-	61.3
$\frac{1}{2}Sr^{2+}$	59.46	$\frac{1}{2}CO_3^{2-}$	69.3
$\frac{1}{2}Mg^{2+}$	53.06	$\frac{1}{2}SO_4^{2-}$	79.80
$\frac{1}{3}La^{3+}$	69.60		

某离子B的极限摩尔电导率与极限电迁移率之间存在关系：$\Lambda_{m,B}^\infty=\mu_B^\infty z_B F$，式中$\mu_B^\infty$为离子B的极限电迁移率，$z_B$为离子电价，$F$为法拉第常数。下面对此作简单讨论。假定在相距$l$m的两电极间施加电势差为$U$的匀强电场，电极截面积为$A_s$，两电极间放入电解质$C_{\nu_+}A_{\nu_-}$，其电离度为$\alpha$，正、负离子迁移速度分别为$v_+$和$v_-$，两者迁移的电流分别为$I_+$和$I_-$，则有：$I=I_++I_-$

$$I_+=\nu_+c\alpha v_+A_sz^+F \tag{9-10}$$

$$I_-=\nu_-c\alpha v_-A_sz^-F \tag{9-11}$$

根据电导和电迁移率定义有

$$G=\frac{I}{U}=\kappa\frac{A_s}{l}$$

$$\mu_+=\frac{v_+}{E},\ \mu_-=\frac{v_-}{E}$$

$$\Lambda_m=\frac{\kappa}{c}=\frac{I}{U}\times\frac{l}{cA_s}=\frac{I_++I_-}{U/l}\times\frac{1}{cA_s}$$

将式（9-10）和式（9-11）代入，得

$$\Lambda_m = \alpha(\nu_+\mu_+ z^+ F + \nu_-\mu_- z^- F) \qquad (9\text{-}12)$$

无限稀释时，$\alpha \to 1$，有

$$\Lambda_m^\infty = \nu_+\mu_+^\infty z^+ F + \nu_-\mu_-^\infty z^- F \qquad (9\text{-}13)$$

将式(9-13)与离子独立运动定律的式(9-9)作对比，可以看出离子的极限摩尔电导率与极限电迁移率之间的关系为

$$\Lambda_{m,+}^\infty = \mu_+^\infty z^+ F,\ \Lambda_{m,-}^\infty = \mu_-^\infty z^- F$$

将式(9-12)除以式(9-13)可得电解质的摩尔电导率和极限摩尔电导率之比为

$$\frac{\Lambda_m}{\Lambda_m^\infty} = \frac{\alpha(\nu_+\mu_+ z^+ F + \nu_-\mu_- z^- F)}{\nu_+\mu_+^\infty z^+ F + \nu_-\mu_-^\infty z^- F} \qquad (9\text{-}14)$$

9.4 电导测定的应用

9.4.1 计算弱电解质的解离度和解离常数

通常，弱电解质在水溶液中仅部分解离，解离出来的正、负离子与未解离的分子之间存在着动态平衡。例如浓度为 c、解离度为 α 的醋酸水溶液，达成解离平衡时可表示为

	$CH_3COOH \longrightarrow$	H^+	$+CH_3COO^-$
解离前	c	0	0
平衡时	$c(1-\alpha)$	$c\alpha$	$c\alpha$

解离平衡常数为

$$K^\ominus = \frac{(c\alpha/c^\ominus)^2}{c(1-\alpha)/c^\ominus} = \frac{c\alpha^2}{c^\ominus(1-\alpha)}$$

$c^\ominus = 1\text{mol}\cdot\text{dm}^{-3}$，称为标准体积摩尔浓度。由于弱电解电离出的正、负离子浓度很低，离子间作用很弱，一般可认为离子电迁移率与极限电迁移率近似相等即：$\mu_+ \approx \mu_+^\infty$，$\mu_- \approx \mu_-^\infty$，这样结合式(9-14)即可得出解离度 α 与摩尔电导率间存在如下关系

$$\alpha \approx \frac{\Lambda_m}{\Lambda_m^\infty} \qquad (9\text{-}15)$$

对于浓度为 c 的弱电解质溶液，可通过实验先测定其电导率 κ，并由式 $\Lambda_m = \frac{\kappa}{c}$ 计算出 Λ_m，再根据离子独立运动定律求出 Λ_m^∞，从而可以求出解离度 α 和解离平衡常数 $K^\ominus$。

【例 9-4】 已知在温度 291K 时，NH_4Cl、NaOH、NaCl 的极限摩尔电导率分别为 $129.8\times10^{-4}\text{S}\cdot\text{m}^2\cdot\text{mol}^{-1}$、$217.2\times10^{-4}\text{S}\cdot\text{m}^2\cdot\text{mol}^{-1}$ 和 $108.6\times10^{-4}\text{S}\cdot\text{m}^2\cdot\text{mol}^{-1}$，该温度下 $0.1\text{mol}\cdot\text{dm}^{-3}$ 氨水溶液的摩尔电导率为 $3.09\times10^{-4}\text{S}\cdot\text{m}^2\cdot\text{mol}^{-1}$。试计算此温度下氨水的解离度 α 和解离平衡常数 $K^\ominus$。

解
$$\begin{aligned}\Lambda_m^\infty(\text{氨水}) &= \Lambda_m^\infty(NH_4Cl) + \Lambda_m^\infty(NaOH) - \Lambda_m^\infty(NaCl)\\ &= (129.8\times10^{-4} + 217.2\times10^{-4} - 108.6\times10^{-4})\text{S}\cdot\text{m}^2\cdot\text{mol}^{-1}\\ &= 238.4\times10^{-4}\text{S}\cdot\text{m}^2\cdot\text{mol}^{-1}\end{aligned}$$

$$\alpha \approx \frac{\Lambda_m}{\Lambda_m^\infty} = \frac{3.09\times10^{-4}}{238.4\times10^{-4}} = 0.01296$$

$$K^\ominus = \frac{c\alpha^2}{c^\ominus(1-\alpha)} = \frac{0.1\times0.01296^2}{1.0\times(1-0.01296)} = 1.7\times10^{-5}$$

9.4.2 计算难溶盐的溶解度

用测定电导的方法也可以计算出难溶盐(如 AgCl、$BaSO_4$ 等)在水中的溶解度。难溶盐饱和水溶液的浓度很小，其摩尔电导率 Λ_m 可用 Λ_m^∞ 近似代替，即 $\Lambda_m \approx \Lambda_m^\infty$，而 Λ_m^∞ 根据离子独立运动定律即可求出。考虑到水对电导的贡献，难溶盐的电导率应为实际测定出的溶液电导率扣除同温度下所用的水的电导率数值，即

$$\kappa_{盐}=\kappa_{溶液}-\kappa_{水}$$

难溶盐在水中的溶解度为

$$c_{盐}=\frac{\kappa_{盐}}{\Lambda_{m,盐}}\approx\frac{\kappa_{溶液}-\kappa_{水}}{\Lambda_{m,盐}^\infty} \tag{9-16}$$

难溶盐本身为强电解质，其溶解的部分在水溶液中完全解离，根据其解离方程式即可求出正、负离子的浓度，从而可计算难溶盐在水中的溶度积常数。

【例 9-5】 298K 时，通过实验测得 $BaSO_4$ 饱和水溶液的电导率为 $4.20\times10^{-4}S\cdot m^{-1}$，在相同温度下配制此溶液所用水的电导率为 $1.05\times10^{-4}S\cdot m^{-1}$，试计算 298K 时 $BaSO_4$ 在水中的溶解度。

解 由于 $BaSO_4$ 在水中的溶解度极其微小，必须考虑水的电离及水中其他离子的存在对电导率的贡献，因此：

$$\begin{aligned}\kappa(BaSO_4)&=\kappa(溶液)-\kappa(水)\\&=(4.20-1.05)\times10^{-4}S\cdot m^{-1}\\&=3.15\times10^{-4}S\cdot m^{-1}\end{aligned}$$

由于 $BaSO_4$ 饱和水溶液中离子的浓度很小，其 Λ_m 可近似地看作等于 Λ_m^∞，即：

$$\begin{aligned}\Lambda_m(BaSO_4)\approx\Lambda_m^\infty(BaSO_4)&=\Lambda_m^\infty(Ba^{2+})+\Lambda_m^\infty(SO_4^{2-})\\&=(127.28+159.6)\times10^{-4}S\cdot m^2\cdot mol^{-1}\\&=286.88\times10^{-4}S\cdot m^2\cdot mol^{-1}\end{aligned}$$

298K 时 $BaSO_4$ 在水中的溶解度为：

$$\begin{aligned}c&=\frac{\kappa_{盐}}{\Lambda_m}\approx\frac{\kappa_{盐}}{\Lambda_m^\infty}\\&=\frac{3.15\times10^{-4}}{286.88\times10^{-4}}mol\cdot m^{-3}\\&=1.098\times10^{-2}mol\cdot m^{-3}\end{aligned}$$

【例 9-6】 已知 25℃时水的离子积常数 $K_w=1.008\times10^{-14}$，NaOH、HCl 和 NaCl 的 Λ_m^∞ 分别为 $0.024811S\cdot m^2\cdot mol^{-1}$、$0.042616S\cdot m^2\cdot mol^{-1}$ 和 $0.012645S\cdot m^2\cdot mol^{-1}$，25℃时用这样的纯水配制的 AgBr 饱和水溶液的电导率为 $1.664\times10^{-5}S\cdot m^{-1}$，试计算 25℃时 AgBr 的溶度积常数 K_{sp}。

解 $$\begin{aligned}\Lambda_m^\infty(H_2O)=\Lambda_m^\infty(H^+)+\Lambda_m^\infty(OH^-)&=\Lambda_m^\infty(NaOH)+\Lambda_m^\infty(HCl)-\Lambda_m^\infty(NaCl)\\&=(0.024811+0.042616-0.012645)S\cdot m^2\cdot mol^{-1}\\&=0.054782S\cdot m^2\cdot mol^{-1}\end{aligned}$$

$$K_w=\frac{c\alpha}{c^\ominus}\times\frac{c\alpha}{c^\ominus}=1.008\times10^{-14}$$

$$\alpha=1.81\times10^{-9}$$

$$\kappa_{水}=c\alpha\Lambda_m^{\infty}=55.5\text{mol}\cdot\text{dm}^{-3}\times1.81\times10^{-9}\times0.054782\text{S}\cdot\text{m}^2\cdot\text{mol}^{-1}$$
$$=5.50\times10^{-6}\text{S}\cdot\text{m}^{-1}$$
$$\kappa_{AgBr}=\kappa_{溶液}-\kappa_{水}=(1.664\times10^{-5}-5.50\times10^{-6})\text{S}\cdot\text{m}^{-1}$$
$$=1.114\times10^{-5}\text{S}\cdot\text{m}^{-1}$$
$$c=\frac{\kappa_{盐}}{\Lambda_m}\approx\frac{\kappa_{盐}}{\Lambda_m^{\infty}}=\frac{1.114\times10^{-5}}{(61.92+78.4)\times10^{-4}}\text{mol}\cdot\text{m}^3=7.94\times10^{-7}\text{mol}\cdot\text{dm}^{-3}$$
$$K_{sp}=\frac{c}{c^{\ominus}}\times\frac{c}{c^{\ominus}}=6.30\times10^{-13}$$

9.4.3 电导滴定

电导滴定常被用来测定溶液中某种电解质的浓度。当溶液浑浊或者是有颜色而不能用指示剂来确定滴定终点时，此法就更显得有用。当然，只有在滴定过程中溶液的电导率会发生明显的变化时，才能选用此方法。例如，用强碱 NaOH 滴定盐酸时，溶液中摩尔电导率很大的 H^+ 被摩尔电导率较小的 Na^+ 所取代，因此，溶液的电导将随着 NaOH 的滴入而明显地降低。当 HCl 被中和完毕后，再继续滴入 NaOH，即相当于单纯增加溶液中的 Na^+ 及 OH^- 的浓度，由于 OH^- 的摩尔电导率很大，所以，在滴定终点之后，溶液的电导会骤增。图 9-10 所示的 AB 和 BC 两条线的交点就是滴定的终点。

电导滴定也可用于沉淀反应，例如用 KCl 滴定 $AgNO_3$ 时发生下列反应：

$$AgNO_3+KCl\longrightarrow AgCl(s)+KNO_3$$

溶液中的 Ag^+ 被摩尔电导率相差不大的 K^+ 所代替，故在滴定终点前，溶液的电导仅发生极小的变化。超过滴定终点后再加入 KCl 时，由于溶液中有过量的 KCl 存在，溶液的电导将迅速地增加，图 9-11 中 DE 和 EF 两条线的交点 E 就是滴定的终点。

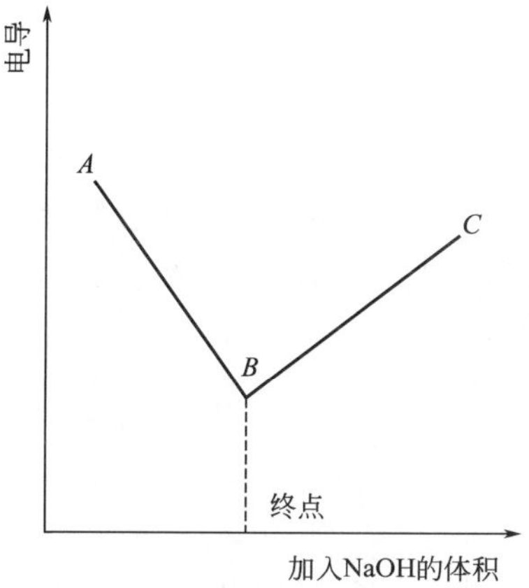

图 9-10 强碱强酸的电导滴定

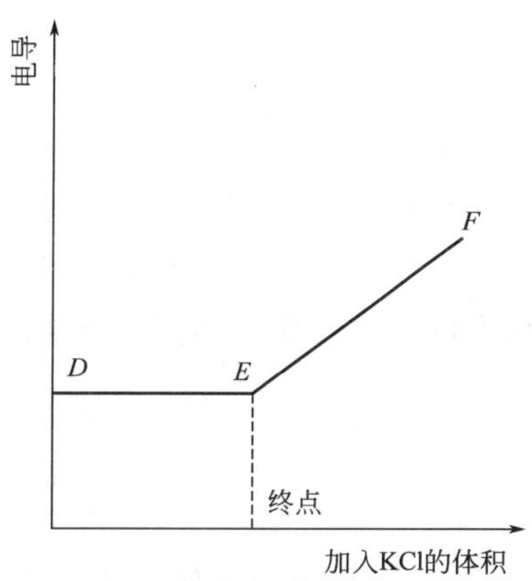

图 9-11 沉淀反应的电导滴定

9.5 电解质溶液的活度与活度因子

对电解质溶液，由于其电离出正、负离子，而离子间存在静电引力作用，即使在溶液很稀时离子间的静电引力作用仍然不可忽视。研究表明，在相同浓度下电解质溶液对理想溶液的偏离较非电解质溶液要大得多。因此，在讨论电解质溶液的化学势等热力学性质时，需要用活度代替浓度。下面讨论电解质溶液的离子平均活度(ionic mean activity)和离子平均活度因子(ionic mean activity factor)。

9.5.1 离子平均活度和平均活度因子

强电解质 $C_{\nu_+}A_{\nu_-}$ 在溶液中完全电离

$$C_{\nu_+}A_{\nu_-} \longrightarrow \nu_+ C^{z+} + \nu_- A^{z-}$$

强电解质 $C_{\nu_+}A_{\nu_-}$ 的化学势可表示为

$$\mu = \mu^{\ominus} + RT\ln a \tag{9-17}$$

式中，μ 只不过是一种假想，实际上溶液中存在的是正离子 C^{z+} 和负离子 A^{z-}。正离子和负离子的化学势可分别表示为

$$\mu_+ = \mu_+^{\ominus} + RT\ln a_+$$

$$\mu_- = \mu_-^{\ominus} + RT\ln a_-$$

整体电解质的化学势应是正、负离子的化学势之和，为

$$\mu = \nu_+\mu_+ + \nu_-\mu_-$$

即

$$\mu^{\ominus} + RT\ln a = \nu_+(\mu_+^{\ominus} + RT\ln a_+) + \nu_-(\mu_-^{\ominus} + RT\ln a_-)$$

整理后可得

$$\mu^{\ominus} + RT\ln a = \nu_+\mu_+^{\ominus} + \nu_-\mu_-^{\ominus} + RT\ln(a_+^{\nu_+}a_-^{\nu_-})$$

选用相同的标准态时，有

$$\mu^{\ominus} = \nu_+\mu_+^{\ominus} + \nu_-\mu_-^{\ominus}$$

故

$$RT\ln a = RT\ln(a_+^{\nu_+}a_-^{\nu_-})$$

因此

$$a = a_+^{\nu_+}a_-^{\nu_-} \tag{9-18}$$

由于整个溶液总是电中性的，即 $\nu_+ z^+ = \nu_- |z^-|$，而正、负离子不可能单独存在于溶液中，因此单个离子的活度无法通过实验测量。为此定义电解质溶液的离子平均活度 $a_\pm$、离子平均质量摩尔浓度 $b_\pm$ 及离子平均活度因子 $\gamma_\pm$ 如下：

$$a_\pm = (a_+^{\nu_+}a_-^{\nu_-})^{1/\nu} \tag{9-19}$$

$$b_\pm = (b_+^{\nu_+}b_-^{\nu_-})^{1/\nu} \tag{9-20}$$

$$\gamma_\pm = (\gamma_+^{\nu_+}\gamma_-^{\nu_-})^{1/\nu} \tag{9-21}$$

其中，$\nu = \nu_+ + \nu_-$。设电解质溶液的质量摩尔浓度为 b，由上述定义以及 $b_+ = \nu_+ b$，$b_- = \nu_- b$ 等关系，可以推导出如下常用的关系式

$$a_\pm = \gamma_\pm (b_\pm / b^{\ominus}) \tag{9-22}$$

$$a = a_\pm^{\nu} = a_+^{\nu_+}a_-^{\nu_-} \tag{9-23}$$

9.5.2 离子强度 I

平均活度可看作是对平均浓度所作的校正，通常所说某电解质溶液的活度因子即是指离子的平均活度因子 $\gamma_\pm$。离子平均活度因子 $\gamma_\pm$ 可通过电动势法或稀溶液依数性法进行实验测

定。表 9-4 列出了 25℃时由实验测定的部分电解质水溶液的离子平均活度因子 $\gamma_{\pm}$ 的数值。

表 9-4 25℃时一些电解质水溶液的离子平均活度因子 $\gamma_{\pm}$ 值

$b/\text{mol}\cdot\text{kg}^{-1}$	0.001	0.005	0.01	0.05	0.10	0.50	1.0	2.0	4.0
HCl	0.965	0.928	0.904	0.830	0.796	0.757	0.809	1.009	1.762
NaCl	0.966	0.929	0.904	0.823	0.778	0.682	0.658	0.671	0.783
KCl	0.965	0.927	0.901	0.815	0.769	0.650	0.605	0.575	0.582
HNO_3	0.965	0.927	0.902	0.823	0.785	0.715	0.720	0.783	0.982
NaOH	0.965	0.927	0.899	0.818	0.766	0.693	0.679	0.700	0.890
$CaCl_2$	0.887	0.783	0.724	0.574	0.518	0.448	0.500	0.792	2.934
K_2SO_4	0.809	0.780	0.710	0.520	0.430				
H_2SO_4	0.830	0.639	0.544	0.340	0.265	0.154	0.130	0.124	0.171
$CdCl_2$	0.819	0.623	0.524	0.304	0.228	0.100	0.066	0.044	
$BaCl_2$	0.880	0.770	0.720	0.560	0.490	0.390	0.390		
$CuSO_4$	0.740	0.530	0.410	0.210	0.160	0.068	0.047		
$ZnSO_4$	0.734	0.477	0.387	0.202	0.148	0.063	0.043	0.035	

由表 9-4 中数据可以得出如下规律。

① 电解质的平均活度因子与溶液浓度有关。在较稀的浓度范围内($b<0.5\text{mol}\cdot\text{kg}^{-1}$)，$\gamma_{\pm}$ 随浓度降低而增大；当 $b\to 0$ 时，$\gamma_{\pm}$ 则趋近于 1，即 $\lim\limits_{b\to 0}\gamma_{\pm}=1$。

② 在较稀的浓度范围内($b<0.5\text{mol}\cdot\text{kg}^{-1}$)，对相同价型的各种电解质，浓度相同时它们的 $\gamma_{\pm}$ 值基本相同，溶液越稀这种规律越明显；而对于不同价型的电解质，即使在浓度相同时，它们的 $\gamma_{\pm}$ 值也各不相同，且价型越高，其 $\gamma_{\pm}$ 值就越小。

③ 当溶液浓度较高时，离子往往会产生严重的缔合现象，情况变得比较复杂，各种电解质的情况并不一致。

上述结论表明，在电解质溶液浓度较稀情况下，离子的平均活度因子 $\gamma_{\pm}$ 数值，主要取决于溶液中离子的浓度和离子电荷数，而且离子电荷数比浓度的影响还要大些，电荷数越高影响越大。据此路易斯(G. N. Lewis)于 1921 年提出了离子强度(ionic strength)的概念。

电解质溶液的离子强度 I 定义为

$$I=\frac{1}{2}\sum_{\text{B}}b_{\text{B}}z_{\text{B}}^{2} \tag{9-24}$$

式中，z_{B} 为离子 B 的电价；b_{B} 为溶液中任意离子 B 的质量摩尔浓度(实际浓度)。例如，某浓度为 b 的醋酸溶液，其电离度为 α，则 $b(H^{+})=b(Ac^{-})=b\alpha$。

离子强度 I 实际上是对溶液中离子电荷所形成的静电场强度的量度，静电引力作用是导致电解质稀溶液偏离理想情况的主要原因，I 数值当然决定着平均活度因子 $\gamma_{\pm}$ 的大小。

9.5.3 强电解质溶液的离子互吸理论

电解质溶液的离子平均活度因子 $\gamma_{\pm}$ 的数值主要靠具体的实验来测定，至今为止只是对于很稀的电解质溶液，平均活度因子才可以通过理论进行计算，而对于浓溶液还没有找到一种普遍适用的理论计算方法。这与电解质溶液理论发展还不成熟、亟待完善有关。

(1) 电解质溶液理论的发展概况

历史上，人们很早就发现了电解质溶液的性质随浓度而变化的情况比相同浓度的非电解质溶液要大得多。阿仑尼乌斯于1887年提出了部分电离学说，该学说认为电解质在溶液中是部分电离的，电离产生的离子与未电离的分子之间存在平衡，在一定条件下电解质都有一个确定的电离度。后经实验证明，这一学说能较好地解释弱电解质的实验结果，但若将这一理论应用于强电解质，则会遇到相互矛盾或与实验结果严重不符的情况。例如利用电导法和凝固点下降法分别测定电解质电离度时，即使在相当稀的情况下所得结果也彼此不相吻合。

实验结果表明了部分电离学说的局限性。其问题主要在于：①它没有考虑电解质溶液中离子间存在静电相互作用，而在电解质溶液中这种静电相互作用是完全不能忽视的；②强电解质并不存在电离度的问题，不存在离子与未电离分子间的平衡。为了解决上述问题，德拜(Debye)和休格尔(Hückel)于1923年提出了强电解质溶液理论。该理论认为，在稀浓度时强电解质是完全电离的，并认为强电解质溶液的偏离理想性完全是由于正、负离子间的静电引力所引起，因此人们也往往将Debye-Hückel理论称为强电解质离子互吸理论。基于以上观点，Debye和Hückel将电解质溶液进行高度简化，提出如下理论假设和模型：

① 强电解质在稀浓度溶液中完全电离；

② 离子间的作用力主要是库仑力，它是导致电解质溶液偏离理想情况的主要原因；

③ 忽略正、负离子的大小差别，把它们均当作直径为 d 的荷电均匀的硬球；

④ 离子的热运动动能远高于其静电势能；

⑤ 溶液的介电常数与纯溶剂的介电常数几乎相同。

显然以上五点假设，只有在稀浓度溶液中才是合理的，因此严格地说，Debye-Hückel理论只适用于强电解质的稀溶液。

Debye-Hückel理论虽然能较好地适用于强电解质稀溶液，但是这个理论仍然是有缺陷的。首先，它完全忽略了离子的溶剂化作用以及溶剂化程度对离子间相互作用的影响；其次，它忽略了离子的个性差异，将离子均当作无大小差别的硬球；此外，它还忽略了溶液介电常数对静电作用的影响。

电解质溶液理论要解决的重要问题之一即是计算平均活度因子 $\gamma_\pm$。Debye-Hückel理论比较圆满地解决了稀溶液中 $\gamma_\pm$ 的计算问题，但针对浓溶液计算时误差较大。为此很多研究者主要从两方面入手做了大量改进工作。一种思路是对Debye-Hückel的计算公式进行了修正，比如Davies将公式增加了一些参数，Meyer和Poisier修正了计算方法等；另一种思路是采用了新的物理模型，例如引入离子水化理论和离子缔合理论，前者在考虑物理和化学水化作用基础上提出了包含水化数在内的计算活度因子的公式，后者则认为由于库仑力的作用会在溶液中形成荷电较少甚至中性的“离子对”，这种理论在电解质溶液理论发展过程中起到了十分重要的作用。客观地说，电解质溶液理论的发展到目前为止还是不完善的。只有在对液体的本性及溶液中的相互作用有了更深刻的认识并提出了更正确合理的离子间相互作用的理论模型之后，电解质溶液理论才能得到更进一步发展。

（2）离子氛模型

Debye和Hückel在以上五点假设的基础上进一步提出了离子氛(ionic atmosphere)的概念。他们认为在溶液中正、负离子共存，根据库仑定律，同性离子相斥，异性离子相吸。因此，离子在静电力作用下趋向于如同离子晶体那样规则地排列，离子的热运动则力图使它们均匀地分散在溶液中，这两种作用的结果使得在一定的时间间隔内平均来看，在任一离子(称其为中心离子)周围，异种离子分布的平均密度要大于同种离子分布的平均密度。每一个中心离子都好像被一层异号电荷包围着，这层异号电荷的总电量在数值上与中心离子所带的电量相等但符号相反，统计地看，这层异号电荷围绕中心离子呈球形对称，称为离子氛。例如对溶液中某个正离子 C^{z+}（中心离子），如图 9-12 所示，考虑其附近与之相距 r 处的一个微小的体积元 dV。由于正离子 C^{z+} 吸引负离子而排斥正离子，在 dV 中负离子过剩的概率要大于正离子过剩的概率，即在每个离子所邻近的空间内找到异号离子的概率比找到同号离子的概率大，因此可以认为每一个中心离子都被一层带电符号相反的离子氛所包围。

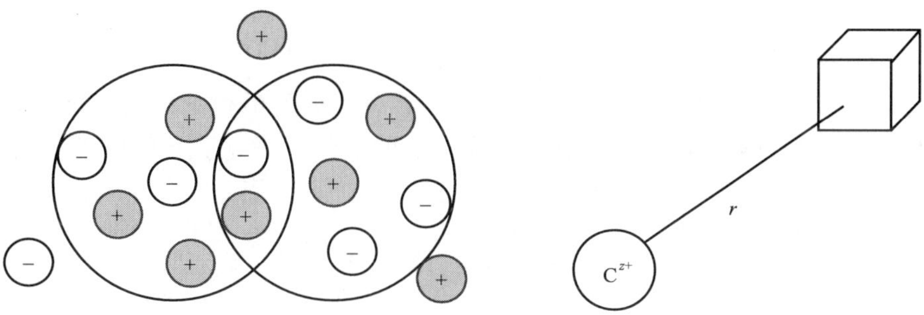

图 9-12 离子氛的模型

由于离子的热运动，离子氛并不是完全静止的，而是处于不断的运动和变化之中。离子之间既有引力也有斥力作用，所以每个中心离子外面的离子氛情况是很复杂的，只能看作时间统计的平均结果。Debye 和 Hückel 应用统计力学中的 Boltzmann 分布定律和静电学中的泊松(Poisson)方程来计算每一个中心离子附近的电荷平均分布。溶液中的每一个离子既可以是中心离子，同时又可作为另一个异号离子的离子氛的一员。

溶液中离子间的相互作用是非常复杂的，但在抽象出离子氛的模型之后，由于中心离子与其离子氛电荷相等、符号相反，可把它们看成一个电中性的整体。这样就可以将溶液中离子间相互作用归结为中心离子与其离子氛之间的相互作用，从而可使所研究的问题大大简化，便于从理论上推导出计算 $\gamma_\pm$ 的公式。

9.5.4 Debye-Hückel 极限公式

Debye 和 Hückel 根据前述稀溶液的五点假设和离子氛模型，运用热力学和静电学知识及方法推导出了计算强电解质稀溶液平均活度因子 $\gamma_\pm$ 的极限公式。下面对此作简单介绍。

理想溶液中虽然存在离子，但假定离子间不存在相互作用；而实际电解质稀溶液中的离子间存在静电作用，但这种作用可归结为中心离子与其离子氛之间的相互作用，中心离子与其离子氛作为一个整体则是电中性的；显然在温度、压力和浓度相同情况下实际电解质稀溶液和理想溶液的化学势是不同的，两者的差值 $\Delta\mu_E$ 为

$$\mu_{实际}-\mu_{理想}=\nu_+(\mu_+^\ominus+RT\ln a_+)+\nu_-(\mu_-^\ominus+RT\ln a_-)$$
$$-\nu_+\left(\mu_+^\ominus+RT\ln\frac{b_+}{b^\ominus}\right)-\nu_-\left(\mu_-^\ominus+RT\ln\frac{b_-}{b^\ominus}\right)$$

即

$$\Delta\mu_E=RT\ln(\gamma_+^{\nu_+}\gamma_-^{\nu_-})=RT\ln\gamma_\pm^{\nu} \tag{9-25}$$

$\Delta\mu_E$ 可运用状态函数法并结合静电学知识求得。

$$C_{\nu_+}A_{\nu_-}(T,\ p,\ c\ 理想溶液)\xrightarrow{恒温恒压}\nu_+C^{z+}+\nu_-A^{z-}(T,\ p,\ c\ 实际溶液)$$

$\uparrow$ Ⅰ　　　　　　　　　　$\uparrow$ Ⅱ

$\nu_+C+\nu_-A(T,\ p,\ c$ 无电溶液)

过程Ⅰ是在恒温、恒压、可逆下将无电溶液中的 ν_+C 和 ν_-A 充电形成理想溶液，充电过程不需考虑离子间相互作用；过程Ⅱ是在恒温、恒压、可逆下将无电溶液中的 ν_+C 和 ν_-A 充电形成实际溶液，充电过程需要考虑离子间相互作用，但这种作用可归结为中心离子与其离子氛之间的作用。根据吉布斯自由能判据可知：$\Delta\mu_1=W'_{1,r}$，$\Delta\mu_2=W'_{2,r}$

运用静电学知识可分别求出 $W'_{1,r}$ 和 $W'_{2,r}$，具体过程从略。根据状态函数特点可得：

$$\Delta\mu_E=RT\ln\gamma_\pm^\nu=\Delta\mu_2-\Delta\mu_1=W'_{2,r}-W'_{1,r}$$

$$=\nu_+L\int_0^{z^+e}\Phi_+(\text{离子氛},r=0)\mathrm{d}q+\nu_-L\int_0^{z^-e}\Phi_-(\text{离子氛},r=0)\mathrm{d}q \quad (9\text{-}26)$$

式中，Φ_+(离子氛，$r=0$)为正离子的离子氛在中心离子处的电位；L 为阿伏伽德罗常数；Φ_-(离子氛，$r=0$)为负离子的离子氛在中心离子处的电位。而离子 B 的离子氛在中心离子处的电位可写为

$$\Phi_B(\text{离子氛},\ r=0)=-\frac{z_Be}{4\pi\varepsilon}\times\frac{1}{r_D}$$

式中，ε 为溶液介电常数；r_D为德拜半径。根据静电学中的泊松方程和统计热力学中的玻尔兹曼分布定律，可以求出德拜半径

$$r_D=\left(\frac{\varepsilon RT}{2\rho e^2L^2I}\right)^{\frac{1}{2}} \quad (9\text{-}27)$$

将正、负离子的离子氛在中心离子处的电位表达式，代入式(9-26)积分，即可得出求算平均活度因子 $\gamma_\pm$ 的 Debye-Hückel 公式

$$\lg\gamma_\pm=-\frac{\rho^{0.5}L^2e^3}{9.212\sqrt{2}\pi(RT\varepsilon)^{1.5}}|z^+z^-|\sqrt{I} \quad (9\text{-}28)$$

式中，z^+ 和 z^- 分别为正、负离子电价；I 为溶液的离子强度；ρ 为溶液密度。

令

$$A=\frac{\rho^{0.5}L^2e^3}{9.212\sqrt{2}\pi(RT\varepsilon)^{1.5}}$$

A 为仅与溶剂性质、温度有关的常数，在 298K 的水溶液中 $A=0.509(\text{mol·kg}^{-1})^{\frac{1}{2}}$。

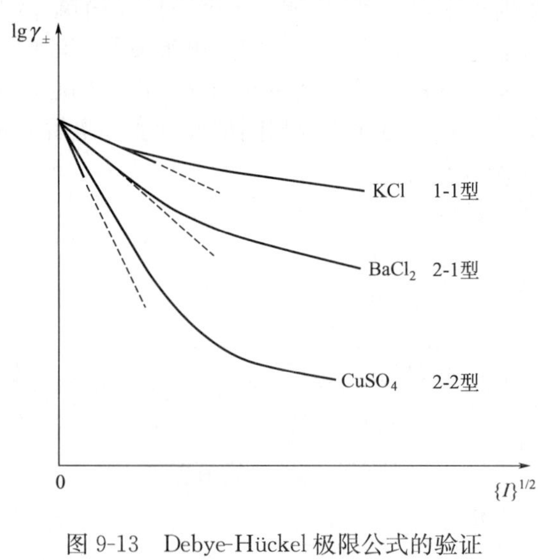

图 9-13 Debye-Hückel 极限公式的验证

式(9-28)称为 Debye-Hückel 极限公式(Debye-Hückel limiting law)，由于溶液越稀就越能较好地服从此公式，故称其为“极限公式”。图 9-13 表明了 Debye-Hückel 极限公式的适用情况，其中实线代表实验测定值，虚线是根据极限公式计算出来的值，显然在溶液很稀情况下两者吻合较好。

实验数据表明，Debye-Hückel 极限公式适用于 $I\leqslant 0.01\text{mol·kg}^{-1}$ 的稀溶液。虽然 Debye-Hückel 极限公式是以强电解质稀溶液为基础推导而得出，但由于在溶液很稀的条件下，弱电解质溶液中的

离子所处的环境与强电解质大体相同，即溶液中每一个离子附近几乎全部都是溶剂分子，因此，对于很稀的弱电解质溶液，也可用极限公式近似计算其离子的平均活度因子。

【例 9-7】 分别计算 $b=0.5\text{mol}\cdot\text{kg}^{-1}$ 的 K_2SO_4 和 $K_4Fe(CN)_6$ 溶液的离子强度。

解 (1) $I=\frac{1}{2}\sum_{\text{B}} b_{\text{B}}z_{\text{B}}^2$

$$=\frac{1}{2}[(2\times0.5)\times1^2+0.5\times(-2)^2+0.012]\ \text{mol}\cdot\text{kg}^{-1}=1.5\ \text{mol}\cdot\text{kg}^{-1}$$

(2) $I=\frac{1}{2}\sum_{\text{B}} b_{\text{B}}z_{\text{B}}^2=\frac{1}{2}[(4\times0.5)\times1^2+0.5\times(-4)^2]\ \text{mol}\cdot\text{kg}^{-1}=5.0\ \text{mol}\cdot\text{kg}^{-1}$

【例 9-8】 已知 25℃时浓度为 $0.05\text{mol}\cdot\text{kg}^{-1}$ 的 Na_2SO_4 水溶液中，离子平均活度因子 $\gamma_\pm$ 为 0.536，求此溶液中 Na_2SO_4 的整体活度和离子平均活度。

解 $b_+=\nu_+b=2\times0.05\text{mol}\cdot\text{kg}^{-1}=0.10\text{mol}\cdot\text{kg}^{-1}$

$b_-=\nu_-b=1\times0.05\text{mol}\cdot\text{kg}^{-1}=0.05\text{mol}\cdot\text{kg}^{-1}$

$b_\pm=(b_+^{\nu_+}b_-^{\nu_-})^{1/\nu}=(0.10^2\times0.05)^{\frac{1}{3}}\text{mol}\cdot\text{kg}^{-1}=0.079\text{mol}\cdot\text{kg}^{-1}$

$a_\pm=\gamma_\pm(b_\pm/b^\ominus)=0.536\times(0.079/1)=0.042$

Na_2SO_4 的整体活度 $a=a_\pm^\nu=0.042^3=7.41\times10^{-5}$

【例 9-9】 根据 Debye-Hückel 极限公式计算温度为 25℃时 $0.01\text{mol}\cdot\text{kg}^{-1}$ 的 KCl 和 $0.001\text{mol}\cdot\text{kg}^{-1}$ 的 $MgCl_2$ 混合水溶液中 $MgCl_2$ 的离子平均活度因子 $\gamma_\pm$。

解 $I=\frac{1}{2}\sum_{\text{B}} b_{\text{B}}z_{\text{B}}^2=\frac{1}{2}[0.01\times1^2+0.001\times2^2+0.012\times(-1)^2]\ \text{mol}\cdot\text{kg}^{-1}$

$=0.013\text{mol}\cdot\text{kg}^{-1}$

$\lg\gamma_\pm=-0.509\times2\times|-1|\sqrt{0.013}=-0.1161$

$\gamma_\pm=0.765$

计算时应注意离子强度 I 与溶液中所有离子均有关。

学习基本要求

1. 了解电解质及其分类，了解三电极体系及电极的相关规定，熟悉原电池与电解池及电解质溶液的导电机理，掌握法拉第定律。

2. 理解离子迁移数和离子电迁移率的含义及影响因素，了解其实验测定方法。

3. 理解电导率、摩尔电导率和离子摩尔电导率的含义，掌握电导率、摩尔电导率、离子摩尔电导率和离子电迁移率的相互关系。

4. 掌握离子独立运动定律及其应用。

5. 熟悉电导测定原理，熟练掌握电导测定的应用。

6. 理解离子强度、电解质整体活度、离子活度、离子平均活度的含义，熟悉强电解质离子互吸理论，了解离子氛模型及 Debye-Hückel 极限公式的由来，掌握离子平均活度因子的计算方法。

习 题

9-1 用铂电极电解 $CuCl_2$ 水溶液，若通过的电流为 20A，经过 15min 后，试问：

(1) 在阴极上能析出质量为多少的铜？

(2) 300K、101.325kPa 下在阳极上能析出多少体积的氯气？

9-2 在硝酸银溶液中插入两个银电极进行电解，当通电时间为 2.24×10^3s 时，发现在阴极上有 2.50×10^{-5}kg 的 Ag 沉积下来。试求：

(1) 所通过的电流 I，假定电流效率为 100%；

(2) 阳极质量的变化。

9-3 用银电极电解 $AgNO_3$ 溶液。通电一定时间后，测知在阴极上析出 1.15g 的 Ag，并已知阴极区溶液中 Ag^+ 的总量减少了 0.605g。试求 $AgNO_3$ 溶液中的 $t(Ag^+)$ 和 $t(NO_3^-)$。

9-4 298K 时，在某电导池中充满 $0.01mol\cdot dm^{-3}$ 的 KCl 溶液，其电阻为 27.05Ω，电导率为 $0.1413S\cdot m^{-1}$；若充满 $1.408\times10^{-3}mol\cdot dm^{-3}$ 的 NaSCN 甲醇溶液，测得其电阻为 574.1Ω。试求：

(1) 电导池常数；

(2) NaSCN 甲醇溶液的电导率和摩尔电导率。

9-5 某电导池内装有两个直径为 0.04m 相互平行的圆形银电极，电极间距离为 0.12m。若在电导池内装满 $0.10mol\cdot dm^{-3}$ 的 $AgNO_3$ 溶液，并施以 20.0V 的电压，则电流为 0.198A。试计算：

(1) 溶液的电导；

(2) 电导池常数；

(3) 溶液的电导率和摩尔电导率。

9-6 298K 时，在某电导池中充满 $0.02mol\cdot dm^{-3}$ 的 KCl 溶液，其电导率为 $0.2768S\cdot m^{-1}$，测得其电阻为 82.4Ω；若在该电导池中盛以 $0.0025mol\cdot dm^{-3}$ 的 K_2SO_4 溶液，测得其电阻为 326.0Ω。试求：

(1) 电导池常数；

(2) K_2SO_4 溶液的电导率和摩尔电导率。

9-7 在 298K 时，测得 $0.10mol\cdot dm^{-3}$ CH_3COOH 溶液的电导率为 $5.201\times10^{-2}S\cdot m^{-1}$。试计算 CH_3COOH 的解离度和解离常数。计算所需的无限稀释摩尔电导率数据可查表 9-3。

9-8 在 298K 时，将电导率为 $0.1413S\cdot m^{-1}$ 的 KCl 溶液装入一电导池中，测得其电阻为 523.9Ω；在该电导池中若装入 $0.1000mol\cdot dm^{-3}$ 的氨水溶液，测得其电阻为 2030Ω。请计算 $NH_3\cdot H_2O$ 的解离度和溶液的 pH 值。已知 $\Lambda_m^\infty(NH_3\cdot H_2O)=0.02714S\cdot m^2\cdot mol^{-1}$。

9-9 298K 时，在某电导池中分别充以 $0.02mol\cdot dm^{-3}$ 的 KCl 溶液、AgCl 饱和溶液和配制溶液所用的水，测得电阻分别为 100Ω、81230Ω、173120Ω，已知 298K 时 KCl 溶液的摩尔电导率为 $138.3\times10^{-4}S\cdot m^2\cdot mol^{-1}$，$\Lambda_m^\infty(AgCl)=138.3\times10^{-4}S\cdot m^2\cdot mol^{-1}$。计算：

(1) 电导池常数；

(2) AgCl 饱和溶液的电导率；

(3) 水的电导率。

9-10 已知 298K 时，$0.01mol\cdot dm^{-3}$ KCl 溶液的电导率为 $0.1413S\cdot m^{-1}$，用它充满某电导池时，测得其电阻为 484Ω。在该电导池中充满不同浓度的 NaCl 溶液测得电阻结果如下表：

$c/mol\cdot dm^{-3}$	0.0005	0.0010	0.0020	0.0050
R/Ω	10910	5494	2772	1128

试用外推法求 NaCl 的无限稀释摩尔电导率 $\Lambda_m^\infty(NaCl)$。

9-11 298K 时，测得 AgCl 饱和溶液的电导率为 $3.41\times10^{-4}S\cdot m^{-1}$，而同温度下所用水的电导率为

$1.60\times10^{-4}S\cdot m^{-1}$。试计算 AgCl 的溶解度和溶度积。计算所需数据可查表。

9-12　298K 时，$\Lambda_m^\infty(LiCl)=0.011503S\cdot m^2\cdot mol^{-1}$，$t^\infty(Cl^-)=0.663$，试计算 Li^+ 和 Cl^- 的极限摩尔电导率和极限电迁移率。

9-13　已知 298K 时，$\Lambda_m^\infty(NH_4Cl)=0.012625S\cdot m^2\cdot mol^{-1}$，$t^\infty(NH_4^+)=0.4907$。试计算 $\Lambda_m^\infty(NH_4^+)$ 及 $\Lambda_m^\infty(Cl^-)$。

9-14　在 298K 时，碳酸水溶液的电导率为 $1.87\times10^{-4}S\cdot m^{-1}$，配制此溶液所用的水的电导率为 $5.50\times10^{-6}S\cdot m^{-1}$。假定只考虑 H_2CO_3 的一级解离，已知其解离常数 $K^\ominus=4.31\times10^{-7}$，又知 298K 无限稀释时各离子的摩尔电导率 $\Lambda_m^\infty(H^+)=349.82\times10^{-4}S\cdot m^2\cdot mol^{-1}$，$\Lambda_m^\infty(HCO_3^-)=44.5\times10^{-4}S\cdot m^2\cdot mol^{-1}$，试计算此碳酸水溶液的浓度。

9-15　计算下列各溶液中的离子强度：

（1）$0.025mol\cdot kg^{-1}$ NaCl；

（2）$0.025mol\cdot kg^{-1}$ $CuSO_4$；

（3）$0.025mol\cdot kg^{-1}$ $LaCl_3$。

9-16　根据德拜-休克尔极限公式，计算 298K 时 $0.04mol\cdot kg^{-1}$ 的 KCl 与 $0.01mol\cdot kg^{-1}$ 的 $K_4Fe(CN)_6$ 混合水溶液中，KCl 的离子平均活度因子 $\gamma_\pm$。

9-17　计算 298K 时，$0.001mol\cdot kg^{-1}$ 的 NaCl、$0.003mol\cdot kg^{-1}$ 的 Na_2SO_4 和 $0.001mol\cdot kg^{-1}$ 的 $LaCl_3$ 混合水溶液中，Na_2SO_4 和 $LaCl_3$ 的离子平均活度因子 $\gamma_\pm$。

9-18　298K 时，AgCl 的活度积为 1.7×10^{-10}，试计算：

（1）AgCl 在 $0.01mol\cdot dm^{-3}$ 的 NaCl 溶液中的溶解度；

（2）AgCl 在 $0.01mol\cdot dm^{-3}$ 的 $NaNO_3$ 溶液中的溶解度，稀溶液中 $b_B\approx c_B$。

第10章 电化学平衡

10.1 可逆原电池

10.1.1 原电池及其表示

原电池是利用两个电极上的氧化还原反应来产生电流即将化学能转变为电能的装置。原电池中电极的命名原则与电解池中电极的命名原则相同，发生氧化反应的电极称为阳极，因其电势较低又称为负极；发生还原反应的电极称为阴极，因其电势较高又称为正极。原电池对外放电时，电子由负极经外电路流向正极，电流则由正极经外电路流向负极。

将化学反应设计成一个能产生电流的电池，其前提是该反应必须是一个自发反应。例如，在一定温度和压力下，锌在铜离子溶液中发生反应

$$Zn(s)+Cu^{2+}\longrightarrow Zn^{2+}+Cu(s)$$

若让此反应在烧杯中直接进行，则反应的结果是化学能转变为热能，使溶液温度升高，反应中因锌和铜离子溶液直接接触，电子在固液界面上直接由锌片传递给铜离子，使铜离子被还原为单质铜析出，该过程没有产生电功。此种情况下反应物与产物达到的平衡即是以前所讨论的化学平衡。

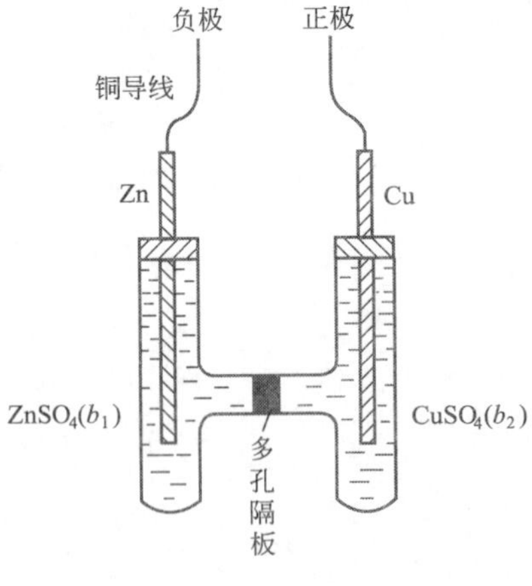

图 10-1 丹尼尔电池的构造

若将该反应分解为氧化和还原两部分，在锌的氧化部分将积累电子，在铜离子被还原部分将欠缺电子，它们之间存在一定的电位差，通过装置将它们分隔开，即可构成一原电池。据此构成的丹尼尔电池，即 Cu-Zn 电池如图 10-1 所示，将锌片插入 $ZnSO_4$ 溶液中作为负极，将铜片插入 $CuSO_4$ 溶液中作为正极，为防止两种溶液直接混合，溶液之间用仅允许离子通过的多孔隔板隔开。当电池向外界放电时，其电极和电池反应分别为

阳极（负极）　$Zn(s)\longrightarrow Zn^{2+}(b_1)+2e^-$

阴极（正极）　$Cu^{2+}(b_2)+2e^-\longrightarrow Cu(s)$

电池反应　$Zn(s)+Cu^{2+}(b_2)\longrightarrow Zn^{2+}(b_1)+Cu(s)$

锌电极上比较活泼的锌原子释放出电子即被氧化变成 Zn^{2+} 进入溶液，电子由锌电极通过外电路流向铜电极，溶液中的 Cu^{2+} 在铜电极上得到电子被还原成单质铜，两个电极反应的总结果即为电池反应。锌电极上电子过剩、电势较低，为负极；而铜电极上缺乏电子、电势较高，为正极。在实际中，像图 10-1 那样来表示一个电池的组成和结构很不方便，人们按照如下的统一规则，采用符号（也称图式）来表示某个原电池。

① 将发生氧化反应的负极写在左边，将发生还原反应的正极写在右边。

② 按照实际顺序从左到右依次写出各物质的化学式并标明其相态、状态和组成。对于像金属等不易混淆的物质，可以不标明相态，若未指明温度和压力则是 298K、100kPa。

③ 用单实垂线“|”表示不同相之间的接界，用虚垂线“¦”表示可混合液相之间的接界，用双虚垂线“¦¦”表示已用盐桥消除液体接界电势的不同液相间的接界。

④ 由气体或同种金属的不同价态离子组成电极时，须用惰性金属作为导电载体。两个电极各联结一段同一种金属的导线(如铜)，一般电池的图式中此导线也可被略去。

按此规则，丹尼尔电池(Daniell cell)可用如下图式表示

$$(-)\ Zn(s) \mid ZnSO_4(b_1) \vdots CuSO_4(b_2) \mid Cu(s)(+)$$

10.1.2 可逆电池的条件

对于可逆电池(reversible cell)，可运用热力学方法讨论其化学能与电能之间转化的定量关系，研究可逆电池具有重要的热力学价值。可逆电池中的“可逆”是指热力学意义的可逆，即系统与环境可以同时复原。按照热力学可逆过程的要求，作为可逆电池必须要具备以下基本条件：首先，电极反应本身必须是可逆的，这就是说当相反方向的电流通过电极时，电极反应必须随之逆向进行，电流停止，反应亦停止；其次，要求通过电极的电流无限小，电极反应在无限接近电化学平衡的条件下进行，放电时对外做的电功和充电时环境消耗的电功相等，保证系统复原时不在环境中留下任何影响；另外，在电池中所进行的其他过程也必须是可逆的，也就是说电池中不能有液体接界导致的扩散等自发过程。符合以上条件的电池即为可逆电池。例如电池

$$Pt \mid H_2(p) \mid HCl(b) \mid AgCl(s) \mid Ag$$

若该电池的电动势与外加反电动势的差值为 dE，当 $dE>0$ 时，原电池放电并会发生下列反应

阳极反应 $H_2(p) \longrightarrow 2H^+(b)+2e^-$

阴极反应 $2AgCl(s)+2e^- \longrightarrow 2Ag(s)+2Cl^-(b)$

电池反应 $H_2(p)+2AgCl(s) \longrightarrow 2Ag(s)+2HCl(b)$

当 $dE<0$ 时，原电池充电而变成电解池，上述电极及电池反应皆反方向进行

阳极反应 $2Ag(s)+2Cl^-(b) \longrightarrow 2AgCl(s)+2e^-$

阴极反应 $2H^+(b)+2e^- \longrightarrow H_2(p)$

电解反应 $2Ag(s)+2HCl(b) \longrightarrow H_2(p)+2AgCl(s)$

由于该电池的放电反应和充电反应互为逆反应，且电池无论是放电还是充电时均在电流无限趋近于零的条件下进行，原电池中所进行的一切过程都是在无限接近平衡条件下进行的，因此它是一个可逆电池。严格地说，只有这种单液电池才有可能是真正的可逆电池，中间用盐桥连接的双液电池，如丹尼尔电池只能近似地视为可逆电池。

有些电池放电和充电时反应不同，例如将锌和铜电极插入硫酸溶液中组成以下电池

$$(-)Zn(s) \mid H_2SO_4(b) \mid Cu(s)(+)$$

作为原电池放电时反应为

阳极反应 $Zn(s) \longrightarrow Zn^{2+}(b_1) + 2e^-$

阴极反应 $2H^+(b) + 2e^- \longrightarrow H_2(p)$

电池反应 $Zn(s) + 2H^+(b) \longrightarrow Zn^{2+}(b_1) + H_2(p)$

充电时反应为

阳极反应 $Cu(s) \longrightarrow Cu^{2+}(b_2) + 2e^-$

阴极反应 $2H^+(b) + 2e^- \longrightarrow H_2(p)$

电解反应 $Cu(s) + 2H^+(b) \longrightarrow Cu^{2+}(b_2) + H_2(p)$

该电化学反应本身就不可逆，因此所述电池属不可逆电池。

10.1.3 韦斯顿标准电池

韦斯顿(Weston)标准电池是一个高度可逆的电池，它的主要用途是配合电位差计测定其他电池的电动势数值或校正热电偶。韦斯顿标准电池的装置如图 10-2 所示，电池的阳极是含 12.5%镉的镉汞齐，将其浸于硫酸镉溶液中，该溶液为 $CdSO_4 \cdot \frac{8}{3}H_2O$ 晶体的饱和溶液；阴极为汞与硫酸亚汞的糊状体，糊状体也浸于硫酸镉晶体的饱和溶液中。为了使引出的导线与糊状体接触紧密，通常在糊状体的下面放置少许汞。韦斯顿标准电池的图式如下

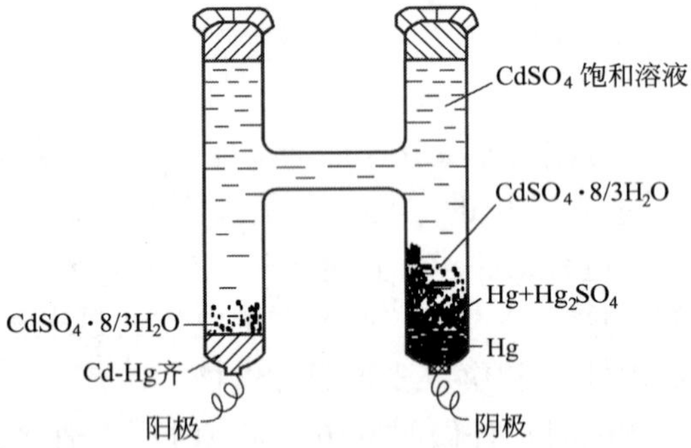

图 10-2 韦斯顿(Weston)标准电池

$$12.5\%Cd(汞齐) \mid CdSO_4 \cdot \frac{8}{3}H_2O(s) \mid CdSO_4 饱和溶液 \mid Hg_2SO_4(s) \mid Hg(l)$$

其电极反应和电池反应分别为

阳极反应 $Cd(汞齐) + SO_4^{2-} + \frac{8}{3}H_2O(l) = CdSO_4 \cdot \frac{8}{3}H_2O(s) + 2e^-$

阴极反应 $Hg_2SO_4(s) + 2e^- = 2Hg(l) + SO_4{}^{2-}$

电池反应 $Cd(汞齐) + Hg_2SO_4(s) + \frac{8}{3}H_2O(l) = CdSO_4 \cdot \frac{8}{3}H_2O(s) + 2Hg(l)$

此电池在不同温度下的电动势 E 可由下式求出

$$E/V = 1.018646 - \{40.6(t/℃ - 20) + 0.95(t/℃ - 20)^2 - 0.01(t/℃ - 20)^3\} \times 10^{-6}$$

由上式可知，此电池的电动势 E 受温度的影响很小，电动势稳定且使用寿命长。

除了上述饱和的韦斯顿标准电池外，还有不饱和的韦斯顿标准电池，其电动势 E 受温度的影响更小，其电池图式为

$$Cd(汞齐) \mid CdSO_4(b) \mid Hg_2SO_4(s) \mid Hg(l)$$

电极反应和电池反应则分别为

阳极反应 $Cd(汞齐) = Cd^{2+}(b_+) + 2e^-$

阴极反应 $Hg_2SO_4(s)+2e^- \longrightarrow 2Hg(l)+SO_4^{2-}(b_-)$

电池反应 $Cd(汞齐)+Hg_2SO_4(s) \longrightarrow CdSO_4(b)+2Hg(l)$

10.2 可逆原电池热力学

原电池的可逆电动势(electromotive force of reversible cell)，是指当电路电流 I 趋于零时，两电极之间的所有电势差的代数和，通常以 E 表示，其单位为V(伏特)。可逆电动势 E 是原电池热力学的一个重要物理量，通过实验测定出某电池在不同温度下的电动势 E，即可求得该电池反应的相关热力学函数的变化、非体积功(这里指电功)以及过程的热效应。

10.2.1 由可逆电池电动势 E 计算电池反应的摩尔吉布斯函数变 $\Delta_r G_m$

对恒温、恒压、可逆的电池反应过程，根据吉布斯判据，有

$$\Delta_r G_m = W'_r = -zFE \tag{10-1}$$

式中，$\Delta_r G_m$ 为电池反应的摩尔吉布斯函数变，$J\cdot mol^{-1}$；W'_r 为电池可逆放电过程的非体积功，$J\cdot mol^{-1}$；z 为电池反应的反应进度为1mol时阴极或阳极的得失电子数；F 为法拉第常数；E 为可逆电动势。

对同一原电池，若其反应计量方程式写法不同，电极反应转移的电子数 z 便不同，摩尔吉布斯函数变 $\Delta_r G_m$ 也不同，但电池电动势 E 不变。

若参加电池反应的各物质均处于各自对应的标准态则可写为

$$\Delta_r G_m^{\ominus} = -zFE^{\ominus}$$

根据化学平衡章节知识可知

$$\Delta_r G_m^{\ominus} = -RT\ln K^{\ominus}$$

因此可得出电池反应平衡常数 $K^{\ominus}$ 与电池标准电动势 $E^{\ominus}$ 的关系

$$E^{\ominus} = \frac{RT}{zF}\ln K^{\ominus} \tag{10-2}$$

10.2.2 由电动势的温度系数 $\left(\frac{\partial E}{\partial T}\right)_p$ 计算电池反应的摩尔反应熵变 $\Delta_r S_m$

根据化学平衡一章内容可知，对某反应过程有

$$\Delta_r S_m = -\left(\frac{\partial \Delta_r G_m}{\partial T}\right)_p$$

所以

$$\Delta_r S_m = -\left(\frac{\partial(-zFE)}{\partial T}\right)_p = zF\left(\frac{\partial E}{\partial T}\right)_p \tag{10-3}$$

在恒定压力下，电动势随温度的变化率 $\left(\frac{\partial E}{\partial T}\right)_p$ 称为电动势的温度系数，其值可通过测定恒压下不同温度时的电动势求取。式(10-3)说明由实验测得电动势的温度系数，即可求出电池的摩尔反应熵变 $\Delta_r S_m$。若参加电池反应的各物质均处于各自对应的标准态则可写为

$$\Delta_r S_m^{\ominus} = zF\frac{dE^{\ominus}}{dT}$$

10.2.3　电池反应的摩尔反应焓变 $\Delta_r H_m$ 的计算

根据以上讨论，对于恒温化学反应过程应有

$$\Delta_r H_m = \Delta_r G_m + T\Delta_r S_m = -zFE + zFT\left(\frac{\partial E}{\partial T}\right)_p \tag{10-4}$$

上式表明，测得任一温度 T 下的电动势 E 和电动势的温度系数 $\left(\frac{\partial E}{\partial T}\right)_p$，即可求出在指定温度 T 时，电池反应的摩尔反应焓 $\Delta_r H_m$，它也是该反应在非体积功为零条件下直接进行时的恒压摩尔反应热 $Q_{p,m}$。由于电池电动势可以比较精确地测定，所以按此电化学方法求出的反应热比量热法测得的数值要更准确。同样，若参加电池反应的各物质均处于各自对应的标准态则式(10-4)可写为

$$\Delta_r H_m^{\ominus} = -zFE^{\ominus} + zFT\frac{dE^{\ominus}}{dT}$$

10.2.4　原电池可逆放电过程的热效应 $Q_{r,m}$

原电池在恒温可逆放电时，过程的摩尔反应热 $Q_{r,m}$ 为可逆热，根据热力学第二定律有

$$Q_{r,m} = T\Delta_r S_m = zFT\left(\frac{\partial E}{\partial T}\right)_p \tag{10-5}$$

由上式可知，电池在恒温、恒压下可逆放电时，若 $\left(\frac{\partial E}{\partial T}\right)_p = 0$，则电池既不从环境吸热也不向环境放热；若 $\left(\frac{\partial E}{\partial T}\right)_p > 0$，则电池放电过程中从环境吸热；若 $\left(\frac{\partial E}{\partial T}\right)_p < 0$，则电池放电过程中向环境放热。

必须指出的是，电池可逆放电过程的摩尔反应热 $Q_{r,m}$，并非是该反应在 $W'=0$ 条件下的恒压反应热 $Q_{p,m}$。因为电池在可逆放电过程必然有非体积功——电功存在，此条件下的热为 $Q_{r,m} = T\Delta_r S_m$，两者间的关系为

$$Q_{p,m} = \Delta_r H_m = \Delta_r G_m + T\Delta_r S_m = W'_r + Q_{r,m}$$

例如，在 298K、100kPa 下，酸碱中和反应：$NaOH + HCl \longrightarrow NaCl + H_2O$，若让该反应在烧杯中直接进行，则热效应为 $Q_{p,m} = \Delta_r H_m$；若将该反应设计在电池中可逆进行，则热效应为 $Q_{r,m} = T\Delta_r S_m$，两者相差电功 W'_r。

10.2.5　电池反应的能斯特方程

对于任一化学反应

$$0 = \sum_B \nu_B B$$

化学反应的等温方程式为

$$\Delta_r G_m = \Delta_r G_m^{\ominus} + RT\ln\prod_B a_B^{\nu_B}$$

式中，a_B 为物质 B 的活度，纯液态或纯固态物质的活度为 1。对于有气体参加的多相反应，则上式连乘项中凝聚相物质用 $a_B^{\nu_B}$ 代入，气相物质用 $(f_B/p^{\ominus})^{\nu_B}$ 代入。

若参加反应的各组分皆处于各自的标准状态，则连乘项 $\prod_B a_B^{\nu_B} = 1$，电池反应的标准摩

尔反应吉布斯函数变 $\Delta_r G_m^{\ominus}=-zFE^{\ominus}$，其中 $E^{\ominus}$ 称为原电池的标准电动势，即是参加电极反应的各物质均处在各自标准态时的电动势。

将 $\Delta_r G_m=-zFE$ 和 $\Delta_r G_m^{\ominus}=-zFE^{\ominus}$ 一起代入化学反应的等温方程式，即可得出原电池反应的能斯特方程(Nernst equation)

$$E=E^{\ominus}-\frac{RT}{zF}\ln\prod_B a_B^{\nu_B} \tag{10-6}$$

该方程称为原电池的基本方程，它表示在一定温度下，可逆电池的电动势 E 与参加电池反应各物质的活度或逸度之间的定量关系，说明电池的电动势 E 与温度和组成有关，可通过改变组成调节电池的电动势，但电池的标准电动势 $E^{\ominus}$ 仅与温度有关。298K 时，$\frac{RT}{F}\ln 10=0.05916\text{V}$，该温度下能斯特方程也可表示成

$$E=E^{\ominus}-\frac{0.05916}{z}\lg\prod_B a_B^{\nu_B} \tag{10-7}$$

当电池反应在一定温度和压力下达到平衡时，$\Delta_r G_m=0$，$E=0$，于是便得到

$$E^{\ominus}=\frac{RT}{zF}\ln\prod_B a_B^{\nu_B}\ (\text{平衡})$$

即

$$E^{\ominus}=\frac{RT}{zF}\ln K^{\ominus}$$

式中，$K^{\ominus}$ 为电池反应的标准平衡常数。由此可见，只要测定或求出原电池的标准电动势 $E^{\ominus}$，就可以求得该电池反应的标准平衡常数，反之亦然。

【例 10-1】 已知 298K 时电池 Ag | AgCl(s) | HCl(b) | Cl_2(g，100kPa) | Pt 的电动势 $E=1.136\text{V}$，电动势的温度系数 $\left(\frac{\partial E}{\partial T}\right)_p=-5.95\times10^{-4}\text{V}\cdot\text{K}^{-1}$。试计算该电池反应过程的 $\Delta_r G_m$、$\Delta_r S_m$、$\Delta_r H_m$ 及电池恒温可逆放电时过程的可逆热 $Q_{r,m}$。

解 若将电池反应写为：$Ag(s)+\frac{1}{2}Cl_2(g，100kPa)=\!=\!=AgCl(s)$

若电极反应得失电子数 $z=1$，则

$\Delta_r G_m=-zFE=(-1\times96500\times1.136\times10^{-3})\text{kJ}\cdot\text{mol}^{-1}=-109.6\text{kJ}\cdot\text{mol}^{-1}$

$\Delta_r S_m=zF\left(\frac{\partial E}{\partial T}\right)_p=(-1\times96500\times5.95\times10^{-4})\text{J}\cdot\text{mol}^{-1}\cdot\text{K}^{-1}=-57.4\text{J}\cdot\text{mol}^{-1}\cdot\text{K}^{-1}$

$\Delta_r H_m=\Delta_r G_m+T\Delta_r S_m=[-109.6298\times(-57.4\times10^{-3})]\ \text{kJ}\cdot\text{mol}^{-1}$
$=-126.7\text{kJ}\cdot\text{mol}^{-1}$

$Q_{r,m}=T\Delta_r S_m=298\times(-57.4\times10^{-3})\text{kJ}\cdot\text{mol}^{-1}=-17.1\text{kJ}\cdot\text{mol}^{-1}$

【例 10-2】 298K 时电池 H_2(g，100kPa) | H_2SO_4(0.01mol·kg^{-1}) | O_2(g，100kPa) | Pt 的电动势 $E=1.229\text{V}$，液态水的标准摩尔生成焓 $\Delta_f H_m^{\ominus}=-285.83\text{kJ}\cdot\text{mol}^{-1}$，假定反应焓为常数，试计算：

(1) 该电池电动势的温度系数 $\left(\frac{\partial E}{\partial T}\right)_p$；

(2) 电池在 0℃时的电动势 E。

解 电池 H_2(g，100kPa) | H_2SO_4(0.01mol·kg^{-1}) | O_2(g，100kPa) | Pt

阳极 $H_2(g，100kPa)\longrightarrow 2H^+(b)+2e^-$

阴极　$\frac{1}{2}O_2(g, 100kPa)+2H^+(b)+2e^- \longrightarrow H_2O(l)$

电池反应　$H_2(g, 100kPa)+\frac{1}{2}O_2(g, 100kPa) \longrightarrow H_2O(l)$

电池电动势为

$$E=E^{\ominus}-\frac{RT}{2F}\ln\frac{a_{H_2O}}{(p_{H_2}/p^{\ominus})\cdot(p_{O_2}/p^{\ominus})^{0.5}}=E^{\ominus}=1.229V$$

$$\Delta_r H_m=\Delta_f H_m^{\ominus}=-285.83kJ\cdot mol^{-1}$$

$$\Delta_r G_m=-zFE=-2FE=\Delta_r H_m-T\Delta_r S_m$$

$$\Delta_r S_m=zF\left(\frac{\partial E}{\partial T}\right)_p=2F\left(\frac{\partial E}{\partial T}\right)_p$$

$$\left(\frac{\partial E}{\partial T}\right)_p=\frac{\Delta_r H_m-\Delta_r G_m}{2FT}=-9.09\times10^{-3}V\cdot K^{-1}$$

$$E_{273K}=E_{298K}+(273-298)\left(\frac{\partial E}{\partial T}\right)_p=[1.229+(-25)(-9.09\times10^{-3})]V$$

$$=1.456V$$

10.3　电极电势和电池的电动势

电池的电动势 E 是在通过电池的电流趋于零时两极间的电势差，它等于构成电池的各相界面上所产生电势差的代数和。例如，对于原电池

$$Cu \mid Zn \mid ZnSO_4(b_1) \vdots CuSO_4(b_2) \mid Cu$$

电池两边的“Cu”代表连接的铜导线，$\Delta\varphi_{Cu/Zn}$ 为铜与锌之间的接触电势差，$\Delta\varphi_{Zn/Zn^{2+}}$ 为阳极电势差，$\Delta\varphi_{Zn^{2+}/Cu^{2+}}$ 为两种液体间接界电势差，$\Delta\varphi_{Cu/Cu^{2+}}$ 为阴极电势差。各个相界面上的电势差总和即为电池电动势

$$E=\Delta\varphi_{Cu/Zn}+\Delta\varphi_{Zn^{2+}/Zn}+\Delta\varphi_{Zn^{2+}/Cu^{2+}}+\Delta\varphi_{Cu^{2+}/Cu}$$

单个电极上电势差的绝对值是无法直接由实验测定的，但在实际应用中，只要确定各个电极在一定温度下相对于同一基准电极的相对电势的数值，就可以计算出由任意两个电极在指定条件下所组成电池的电动势。按统一规定，一般采用标准氢电极为基准。

10.3.1　标准氢电极与电极电势的定义

氢电极是这样构成的：把镀有铂黑的铂片(用电镀法在铂片表面上镀一层铂黑以增加电极的表面积，促进对气体的吸附并有利于与溶液达成平衡)浸入含有氢离子的溶液中，并不断通入纯净的氢气，使氢气冲打在铂片上，同时使溶液被氢气所饱和，氢气泡围绕铂片浮出，如图 10-3 所示。当氢气的压力 $p=p^{\ominus}=100kPa$，溶液

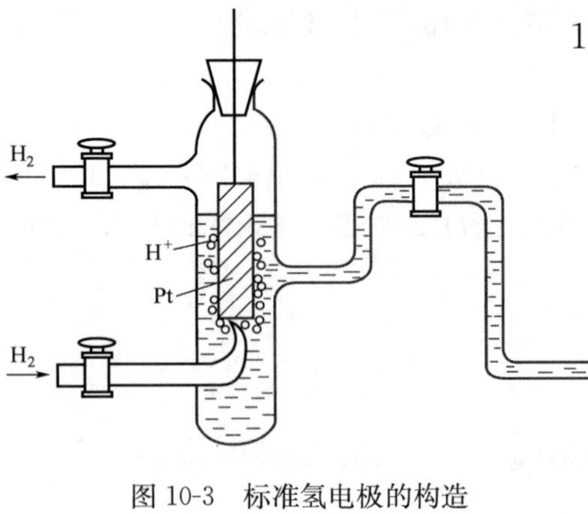

图 10-3　标准氢电极的构造

中氢离子的活度 $a_{H^+}=1$ 时的氢电极称为标准氢电极，可表示为：

$$H^+(a_{H^+}=1) \mid H_2(g, 100kPa) \mid Pt$$

给定电极的电极电势(electrode potential)实际上是一个相对电势，它的引入为比较不同电极上电势差的大小，以及计算两个电极组成的电池的电动势提供了方便。电极电势是根据下列电池的电动势定义的

$$Pt \mid H_2(g, 100kPa) \mid H^+(a_{H^+}=1) \;\vdots\vdots\; \text{给定电极}$$

即将标准氢电极作为阳极、给定电极作为阴极，所组成电池的电动势定义为给定电极的电极电势，以 $E_{电极}$ 表示。当给定电极中的各组分均处在各自的标准态时，相应的电极电势即为标准电极电势 $E^{\ominus}_{电极}$。按此规定，任意温度下氢电极的标准电极电势恒等于零，即

$$E^{\ominus}_{H^+/H_2(g)}=0$$

例如，对于镍电极，可组成如下电池

$$Pt \mid H_2(g, 100kPa) \mid H^+(a_{H^+}=1) \;\vdots\vdots\; Ni^{2+}(a_{Ni^{2+}}) \mid Ni(s)$$

阳极　$H_2(g, 100kPa) = 2H^+(a_{H^+}=1)+2e^-$

阴极　$Ni^{2+}(a_{Ni^{2+}})+2e^- = Ni(s)$

电池反应　$Ni^{2+}(a_{Ni^{2+}})+H_2(g, 100kPa) = Ni(s)+2H^+(a_{H^+}=1)$

按照定义，上述电池的电动势 E 即为镍电极的电极电势 $E_{Ni^{2+}/Ni}$；当 $a_{Ni^{2+}}=1$ 时，即为电池的标准电动势 $E^{\ominus}$，也就是镍电极的标准电极电势 $E^{\ominus}_{Ni^{2+}/Ni}$。

10.3.2 电极电势的能斯特方程

对电池反应

$$Ni^{2+}(a_{Ni^{2+}})+H_2(g, 100kPa) = Ni(s)+2H^+(a_{H^+}=1)$$

运用能斯特方程，得

$$E_{电池}=E^{\ominus}_{电池}-\frac{RT}{2F}\ln\frac{a_{Ni}a^2_{H^+}}{a_{Ni^{2+}}(p_{H_2}/p^{\ominus})} \tag{10-8}$$

由于 $a_{Ni}=1$，$a_{H^+}=1$，$p_{H_2}=p^{\ominus}$，且按上述电极电势的定义，$E_{Ni^{2+}/Ni}=E_{电池}$，$E^{\ominus}_{Ni^{2+}/Ni}=E^{\ominus}_{电池}$，因此，式(10-8)可写为

$$E_{Ni^{2+}/Ni}=E^{\ominus}_{Ni^{2+}/Ni}-\frac{RT}{2F}\ln\frac{1}{a_{Ni^{2+}}} \tag{10-9}$$

依此类推，对于任一电极，若将其电极反应统一写成

$$\text{氧化态}+ze^- \longrightarrow \text{还原态}$$

其电极电势均可表示为

$$E_{电极}=E^{\ominus}_{电极}-\frac{RT}{zF}\ln\prod_{B_{电极}}a_B^{\nu_B} \tag{10-10}$$

式(10-10)称为电极电势的能斯特方程。式中，a_B 为电极发生还原反应时物质 $B_{电极}$ 的活度；ν_B 为电极发生还原反应时物质 $B_{电极}$ 的化学计量数；z 为给定电极反应的转移电子数。例如，对于锌电极

$$Zn^{2+}(a_{Zn^{2+}})+2e^- = Zn$$

$$E_{Zn^{2+}/Zn}=E^{\ominus}_{Zn^{2+}/Zn}-\frac{RT}{2F}\ln\frac{a_{Zn}}{a_{Zn^{2+}}}$$

表 10-1 列出了 298K 时水溶液中一些常见电极的标准电极电势。

由电极电势的定义可知，总是将给定电极作为阴极，假定相应的电极反应为还原反应，因此所定义的电极电势为还原电极电势。若 $E^{\ominus}_{电极}$ 为正值，例如 $E^{\ominus}_{Cu^{2+}/Cu}=0.340V$，则 $\Delta_r G^{\ominus}_m(298K)<0$，意味着当各反应组分均处于标准态时，电池反应 $Cu^{2+}+H_2(g)\longrightarrow Cu+2H^+$ 能够自发进行，即在该条件下 $H_2(g)$能还原 Cu^{2+}，电池自然放电时，铜电极上的确进行的是还原反应；若 $E^{\ominus}_{电极}$ 为负值，例如 298K 时 $E^{\ominus}_{Ni^{2+}/Ni}=-0.23V$，则 $\Delta_r G^{\ominus}_m(298K)>0$，表示当各反应组分均处于相应标准态时，电池反应 $Ni^{2+}+H_2(g)\longrightarrow Ni+2H^+$ 并不能自发进行，在该条件下 $H_2(g)$并不能还原 Ni^{2+}，而其逆反应则能够自发进行，也就是说电池自然放电时，实际在镍电极上进行的并不是还原反应，而是镍被氧化的氧化反应。由此可见，还原电极电势的高低，表明了该电极氧化态物质获得电子被还原成还原态物质这一反应趋向的大小。

表 10-1 298K 时水溶液中一些电极的标准电极电势

电极	电极反应	$E^{\ominus}$/V
第一类电极		
$Li^+\|Li$	$Li^++e^-=Li$	−3.045
$K^+\|K$	$K^++e^-=K$	−2.924
$Ba^{2+}\|Ba$	$Ba^{2+}+2e^-=Ba$	−2.90
$Ca^{2+}\|Ca$	$Ca^{2+}+2e^-=Ca$	−2.76
$Na^+\|Na$	$Na^++e^-=Na$	−2.7111
$Mg^{2+}\|Mg$	$Mg^{2+}+2e^-=Mg$	−2.375
$H_2O,OH^-\|H_2(g)\|Pt$	$2H_2O+2e^-=H_2(g)+2OH^-$	−0.8277
$Zn^{2+}\|Zn$	$Zn^{2+}+2e^-=Zn$	−0.7630
$Cr^{3+}\|Cr$	$Cr^{3+}+3e^-=Cr$	−0.74
$Cd^{2+}\|Cd$	$Cd^{2+}+2e^-=Cd$	−0.4028
$Co^{2+}\|Co$	$Co^{2+}+2e^-=Co$	−0.28
$Ni^{2+}\|Ni$	$Ni^{2+}+2e^-=Ni$	−0.23
$Sn^{2+}\|Sn$	$Sn^{2+}+2e^-=Sn$	−0.1366
$Pb^{2+}\|Pb$	$Pb^{2+}+2e^-=Pb$	−0.1265
$Fe^{3+}\|Fe$	$Fe^{3+}+3e^-=Fe$	−0.036
$H^+\|H_2(g)\|Pt$	$2H^++2e^-=H_2(g)$	−0.0000
$Cu^{2+}\|Cu$	$Cu^{2+}+2e^-=Cu$	+0.3400
$H_2O,OH^-\|O_2(g)\|Pt$	$O_2(g)+2H_2O+4e^-=4OH^-$	+0.401
$Cu^+\|Cu$	$Cu^++e^-=Cu$	+0.522
$I^-\|I_2(s)\|Pt$	$I_2(g)+2e^-=2I^-$	+0.535
$Hg_2^{2+}\|Hg$	$Hg_2^{2+}+2e^-=2Hg$	+0.7959
$Ag^+\|Ag$	$Ag^++e^-=Ag$	+0.7994
$Hg^{2+}\|Hg$	$Hg^{2+}+2e^-=Hg$	+0.851
$Br^-\|Br_2(l)\|Pt$	$Br_2(l)+2e^-=2Br^-$	+1.065
$H^+,H_2O\|O_2(g)\|Pt$	$O_2(g)+4H^++4e^-=2H_2O$	+1.229
$Cl^-\|Cl_2(g)\|Pt$	$Cl_2(g)+2e^-=2Cl^-$	+1.3580
$Au^+\|Au$	$Au^++e^-=Au$	+1.68
$F^-\|F_2(g)\|Pt$	$F_2(g)+2e^-=2F^-$	+2.87
第二类电极		
$SO_4^{2-}\|PbSO_4(s)\|Pb$	$PbSO_4(s)+2e^-=Pb+SO_4^{2-}$	−0.356
$I^-\|AgI(s)\|Ag$	$AgI(s)+e^-=Ag+I^-$	−0.1521
$Br^-\|AgBr(s)\|Ag$	$AgBr(s)+e^-=Ag+Br^-$	+0.0711
$Cl^-\|AgCl(s)\|Ag$	$AgCl(s)+e^-=Ag+Cl^-$	+0.2221
氧化还原电极		
$Cr^{3+},Cr^{2+}\|Pt$	$Cr^{3+}+e^-=Cr^{2+}$	−0.41
$Sn^{4+},Sn^{2+}\|Pt$	$Sn^{4+}+2e^-=Sn^{2+}$	+0.15

续表

电极	电极反应	$E^{\ominus}/V$
氧化还原电极		
$Cu^{2+},Cu^{+}\|Pt$	$Cu^{2+}+e^{-}=Cu^{+}$	+0.158
H^{+},醌氢醌|Pt	$C_6H_4O_2+2H^{+}+2e^{-}=C_6H_4(OH)_2$	+0.6995
$Fe^{3+},Fe^{2+}\|Pt$	$Fe^{3+}+e^{-}=Fe^{2+}$	+0.770
$Tl^{3+},Tl^{+}\|Pt$	$Tl^{3+}+2e^{-}=Tl^{+}$	+1.247
$Ce^{4+},Ce^{3+}\|Pt$	$Ce^{4+}+e^{-}=Ce^{3+}$	+1.61

10.3.3 液体接界电势及其消除

当两种不同电解质溶液或含同种电解质而浓度不同的溶液接触时，在界面上产生的电势差称为液体接界电势(liquid-junction potential)或扩散电势(diffusion potential)。液体接界电势是由于溶液中离子扩散速度不同而引起的。例如在铜-锌电池中，$ZnSO_4$ 溶液和$CuSO_4$溶液界面上情况如图 10-4 所示，假定两者浓度相同，可认为界面上没有 SO_4^{2-} 的净迁移，但 Cu^{2+} 向 $ZnSO_4$ 溶液中的扩散速度比 Zn^{2+} 向 $CuSO_4$ 溶液中的扩散速度快，从而使 $ZnSO_4$ 溶液一侧多余正电荷、$CuSO_4$ 溶液一侧多余负电荷，结果便在界面处产生了电势差，此电势差减缓了 Cu^{2+} 的扩散而加快了 Zn^{2+} 的扩散，直至两者通过界面的速度相同，达到稳定状态时的电势差即为该温度下两种液体的接界电势差 $\Delta\varphi_{Cu^{2+}/Zn^{2+}}$。

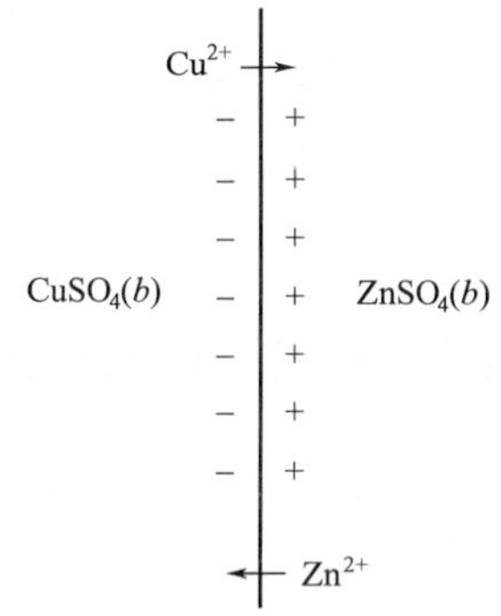

图 10-4 液体接界电势的产生

含同种电解质但浓度不同的两溶液接界时，也会产生扩散电势。比如两种浓度不同的 HCl 溶液接界时，HCl 便会从浓溶液向稀溶液扩散。在扩散过程中，H^{+} 的运动速度比 Cl^{-} 快，所以在稀溶液的一侧将出现过剩的 H^{+} 而使稀溶液一侧带正电荷；同时在浓溶液的一侧则由于留下过剩的 Cl^{-} 而带负电荷。这样在界面两侧便就产生了电势差。此电势差的产生，一方面使 H^{+} 迁移速度降低；另一方面使 Cl^{-} 迁移速度增大，最后达到稳定状态，两种离子以相同的速度通过界面，电势差保持恒定，这就是两液体的接界电势差。

液体接界电势数值一般不超过 0.03V，但它足以使测出的电池电动势产生较大的误差，所以在电化学测量中应设法消除。两液体之间若用盐桥(salt bridge)连接，即能将液体的接界电势降低到可以被忽略的程度。盐桥是将正、负离子电迁移率非常接近的高浓度强电解质(如 KCl、NH_4NO_3 等)加入琼脂，在 U 形管内冻结而成。界面上的扩散作用主要来自盐桥，在盐桥的两个端面上所产生的扩散电势近似相等符号却相反，因此可将液体接界电势降低到忽略不计的程度，但盐桥中的电解质不能与溶液中的离子发生反应。在精确的电化学测量中常采用单液可逆电池。

液体接界电势的数值可按下列方法进行计算。设由同一种电解质 $AgNO_3$ 的两种不同浓度溶液形成如下的液体接界

$$(-)AgNO_3(a_{\pm,1})\ \vdots\ AgNO_3(a_{\pm,2})(+)$$

两溶液的平均离子活度分别为 $a_{\pm,1}$、$a_{\pm,2}$，两者间液体接界电势为 $E_{液界}$。在可逆情况下，有物质的量为 n 的电子，即 nF 的电量通过液体接界面，则电功为

$$W_r'=\Delta G=-nFE_{液界} \tag{10-11}$$

式中，ΔG 为电迁移过程中的吉布斯函数变化。通过的电量是阴、阳离子迁移的电量之和，

在这一过程中将有 nt_+ 的 Ag^+ 从平均活度为 $a_{\pm,1}$ 的溶液通过界面迁移至平均活度为 $a_{\pm,2}$ 的溶液，与此同时有 nt_- 的 NO_3^- 从平均活度为 $a_{\pm,2}$ 的溶液通过界面迁移至平均活度为 $a_{\pm,1}$ 的溶液。由化学势的定义式 $\mu=\mu^\ominus+RT\ln a$，可得出这一过程的吉布斯函数变为

$$\Delta G=\Delta G(Ag^+)+\Delta G(NO_3^-)$$
$$=nt_+RT\ln\frac{a_{+,2}}{a_{+,1}}+nt_-RT\ln\frac{a_{-,2}}{a_{-,1}}$$

设 $AgNO_3$ 溶液中 $a_+=a_-=a_\pm$，则

$$\Delta G=(t_+-t_-)nRT\ln\frac{a_{\pm,2}}{a_{\pm,1}}$$

将上式代入式(10-11)，整理后即得

$$E_{液界}=(t_+-t_-)\frac{RT}{F}\ln\frac{a_{\pm,1}}{a_{\pm,2}} \tag{10-12}$$

上式仅适用于两接界溶液中电解质种类相同且均为 1-1 型的电解质。对于其他类型电解质，甚至是两接界溶液的电解质种类不同，亦可按此思路导出。由此可见，液体接界电势的大小及符号，与两电解质溶液的平均离子活度及电解质的本性有关。

10.3.4　原电池电动势的计算

根据前面的讨论，对于由任意两个电极构成的电池

电极Ⅰ ┆┆ 电极Ⅱ

其电动势 E 应等于阴极电极电势 $E_{阴}$ 与阳极电极电势 $E_{阳}$ 之差，即

$$E_{电池}=E_{阴}-E_{阳} \tag{10-13}$$

当电池中各反应组分均处于相应的标准态时，同样应有

$$E^\ominus_{电池}=E^\ominus_{阴}-E^\ominus_{阳} \tag{10-14}$$

电极电势可通过式(10-10)，即电极电势的能斯特方程求出，但电极反应需统一写成

氧化态$+ze^-\longrightarrow$还原态

若电池电动势 $E>0$，则表示在该条件下电池反应能自发进行；若 $E<0$，则表示实际发生的电池反应与所写电池的电池反应方向相反，应将所写电池正、负极的位置对调，才符合实际情况。电池电动势 E 也可以通过写出电池反应，然后根据原电池能斯特方程求出。

【例 10-3】 计算 298K 时电池

$$Pt \mid H_2(g,100kPa) \mid HCl(b=0.1mol\cdot kg^{-1}) \mid AgCl(s) \mid Ag$$

的电动势，已知 298K 时 $0.1mol\cdot kg^{-1}$ HCl 溶液的 $\gamma_\pm=0.796$。

解　由电池反应直接应用能斯特方程即可计算。

阳极　$\frac{1}{2}H_2(g,100kPa)\longrightarrow H^+(b)+e^-$

阴极　$AgCl(s)+e^-\longrightarrow Ag+Cl^-(b)$

电池反应　$\frac{1}{2}H_2(g,100kPa)+AgCl(s)\longrightarrow Ag+H^+(b)+Cl^-(b)$

因 $z=1$，故 298K 时

$$E_{电池}=E^\ominus_{电池}-\left\{0.02569\ln\frac{a_{Ag}a_{H^+}a_{Cl^-}}{a_{AgCl}[p_{H_2}/p^\ominus]^{1/2}}\right\}V$$

上式中 $E^\ominus_{电池}=E^\ominus_{Cl^-/AgCl/Ag}-E^\ominus_{H^+/H_2(g)/Pt}=0.2221V$

$$a_{Ag}=1,\ a_{AgCl}=1,\ \{p(H_2)/p^{\ominus}\}^{1/2}=1$$

$$a_{H^+}a_{Cl^-}=a_{\pm}^2=(\gamma_{\pm}\frac{b}{b^{\ominus}})^2=(0.796\times0.1)^2=0.006336$$

电池电动势为

$$E_{电池}=(0.2221-0.02569\ln0.006336)\text{V}=0.3521\text{V}$$

10.4 可逆电极的种类

构成可逆电池的两个电极本身也必须是可逆的，其要满足的条件与可逆电池一样。通常按照电极上氧化态、还原态物质状态的不同，可将电极分为三类。

10.4.1 第一类电极

这类电极包括金属电极和气体电极。一般是将某金属插入含有该金属离子的溶液中，或者是吸附了某气体的惰性金属(如 Pt)置于含有该气体离子的溶液中构成。例如，Ag 电极：$Ag^+ \mid Ag$，电极反应为

$$Ag^+ + e^- \longrightarrow Ag(s)$$

Cu 电极：$Cu^{2+} \mid Cu$，电极反应为

$$Cu^{2+} + 2e^- \longrightarrow Cu(s)$$

氯气电极：$Cl^- \mid Cl_2(g) \mid Pt$，电极反应为

$$Cl_2(g) + 2e^- \longrightarrow 2Cl^-$$

碱性溶液中的氢电极：$OH^-,\ H_2O \mid H_2(g) \mid Pt$，电极反应为

$$2H_2O(l) + 2e^- \longrightarrow H_2(g) + 2OH^-$$

酸性溶液中的氧电极：$H^+,\ H_2O \mid O_2(g) \mid Pt$，电极反应为

$$O_2(g) + 4H^+ + 4e^- \longrightarrow 2H_2O(l)$$

碱性溶液中的氧电极：$OH^-,\ H_2O \mid O_2(g) \mid Pt$，电极反应为

$$O_2(g) + 2H_2O(l) + 4e^- \longrightarrow 4OH^-$$

值得注意的是，标准氢电极电极电势为零，但 298K 时碱性溶液中氢电极标准电极电极势为

$$E^{\ominus}_{OH^-,H_2O/H_2}=E^{\ominus}_{H^+/H_2}+\frac{RT}{F}\ln K_w=-0.828\text{V}$$

同样地，对碱性溶液中的氧电极与酸性溶液中的氧电极，它们的标准电极电势数值间也存在这样的关系

$$E^{\ominus}_{O_2/H_2O,OH^-}=E^{\ominus}_{O_2/H_2O,H^+}+\frac{RT}{F}\ln K_w \tag{10-15}$$

式中，K_w为水的离子积常数。

10.4.2 第二类电极

此类电极包括金属-金属难溶盐电极和金属-金属难溶氧化物电极。金属-金属难溶盐电极的结构是在金属表面上覆盖一层该金属难溶盐，再将其插入含有与该金属难溶盐具有相同阴

离子的溶液中而构成。最常用的是甘汞电极和银-氯化银电极。

甘汞电极装置如图 10-5 所示，在仪器的底部装入少量汞，然后装入汞、甘汞（Hg_2Cl_2）和氯化钾溶液制成的糊状物，再注入 KCl 溶液。导线为铂丝，装入玻璃管中，插到仪器底部。甘汞电极可表示为

$$Cl^- \mid Hg_2Cl_2(s) \mid Hg(l)$$

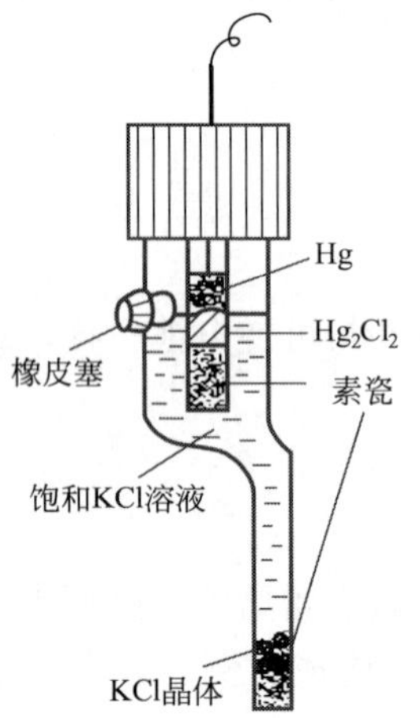

图 10-5 甘汞电极的构造

电极反应为

$$Hg_2Cl_2(s)+2e^- \longrightarrow 2Hg(l)+2Cl^-$$

电极电势表达式为

$$E_{Cl^-/Hg_2Cl_2(s)/Hg}=E^{\ominus}_{Cl^-/Hg_2Cl_2(s)/Hg}-\frac{RT}{2F}\ln\frac{a^2_{Hg}a^2_{Cl^-}}{a_{Hg_2Cl_2(s)}}$$

$$=E^{\ominus}_{Cl^-/Hg_2Cl_2(s)/Hg}-\frac{RT}{F}\ln a_{Cl^-}$$

式中，$E^{\ominus}_{Cl^-/Hg_2Cl_2(s)/Hg}$ 为甘汞电极的标准电极电势，$a_{Hg_2Cl_2(s)}=1$，$a_{Hg}=1$，由此可见，在一定温度下，甘汞电极的电极电势只与溶液中氯离子活度的大小有关。

不同浓度的 KCl 溶液，甘汞电极的电极电势与温度的关系式见表 10-2。甘汞电极容易制备，电极电势稳定。在电化学测量中，常用甘汞电极作为参比电极。

表 10-2 甘汞电极的电极电势与温度的关系式

KCl 溶液浓度/$mol \cdot dm^{-3}$	E/V	E(25℃)/V
0.1	$0.3335-7\times10^{-5}(t/℃-25)$	0.3335
1	$0.2799-2.4\times10^{-4}(t/℃-25)$	0.2801
饱和溶液	$0.2410-7.6\times10^{-4}(t/℃-25)$	0.2410

银-氯化银电极可表示为

$$Cl^- \mid AgCl(s) \mid Ag$$

电极反应为

$$AgCl(s)+e^- \longrightarrow Ag(s)+Cl^-$$

电极电势表达式为

$$E_{Cl^-/AgCl(s)/Ag}=E^{\ominus}_{Cl^-/AgCl(s)/Ag}-\frac{RT}{F}\ln a_{Cl^-}$$

可见，在一定温度下，银-氯化银电极的电极电势也只与溶液中氯离子活度的大小有关。

金属-金属难溶氧化物电极的结构是在金属表面上覆盖一层该金属难溶氧化物，再将其插入酸性或碱性水溶液中而构成。在酸性溶液中的锑-氧化锑电极可表示为

$$H^+, H_2O \mid Sb_2O_3(s) \mid Sb(s)$$

电极反应为

$$Sb_2O_3(s)+6H^++6e^- \longrightarrow 2Sb(s)+3H_2O$$

在碱性溶液中锑-氧化锑电极可表示为

$$OH^-, H_2O \mid Sb_2O_3(s) \mid Sb(s)$$

电极反应为

$$Sb_2O_3(s)+3H_2O+6e^- \longrightarrow 2Sb(s)+6OH^-$$

因第二类电极制备简单、使用方便，在电化学中有着广泛的应用。一些没有对应气体电极的负离子，如 $C_2O_4^{2-}$、SO_4^{2-} 等均可制备成第二类电极，即使是有对应气体电极的负离子，如 Cl^-、OH^- 等也常用此类电极来代替。

10.4.3 第三类电极

第三类电极是由惰性金属铂片浸入含有同一元素不同价态离子的溶液中构成，电极铂片只起传导电子的作用，氧化还原反应是在同一溶液中的不同价态离子间进行的。例如

$$Fe^{3+}, Fe^{2+} \mid Pt \qquad Fe^{3+}+e^- \longrightarrow Fe^{2+}$$

$$Sn^{4+}, Sn^{2+} \mid Pt \qquad Sn^{4+}+2e^- \longrightarrow Sn^{2+}$$

常用来测定未知溶液 pH 值的醌氢醌电极也属于第三类电极。醌氢醌是等分子的醌 $C_6H_4O_2$(用 Q 代表)与氢醌 $C_6H_4(OH)_2$(用 H_2Q 代表)形成的复合物，为墨绿色晶体，常温下其在水中的溶解度很小，醌氢醌在 $pH<8.5$ 的水溶液中则按下式分解

$$C_6H_4O_2 \cdot C_6H_4(OH)_2 \longrightarrow C_6H_4O_2+C_6H_4(OH)_2$$

在含有 H^+ 的溶液中加入少许 $Q \cdot H_2Q$ 并插入惰性金属铂片就构成了醌氢醌电极，醌氢醌电极可表示为

$$H^+, Q \cdot H_2Q\text{饱和溶液} \mid Pt$$

其电极反应为

$$C_6H_4O_2+2H^++2e^- \longrightarrow C_6H_4(OH)_2$$

醌氢醌电极制备和使用简便且不易中毒，但不能用于测定碱性溶液 pH 值，当 $pH>8.5$ 时，作为弱有机酸的氢醌会大量解离，使醌与氢醌活度基本相等的前提不再成立，从而造成较大测定误差。另外，在含强氧化剂溶液中也不可使用醌氢醌电极测定溶液的 pH 值。

10.4.4 离子选择性电极

离子选择性电极是专门用以测定溶液中某种特定离子浓度的一种指示电极，此类电极选择性好，性能稳定，一般能很好符合能斯特方程，具有良好的实用价值，主要有以下三种类型。

(1) 玻璃电极

离子选择性电极中出现最早研究得较多的是玻璃电极，玻璃电极实际上就是一种对氢离子具有选择性的电极，其结构见图 10-6。玻璃电极内封有一定 pH 的溶液，以 AgCl 电极作为内参比电极通向引线。当浸于待测溶液中时，膜两边由于 pH 不同而产生浓差电势。其电极电势能斯特方程为

$$E_{H^+/\text{玻璃电极}}=E^{\ominus}_{H^+/\text{玻璃电极}}+\frac{RT}{F}\ln a_{H^+}$$

除了测定 pH 的电极外，通过改变玻璃的成分，现已制备成了铵根离子、钠离子、银离子、锂离子、钾离子、铯离子等一系列离子的选择性电极。

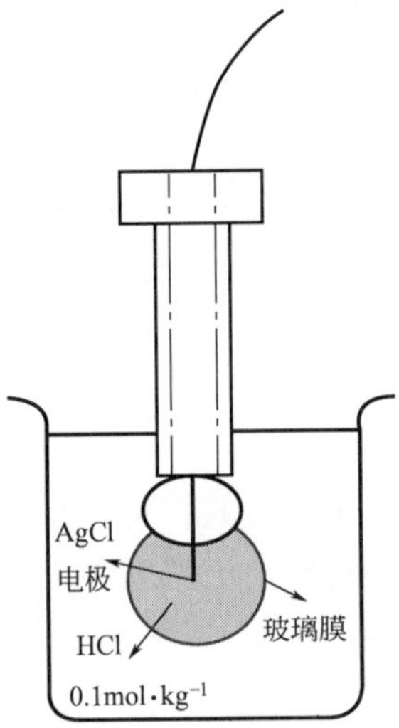

图 10-6 玻璃电极

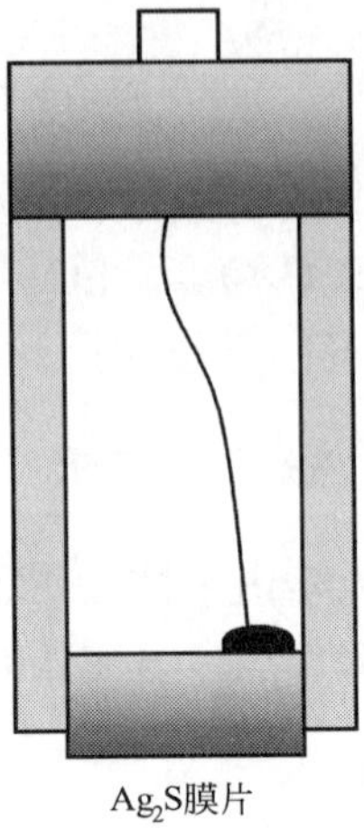

图 10-7 Ag_2S 膜电极

(2) 固态膜电极

一般由能导电的离子晶体制成膜片，接以导线，形成电极。图 10-7 是一个 Ag_2S 膜电极，它能响应 S^{2-} 和 Ag^+。其作用机理类似于一个液接电势。离子晶体大多为半导体，存在缺陷或者注入离子将显著改变其导电性能和表面电势。除了 Ag_2S 膜电极外，还有 PbS（Pb^{2+}），CdS（Cd^{2+}），CuS（Cu^{2+}），LaF_3（F^-），AgCl（Cl^-），AgBr（Br^-）和 AgI（I^-）等，括号内为测定的离子。

(3) 离子交换膜电极

常以 PVC 或硅橡胶作为载体，内含溶剂和螯合剂。不同浓度的离子通过选择性螯合而在膜与溶液间形成电势差。常用于 Ca^{2+}、NO_3^-、ClO_4^-、BF_4^-、CO_3^{2-} 和 Cl^- 等离子的响应。

10.5 原电池的设计

很多在指定条件下可以自发进行的物理或化学过程均可设计成原电池。原电池设计的方法和原则是，将物理或化学过程拆分为两个电极反应，在阳极上进行给出电子的氧化反应，在阴极上进行得到电子的还原反应。具体设计时，一般先写出阴极上的电极反应，然后用电池反应减去这个电极反应，就能得到阳极上的电极反应。写出电极反应实际上是选择电极的过程，必须以前面介绍的三类电极为基础。若涉及两种不同浓度或不同性质的电解质溶液，两电极间则用盐桥连接。溶液和气体应写明浓度和压力，按电池图式的规定写出原电池的表示式。

10.5.1 氧化还原反应

这类反应因电池反应中已明确给出了氧化剂和还原剂，故设计成原电池的过程比较简单，例如化学反应

$$H_2(g, p)+\frac{1}{2}O_2(g, p) \longrightarrow H_2O(l)$$

该反应的反应物中 O_2 是氧化剂，在设计的原电池中作阴极，碱性条件下的电极反应为

$$\frac{1}{2}O_2(g, p)+H_2O(l)+2e^- \longrightarrow 2OH^-(a)$$

用电池反应减去阴极反应，可以得到阳极反应为

$$H_2(g, p)+2OH^-(a) \longrightarrow 2H_2O(l)+2e^-$$

因此，设计成的原电池为

$$Pt \mid H_2(g, p) \mid OH^-(a) \mid O_2(g, p) \mid Pt$$

上面的电池反应还可以用酸性条件下的氧电极和氢电极，设计成酸性的氢氧电池。

又例如化学反应

$$Cu(s)+Cu^{2+} = 2Cu^+$$

该反应最容易设计成的阴、阳极反应为

阴极 $Cu^{2+}(a_1)+e^- \longrightarrow Cu^+(a_2)$

阳极 $Cu(s) \longrightarrow Cu^+(a_2)+e^-$

所设计的原电池 **1** 为

$$Cu(s) \mid Cu^+(a_2) \,\vdots\vdots\, Cu^{2+}(a_1), Cu^+(a_2) \mid Pt$$

此电池要求两个溶液中 Cu^+ 的活度相等，且电池反应得失电子数 $z=1$。

对于上面的化学反应，还可以进行如下设计

阴极 $Cu^{2+}(a_1)+2e^- \longrightarrow Cu(s)$

阳极 $2Cu(s) \longrightarrow 2Cu^+(a_2)+2e^-$

所设计的原电池 **2** 为

$$Cu(s) \mid Cu^+(a_2) \,\vdots\vdots\, Cu^{2+}(a_1) \mid Cu(s)$$

此电池反应得失电子数 $z=2$。

设计的两个原电池的电池反应相同，故反应的 $\Delta_r G_{m,1}=\Delta_r G_{m,2}$。因为 $\Delta_r G_m=-zFE$，所以 $E_1=2E_2$。反应若在标准状态下进行，则有 $\Delta_r G^{\ominus}_{m,1}=\Delta_r G^{\ominus}_{m,2}$，$E^{\ominus}_1=2E^{\ominus}_2$。

10.5.2 中和反应

对于酸碱中和反应

$$H^+(a_1)+OH^-(a_2) \longrightarrow H_2O(l)$$

将反应物中 H^+ 作为阴极时的电极反应为

$$H^+(a_1)+e^- \longrightarrow \frac{1}{2}H_2(g, p)$$

电池反应减去该电极反应，得阳极电极反应为

$$\frac{1}{2}H_2(g, p)+OH^-(a_2) \longrightarrow H_2O(l)+e^-$$

设计成由酸性和碱性水溶液中的两个氢电极构成的电池为

$$Pt \mid H_2(g, p) \mid OH^-(a_2) \,\vdots\vdots\, H^+(a_1) \mid H_2(g, p) \mid Pt$$

对于中和反应，也可设计成由酸性和碱性水溶液中的两个氧电极构成的电池

$$Pt \mid O_2(g, p) \mid OH^-(a_2) \,\vdots\vdots\, H^+(a_1) \mid O_2(g, p) \mid Pt$$

10.5.3 沉淀反应

对于沉淀反应，要采用第二类电极来设计原电池，例如沉淀反应

$$Ag^+(a_1)+Br^-(a_2)\longrightarrow AgBr(s)$$

将反应物中 Ag^+ 作为阴极时的电极反应为

$$Ag^+(a_1)+e^-\longrightarrow Ag(s)$$

电池反应减去该电极反应，得阳极电极反应为

$$Ag(s)+Br^-(a_2)\longrightarrow AgBr(s)+e^-$$

设计成的原电池为

$$Ag(s)\mid AgBr(s)\mid Br^-(a_2)\,\vdots\vdots\,Ag^+(a_1)\mid Ag(s)$$

10.5.4 扩散过程

同种物质由高浓度向低浓度发生扩散，是自发的物理过程，常见的有气体扩散和离子扩散。例如，一定温度下 O_2 的扩散过程为

$$O_2(p_1)\longrightarrow O_2(p_2)\quad(p_1>p_2)$$

将压力为 p_1 的 O_2 在酸性条件下作为阴极时的电极反应为

$$O_2(p_1)+4e^-+4H^+(a)\longrightarrow 2H_2O(l)$$

电池反应减去该电极反应，得阳极电极反应为

$$2H_2O(l)\longrightarrow O_2(p_2)+4e^-+4H^+(a)$$

两电极反应中的 $a(H^+)$ 相同，在电池反应中互相抵消，故可设计成单液原电池，即

$$Pt\mid O_2(p_2)\mid H^+(a)\mid O_2(p_1)\mid Pt$$

由于电池是由气体压力不同的同种电极构成的阴阳极，所以电池的标准电动势 $E^\ominus=0$。根据能斯特方程，上述原电池的电动势为

$$E=-\frac{RT}{4F}\ln\frac{p_2}{p_1}\tag{10-16}$$

除了气体扩散过程外，溶液中的离子同样可以进行扩散，例如溶液中的 Cl^- 扩散过程为

$$Cl^-(a_1)\longrightarrow Cl^-(a_2)\quad(a_1>a_2)$$

可将此扩散过程拆分为

$$\text{阴极}\quad \frac{1}{2}Cl_2(p)+e^-\longrightarrow Cl^-(a_2)$$

$$\text{阳极}\quad Cl^-(a_1)\longrightarrow \frac{1}{2}Cl_2(p)+e^-$$

设计成的原电池为

$$Pt\mid Cl_2(p)\mid Cl^-(a_1)\,\vdots\vdots\,Cl^-(a_2)\mid Cl_2(p)\mid Pt$$

该电池的电动势为

$$E=-\frac{RT}{F}\ln\frac{a_2}{a_1}\tag{10-17}$$

选用电极物质浓度(或压力)不同或者电解质溶液浓度不同的两个本质相同电极，可将扩散过程设计成对应的浓差电池(concentration cell)，前者称为电极浓差电池，后者称为电解质浓差电池。显然，一定温度下，浓差电池的标准电动势恒为零，而其电动势则只取决于浓度差。

10.6 可逆电池电动势的测定及应用

10.6.1 可逆电池电动势的测定

当有电流通过电极时，极化作用的存在将无法测定可逆电池电动势。因此，可逆电池电动势的测定，必须在电流无限接近于零的条件下进行。波根多夫(Poggendorff)对消法是人们常采用的测量可逆电池电动势的方法，其原理是用一个方向相反但数值相同的反电动势，以对抗待测电池的电动势，使通过电路的电流为零。具体测定线路如图 10-8 所示。

工作电池经均匀电阻 AB 构成一个通路，在 AB 上产生均匀电势降。待测电池的正极连接电钥，经过检流计和工作电池的正极相连；负极连接到一个滑动接触点 C 上，这样便在待测电池的外电路中加上了一个方向相反的电势差，它的大小由滑动接触点的位置决定。改变滑动接触点的位置找到 C 点，若电钥闭合时，检流计 G 中无电流通过，则待测电池的电动势恰与 AC 段的电势差完全抵消。

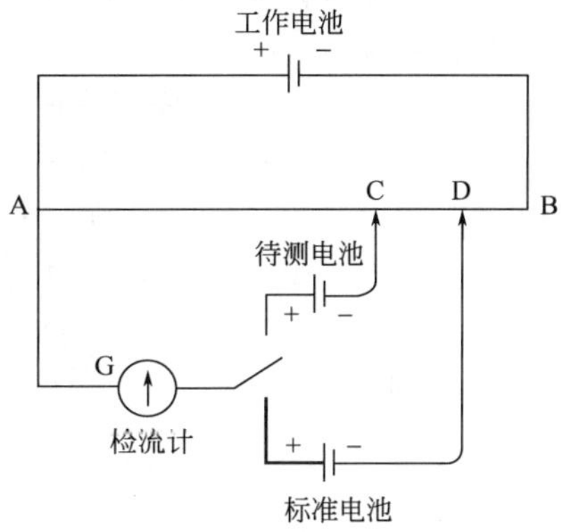

图 10-8 对消法测电池电动势的原理

将待测电池换成标准电池与电钥相连，标准电池的电动势 E_S 是已知的且保持恒定，用相同的方法，可以找出检流计 G 中无电流通过的另一触点 D。AD 段的电势差就等于 E_s。因电势差与均匀电阻线的长度成正比，故待测电池的电动势为

$$E_x = E_s \frac{\overline{AC}}{\overline{AD}} \tag{10-18}$$

10.6.2 计算电解质溶液的离子平均活度因子 $\gamma_\pm$

【例 10-4】 25℃时电池

$$\text{Pt} \mid \text{H}_2(\text{g}, 100\text{kPa}) \mid \text{HCl}(0.01341\text{mol}\cdot\text{kg}^{-1}) \mid \text{AgCl(s)} \mid \text{Ag(s)}$$

的电动势为 0.4495V，银-氯化银电极的标准电极电势为 0.2221V，计算 25℃时 HCl 溶液的离子平均活度因子 $\gamma_\pm$。

解 电池反应为

$$\text{H}_2(\text{g}, 100\text{kPa}) + 2\text{AgCl(s)} \longrightarrow 2\text{Ag(s)} + 2\text{H}^+(a_{\text{H}^+}) + 2\text{Cl}^-(a_{\text{Cl}^-})$$

$$E = E^\ominus_{\text{Cl}^-/\text{AgCl/Ag}} - \frac{RT}{2F}\ln(a_{\text{H}^+}a_{\text{Cl}^-})^2 = E^\ominus_{\text{Cl}^-/\text{AgCl/Ag}} - \frac{RT}{F}\ln\left(\gamma_\pm \frac{b_\pm}{b^\ominus}\right)^2 = 0.4495\text{V}$$

$$\ln\gamma_\pm = \frac{(0.2221 - 0.4495)F}{2RT} - \ln\frac{b_\pm}{b^\ominus} = 0.1124$$

$$\gamma_\pm = 0.894$$

10.6.3 计算电池反应的标准平衡常数 $K^\ominus$ 和难溶盐溶度积 K_{sp}

在一定的温度和压力下，当电池反应达平衡时，电动势 $E_{电池}=0$，则能斯特方程为

$$E^\ominus_{电池} = \frac{RT}{zF}\ln\prod_{\text{B}} a_B^{\nu_B} = \frac{RT}{zF}\ln K^\ominus$$

即

$$\ln K^{\ominus}=\frac{zFE^{\ominus}_{电池}}{RT} \tag{10-19}$$

根据上式，可以由电池的标准电动势 $E^{\ominus}_{电池}$ 计算对应电池反应的标准平衡常数 $K^{\ominus}$、难溶盐溶度积 K_{sp} 和络离子不稳定常数等。

【例 10-5】 298K 时将单质锡投入铅离子溶液中，试计算 Sn^{2+} 与 Pb^{2+} 的活度比，所需标准电极电势数据可查表。

解　将 Sn 投入 Pb^{2+} 溶液中，存在平衡

$$Sn+Pb^{2+}=\!=\!=Sn^{2+}+Pb$$

只要求得该反应的标准平衡常数 $K^{\ominus}$，即可求出两种离子的活度比。将此化学反应设计成相对应的原电池为

$$Sn \mid Sn^{2+}(a_{Sn^{2+}}) \,\vdots\vdots\, Pb^{2+}\ (a_{Pb^{2+}}) \mid Pb$$

$$\begin{aligned}E^{\ominus}_{电池}&=E^{\ominus}_{Pb^{2+}/Pb}-E^{\ominus}_{Sn^{2+}/Sn}\\&=[(-0.1263)-(-0.1364)]V\\&=0.0101V\end{aligned}$$

$$\ln K^{\ominus}=\frac{zFE^{\ominus}}{RT}=\frac{2\times96500\times0.0101}{8.314\times298}=0.7863$$

$$K^{\ominus}=\frac{a_{Sn^{2+}}}{a_{Pb^{2+}}}=2.195$$

【例 10-6】 利用表 10-1 中甘汞电极和汞-亚汞离子电极的标准电极电势数据，计算 298K 时甘汞在水中的活度积。

解

$$\begin{aligned}E^{\ominus}_{Cl^-/Hg_2Cl_2/Hg}&=E_{Hg_2^{2+}(a=K_{sp})/Hg}\\&=E^{\ominus}_{Hg_2^{2+}/Hg}+\frac{RT}{2F}\ln a_{Hg^{2+}}\\&=E^{\ominus}_{Hg_2^{2+}/Hg}+\frac{RT}{2F}\ln K_{sp}\end{aligned}$$

$$\ln K_{sp}=\frac{2\times96485\times(0.2799-0.8071)}{8.314\times298}$$

$$K_{sp}=1.29\times10^{-18}$$

【例 10-7】 利用表 10-1 中标准电极电势数据，计算 298K 时 AgBr 的活度积常数 K_{sp}。

解　AgBr 的活度积 K_{sp} 就是反应

$$AgBr(s)\longrightarrow Ag^{+}+Br^{-}$$

的平衡常数，将反应设计成对应的原电池为

$$Ag \mid Ag^{+}\ (a_{Ag^{+}}) \,\vdots\vdots\, Br^{-}(a_{Br^{-}}) \mid AgBr(s) \mid Ag$$

阴极反应　$AgBr(s)+e^{-}\longrightarrow Ag+Br^{-}(a_{Br^{-}})$

阳极反应　$Ag\longrightarrow Ag^{+}(a_{Ag^{+}})+e^{-}$

$$E^{\ominus}_{电池}=E^{\ominus}_{Br^-/AgBr(s)/Ag}-E^{\ominus}_{Ag^+/Ag}=(0.0713-0.7996)V=-0.7283V$$

AgBr(s)达解离平衡时 $K^{\ominus}=\dfrac{a_{Ag^+}a_{Br^-}}{a_{AgCl}}=a_{Ag^+}a_{Br^-}=K_{sp}$

所以

$$\ln K_{sp}=\ln K^{\ominus}=\frac{zFE^{\ominus}}{RT}$$

$$=\frac{1\times96500\times(-0.7283)}{8.314\times298.15}=-28.35$$

$$K_{sp}=4.87\times10^{-13}$$

若将 $E^{\ominus}_{电池}=E^{\ominus}_{Br^-/AgBr(s)/Ag}-E^{\ominus}_{Ag^+/Ag}$ 代入式(10-19)得

$$E^{\ominus}_{Br^-/AgBr(s)/Ag}=E^{\ominus}_{Ag^+/Ag}+\frac{RT}{zF}\ln K_{sp}$$

这就是第二类电极和相应的第一类电极的标准电极电势间的关系式，由它可直接求难溶盐的活度积常数。

10.6.4 测定溶液的 pH 值

将含有待测溶液的指示电极(如氢电极、醌氢醌电极和玻璃电极等)与参比电极(如甘汞电极、银-氯化银电极)组成电池，测出电池电动势就可计算待测溶液的 pH 值。例如，若用醌氢醌电极为指示电极，醌氢醌电极的电极电势为：

$$E_{Q/H_2Q}=E^{\ominus}_{Q/H_2Q}-\frac{RT}{2F}\ln\frac{a_{H_2Q}}{a_Q a^2_{H^+}}$$

由于 $Q\cdot H_2Q$ 溶解度很小，其分解物 H_2Q 和 Q 的浓度很低且相等，所以可以近似认为 $a_{H_2Q}=a_Q$，查表可知 298K 时 $E^{\ominus}_{Q/H_2Q}=0.6995V$，故

$$E_{Q/H_2Q}=(0.6995+0.05916\lg a_{H^+})V$$
$$=(0.6995-0.05916pH)V$$

将醌氢醌电极与甘汞电极组成以下电池

$Hg(l)\mid Hg_2Cl_2(s)\mid Cl^-(1.0mol\cdot dm^{-3})$ ¦¦ $Q\cdot H_2Q$ 饱和的待测溶液($pH<7.1$) | Pt

测得其电动势便可求出待测溶液的 pH 值，即

$$E_{电池}=E_{Q/H_2Q}-E_{Hg_2Cl_2(s)/Hg}$$
$$=(0.6995-0.05916pH)V-E_{Hg_2Cl_2(s)/Hg}$$

$$pH=\frac{0.6995-E_{Hg_2Cl_2(s)/Hg}-E_{电池}}{0.05916}$$

KCl 浓度为 $1.0mol\cdot dm^{-3}$ 甘汞电极的 $E_{Hg_2Cl_2(s)/Hg}=0.2801V$，上式可变为

$$pH=\frac{0.4194-E_{电池}}{0.05916}$$

此式说明，当溶液的 $pH<7.1$ 时，则 $E>0$，甘汞电极为负极，醌氢醌电极为正极；当溶液的 $7.1<pH<8.5$ 时，$E<0$，则甘汞电极实际为正极，而醌氢醌电极则为负极，计算 pH 值的公式应为

$$pH=\frac{0.4194+E_{电池}}{0.05916}$$

10.7 化学电源简介

化学电源(chemical electric source)是一种将化学能直接转换为电能的储能或换能装置，由于其稳定可靠、便于移动和携带、能量转换不受卡诺循环限制、对环境污染较小等优点，

越来越受到人们重视，在工农业、交通运输、通信、国防及人民生活中得到了广泛应用，也是电化学研究的一个极为重要的方向。化学电源品种繁多，按照其使用性质可分为干电池、蓄电池和燃料电池三类；按电池中电解质性质可分为锂电池、碱性电池、酸性电池和中性电池等。

电池由四个基本部分即电极、电解质、隔离物及外壳组成，其中电极是电池的核心部分，电极则由活性物质、导电材料、添加剂和集流体等构成。电池内参加电极反应从而将化学能转变为电能的反应物称作活性物质，干电池是指放电到活性物质耗尽后只能废弃不能再生的电池，又称一次电池；蓄电池是指放电到活性物质耗尽后，可以进行充电而使活性物质再生的电池，又称二次电池，可以充电、放电、再生并反复使用多次；燃料电池是直接将燃烧反应的化学能转化为电能的装置，是名副其实的“能量转换机器”，其能量转化不受热机效率限制，可达 80%以上，而一般火电站热机效率仅在 30%～40%之间，燃料电池还具有节约燃料、污染小等特点。

衡量化学电源性能的主要指标有：①电压，包括开路电压、终止电压、标称电压、工作电压和中点电压等；②容量，是指在一定放电条件下电池所能释放出的总电量，可分为理论容量、实际容量和额定容量；③能量密度和功率密度。理论能量密度是指每小时每千克参与反应的活性物质所提供的能量。功率密度是指输出功率与电池的质量或体积之比，通常以 $W \cdot kg^{-1}$ 或 $W \cdot dm^{-3}$ 表示，功率反映输出能量的速率，而功率密度反映单位质量(或体积)电池输出能量的速率，一个电池其能量密度高，但其功率密度可能不一定高，因为放电时的超电势大小不同；④荷电保持能力，表征电池自放电性能；⑤内阻，反映电流通过电池内部所受到的阻碍；⑥寿命，包括充放寿命、使用寿命和储存寿命；⑦安全性能和高倍率放电性能。以下对一些典型的化学电源作简要介绍。

10.7.1 燃料电池

燃料电池(fuel cell)是将燃料在电池中直接进行氧化而产生电能的装置。与一般的电池是将“发电”的活性物质全部储存于电池内不同，燃料电池是把燃料不断输入负极作为活性物质，将氧或空气输送到正极作氧化剂，同时将电极反应产物不断排出电池。其正、负极实际只是个催化转换元件，燃料电池的电极金属不因电化学反应而被消耗或产生，它起接受或输送电子的作用，并可能对电化学反应起催化作用。一般热机的效率较低，如蒸汽机仅为 0.2，内燃机为 0.4，而燃料电池由于不是通过热机转化能量，因而其化学能转化效率可达 0.9，甚至更高。由于燃料电池是十分清洁的发电装置，因此它将成为重要的发电手段服务于人类。

燃料电池以还原剂(氢气、煤气、天然气、甲醇等)为负极反应物，以氧化剂(氧气、空气等)为正极反应物，由燃料极、空气极和电解质溶液构成。电极材料多采用多孔碳、多孔镍、铂、钯等贵重金属以及聚四氟乙烯，电解质则有碱性、酸性、熔融盐和固体电解质等数种。例如，H_2-O_2 燃料电池

$$\mathrm{M} \mid \mathrm{H_2}(\mathrm{g},\ p) \mid \mathrm{KOH}(a) \mid \mathrm{O_2}(\mathrm{g},\ p) \mid \mathrm{M}$$

其在酸性和碱性介质下的电极反应和电池反应见表 10-3。

其能量最大转化效率为 $\eta_{max}=\dfrac{\Delta_r G_m}{\Delta_r H_m}=0.95$，实际转化效率要比 η_{max} 低，约为 0.72。上述电极反应由若干基元反应组成，是一系列反应的总和。例如，氢电极上反应机理为

表 10-3 H_2-O_2 燃料电池的电极和电池反应

电极和电池反应	酸性介质	碱性介质
正极反应	$1/2O_2+2H^++2e^-\longrightarrow H_2O$	$1/2O_2+H_2O+2e^-\longrightarrow 2OH^-$
负极反应	$H_2\longrightarrow 2H^++2e^-$	$H_2+2OH^-\longrightarrow 2H_2O+2e^-$
电池反应	$H_2+1/2O_2\longrightarrow H_2O$	

氢分子首先被金属 M 吸附

$$H_2+M\longrightarrow MH_2$$

当氢原子被金属强吸附时，为“放电机理”，反应为

$$MH_2+M\longrightarrow MH+MH \qquad MH+H_2O\longrightarrow M+H_3O^++e^-$$

当氢原子被金属弱吸附时，为“电化学机理”，反应为

$$MH_2+H_2O\longrightarrow MH+H_3O^++e^- \qquad MH+H_2O\longrightarrow M+H_3O^++e^-$$

在酸性介质中氧电极上反应机理为

$$O_2+M\longrightarrow MO_2$$
$$MO_2+2H^+\longrightarrow MH_2O_2^{2+}$$
$$MH_2O_2^{2+}+2e^-\longrightarrow MH_2O_2$$
$$MH_2O_2+2e^-\longrightarrow MH_2O_2^{2-}$$
$$MH_2O_2^{2-}+2H^+\longrightarrow M+2H_2O$$

这种机理已被实验所证实。由于 H_2O_2 还原的 $E^{\ominus}=1.77V$，很大且正，所以 H_2O_2 相对是不稳定中间产物，它可以用旋转圆盘电极检测出来。图 10-9 为氢氧燃料电池原理示意图。

燃料电池是一种以电化学、化学动力学、材料科学、催化反应工程和电力电子工程等学科为基础的高新技术，自 1839 年威利姆从原理上提出燃料电池的设想到现在，已有 170 多年的发展历史，而燃料电池研究的飞速发展与突破则主要是在最近几十年。磷酸型燃料电池已进入商业化阶段，聚合物电解质燃料电池作为电动车辆的动力源，可望在不久的将来实现实用化，熔融碳酸盐燃料电池可用于大中型电站，全氟磺酸膜燃料电池业已开发成功，而高温固态氧化物燃料电池可能会成为未来最有前途的燃料电池技术。目前，在燃料电池的研究中，以氢氧燃料电池发展最为迅猛，现已实际应用于宇宙航行和潜艇中，因为它不仅能大功率供电，而且具有无噪声、可靠性高和反应产物水能供宇航员饮用等优点。

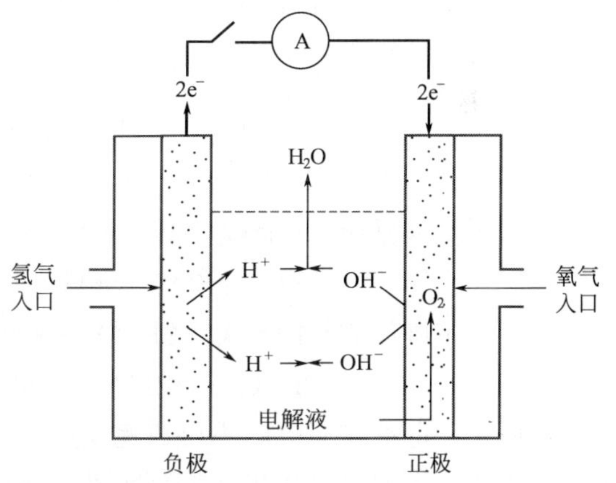

图 10-9 氢氧燃料电池原理示意图

10.7.2 铅酸蓄电池

作为能量储存器的蓄电池应满足：①参与反应的物质全部放在一个电池壳里，而不像燃料电池那样来自外部的燃烧罐中；②反应可正向和逆向进行；③必须可循环充电达数千次。铅酸蓄电池，即铅—二氧化铅电池，它是当今二次电池中应用最多、最广泛和历史最悠久的

一类蓄电池，具有电动势高、大电流放电、使用温度范围宽、性能稳定、可循环充电次数多、价格低廉、原材料来源广泛和丰富等优点，其缺点是比较笨重，实际能量密度低，并且会对环境造成污染。

铅酸蓄电池是以海绵铅作负极，PbO_2 为正极，硫酸(相对密度为 1.25～1.28)作为电解液，电池的表达式为

$$(-)Pb \mid PbSO_4 \mid H_2SO_4 \mid PbO_2 \mid Pb(+)$$

负极反应 $Pb+H_2SO_4 \longrightarrow PbSO_4+2H^++2e^-$

正极反应 $PbO_2+H_2SO_4+2H^++2e^- \longrightarrow PbSO_4+2H_2O$

电池反应 $Pb+PbO_2+2H_2SO_4 \longrightarrow 2PbSO_4+2H_2O$

其电池电动势为 2.05～2.1V，根据能斯特公式

$$E=2.04V+\frac{RT}{F}\ln(a_{H^+}^2 a_{SO_4^{2-}}^2)$$

其充放电的电池端电压 V 与时间 t 曲线见图 10-10。根据图 10-10 所揭示的现象及电极过程动力学原理，电池放电时工作电压一定低于其电动势，放电电流越大，降低得越多，而充电时之端电压一定高于其电动势。

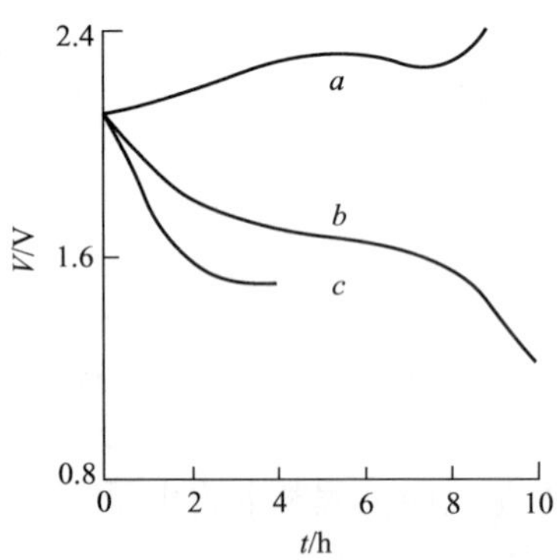

图 10-10 铅酸蓄电池的充电和放电曲线
a—充电曲线，电池电势比平衡电势高；
b—放电曲线，电池电势较平衡电势低；
c—放电曲线，电流比 b 中大一倍，由于极化增加，故电池电势更低

铅酸蓄电池放电时两极活性物质都转化为难溶的硫酸铅，并消耗硫酸生成水，这样随着放电的进行，H_2SO_4 溶液会变稀，相对密度降低，而生成的硫酸铅是绝缘体，增加电阻，欧姆电位降增大，且随着放电时间延长，以至端电压急剧下降，因此，一般在放电截止电压 1.8V 之前必须进行充电。除此之外，尚有 $PbSO_4$ 微晶颗粒长大，以致在充电时不能全部复原，也严重影响电池容量，因此，铅酸蓄电池应经常保持在充足电的状态下，即使不使用时也应定期进行充电。铅酸蓄电池的发展方向主要是在轻量高能化以及免维护密封化。

铅酸蓄电池在充电后期电极上会发生如下反：

负极反应 $PbSO_4+H^++2e^- \longrightarrow Pb+HSO_4^-$

$2H^++2e^- \longrightarrow H_2$

正极反应 $PbSO_4+2H_2O \longrightarrow PbO_2+HSO_4^-+3H^++2e^-$

$H_2O \longrightarrow 2H^++0.5O_2+2e^-$

由此可见，电池在充电时不可避免要产生氢气和氧气，故传统铅酸蓄电池一般为开口式或防酸防爆式，充放电时析出的酸雾污染和腐蚀严重，且需要经常补加酸和水维护。

氧气复合原理对铅酸蓄电池的密封起着重要指导作用，凝胶电解质和玻璃纤维隔板的使用为氧气复合原理的实际应用提供了可能性，实现了铅酸蓄电池密封技术上的重大突破。

多孔玻璃纤维隔板在正负极间为氧气的传递提供了良好的通道。充电时正极析出的氧气在负极被快速还原，生成的 PbO 与 H_2SO_4 作用生成水

$$Pb+\frac{1}{2}O_2 \longrightarrow PbO \qquad PbO+H_2SO_4 \longrightarrow PbSO_4+H_2O$$

生成的 $PbSO_4$ 在充电时重新转变为海绵状的铅

$$PbSO_4 + H^+ + 2e^- \longrightarrow Pb + HSO_4^-$$

充电时扩散到负极表面的氧气也可直接被还原为水

$$2H^+ + \frac{1}{2}O_2 + 2e^- \longrightarrow H_2O$$

上述一系列反应实现了氧气的循环，净的结果是没有氧气的积累，没有水的损失，氧气的复合减缓或延迟了氢气的析出。由此原理可以看出，实施铅酸蓄电池密封的关键在于，采用多孔玻璃纤维棉作隔板；使用过量负极活性物质以减缓或延迟氢气的析出；采用低 Sb 或无 Sb 板栅合金以提高析氢超电势；向电解液中加入适量添加剂，可以提高析氢超电势并改善放电性能。当然，要做到绝对密封是不太可能的，特别是过充和工作异常时必然会产生多余气体，而气体复合效率也不可能达到百分之百，因此，阀控式密闭铅酸蓄电池发展迅速。

10.7.3 锂离子电池

锂离子电池是在锂二次电池的基础上，于 20 世纪 90 年代初迅速发展起来的新型电池体系。它既保持了锂电池所具有的高比能量优点，又具有比以纯金属锂为阳极的二次电池可靠的优点。1990 年日本索尼能源开发公司采用 $LiCoO_2$ 为正极、石油焦作为锂离子电池的负极，使锂离子电池的商品化生产成为现实，其产品投放市场后引起人们的极大关注，成为当前电池行业发展的热点。

锂离子电池的工作原理及性能特点是，锂离子电池分别用两种不同的、能够可逆地插入及脱出锂离子的嵌锂化合物作为电池的正极和负极，以高分子聚合物膜作为隔膜，以锂盐的有机溶液作为电解液构成电池体系。其工作原理如图 10-11 所示。锂离子电池的表达式为

$$(-)Li_xA_zB_w \mid 锂离子导电盐+有机溶剂 \mid Li_{y-x}M_nY_m(+)$$

电池在充放电时的反应为

$$Li_xA_zB_w + Li_{y-x}M_nY_m \longrightarrow A_zB_w + Li_yM_nY_m$$

充电时，Li^+ 从正极脱嵌经过电解液嵌入负极，负极处于富锂态，正极处于贫锂态，同时电子的补偿电荷从外电路供给到负极，保证负极的电荷平衡；放电时则相反，Li^+ 从负极脱嵌，经过电解液嵌入正极，正极处于富锂态。在正常充放电情况下，锂离子在正极和负极的晶格中嵌入和脱出，一般不破坏晶体结构。因此，从充放电反应的可逆性看，锂离子电池反应是一种理想的可逆反应。与其他几种常见的二次电池相比，锂离子电池具有如下优点

① 工作电压高，以嵌锂化合物为正极，石墨或非石墨碳材料为负极，采用非水体系电解质，单体电池电压高达 3.6～3.8V，是其他电池的 2～3 倍。

② 能量密度高，开发潜力大，目前锂离子电池的实际比能量已达到 100～115W·h·kg^{-1} 和 240～253W·h·L^{-1}，是镉-镍电池的 2 倍，是氢一镍电池的 1.5 倍，预计锂离子电池的比能量可达 150W·h·kg^{-1} 和 400W·h·L^{-1}，尚有较大的发展空间。

③ 安全性能高，循环寿命长。锂离子电池在充放电过程中没有金属锂出现，避免了锂电池中锂枝晶造成的安全问题，另外，电池装配时电池均处于放电状态，避免了意外短路可能造成的危害。

④ 自放电小。锂离子电池在首次充电过程中，会在碳负极表面形成固体电解质中间相膜，它允许离子通过但不允许电子通过，因此可较好地防止自放电，使电池的自放电率大大

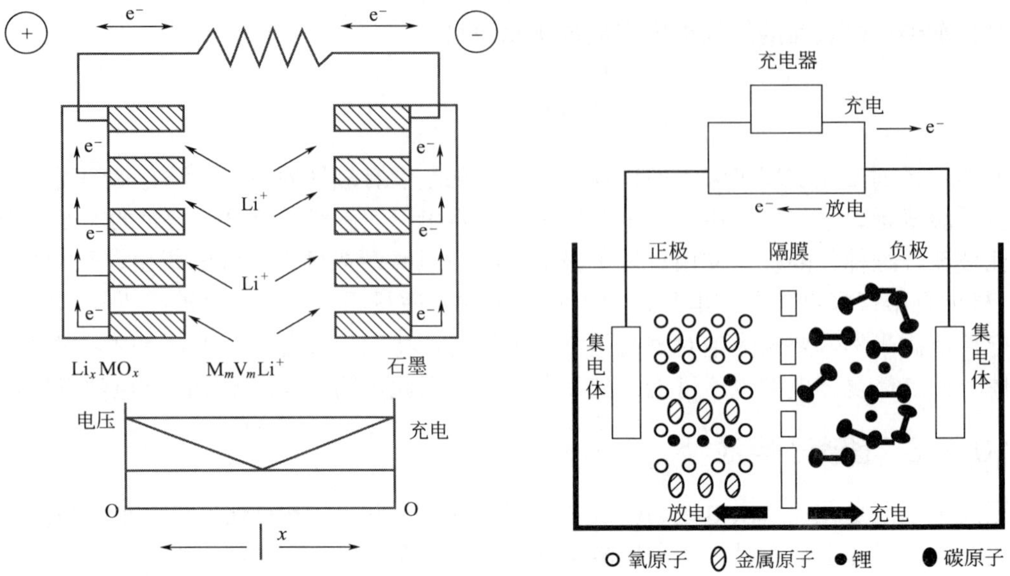

图 10-11 锂离子电池工作原理

减小，约是镉镍、氢镍电池的 1/2～1/3。

⑤ 绿色能源。不含铅、镉等有害金属，同时电源很好地密封，在使用过程中极少有气体放出，不污染环境。

⑥ 无记忆效应。记忆效应就是电池用电未完再充电时容量下降，氢镍、铬镍电池的记忆效应较为严重，而锂离子电池则不存在记忆效应。

⑦ 工作温度范围宽。锂离子电池具有优良的高低温充放电性能，可在－20～60℃之间工作。

锂离子电池从外形上看有圆柱形、方形及扣式电池等。聚合物锂离子电池是锂离子电池的最新一代产品。目前普遍认为只要正极、负极和电解质三者中有一个使用聚合物材料便称为聚合物电池。现有三种聚合物锂离子电池：①固体聚合物电解质电池，电解质为聚合物与盐的混合物，这种电池在常温下的离子导电性低，故一般将其作用于高温下使用电池；②聚合物正极电池，由于正极采用导电聚合物，其比能量比现在的锂离子电池提高大约 50%，被认为是最新一代锂离子电池；③凝胶聚合物电解质电池，即在固体聚合物电解质中添加增塑剂，从而使离子导电性提高，可在常温下使用，目前已商品化的聚合物锂离子电池，就是指此类采用凝胶聚合物作电解质代替液体电解质的锂离子电池。

聚合物电解质锂电池的发展，经历了从采用离子导电聚合物电解质的固体聚合物电池，到采用凝胶聚合物电解质的聚合物锂离子电池的过程。凝胶聚合物锂离子电池，采用具有离子导电性并兼具隔膜作用的凝胶聚合物电解质，代替目前液态锂离子电池中的液体电解质，其正负极与液态锂离子电池基本一样，故电池的工作原理也基本一致。在电池的充放电过程中，锂离子通过具有离子导电性的凝胶聚合物电解质在正负极间嵌入和脱嵌，从而实现化学能和电能的相互转变。用凝胶聚合物电解质代替液体电解质，具有可薄型化、任意面积化与任意形状化等优点，也不会产生漏液与燃烧爆炸等安全上的问题，因此可以用铝塑复合薄膜制造电池壳体，从而可以提高整个电池的比容量。

学习基本要求

1. 掌握原电池的书写规则、可逆电池的条件及标准电池的电极与电池反应。

2. 了解电池电动势的产生机理，明确液体接界电势产生的原因及消除方法。

3. 熟练掌握利用电池电动势及电动势温度系数计算电池反应的 $\Delta_r G_m$、$\Delta_r H_m$、$\Delta_r S_m$ 和电池可逆放电过程的热效应，熟练运用原电池能斯特方程进行相关计算。

4. 了解标准氢电极的规定，熟悉电极电势的定义和还原电极电势的含义，掌握电极电势的能斯特方程和原电池电动势的计算方法。

5. 了解原电池设计的基本规定和方法，熟悉常见的可逆电极并学会运用它们将常见的自发过程构造和设计成相应的原电池。

6. 掌握电池电动势的测定及其在电解质溶液离子的平均活度因子、电池反应的标准平衡常数 $K^{\ominus}$ 和难溶盐溶度积 K_{sp}、溶液的 pH 值等计算方面的应用。

习　题

10-1　写出下列各电池的电池反应。

(1) $Pt \mid H_2[p(H_2)] \mid HCl[a(HCl)] \mid Hg_2Cl_2(s) \mid Hg(l)$

(2) $Pt \mid H_2[p(H_2)] \mid HCl[a(HCl)] \mid Cl_2[p(Cl_2)] \mid Pt$

(3) $Pt \mid Fe^{2+}[a(Fe^{2+})], Fe^{3+}[a(Fe^{3+})] \,\vdots\vdots\, Cl^-[a(Cl^-)] \mid AgCl(s) \mid Ag$

10-2　请根据以下化学反应设计出电池。

(1) $H_2[p(H_2)]+Cu^{2+}[a(Cu^{2+})] = 2H^+[a(H^+)]+Cu$

(2) $Cl_2[p(Cl_2)]+2Br^-[a(Br^-)] = 2Cl^-[a(Cl^-)]+Br_2(l)$

(3) $Hg_2Cl_2(s) = 2Hg(l)+Cl_2[p(Cl_2)]$

(4) $Sn^{4+}+Pb(s) = Sn^{2+}+Pb^{2+}$

10-3　根据表 10-1 中的标准电极电势数值，计算下述电池在 298K 时的电动势。

$$Zn \mid Zn^{2+}[a(Zn^{2+})=4.00\times10^{-4}] \,\vdots\vdots\, Cd^{2+}[a(Cd^{2+})=0.200] \mid Cd$$

10-4　写出下列电池的化学反应，并根据表 10-1 中的标准电极电势计算其 298K 时的电动势。

$$Pt \mid H_2(g, 100kPa) \mid KOH[a_{\pm,1}=0.01] \,\vdots\vdots\, KCl[a_{\pm,2}=0.10] \mid Cl_2(g, 100kPa) \mid Pt$$

10-5　已知 298K 时 $E^{\ominus}_{Ag^+/Ag}=0.7994V$，AgCl 的溶度积 $K_{sp}=1.75\times10^{-10}$。试求 298K 时 $Cl^-[a(Cl^-)=1] \mid AgCl(s) \mid Ag$ 的电极电势。

10-6　已知 298K 时甘汞电极的标准电极电势 $E^{\ominus}_{Cl^-/Hg_2Cl_2(s)/Hg}=0.2679V$。请写出甘汞电极的电极反应，并计算 298K 下 $b(KCl)=1.0327mol\cdot kg^{-1}$ 时甘汞电极的电极电势。已知 298K 时 KCl 溶液的 $\gamma_{\pm}=0.607$。

10-7　已知 298K 时电池

$$Pt \mid H_2(g, 100kPa) \mid H_2SO_4(b/b^{\ominus}=4.0) \mid Hg_2SO_4(s) \mid Hg(l)$$

的电动势为 0.612V，$E^{\ominus}=0.6152V$。求 H_2SO_4 溶液的 $\gamma_{\pm}$。

10-8　在原电池

$$Pt \mid H_2(g, p_1) \mid H_2SO_4(b) \mid H_2(g, p_2) \mid Pt$$

中，假定两电极的氢气服从状态方程 $pV_m=RT+\alpha p$，式中 $\alpha=0.0148dm^3\cdot mol^{-1}$，且与温度和压力无关。当两电极的氢气压力 $p_1=2026.5kPa$、$p_2=101.325kPa$ 时。试求：

(1) 20℃时电池的电动势值；

（2）当电池可逆放电时，是从环境吸热还是向环境放热？

10-9　已知 25℃时水的饱和蒸气压为 3.167kPa，$\Delta_f G_m^{\ominus}[H_2O(g)]=-228.57kJ\cdot mol^{-1}$，水的摩尔体积为 $18.05\times10^{-3}dm^3\cdot mol^{-1}$，试求 25℃时下列电池的电动势。

$$Pt \mid H_2(g，100kPa) \mid H_2SO_4(0.02mol\cdot kg^{-1}) \mid O_2(g，100kPa) \mid Pt$$

10-10　已知 25℃时电池

$$Pt \mid H_2(g，100kPa) \mid HCl(b=0.1mol\cdot kg^{-1}，\gamma_{\pm}=0.796) \mid AgCl(s) \mid Ag$$

的电动势温度系数为 $2.5\times10^{-4}V\cdot K^{-1}$，$E_{Cl^-/AgCl(s)/Ag}^{\ominus}=0.2223V$。

（1）写出电极反应和电池反应；

（2）计算 25℃、$z=1$ 时反应的 $\Delta_r G_m$、$\Delta_r H_m$、$\Delta_r S_m$ 及电池恒温可逆放电时的 $Q_{r,m}$。

10-11　298K 时下列电池的电动势 $E=1.1365V$，电动势的温度系数为 $-5.993\times10^{-4}V\cdot K^{-1}$。

$$Ag \mid AgCl(s) \mid HCl[a_{\pm}(HCl)=0.6] \mid Cl_2(g，100kPa) \mid Pt$$

已知 298K 时 Ag(s)与 $Cl_2(g)$的标准熵分别为 $42.55J\cdot mol^{-1}\cdot K^{-1}$ 和 $223.07J\cdot mol^{-1}\cdot K^{-1}$。求 AgCl(s)在 298K 时的 $\Delta_f H_m^{\ominus}$ 及 $\Delta_f G_m^{\ominus}$。

10-12　298K 时电池

$$Ag \mid AgCl(s) \mid HCl[a(HCl)] \mid Hg_2Cl_2(s) \mid Hg$$

的电动势 $E=0.0455V$，电动势的温度系数为 $3.38\times10^{-4}V\cdot K^{-1}$。求在 298K 下通过 1F 电量时，电池反应的 $\Delta_r H_m$、$\Delta_r G_m$ 和 $\Delta_r S_m$。

10-13　298K 时电极 $SO_4^{2-} \mid PbSO_4(s) \mid Pb$ 的标准电极电势 $E_{SO_4^{2-}/PbSO_4(s)/Pb}^{\ominus}=-0.356V$，电极 $Pb^{2+} \mid Pb$ 的标准电极电势 $E_{Pb^{2+}/Pb}^{\ominus}=-0.1263V$。试计算 298K 时 $PbSO_4$ 的活度积。

10-14　298K 时电池

Pt | Q·H₂Q 饱和的待测溶液 ¦¦ 摩尔甘汞电极

测得其电动势 $E=0.0042V$，试问待测溶液的 pH 值为多少？

10-15　298K 时电池

$$Pb \mid PbSO_4(s) \mid Na_2SO_4\cdot 10H_2O\ 饱和溶液 \mid Hg_2SO_4(s) \mid Hg$$

电动势为 0.9647V，电动势的温度系数为 $1.74\times10^{-4}V\cdot K^{-1}$。

（1）写出电池反应；

（2）计算 298K 时该反应的 $\Delta_r H_m$、$\Delta_r G_m$、$\Delta_r S_m$ 及电池恒温可逆放电时的 $Q_{r,m}$。

10-16　电池

$$Pt \mid H_2(g，100kPa) \mid HCl(0.1mol\cdot kg^{-1}) \mid Hg_2Cl_2(s) \mid Hg$$

电动势 E 与温度 T 的关系为

$$E/V=0.0694+1.881\times10^{-3}T/K-2.9\times10^{-6}(T/K)^2$$

（1）写出电池反应；

（2）计算 298K 时该反应的 $\Delta_r H_m$、$\Delta_r G_m$、$\Delta_r S_m$ 及电池恒温可逆放电时的 $Q_{r,m}$。

10-17　已知 298K 时 $E_{Fe^{3+}/Fe}^{\ominus}=-0.036V$，$E_{Fe^{3+},Fe^{2+}/Pt}^{\ominus}=0.770V$。试计算 298K 时电极 $Fe^{2+} \mid Fe$ 的标准电极电势 $E_{Fe^{2+}/Fe}^{\ominus}$。

10-18　已知 25℃时，AgI(s)在水中的溶度积 $K_{sp}=8.3\times10^{-17}$，$E_{Ag^+/Ag}^{\ominus}=0.7994V$，$E_{I^-/I_2(s)/Pt}^{\ominus}=0.5353V$。试求：

（1）银-碘化银电极的标准电极电势 $E_{I^-/AgI(s)/Ag}^{\ominus}$；

（2）AgI(s)的标准生成吉布斯函数 $\Delta_f G_m^{\ominus}$。

第 11 章

电解池与极化作用

11.1 电解池与分解电压

第 10 章讨论的电池都是可逆电池，即电极反应是在电流趋于零的平衡条件下进行的，此时的电极电势为可逆电极电势或平衡电极电势，但实际上电池对外供电或进行电解时，都有一定的电流通过电极，使电极反应在偏离平衡态下进行而成为不可逆过程，导致电极电势会偏离平衡电极电势。现以电解池为例讨论这种偏离现象产生的原因及在实际中的意义。

11.1.1 分解电压

测定分解电压的装置见图 11-1，插入 $1mol \cdot dm^{-3}$ KOH 溶液中的两个 Pt 电极分别与直流电源的正、负极相连接。实验时，通过调节可变电阻 R，使外加电压从零逐渐增大。用伏特计 V 测出电解池电极两端的电压，用电流计 G 测出通过的电流，便可绘制如图 11-2 所示的电流 I-电压 V 曲线。此曲线可分为两段，在 D 点以前的一段，电流随外加电压的增加而增加得很小，电极上也无明显的物质析出；在 D 点以后的一段，电流随外加电压成正比例地增大，两极上有明显的气泡析出。将图中直线外推到电流为零处的电压 $E_{分解}$ 就是电解质在两极上连续不断地进行电解所需的最小外加电压，称为分解电压。实验测得 KOH 溶液的分解电压为 1.67V。电解时进行的反应为

$$阴极反应 \quad 2H_2O+2e^- \longrightarrow 2OH^-+H_2(g)$$

$$阳极反应 \quad 2OH^- \longrightarrow \frac{1}{2}O_2(g)+H_2O+2e^-$$

$$电解反应 \quad H_2O(l) \longrightarrow H_2(g)+\frac{1}{2}O_2(g)$$

11.1.2 理论分解电压

上述电解产物 H_2、O_2 和 KOH 溶液形成的氢电极和氧电极，将组成如下电池

$$Pt \mid H_2[g, p(H_2)] \mid OH^-[a(OH^-)] \mid O_2[g, p(O_2)] \mid Pt$$

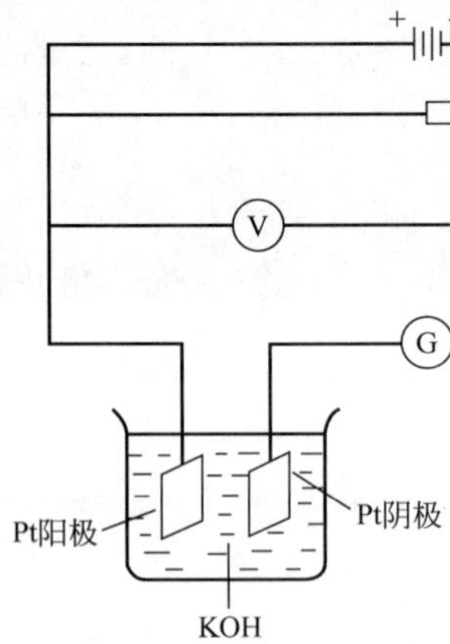

图 11-1 分解电压的测定装置

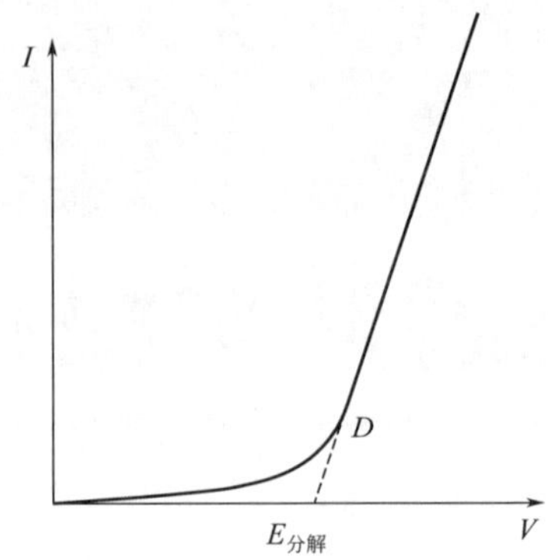

图 11-2 电流 I-电压 V 曲线

负极 $H_2[g, p(H_2)]+2OH^- \longrightarrow 2H_2O+2e^-$

正极 $\frac{1}{2}O_2[g, p(O_2)]+H_2O+2e^- \longrightarrow 2OH^-[a(OH^-)]$

电池反应 $H_2[g, p(H_2)]+\frac{1}{2}O_2[g, p(O_2)] \longrightarrow H_2O(l)$

当 $p(H_2)=p(O_2)=100kPa$，并取 $a(H_2O)=1$，在 298K 时，该电池的电动势为

$$E=E^{\ominus}_{O_2(g)/OH^-}-E^{\ominus}_{OH^-/H_2(g)}-\frac{RT}{zF}\ln\frac{a(H_2O)}{[p(H_2)/p^{\ominus}]\cdot[p(O_2)/p^{\ominus}]^{1/2}}$$
$$=[0.401-(-0.8277)]V-[\frac{0.05916}{2}\lg\frac{1}{(100/100)(100/100)^{1/2}}]V$$
$$=1.23V$$

此电池的电动势与电解时的外加电压相反。显然，要使电解得以进行，外加电压至少应等于这个电动势。与电解产物形成的电池电动势大小相等、方向相反的外加电压，称为理论分解电压 $E_{理论}$。表 11-1 列出了某些电解质溶液的分解电压 $E_{分解}$ 和理论分解电压 $E_{理论}$。由表

表 11-1 电解质溶液的分解电压(浓度为 $1mol\cdot dm^{-3}$，298K，光滑铂电极)

电解质	电解产物	$E_{分解}$/V	$E_{理论}$/V
HNO_3	H_2 和 O_2	1.69	1.23
$1/2H_2SO_4$	H_2 和 O_2	1.67	1.23
$1/3H_3PO_4$	H_2 和 O_2	1.70	1.23
NaOH	H_2 和 O_2	1.69	1.23
KOH	H_2 和 O_2	1.67	1.23
HCl	H_2 和 Cl_2	1.31	1.37
HBr	H_2 和 Br_2	0.94	1.08
$1/2CuSO_4$	Cu 和 O_2	1.49	0.51
$AgNO_3$	Ag 和 O_2	0.70	0.04
$1/2ZnSO_4$	Zn 和 O_2	2.55	1.60

中数据可看出，电解含氧酸和碱的产物都是 H_2 和 O_2，实际上都是在电解水，因而其分解电压相近；电解产物不同，分解电压不同。外加电压达到分解电压时的电极电势称为析出

势，因这时能观察到产物在电极上析出的现象。电解质溶液的分解电压 $E_{分解}$ 一般大于 $E_{理论}$，其中除了由电阻引起的电压降因素外，主要是由于阳极极化和阴极极化使实际电极电势偏离平衡电极电势，其导致的结果是因电极反应阻力增大两个电极反应实际都较理论更加难以进行。

11.2 极化作用

11.2.1 电极的极化与分类

实际电极过程都是在不可逆情况下进行的，都有一定的电流通过电极。随着电极上电流密度的增加，电极电势偏离其平衡电极电势的数值愈大，电极过程的不可逆程度也愈大。将电流通过电极时电极电势偏离平衡电极电势的现象，称为电极的极化(polarization)。为了表示不可逆程度的大小，通常把在某一电流密度下的电极电势与其平衡电极电势之差的绝对值，称为该电极的超电势或过电势(overpotential)，用 η 表示。

电解时的 $E_{分解}$ 一般都大于 $E_{理论}$，人们很容易想到，这可能是由于电解质溶液、导线及其接触点等都具有一定的电阻 R，必须外加电压克服之，IR 称为欧姆电势差，但欧姆电势差一般较小，则电极的极化才是产生上述偏差的主要原因。电极的极化通常分为浓差极化和电化学极化两类。

(1) 浓差极化

以锌电极上反应 $Zn^{2+}+2e^{-}\longrightarrow Zn(s)$ 为例，在外加电压的作用下，Zn^{2+} 在电解池的阴极上结合电子而沉积在阴极上。由于 Zn^{2+} 从本体溶液(离电极较远、浓度均匀部分的溶液)向阴极表面电迁移的速率较小，而电极反应的速率较快，使得电极与溶液的界面处 Zn^{2+} 的浓度小于本体溶液 Zn^{2+} 的浓度，随着电解的进行，阴极表面液层中 Zn^{2+} 的浓度将迅速地降低，阴极电势变得更负。这种由于浓度的差异而产生的极化称为浓差极化。由浓差极化所产生的超电势，称为浓差超电势。加强搅拌或升温可减少浓差极化的影响，但由于电极表面滞流层的存在，不可能将其完全消除。

(2) 电化学极化

电极反应过程通常是按若干个具体步骤来完成的，其中最慢的一步将对整个反应过程起到控制作用。如果 Zn^{2+} 被还原的速率较慢，不能及时地消耗掉外电源输送来的电子，结果使阴极上积累了多于平衡态时的电子，相当于使阴极电势变得更负。这种由于化学反应本身的迟缓性而引起的极化，称为电化学极化。由此而产生的超电势称为电化学超电势或活化超电势。

综上所述，阴极极化的结果使阴极电势变得更负，以增加对正离子的吸引力，使还原反应的速率加快。同理可知，阳极极化的结果将使阳极电势变得更正，以增加对负离子的吸引力，使氧化反应的速率加快。电极电势的大小与电流密度有关，描述电流密度与电极电势关系的曲线称为极化曲线。

11.2.2 极化曲线的测定

极化曲线的测定装置见图 11-3 所示，在电解池 A 内装有电解质溶液、搅拌器和两个表面积大小已知的电极。两电极通过开关 K、安培计 G 和可变电阻 R 与外电源 B 相连接。调

节 R 可以改变通过电极的电流，电流的数值可由 G 读出。将通过的电流除以浸入溶液中待测电极的面积，即可得到电流密度 $J(\mathrm{A \cdot m^{-2}})$。为了测定在不同电流密度下的电极电势大小，还需在电解池中加入一个参比电极(通常采用甘汞电极)。将待测电极与参比电极连接在电位计上，测出不同电流密度时的电动势。由于参比电极的电极电势是已知的，故可得到在不同电流密度 J 下待测电极的电极电势。由此所测得的电解池阴极和阳极的极化曲线如图 11-4(a)所示，图中 E(阳，平)和 E(阴，平)分别为电解池阳极和阴极的平衡电极电势，E(平)为电解池的理论分解电压，即电解时所形成原电池的电动势

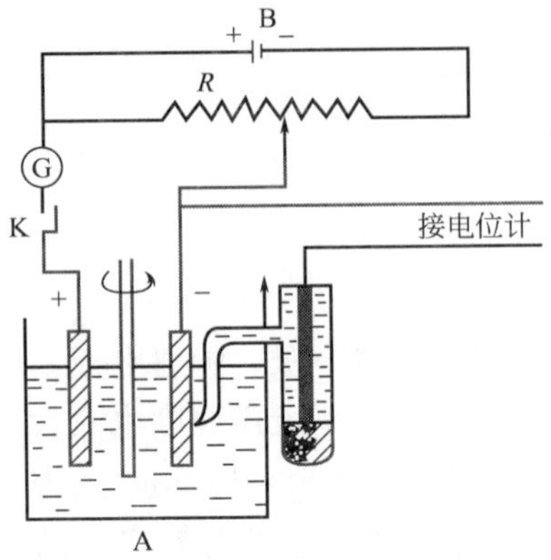

图 11-3　极化曲线的测定装置

$$E(\text{平})=E(\text{阳，平})-E(\text{阴，平})$$

若以 η_+ 和 η_- 分别表示电解池阳极和阴极在一定电流密度下的超电势，则

$$\eta_+=E(\text{阳})-E(\text{阳，平}) \tag{11-1}$$

$$\eta_-=E(\text{阴，平})-E(\text{阴}) \tag{11-2}$$

在一定电流密度下，若不考虑欧姆电势降和浓差极化的影响，电解池的外加电压为

$$E(\text{外})=E(\text{阳})-E(\text{阴})=E(\text{平})+\eta_++\eta_- \tag{11-3}$$

影响超电势的因素很多，如电极材料、电极的表面状态、电流密度、温度、电解质溶液的性质和浓度以及溶液中的杂质等，故超电势的测定常不能得到完全一致的结果。

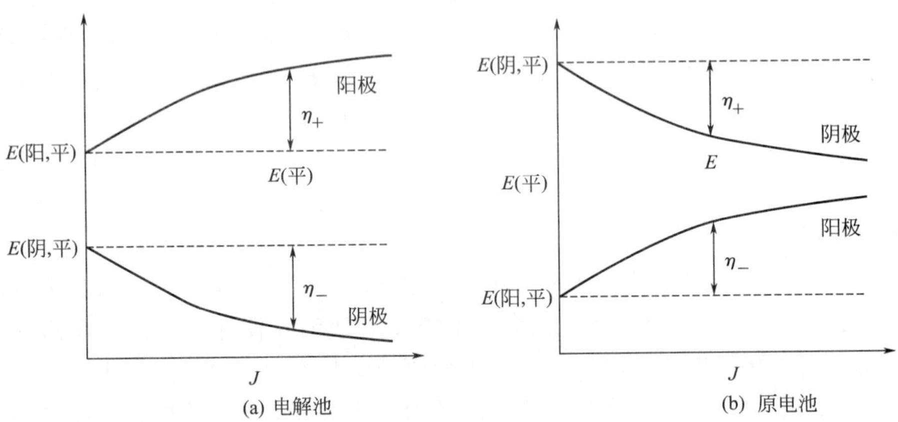

图 11-4　电解池和原电池的极化曲线

需要注意，在原电池放电时，阴极为正极，阳极为负极。阴极电势大于阳极电势，故在电极电势 E-电流密度 J 图中［见图 11-4(b)］，阴极的极化曲线在阳极的极化曲线之上。极化的结果使阴极电势变得更负，即阴极电势降低；使阳极电势变得更正，即阳极电势变大。总的结果则表现为随着原电池放电时电流密度的增加，原电池的工作电压(两极之间的电势差)明显降低。原电池的工作电压为：

$$E=E(\text{阴})-E(\text{阳})=E(\text{平})-\eta_+-\eta_- \tag{11-4}$$

11.2.3 氢超电势与塔菲尔公式

除了 Fe、Co、Ni 外，一般金属活化超电势很小，而有气体析出的体系活化超电势一般较大(如氢电极、氧电极、氯电极等)，氯对许多金属能产生腐蚀作用，而氧的析出机理目前尚不十分清楚。实际上，涉及氢气析出的电极过程和氢超电势，是各种电极过程中研究得最早也是最多的。

由实验得知氢超电势不仅与电流密度有关，还取决于电极材料的性质和表面性状、溶液的本性和组成以及温度等因素。在与平衡电极电势偏离程度很小范围内(低超电势时)，如图 11-5(a)，氢超电势和电流密度之间成线性关系，可表示为：$\eta=R_eJ$，R_e 为一具有电阻量纲的常数，其值与金属电极的性质有关，可表示在指定条件下氢电极的不可逆程度。当电势离开平衡电极电势较远(高超电势)时，见图 11-5(b)，氢超电势和电流密度的对数成线性关系

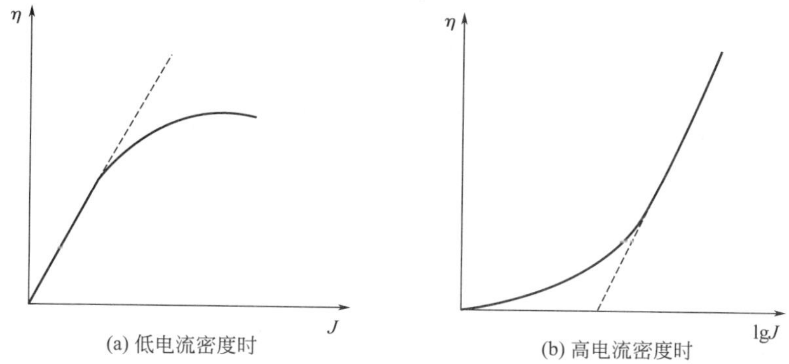

图 11-5 氢超电势随电流密度变化关系

$$\eta=a+b\lg J \tag{11-5}$$

称为塔菲尔公式，其中 J 是电流密度；a、b 是常数。常数 a 是电流密度 J 为 $1\mathrm{A\cdot cm^{-2}}$时的超电势数值，它与电极材料、电极表面状态、溶液组成以及实验温度等有关，不同金属其 a 值差异很大；b 的数值对于大多数的金属来说相差不多，在常温下约为 0.12V。氢超电势大小基本上决定于 a 的数值，若 a 的数值越大，则氢超电势也愈大，其不可逆程度也愈大。表 11-2 列出了氢阴极析出时塔菲尔公式中常数 a 和 b 的值。

研究表明，H_2 在 Pt 电极上析出时活化超电势很小，但在 Hg、Pb、Ni 上的超电势却很大；而氧气在 Pt、Ni 电极上的超电势却与氢气相反；但无论是哪一种气体，在铂黑电极上都有很低的超电势。塔菲尔公式虽早在 1905 年就已提出，但自 20 世纪 30 年代开始，关于氢在阴极析出时的机理和氢超电势的理论才逐步提出。科学家提出了不同的理论，例如迟缓放电理论和复合理论等。不同的理论中均有一些共同之处，例如，都提出 H^+ 的放电可分为以下几个步骤进行。

① H_3O^+ 从本体溶液中扩散至双电层边缘；

② H_3O^+ 从电极附近的溶液迁移过双电层到电极表面；

③ H_3O^+ 在电极上以下列机理放电。

a. H_3O^+ 在电极表面上放电，形成吸附在电极表面的 H 原子，称为伏尔默(Volmer)反应 $H_3O^++Me+e^-\longrightarrow Me-H+H_2O$

表 11-2　某些金属上氢阴极析出时塔菲尔公式中 a 和 b 值($t=20\pm0.2$℃)

金属	酸性溶液		碱性溶液	
	a/V	b/V	a/V	b/V
Ag	0.95	0.10	0.73	0.12
Al	1.00	0.10	0.64	0.14
Fe	0.70	0.12	0.76	0.11
Mn	0.8	0.10	0.90	0.12
Bi	0.84	0.12	—	—
Cd	1.40	0.12	1.05	0.16
Co	0.62	0.14	0.60	0.14
Cu	0.87	0.12	0.96	0.12
Au	0.40	0.12	—	—
Nb	0.80	0.10	—	—
Hg	1.41	0.114	1.54	0.11
Be	1.08	0.12	—	—
Mo	0.66	0.08	0.67	0.14
Ge	0.97	0.12	—	—
Ni	0.63	0.11	0.65	0.10
Pb	1.56	0.11	1.36	0.25
Pd	0.24	0.03	0.53	0.13
Pt	0.10	0.03	0.31	0.10
W	0.43	0.10	—	—
Sn	1.20	0.13	1.28	0.23
Ti	0.82	0.14	0.83	0.14
Tl	1.55	0.14	—	—
Sb	1.00	0.11	—	—
Zn	1.24	0.12	1.20	0.12

其中 Me 表示金属电极。在碱性溶液中，由于 H_3O^+ 少，直接在阴极上放电的可能是水分子

$$H_2O+Me+e^- \longrightarrow Me-H+OH^-$$

b. H_3O^+ 和已经被吸附在电极表面上的氢原子反应生成 H_2，称为海洛夫斯基(Heyrovsky)反应

$$H_3O^+ +MeH+e^- \longrightarrow Me+H_2+H_2O$$

a、b 都是电化学步骤，由于 b 中还包含吸附氢的脱附过程，故反应 b 又称为电化学脱附步骤。

④ 吸附在电极上的 H 原子解析复合为 H_2，称为塔菲尔反应或复合脱附步骤。

$$MeH+MeH \longrightarrow 2Me+H_2$$

⑤ H_2 从电极上扩散到溶液内或形成气泡逸出。

其中①、⑤两步已被证明不影响反应速率，至于②、③、④三步中，究竟是哪一步最慢，学者们意见并不一致。迟缓放电理论认为第三步最慢，而复合理论则认为第四步，即吸附在电极上的氢原子结合为氢分子的步骤最慢。也有人认为在电极上各反应步骤的速率相近，反应属于联合控制。在不同金属上，氢超电势的大小不同，可设想采用不同的机理解释。反应机理的控制步骤都随条件变化而改变。

一般说来，对氢超电势比较高的金属如 Hg、Zn、Pb、Cd 等金属，迟缓放电理论基本上能概括全部的实验事实。对于氢超电势低的金属如 Pt、Pd 等，则复合理论能解释其实验事实。而对于氢超电势居中的金属如 Fe、Co、Cu 等，则情况要复杂得多，有必要同时考虑

到放电步骤的迟缓性和原子复合形成分子氢这一步骤的迟缓性。但不论采用何种机理或何种理论，最后都能得到经验的塔菲尔关系式。

11.3 电解时的电极反应

当施加在电解池上的电压达到$E_{分解}$时，电解反应开始以明显的速率进行，此时两极的电极电势为离子析出电势。若电解的水溶液中同时含有包括H^+、OH^-在内的多种离子，究竟哪一种离子首先被还原或氧化，阴极和阳极分别会得到哪种电解产物，是对电解质水溶液进行电解时必然遇到的问题。理论上来说，凡是能释放电子的氧化反应都有可能在阳极上发生，如可溶性金属电极氧化成金属离子、OH^-氧化成氧气、阴离子放电变成单质等；而凡是能获得电子的还原反应都有可能在阴极上发生，如H^+还原成单质氢、金属离子还原成金属单质或低价离子等。根据电极电势的意义可知，电解时在阴极和阳极均有多种电极反应可以发生的情况下，阴极上总是能够发生还原的各电极反应中，极化电极电势最高的优先进行；阳极上总是能够发生氧化的各电极反应中，极化电极电势最低的优先进行。优先发生氧化反应的极化电极电势与优先发生还原反应的极化电极电势之差即为分解电压。也就是说，在电解该溶液时，当外加电压达到分解电压后，阳极上实际发生的是极化电极电势最低的氧化反应，而阴极上实际发生的是极化电极电势最高的还原反应。当然，如果外加电压很大，其他电极反应亦可同时进行。电解时究竟发生哪些反应，与外加电压大小、电解质性质、电极材料种类和电极反应物浓度以及超电势等均有关系。

11.3.1 阴极反应

电解时，阴极反应主要是金属离子和H^+发生还原反应。还原的顺序是，析出电势最高的离子首先被还原。由前面所述，阴极析出电势$E(阴)=E(阴，平)-\eta(阴)$

金属离子析出的超电势一般很小，可以忽略，$E(阴)$近似等于$E(阴，平)$；而H_2在金属上析出的超电势较大，$E(阴)$必须按上式计算。

【例 11-1】 298K 时用锌电极作阴极电解$a(Zn^{2+})=1$的$ZnSO_4$水溶液，若H_2析出的超电势η为0.70V，则哪种离子首先析出？当第二种离子析出时，溶液中先析出离子的活度为多少？

解 设$p(H_2)=100kPa$，$a(H^+)=10^{-7}$

$H^+ + e^- \longrightarrow \frac{1}{2}H_2$，$H_2$的析出电势为

$$E_{H^+/H_2(g)}=E^{\ominus}_{H^+/H_2(g)}-\frac{RT}{F}\ln\frac{[p(H_2)/p^{\ominus}]^{1/2}}{a(H^+)}-\eta(H_2)$$

$$=[0-0.05916\lg\frac{(100/100)^{1/2}}{10^{-7}}-0.70]\ V$$

$$=-1.114V$$

Zn 的析出电势为

$$E_{Zn^{2+}/Zn}=E^{\ominus}_{Zn^{2+}/Zn}-\frac{RT}{zF}\ln\frac{1}{a(Zn^{2+})}$$

$$=[-0.7628-(1/2)\times 0.05916\lg(1/1)]\ V$$

$=-0.7628\text{V}$

由于 $E_{Zn^{2+}/Zn}>E_{H^+/H_2(g)}$，故 Zn^{2+} 先被还原析出 Zn。当 H^+ 开始还原析出 $H_2(g)$ 时，阴极的电极电势至少应该为 -1.114V，Zn^{2+} 的活度为

$$-1.114\text{V}=\left[-0.7628-\frac{0.05916}{2}\lg\frac{1}{a(Zn^{2+})}\right]\text{V}$$

$$a(Zn^{2+})=1.36\times10^{-12}$$

超电势使电解消耗更多能量，是不利的，但正由于氢的超电势较大，才能使活泼金属锌等的电镀成为可能。

11.3.2 阳极反应

电解池的阳极发生失去电子的氧化反应。若以 Pt 等惰性金属或石墨为电极材料，则只能是负离子放电被氧化，如 Cl^-、Br^-、I^-、OH^- 等分别氧化成 Cl_2、Br_2、I_2 和 O_2；若以活泼金属 Zn、Cu 等为电极材料，则阳极反应有可能是金属溶解为离子。氧化反应的顺序是，析出电势最低者首先失去电子被氧化。阳极析出电势 E(阳)$=E$(阳，平)$+\eta$(阳)，对于负离子的阳极反应，η(阳)一般不能忽略。对含氧酸根 SO_4^{2-}、PO_4^{3-}、NO_3^- 等，因其析出电势太高，在水溶液中一般不可能参与阳极反应。

【例 11-2】 298K 时，在某电流密度下，O_2 在 Ag 电极上的超电势为 0.98V，今将 Ag 电极插入 $a(OH^-)=0.01$ 的 NaOH 水溶液中，试问阳极上首先发生何种反应？

解 阳极上可能发生的反应有

(1) $2OH^-[a(OH^-)]\longrightarrow H_2O+\frac{1}{2}O_2[p(O_2)]+2e^-$

$$E_{O_2(g)/OH^-}=E^{\ominus}_{O_2(g)/OH^-}-\frac{RT}{zF}\ln\frac{a^2(OH^-)}{[p(O_2)/p^{\ominus}]^{1/2}}+\eta(O_2)$$

$$=\left\{0.401-\left[\frac{0.05916}{2}\lg\frac{0.01^2}{(100/100)^{1/2}}\right]0.98\right\}\text{V}$$

$$=1.4993\text{V}$$

(2) $2Ag(s)+2OH^-[a(OH^-)]\longrightarrow Ag_2O(s)+H_2O+2e^-$

$$E_{Ag_2O(s)/Ag(s)}=E^{\ominus}_{Ag_2O(s)/Ag(s)}-\frac{RT}{zF}\ln_{a^2(OH^-)}$$

$$=\{0.344-[(1/2)\times0.05916\lg(0.01)^2]\}\text{V}$$

$$=0.4623\text{V}$$

计算中 a(纯固体)$=1$，$a(H_2O)\approx1$。因 $E_{Ag_2O(s)/Ag(s)}<E_{O_2(g)/OH^-}$，故首先发生单质 Ag 被氧化成 Ag_2O 的反应。

11.4 电解的应用

11.4.1 溶液中金属离子的分离与沉积

利用控制电势电解法可以分离金属。当一电解液中含有数种金属离子，若要求在第一种离子定量析出之前，第二种离子尚未开始析出，则它们的阴极电极电势之间必须满足

$$E_{1,\text{定量}}\geqslant E_{2,\text{开始}}$$

由此可知，两种离子分离的可能性，不仅取决于$E^{\ominus}$的差别、所含离子的价数、浓度以及是否有络合物存在等，还取决于对定量析出的要求，即对实验的准确性要求如何。若两种离子开始时浓度相同，并均为一价离子，而实验允许误差为万分之一，即达定量析出时第一种离子的浓度应小于或等于原浓度的10^{-4}倍。则

$$E_1^{\ominus}-\frac{0.05916}{1}\lg\left(\frac{1}{10^{-4}c_1}\right)\geqslant E_2^{\ominus}-\frac{0.05916}{1}\lg\left(\frac{1}{c_2}\right)$$

因$c_1=c_2$，故$E_1^{\ominus}-E_2^{\ominus}\geqslant 0.24\text{V}$，即要求两种离子对应电极的$E^{\ominus}$相差应在0.24V以上。同法可证明，对二价离子，应要求$E_1^{\ominus}-E_2^{\ominus}\geqslant 0.12\text{V}$，即要求两种二价离子对应电极的$E^{\ominus}$相差应在0.12V以上。

两种金属在电极上同时析出的现象，称为“共沉积”。显然，实现共沉积的条件为两种离子在一定电流密度下的析出电势应相等。两种离子的$E^{\ominus}$相近，易于共沉积。对$E^{\ominus}$相差较大的金属，也可采用络合方法改变游离金属离子的浓度从而调节其析出电势，使其接近以实现共沉积。例如原始浓度为$0.5\text{mol}\cdot\text{dm}^{-3}$的$Cu^{2+}$和$Cd^{2+}$在硫酸盐水溶液中其电势分别为+0.34V和−0.40V，但如加入氰化物，二者均可与之络合，在氰化物溶液中其电势分别为−1.0V和−0.9V，故如再适当调节其他参数，就有使Cu和Cd在阴极上实现共沉积，形成Cu-Cd合金的可能。再比如相同浓度的Cu^{2+}与Zn^{2+}，其析出电势相差大约1V，两者不可能同时析出，但如果在溶液中加入CN^-使其成为配合物$[Cu(CN)_3]^-$和$Zn[(CN)_4]^{2-}$，这样就调整了Cu^{2+}和Zn^{2+}的浓度比，可使铜和锌同时析出而形成合金。如果进一步控制温度、电流密度以及CN^-的浓度，即可以得到不同组成的黄铜合金。

11.4.2 有机电化学合成

有机电化学合成是指采用电化学方法合成有机化学产品，与传统有机合成方法相比，其优越性表现在：①有机电合成反应是通过反应物在电极上失去或获得电子而实现的，无需外加氧化剂或还原剂，减少了物质消耗和对环境的污染，究其实质而言，是一种无废气物产生的绿色化工过程；②选择性高，减少了副反应，产品纯度和得率较高，大大减轻产品分离和提纯工作；③反应步骤少，流程简单，通过对电解条件的调节可较容易、准确地实现对生产的操作控制；④反应条件温和，减少能耗，节约设备投资；⑤某些通常反应方法难以获得的产品只有通过电氧化或电还原才能得到。

有机电合成的研究已有170多年的历史，1834年法拉第电解醋酸钠溶液制得乙烷，是实验室中最早实现的有机电合成反应，1849年Koble研究了各种羧酸溶液的电解氧化反应，电解戊酸溶液制得了正辛烷，早期有机电合成研究仅局限于实验室阶段，直到20世纪60年代中期，四乙基铅和己二腈的电合成由美国Nalco和Monsanto公司相继投入生产，才使有机电合成步入工业化时代。此后，德国、日本、英国、印度等国家相继开发了许多电合成有机化学品的项目，我国20世纪70年代实现了胱氨酸电解还原制取L-半胱氨酸的工业化，以后乙醛酸、丁二酸、二茂铁、全氟丁酸、对甲基苯甲醛等有机电合成生产装置相继投产。近年来，有机电合成在仿生合成、医药信息产品和食品添加剂等精细有机化工产品的合成方面也取得了突破性进展，由于人类面临的环境、资源和可持续发展问题更加严峻，有机电合成因其较之传统合成的诸多优势，在新世纪必将成为电化学研究的热点。下面以己二腈的电合成为例，对有机电合成作简单介绍。

己二腈($NC—CH_2CH_2CH_2CH_2—CN$)是生产尼龙的重要原料，在1963年以前用化学

法合成，工序冗长，先由苯酚经多步反应制得己二酸，再和氨经催化反应获得己二腈。1963年以后，应用丙烯腈为原料，在电解槽的阴极上加氢聚合，直接形成己二腈

$$2CH_2{=}CHCN + 2H^+ + 2e^- \longrightarrow NCCH_2CH_2CH_2CH_2CN$$

可能的中间步骤为

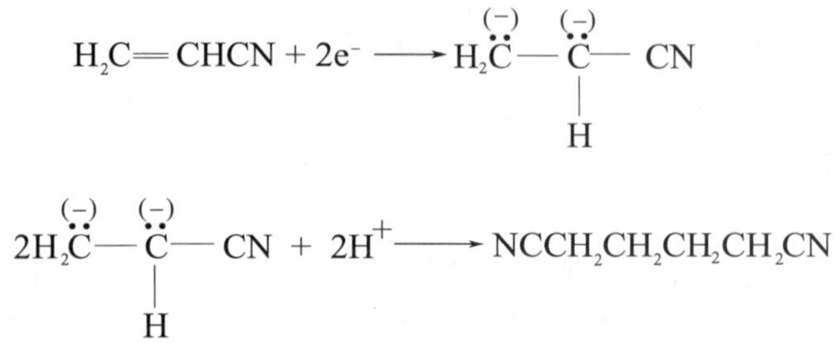

当电极反应以相当速率进行时，阴极电势需加至－1.75V 以上，故需用汞或铅等高氢超电势的金属作为阴极，以尽量抑制副反应 $2H^+ + 2e^- \longrightarrow H_2$ 的产生。阳极反应为氧气的析出 $2H_2O \longrightarrow 4H^+ + O_2 + 4e^-$。丙烯腈在水中溶解度很低，故为获得较佳导电性及较高的丙烯腈溶解度，阴极溶液常采用含 70％对甲基苯磺酸四乙胺与 30％水的混合溶剂。电解液 pH 需保持在 7.5～9.5，以尽量避免丙烯腈加水等副反应的发生。此法所得己二腈产率达 90％以上，主要副产品为丙腈。在实际生产中阴极室和阳极室之间常用阳离子交换树脂隔开，目的是让阳极室中的 H^+ 迁移至阴极室中，补充电解时阴极上 H^+ 的消耗以保持电解液的 pH 值，并防止己二腈和丙烯腈扩散至阳极氧化，以及对甲基苯磺酸阴离子往阳极迁移造成产物、原料和溶剂的损失。此法在工业上已投入大规模生产。

11.4.3　塑料电镀

为了节约金属，减低产品重量和降低成本，目前在建筑业、汽车制造业以及人们日常生活中越来越多地采用塑料来代替金属。但是塑料有不能导电、没有金属光泽等不足之处，为了改进其性能，可以在 ABS、尼龙、聚四氟乙烯等各种塑料上进行电镀，其步骤大致是先使塑料表面去油、粗化及各种表面活性处理，然后用化学沉积法使其表面形成很薄的导电层，再把塑料镀件置于电镀槽的阴极，镀上各种所需的金属。电镀后的塑料制品能够导电、导磁、有金属光泽和提高了焊接性能，而且其力学性能、热稳定性和防老化能力等都有所提高。

11.4.4　电化学抛光

电化学抛光又称电解抛光，是以被抛工件为阳极，不溶性金属为阴极，两极同时浸入到电解槽中，通以直流电而产生有选择性的阳极溶解，从而达到工件表面光亮度增大的效果。对电解抛光原理现在世界上争论较多，被大家公认的主要是黏膜理论。该理论认为，工件上脱离的金属离子与抛光液中的磷酸形成一层磷酸盐膜吸附在工件表面，这种黏膜在凸起处较薄，凹处较厚，因凸起处电流密度高而溶解快，随黏膜流动，凹凸不断变化，粗糙表面逐渐被整平从而实现抛光。电化学抛光具有以下特点：①电化学抛光量很小，抛光的尺寸精度可控制在 0.01mm 以内；②电化学抛光生产效率高，抛光速度不受材料的软硬度影响；③工艺和设备简单，投资少，成本低廉，操作容易；④可增加工件表面抗腐蚀性；⑤内外色泽一致，光泽持久，机械抛光无法抛到的凹处也可整平。

影响电化学抛光质量的主要因素有：①电解液，电解液的配方和比例要根据待加工工件

和所用的阴极材料来选定；②电流密度，电化学抛光是在较高的电流密度下进行的，电流密度过大，阳极析出的氧气过多，会使电解液近似沸腾，影响抛光质量；③电解液的温度，一般情况下，温度越低，溶解速度和生产效率就低，还需要对电解液进行搅拌促进流动，以及时排除电解产物，消除温度梯度；④抛光时间，一般抛光时间不能太长，应寻求最佳抛光时间；⑤工件的金相组织状态，愈均匀致密的工件抛光效果就会愈好，非金属工件抛光效果大多较差，像铸铁就不适宜电化学抛光；⑥原始粗糙度，一般原始粗糙度在 0.8～2.5，采用电化学抛光才能具有较好的抛光效果。

11.4.5 铝及其合金的电化学氧化和表面着色

金属铝及其合金由于轻质、导电、导热及延展性能好，故在电子工业、机械制造和轻工业等方面有广泛的应用。但是由于铝质软不耐磨，表面氧化膜太薄(约 4μm)，抗蚀性能差，色泽单调，所以它的应用受到极大的限制。

铝及其合金的电化学氧化亦称阳极氧化，可以改变铝制品的性能，即把铝或其合金置于相应的电解液(硫酸、铬酸、草酸等)中作为阳极，在特定的工作条件和外加电流的作用下，在阳极表面形成一层厚度为 5～20μm 的氧化膜，硬质阳极氧化膜厚度可达 60～200μm，可使得铝或其合金的硬度和耐磨性大幅提高，可达 250～500kg·mm^{-2}，膜层具有大量的微孔，可吸附各种润滑剂，这种铝及其合金可用来制造发动机汽缸及其他耐磨零件。经阳极氧化处理后的铝及其合金，具有良好的耐热性(硬质阳极氧化膜熔点高达 2320K)、绝缘性(击穿电压高达 2000V)、抗蚀性(在 3%NaCl 盐雾中经几千小时而不腐蚀)和绝热性，使得它在航天、航空、电气、电子工业上有广泛的用途。表面氧化膜有许多微孔，吸附能力强，可以染成各种鲜艳夺目的色彩，使得它在轻工业、建筑装潢等方面的用途也越来越广泛。

11.5 金属腐蚀与防腐

11.5.1 金属的电化学腐蚀

金属表面与周围介质发生化学及电化学作用而受到损耗破坏，统称为金属腐蚀(corrosion)。从热力学角度考虑，在很多介质中大多数以单质形式存在的金属是不稳定的，这是金属腐蚀的根本原因。根据腐蚀机理不同，金属腐蚀可分为化学腐蚀和电化学腐蚀。金属表面与介质如气体或非电解质液体等因发生化学作用而引起的损耗破坏，叫做化学腐蚀，如金属的高温氧化和非电解质腐蚀，化学腐蚀作用进行时没有电流产生。当金属表面在介质如海水、土壤、潮湿空气、电解质溶液等中，因形成微电池发生电化学作用而引起的腐蚀，叫做电化学腐蚀。

金属腐蚀造成的危害几乎遍及国民经济各部门，由此而遭受到的损失是非常严重的。据统计，全世界每年因金属腐蚀造成的经济损失约占各国国民生产总值的 2%～4%，我国每年因金属腐蚀造成的经济损失更达 3800 亿元之巨，因此研究金属的腐蚀和防腐是一项很有意义的工作。在腐蚀作用中又以电化学腐蚀情况最为严重。

化学腐蚀和电化学腐蚀均是金属价态升高，介质中某氧化性物质的元素原子价态降低的反应。在金属电化学腐蚀过程中，由于其良好的导电性能，金属的氧化与介质中被还原物质获得电子，这两个过程可以在表面的不同部位进行。金属被氧化成正离子进入介质或成为难溶化合物留在金属表面，此为阳极反应；金属失去的电子流向表面的另一部位，被介质中氧化性物质所接受使它价态降低，此为阴极反应。介质中能在金属表面接受电子而被还原的物质称为去极化剂。电化学腐蚀具有分离的阳极区和阴极区，腐蚀过程中电子通过金属从阳极区流向阴极区，必然形成和产生电流。电化学腐蚀只有在介质为离子导体时才能发生，即使是纯水也具有离子导体的性质。在水溶液中的腐蚀，常见的去极化剂是溶于水中的氧和酸性溶液中的 H^+。例如在常温下的中性水溶液中，钢铁的腐蚀一般是以氧为去极化剂进行的

$$\text{阳极}\quad Fe \longrightarrow Fe^{2+} + 2e^-$$

$$\text{阴极}\quad 1/2O_2 + H_2O + 2e^- \longrightarrow 2OH^-$$

阴极与阳极进一步反应

$$Fe^{2+} + 2OH^- \longrightarrow Fe(OH)_2$$

总反应

$$Fe + 1/2O_2 + H_2O \longrightarrow Fe(OH)_2$$

如果氧供应充足，$Fe(OH)_2$ 还会被逐步氧化成含水的 $Fe_3O_4 \cdot nH_2O$ 和 $Fe_2O_3 \cdot mH_2O$。钢铁在大气中锈蚀就是一个以氧为去极化剂的电化学腐蚀过程，直接与金属表面接触的离子导体介质是凝聚在金属表面上的水膜，而最后形成的铁锈是成分很复杂的铁的含水化合物和含水铁盐。一般因氧易达到铁锈最外层，其中铁是三价；最里层铁锈铁是二价；中间是含水的四氧化三铁。

水溶液中造成电化学腐蚀的另一重要的去极化剂是 H^+，常温下钢铁在酸性溶液中以 H^+ 为去极化剂的腐蚀过程为

$$\text{阳极}\quad Fe \longrightarrow Fe^{2+} + 2e^-$$

$$\text{阴极}\quad 2H^+ + 2e^- \longrightarrow H_2$$

$$\text{总反应}\quad Fe + 2H^+ \longrightarrow Fe^{2+} + H_2$$

此腐蚀反应产物是氢气和 Fe^{2+}。在水溶液中，除了氧气和氢离子可作为两种主要的去极化剂外，还存在其他物质可作为去极化剂而引起电化学腐蚀。例如，在酸性溶液中含有 Fe^{3+} 时，$Fe^{3+} + e^- \longrightarrow Fe^{2+}$ 被还原成 Fe^{2+} 而作为电化学腐蚀过程的去极化剂。

在用酸清洗钢铁表面铁锈时，锈层溶于酸中形成一定量的 Fe^{3+} 和 Fe^{2+}，Fe^{3+} 就可以作为去极化剂使钢铁腐蚀。若液面上有空气，Fe^{2+} 会在液面被 O_2 氧化成 Fe^{3+}，成为去极化剂，这就形成了一循环过程——Fe^{3+} 在钢铁表面作为去极化剂被还原成 Fe^{2+}，再到液面附近被 O_2 氧化成 Fe^{3+}，继续作为去极化剂使钢铁腐蚀，起着输送氧的作用。虽然溶解在溶液中的氧本身就是有效的去极化剂，但在常温常压下氧在水溶液中溶解度很小，由其去极化而引起的腐蚀速度是不大的，而有了氧的输送者 Fe^{3+} 存在时，腐蚀速率会大大加快。

由于金属和介质溶液的性质不同，引起金属腐蚀的阴极还原反应种类也不同。在复杂介质溶液情况下，甚至有可能是多个阴极还原反应同时进行并发挥腐蚀作用，其中常见和最重要的是上述氧气和氢离子的阴极还原反应。铝、锌、铁等金属及其合金在酸溶液中的腐蚀，其阴极过程主要就是依靠氢离子的还原反应，由此引起的金属腐蚀称为析氢腐蚀。锌、铁、铜等金属及其合金在海水、土壤、潮湿空气和中性盐溶液中的腐蚀，其阴极过程则主要是氧气的还原反应，由此引起的金属腐蚀称为吸氧腐蚀。

以上讨论都是假定金属腐蚀是均匀的，实际金属中总或多或少含有杂质是不均匀的，在

有些金属中还有意加入其他成分(如合金)以改善和提高其性能，但也因此造成了不均匀性，另外腐蚀介质也可能存在浓度差而产生不均匀，这种金属/溶液界面的不均匀是产生局部腐蚀的原因。局部腐蚀的危害要比均匀腐蚀严重得多，因为金属腐蚀的阳极反应和共轭阴极反应因金属/溶液界面的不均匀而导致了空间分离，阳极反应往往在极小的局部范围内发生，此时虽然总的阳极溶解速率仍等于总的共轭阴极反应速率，但阴极电流密度却大大增加了，即局部的腐蚀强度大大加剧了，例如一根均匀腐蚀的铁管可以连续使用很久而无大碍，但若局部蚀穿则只能报废。

电化学作用可单独造成电化学腐蚀，此类腐蚀有小孔腐蚀、电偶腐蚀、晶间腐蚀、杂散电流腐蚀、缝隙腐蚀和选择性腐蚀。电化学作用也可与机械作用和生物作用协同导致电化学腐蚀。与机械作用协同导致的腐蚀有磨损腐蚀、应力腐蚀破裂、腐蚀疲劳；与生物作用协同的腐蚀有微生物腐蚀、生物污损腐蚀。

小孔腐蚀又称点蚀或坑蚀，它发生在金属表面极为局部的区域内，造成洞穴或坑点并向内部扩展甚至造成穿孔，是破坏性和隐患最大的腐蚀形态之一。

电偶腐蚀是指不同金属在同一介质中接触，由于腐蚀电势差异产生电偶电流使电势较低的金属溶解速率增大，造成的接触处局部腐蚀。

晶间腐蚀是在晶体或晶粒本身未受到明显侵蚀的情况下，发生在金属或合金晶界处的一种选择性腐蚀。

杂散电流是指从电路上直接或间接漏散到土壤或其他导电介质中的电流，由其造成的腐蚀剧烈且集中于局部位置，这是一种典型的电解腐蚀，也称电蚀。

金属表面存在异物或结构上存在缝隙时，因缝隙内溶液中相关物质迁移困难而引起缝隙内金属的腐蚀总称为缝隙腐蚀。

由于合金组分电化学性质的差异或因合金组织的不均匀，使得腐蚀过程中并不是按合金的组成比例侵蚀，从而造成某些组分优先溶蚀，此种情况称为选择性腐蚀。

磨损腐蚀是指金属在高速流动的液体中造成的腐蚀，当液体中有气泡或固体悬浮物的磨耗存在时，与腐蚀共同作用产生的破坏就更加严重。

在特定环境中，金属结构在内部残存应力和外部拉伸应力持续作用下产生的腐蚀，称为应力腐蚀破裂。此种腐蚀会导致毫无先兆下的突然断裂，破裂有沿晶界破裂和穿晶粒破裂两种。对于受力设备器械这类腐蚀可能造成突然崩裂而酿成严重事故。

金属材料在循环应力或脉动应力与腐蚀介质的联合作用下，造成金属材料的疲劳强度降低而过早损耗破坏，称为腐蚀疲劳。例如，海水中高铬钢的疲劳强度只有正常性能的30%～40%。

微生物腐蚀并不是指它本身对金属侵蚀，而是微生物的代谢活动结果会直接或间接影响腐蚀过程，造成对金属的破坏。

生物污损腐蚀是指生物附着在金属表面造成细菌栖息、破坏表面膜和涂层、改变环境条件从而产生污损和局部腐蚀，如船底和海水中管道等的腐蚀。

电化学腐蚀体系类似于一个短路的原电池，其阳极反应使金属材料受到破坏，金属本身起着短路作用而不能输出电能，氧化还原反应的化学能以热的形式放出，这种导致金属材料破坏的短路原电池称为腐蚀电池。当金属表面有杂质时，由于金属电极电势和杂质电极电势不同，即可构成以金属和杂质为电极的很多微电池而引起腐蚀。腐蚀电池电动势大小影响腐蚀的倾向和速度，两种金属构成腐蚀电池有电流通过时电极就会发生极化，而极化作用会改变腐蚀电池电动势。影响金属表面腐蚀速度的因素主要有金属极化作用、金属的可逆电极电势和氢在金属表面的超电势。

11.5.2 金属的防腐

腐蚀是材料与环境相互作用而产生的损耗破坏现象，防止金属腐蚀的研究应从以下三方面着手。首先，改善金属的本质，加强对耐腐蚀金属材料的研究，提高材料热力学稳定性，如提高纯度、添加合金元素或进行适当热处理都可以提高金属的耐腐蚀性。其次，改善腐蚀环境条件，去除介质中有害成分，如锅炉用水的除氧和调节 pH，在介质中添加缓蚀剂，减轻或消除金属表面机械作用和生物作用。再次，在金属表面覆盖均匀致密、与基体结合强度高且耐磨的各种保护层，将被保护金属与腐蚀介质隔开，如采用涂层、电镀等技术对金属表面进行处理提高耐腐蚀性。在对金属进行防护处理前，必须对被保护金属表面实施预处理，去除氧化皮、锈蚀物和油渍等不洁物质并提高其表面粗糙度，表面预处理和施工的好坏对防腐效果往往起着十分重要的作用。金属防腐常采用的方法和技术如下。

(1) 覆盖金属保护层

将耐腐蚀性较强的金属或合金覆盖在被保护的金属表面上，电镀即是实现这种覆盖的重要方法之一，除电镀和化学镀外，还可采用热浸镀、火焰喷镀、蒸气镀和渗镀等方法形成镀层。按防腐蚀的性质来说，所覆盖金属保护层可分为阳极保护层和阴极保护层。前者是电镀上去的金属比被保护的金属具有较负的电极电势，例如把锌镀在铁上(铁为阴极，锌为阳极)；后者是镀上去的金属具有较正的电极电势，例如把锡镀在铁上(此时锡为阴极，铁为阳极)。就所覆盖保护层将被保护的金属与外界介质隔开而言，两种保护层的作用并无实质上的区别。但当所覆盖保护层受到损害而变得不完整时，两者情况就大不相同了。对阳极保护层而言，即使保护层被破坏，由于被保护的金属是阴极，所以受腐蚀的是保护层本身，而被保护的金属则不受腐蚀。但阴极保护层一旦受到损害则失去了保护作用，它将和被保护的金属形成原电池，由于被保护的金属是阳极，阳极会发生氧化，所以保护层的存在反而加快了金属氧化反应，使腐蚀情况更加严重。

(2) 涂装非金属保护层

将耐腐蚀的物质如油漆、喷漆、搪瓷、陶瓷、玻璃、沥青、高分子材料(如塑料、橡胶、聚酯等)喷涂在需要保护的金属表面上，使金属与腐蚀介质隔开。当这些保护层完整时即可起到良好的保护作用。涂装保护是对金属防护最直接、最方便和最有效的手段，对桥梁、船舶、储罐和管道等大型钢铁设备和构件的防锈蚀，涂装保护几乎是唯一切实可行的有效防护措施，在世界范围看，金属的表面保护手段约有三分之二是通过涂装保护实现的。非金属保护层可分为衬里和涂层两类，前者多用于液态介质对设备内部腐蚀的防护；后者多用于对腐蚀性气体造成的腐蚀的防护。需选用相应的黏结剂将防腐衬里和设备内表面黏结在一起，玻璃钢、橡胶和塑料是常采用的衬里材料。

(3) 电化学保护

① 阴极电保护。阴极电保护是将需要被保护的金属结构作为阴极，通过阳极向阴极不间断地提供电子，从而减缓金属结构的腐蚀速度，可分为牺牲阳极法和外加电流法两种。牺牲阳极法是将电极电势比被保护金属更低的金属与被保护的金属连接在一起，构成腐蚀电池，电极电势较低的金属作为阳极而溶解，被保护的金属作为阴极即可以避免腐蚀。例如对海上航行的船舶，在船底四周镶嵌锌块，此时，船体是阴极受到保护，锌块是阳极代替船体

而受到腐蚀。有时也将锌块称为保护器。这种保护法是保护了阴极，牺牲了阳极，所以称为牺牲阳极保护法，此法的优点是安装施工简便，对邻近金属结构影响极小，运行维护成本低，一次投资可长期受益。外加电流法则是利用外加直流电，将负极接在被保护金属上使其成为阴极，而将正极接到一些高硅铸铁或废铁上使其成为辅助阳极，在外加电流作用下让阳极废铁受到腐蚀、阴极金属得到保护。这些高硅铸铁或废铁实际上也就是牺牲性阳极，它起到了保护阴极的作用，只不过它是在外加直流电流下的阴极保护。此法主要用于防止土壤及河流或海水中金属设备的腐蚀，对地下金属结构如水管或输油管道、化工类生产企业中某些装有酸性溶液的容器或管道就常用这种方法进行防腐。外加电流法在实施大范围野外阴极保护时比较经济，但对附近金属结构影响较大，需要有稳定可靠的不间断电源并要有专人管理维护。

② 阳极电保护。将被保护的金属接到外加电源的正极上，使被保护的金属进行阳极极化，电极电势向正的方向移动，使金属“钝化”而得到保护。金属可以在氧化剂的作用下钝化，也可以在外加电流的作用下钝化。原则上对能够发生钝化的金属，均可采用阳极保护法防止腐蚀。我国化肥厂碳铵生产中的碳化塔已较普遍地采用此法保护，取得了良好效果。采用此法保护需注意，钝化区的电势范围不能过窄，否则容易因控制不当使阳极电势处于活化区，反而促使金属溶解、加速金属的腐蚀。

(4) 添加缓蚀剂保护

由于添加缓蚀剂防护方法中缓蚀剂用量较少，方便而且经济，故是一种常采用的方法。缓蚀剂种类繁多，既可以是无机盐类缓蚀剂，如正磷酸盐、硅酸盐、铬酸盐、亚硝酸盐等；也可以是含有 N、S、O 和三键的有机化合物类缓蚀剂，如胺类、吡啶类等。缓蚀剂对某种金属在特定腐蚀介质中的缓蚀作用与温度、浓度和 pH 值等因素有关，往往在腐蚀性的介质中只要加入少量缓蚀剂，就能明显改变介质的性质，从而大大降低金属腐蚀的速率。其缓蚀机理通常是依靠减慢阴极(或阳极)过程的速率，或者是覆盖电极表面从而防止腐蚀。阴极缓蚀剂起作用主要在于抑制阴极过程的进行，增大阴极极化，有时也可以在阴极上形成保护膜。阴极缓蚀剂一般不具有“危险性”。阳极缓蚀剂起作用主要是通过直接阻止阳极表面的金属进入溶液，或者是在金属表面上形成保护膜，使阳极免于腐蚀，但若所加入缓蚀剂的量不足，使阳极表面覆盖得不够完全和彻底，反而会导致阳极的电流密度增大促使腐蚀加快，正因如此，通常也把阳极缓蚀剂称为危险性缓蚀剂。有机缓蚀剂既可以是阴极缓蚀剂也可以是阳极缓蚀剂。它起作用主要是通过被吸附在阴极表面而增加了氢超电势，妨碍氢离子放电过程的进行，从而使金属溶解速率减慢。油溶性缓蚀剂主要是溶解在油、脂中制成各种防锈油或防锈脂。水溶性缓蚀剂可作为酸、碱、盐及中性水溶液介质的缓蚀剂。气相缓蚀剂主要用作密闭包装中的缓蚀剂，金属器件在储存或运输的过程中可能经历温度和湿度的变化，表面凝结有很薄的水膜，易于引起锈蚀。如果在仓库内或包装上添加有某种易于挥发但挥发又不是很快的物质如三乙醇胺、亚硝酸二环己烷基胺等，这类物质将溶解在金属表面的湿膜中，改变了介质的性质，即可起到缓蚀的作用，此种缓蚀剂称为气相缓蚀剂，使用亚硝酸二环己烷基胺缓蚀剂的缺点是会加速一些有色金属的腐蚀，因此使用时须注意制件中不能含有色金属成分。

利用电势-pH 图可以寻找防止腐蚀的热力学条件，寻找出金属的稳定区、腐蚀区和钝化区。防止金属腐蚀的方法根据实际情况可以采用多种针对性措施，但是最根本的还是研究制造成新的耐腐蚀材料如特种合金、陶瓷材料等。

11.5.3　金属的钝化

普通的铁片在稀硝酸中很容易溶解，但在浓硝酸中则几乎不溶解。经过浓硝酸处理后的铁片，即使再将其放在稀硝酸中，其腐蚀速率也比原来处理前有显著下降或甚至基本不发生溶解，这种现象称为金属的化学钝化，此时的金属已处于钝态。除了硝酸之外，其他一些强氧化剂类试剂例如 $K_2Cr_2O_7$、$HClO_3$、$KMnO_4$ 等都可以使金属钝化。金属变成钝态以后，其电极电势即向正的方向移动，甚至可以升高到接近于贵金属（如 Au、Pt）的电极电势。由于电极电势的升高，钝化后的金属便失去了它原来的特性，例如钝化后的铁在铜盐溶液中已不能将铜取代出来。

金属除了可用氧化剂处理使之变成钝态外，采用电化学的方法也可使之成钝态。用外加电源被保护的金属作为阳极，并维持其电位在钝化区就能防止金属的腐蚀。化肥厂的碳化塔即常采用这种方法以防止碳化塔及塔内冷却水箱的腐蚀。关于金属钝化的理论很多，其中重要的有成相理论与吸附理论，大体上前者认为是由于在金属表面上形成了一层致密的氧化膜，其厚度约为 $10^{-9} \sim 10^{-10}$m；而后者则认为由于在表面上形成了氧的吸附层。

学习基本要求

1. 了解分解电压及理论分解电压。
2. 理解极化作用产生的原因及其分类，了解极化曲线的测定方法。
3. 熟悉和理解原电池与电解池极化的区别。
4. 了解氢在阴极析出时的机理，熟悉氢超电势的塔菲尔公式。
5. 掌握电解时电极上物质析出顺序的判断原则，了解电解的常见应用。
6. 了解金属腐蚀的原因及种类，熟悉常见的防止金属腐蚀方法。

习　　题

11-1　298K 时用锌电极作阴极电解 $a_{\pm}=1$ 的 $ZnSO_4$ 水溶液，若在某一电流密度 j 下，氢气在锌电极上的超电势为 0.70V，问在常压下电解时阴极上析出的物质是氢气还是锌？

11-2　在 298K、100kPa 时以 Pt 作电极电解某 0.5mol·kg^{-1} 的 $CuSO_4$ 溶液。如果 H_2 在 Pt 和 Cu 上的超电势分别为 0V 和 0.23V，金属离子析出的超电势可以忽略，$CuSO_4$ 溶液的 $\gamma_{\pm}=0.066$，$E^{\ominus}_{Cu^{2+}/Cu}=0.337\text{V}$。

（1）当外加电压逐渐增大时，为什么在阴极上首先析出 Cu？

（2）当氢气开始从阴极上冒出时，溶液中 Cu^{2+} 浓度还有多大？

11-3　298K 时从某溶液中析出锌直到溶液中 Zn^{2+} 的浓度不超过 $10^{-4}\text{mol·kg}^{-1}$，析出过程中不会有氢气逸出。计算 pH 至少为多少？已知 $E^{\ominus}_{Zn^{2+}/Zn}=-0.763\text{V}$，氢在锌上逸出超电势为 0.72V。

11-4　当电流密度为 0.1A/cm^2 时，H_2 和 O_2 在 Ag 电极上的超电势分别为 0.87V 和 0.98V。今将两个 Ag 电极插入 0.1mol·L^{-1} NaOH 溶液中通电发生电解。当电流密度为 0.1A·cm^{-2} 时，电极上首先发生什么反应？此时外加电压为多大？

11-5　已知 $E^{\ominus}_{Fe^{2+}/Fe}=-0.44\text{V}$，$E^{\ominus}_{Cu^{2+}/Cu}=0.337\text{V}$，$E^{\ominus}_{Cl_2/Cl^-}=1.36\text{V}$。在 298K、100kPa 时，以 Pt 为阴极，电解含 $FeCl_2$（0.01mol·kg^{-1}）和 $CuCl_2$（0.02mol·kg^{-1}）的水溶液。电解过程充分搅拌，超电势可不予考虑，假定 $\gamma_{\pm}$ 为 1，试问：

(1) 何种金属先析出?

(2) 第二种金属析出时至少需加多大电压;

(3) 第二种金属析出时第一种离子浓度多大?

11-6 已知 $E^{\ominus}_{I_2/I^-}=0.536V$，$E^{\ominus}_{Br_2/Br^-}=1.065V$，$E^{\ominus}_{O_2/OH^-}=0.401V$，$E^{\ominus}_{Zn^{2+}/Zn}=-0.763V$。某溶液中含 KBr 和 KI 浓度均为 $0.1mol\cdot kg^{-1}$，今将溶液放于带有 Pt 电极的多孔杯内，将杯再放在一个大的器皿中，器皿内有 Zn 电极和大量的 $0.1mol\cdot kg^{-1}$ 的 $ZnCl_2$ 溶液。设 H_2 在 Zn 上的超电位为 0.70V，O_2 在 Pt 上的超电位为 0.45V，假定没有液接电势，且 Zn、I_2 和 Br_2 的析出超电势很小可以忽略，在 298K 时进行电解。计算:

(1) 析出 99%的碘时所需的外加电压;

(2) 析出 99%的溴时所需的外加电压;

(3) 当开始析出氧气时溶液中的 Br^- 浓度为多少?

11-7 298K 时某溶液中含有 Ag^+ ($a_1=0.05$)、Cd^{2+} ($a_2=0.001$)、Ni^{2+} ($a_3=0.1$) 以及 H^+ ($a_4=0.001$)，已知氢在 Pt、Ag、Cd 及 Ni 上的超电势分别为 0.12V、0.20V、0.30V、0.24V。采用 Pt 电极电解上述溶液，当外加电压从零开始逐渐增大时，阴极依次发生什么反应? 假定在 Pt 等金属上析出以上各种金属的超电势可忽略不计。

11-8 在锌电极上析出氢的塔菲尔方程为 $\eta/V=0.72+0.116\lg J$，在 298K 时以锌作阴极，惰性电极作阳极，电解 $0.1mol\cdot kg^{-1}$ 的 $ZnSO_4$ 溶液，假定 pH=7.0，若要使氢不与锌同时析出，应控制在什么样的条件下?

第 12 章

化学反应动力学

化学反应热力学能够预测，在一定的条件下化学反应发生的可能性和方向性，以及这种可能性进行的程度有多大。至于怎样实现这种可能性，即将反应物变成产物、完成相应的化学反应，以及化学反应过程的速率如何、化学反应进行时的具体历程是什么等问题，热力学无法作出回答。例如，在 298K 时，化学反应

$$\frac{1}{2}N_2(g)+\frac{3}{2}H_2(g) \longrightarrow NH_3(g) \quad \Delta_r G_m^{\ominus}=-16.45\text{kJ}\cdot\text{mol}^{-1} \qquad (\text{I})$$

依据热力学的观点，在常温常压下因为

$$\Delta_r G_m^{\ominus}=-16.45\text{kJ}\cdot\text{mol}^{-1}<0$$

所以，合成氨的反应在此条件下就有可能实现。但是，实际生产过程中即便在 3×10^7Pa 和 773K 条件下，由热力学计算得到的该反应最大理论转化率仅为 26%，且不加催化剂时反应速率非常慢，对于工业化生产没有实际的应用价值。

又如，在 298K 时，化学反应

$$H_2(g)+\frac{1}{2}O_2(g) \longrightarrow H_2O(l) \quad \Delta_r G_m^{\ominus}=-237.13\text{kJ}\cdot\text{mol}^{-1} \qquad (\text{II})$$

同样的理由，热力学认为在常温常压下这一反应有向右进行的趋势，但热力学对完成这一过程所需的时间不能给出答案。实际上，常温常压下将氢气和氧气混合后放在一起时，因反应速率异常缓慢，以至于可认为几乎不发生化学反应。这究竟是什么原因呢?

事实上，对于一个化学反应，仅仅研究其反应热力学的可能性是远远不够的，还必须研究其化学动力学(chemical kinetics)的现实性。化学反应热力学是研究化学反应进行的方向和限度问题的学科，而化学反应动力学则是研究化学反应速率和反应机理的学科。化学反应热力学在前面的内容中已作了详细研究，在这一章中我们将深入讨论化学反应动力学问题。

化学反应动力学的根本任务之一是研究反应速率，重点研究浓度、压力、温度、介质以及催化剂等反应条件对反应速率的影响，从而给人们提供适宜的反应条件，掌握控制反应快慢的方法。对上述反应(Ⅰ)动力学研究表明，在无催化剂时，氨的合成反应的活化能很高，大约 $335\text{kJ}\cdot\text{mol}^{-1}$；加入铁催化剂后，反应以生成氮化物和氮氢化物两个阶段进行，第一阶段的反应活化能为 $126\sim167\text{kJ}\cdot\text{mol}^{-1}$，第二阶段的反应活化能为 $13\text{kJ}\cdot\text{mol}^{-1}$。由于反应途径的改变(生成不稳定的中间化合物)，降低了反应的活化能，因而使整个合成氨的反应速率加快了。对反应(Ⅱ)动力学研究发现，当反应温度升高到 1073K 时，反应能以爆炸式的方

式瞬间完成；另外，若选用钯作催化剂，氢气和氧气的混合物在常温常压下便能以较快的速率反应生成水。可见，通过研究外在因素的变化可以提高化学反应速率，对实现大规模化工生产具有极其重要的意义。

化学反应动力学的另一个根本任务是研究反应历程，即探索反应进行的具体途径、步骤。搞清了反应进行的每一个历程，可以找出控制反应速率的决定步骤，以便从内在机制上控制反应速率，使化学反应朝着人们所需要的方向进行，减小副反应速率，提高生产效率和产品的产率。

人们通过对化学反应动力学的研究，可以实现人为调控反应条件，提高主反应的速率与生产效率，增加产品的产量；同时，可以抑制或减慢副反应的速率、减少原料的消耗、减轻分离操作的负担、提高产品的质量，从而实现原子经济和绿色生产。研究化学反应动力学，还能为避免危险品的爆炸、材料的腐蚀、产品的老化和变质等方面提供技术支撑。因此，化学反应动力学是化学工业生产极其重要的基础理论之一。

在实际生产过程中，对于一个具体的化学反应而言，必须同时考虑热力学和动力学问题。例如，对一个未知的化学反应，若热力学研究判断是可能发生的，但实际进行时反应速率太慢。那么，对如何缩短达到平衡所需的时间、加快其反应速率等动力学问题的研究，就成了这一反应的主要研究方向。相反，若一个化学反应在热力学上是不可能进行的，当然就没有必要再去考虑反应速率问题了。需要指出的是，热力学所研究的过程可能性与外界条件(如温度、压力、浓度等)有关，当外界条件发生改变时可使原条件下热力学上的不可能过程变为可能。总之，对化学反应的研究，动力学和热力学是相辅相成、两者缺一不可的。

相对而言，与化学反应热力学相比，化学反应动力学的研究还不够成熟，这主要有两方面的原因。一方面，对化学反应动力学的研究起步迟于化学反应热力学，另一方面，化学反应动力学的研究比化学反应热力学的研究复杂得多。当然化学反应动力学的不成熟反过来又促使其发展速度更为迅猛。近一百年以来，随着相邻学科的实验技术和测试手段的不断发展与更新，化学反应动力学的发展取得了令人瞩目的成就。例如，核磁共振技术检测到了自由基的存在，闪光光解技术发现了寿命奇短的自由基，超短脉冲激光技术的研发成功，将化学反应动力学中极其重要的变量——时间带入了飞秒数量级(10^{-15} s)等。尽管化学反应动力学得到了快速发展，但所形成的理论与经典热力学相比尚欠完善，要想从分子甚至原子水平彻底解决化学反应历程及相关动力学问题，有待科学家们的继续努力。

12.1 化学反应的反应速率及其测定

对于一个给定的化学反应，其反应速率取决于系统的温度和反应物的浓度等因素。为研究问题的方便，常常采用在恒定温度的条件下，研究化学反应速率与反应物浓度之间的关系；在此基础上，再研究温度对反应速率的影响。

12.1.1 反应速率的定义

对于一定温度下的化学反应，其反应速率主要取决于反应物的浓度。一旦反应开始，反应物的浓度不断降低，生成物的浓度不断增加。一般说来，这种降低与增加不会与时间的推移成线性关系，从而导致反应在不同时期的速率不一样。大多数反应在开始时反应物浓度大，反应速率快；而到了反应后期，反应物浓度逐渐变小，反应速率逐渐变慢。而少数反应(如链反应及自催化反应等)因反应初期需要一定的诱导过程，因而开始速率极低，逐渐加快达到最大峰值，最后因反应物的浓度降低而慢慢变小。

在物理学中，速度(velocity)具有方向性，是矢量；而速率(rate)不具有方向性，是标量。本教材采用速率(简写为 r)来表示反应物或生成物浓度随时间的变化率。

对于在体积恒定为 V 的容器中进行的均相化学反应

$$aA + dD + \cdots \longrightarrow eE + fF + \cdots \tag{Ⅲ}$$

反应进度 ξ 定义为

$$d\xi = \frac{dn_B}{\nu_B} \tag{12-1}$$

化学反应的转化速率 $\dot{\xi}$ 是指单位时间内所发生的反应进度，其定义为

$$\dot{\xi} = \frac{d\xi}{dt} = \frac{1}{\nu_B} \times \frac{dn_B}{dt} \tag{12-2}$$

化学反应速率 r 可以定义为单位体积的化学反应的转化速率 $\dot{\xi}$：

$$r = \frac{\dot{\xi}}{V} = \frac{1}{\nu_B} \times \frac{dn_B}{Vdt} \tag{12-3}$$

对于恒容反应，因体积 V 是常数，式(12-3)中 $dn_B/V = dc_B$，上式可改写为

$$r = \frac{1}{\nu_B} \times \frac{dc_B}{dt} \tag{12-4}$$

对于化学反应(Ⅲ)，既可以用指定的某反应物(如 A)的消耗速率又可以用指定的某产物(如 E)的生成速率来表示化学反应进行的速率，即

A 的消耗速率
$$r_A = -\frac{dc_A}{dt} \tag{12-5a}$$

E 的生成速率
$$r_E = \frac{dc_E}{dt} \tag{12-5b}$$

反应物的浓度随着反应的进行逐渐减小，即 $dc_A < 0$，而产物的浓度随着反应的进行不断增加，即 $dc_E > 0$，因速率始终为正值，所以式(12-5a)前面要加负号。

对于给定的化学反应，化学反应速率 r 之值是唯一的，r 的下角标不加注，与选择反应物或产物无关；而反应物的消耗速率或产物的生成速率因选择不同的物质可以不相等，需对速率符号加注下角标以示区别，如上述的 r_A 和 r_E。值得指出的是，化学反应速率 r 与各物质的消耗速率(如 r_A)和生成速率(如 r_E)尽管可以不相等，但它们之间存在着内在联系。将式(12-4)应用于方程式(Ⅲ)得

$$r = -\frac{1}{a} \times \frac{dc_A}{dt} = -\frac{1}{d} \times \frac{dc_D}{dt} = \cdots = \frac{1}{e} \times \frac{dc_E}{dt} = \frac{1}{f} \times \frac{dc_F}{dt} = \cdots \tag{12-6a}$$

即

$$r = \frac{r_A}{a} = \frac{r_D}{d} = \cdots = \frac{r_E}{e} = \frac{r_F}{f} = \cdots \tag{12-6b}$$

例如，二氧化硫氧化生成三氧化硫的反应

$$SO_2(g) + \frac{1}{2}O_2(g) \longrightarrow SO_3(g)$$

化学反应速率与方程式中各指定物质速率之间的关系为

$$r=\frac{r_{SO_2}}{1}=\frac{r_{O_2}}{1/2}=\frac{r_{SO_3}}{1}$$

对于恒温恒容条件下进行的气相反应，还可以用反应中各物种的分压来代替浓度，得到由分压定义的反应速率 r_p

$$r_p=\frac{1}{\nu_B}\times\frac{dp_B}{dt} \tag{12-7}$$

若为理想气体反应，由于

$$p_B=\frac{n_B RT}{V}=c_B RT$$

$$dp_B=RTdc_B$$

代入式(12-7)得

$$r_p=rRT \tag{12-8}$$

相应地，式(12-6a)改写为

$$r_p=-\frac{1}{a}\times\frac{dp_A}{dt}=-\frac{1}{d}\times\frac{dp_D}{dt}=\cdots=\frac{1}{e}\times\frac{dp_E}{dt}=\frac{1}{f}\times\frac{dp_F}{dt}=\cdots \tag{12-9}$$

12.1.2 反应速率的测定

化学反应速率的测定，只要测出不同时刻反应物或生成物的浓度，然后绘制出浓度随时间的变化曲线——动力学曲线。若想求出不同反应时刻(如 t 时刻)的速率，只需在 t 时刻作出动力学曲线的切线，由切线的斜率便可算出反应在 t 时刻的速率，如图 12-1。反应开始($t=0$)时的速率$\left(\frac{dc}{dt}\right)_{t=0}$称为初始速率，是反应动力学重要的边界条件。

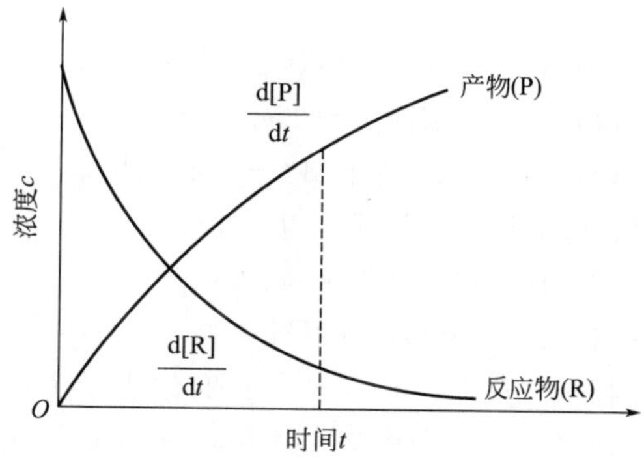

图 12-1 反应物和产物的浓度随时间的变化

测定反应在不同时刻浓度的方法一般有化学法和物理法两种。化学法测定是在某一时刻从反应体系取出少量物质，采取适当的方法使取出部分的反应瞬间停止，然后利用滴定、色谱和光谱等分析手段，对反应混合物的组成及其浓度进行测定，可以直接得到反应在不同时刻某物质的浓度数据。但实验操作比较麻烦，且所得数据会由于实验操作的迟缓带来较大的误差。

物理法测定是在连续进行的反应过程中，对与物质浓度有关的某一物理量参数进行在线监测，获得相应的物理量数据，然后由所得物理量数据换算成浓度。因此，物理法测定的前提条件是浓度与物理量参数之间要具有函数关系，最好选择与浓度变化呈线性关系的物理量参数。常用的物理量参数与测定方法有测定体积、压力、旋光度、折射率、电导率、电动势、介电常数、黏度、热导率、吸收光谱和比色等。它的优点是实验操作方便，可在连续反应中获得数据，不足是无法直接测定物质的浓度。

12.2 化学反应的反应速率方程

表示某一化学反应的反应速率与浓度等参数间的关系式，或表示浓度与时间等参数间的关系式，称为化学反应的速率方程(rate equation)，也称为动力学方程(kinetic equation)。速率方程可以用微分式和积分式两种形式来表示。

12.2.1 反应历程

通常情况下，绝大多数化学方程式并非代表反应的真正历程，而只代表反应的总结果，即代表反应中各物质的化学计量式关系。例如，在气相中 H_2 分别与 Cl_2、Br_2 以及 I_2 的反应，常写成的计量方程式为

(1) $H_2+Cl_2 \longrightarrow 2HCl$

(2) $H_2+Br_2 \longrightarrow 2HBr$

(3) $H_2+I_2 \longrightarrow 2HI$

尽管这三个反应的化学计量式形式相同，但它们的反应历程(或机理)却不一样。大量实验证明，H_2 与 Cl_2 的反应通过以下几步完成

(4) $Cl_2+M \longrightarrow 2Cl\cdot+M$

(5) $Cl\cdot+H_2 \longrightarrow HCl+H\cdot$

(6) $H\cdot+Cl_2 \longrightarrow HCl+Cl\cdot$

(7) $Cl\cdot+Cl\cdot+M \longrightarrow Cl_2+M$

式中，M 代表不参与反应却能传递能量的惰性物质，如反应器壁或其他第三种分子等。

H_2 与 Br_2 的反应则由以下几步完成

(8) $Br_2+M \longrightarrow 2Br\cdot+M$

(9) $Br\cdot+H_2 \longrightarrow HBr+H\cdot$

(10) $H\cdot+Br_2 \longrightarrow HBr+Br\cdot$

(11) $H\cdot+HBr \longrightarrow H_2+Br\cdot$

(12) $Br\cdot+Br\cdot+M \longrightarrow Br_2+M$

H_2 与 I_2 反应由以下几步完成

(13) $I_2+M \longrightarrow 2I\cdot+M$

(14) $2I\cdot+H_2 \longrightarrow 2HI$

因此，方程式(1)、(2)与(3)仅表示了各自反应的总结果，方程式(4)～(7)、(8)～(12)和(13)～(14)分别代表了完成 H_2 与 Cl_2、H_2 与 Br_2 以及 H_2 与 I_2 反应所需经历的具体步骤，即反应历程，又称反应机理(reaction mechanism)。

12.2.2 基元反应与非基元反应

若一个化学反应，需经过若干个简单的反应步骤后，才最终转化为产物分子而完成化学反应的，那么这个化学反应称为非基元反应。而每一个简单的反应步骤，即分子一经碰撞就能完成的反应，称为基元反应(elementary reaction)，或简称元反应。简而言之，基元反应

就是一步能完成的反应，非基元反应是许多基元反应的总和。上述反应的(4)～(14)为基元反应，而反应(1)～(3)为非基元反应。

12.2.3 化学反应的速率方程

(1) 基元反应的速率方程——质量作用定律

基元反应的速率方程比较简单，即基元反应的速率与反应物浓度的指数次方乘积成正比，其中的指数是指基元反应式中各反应物的计量系数，这一规律称为质量作用定律(law of mass action)。

对于任意基元反应

$$a\mathrm{A}+d\mathrm{D}+\cdots \longrightarrow e\mathrm{E}+f\mathrm{F}+\cdots$$

根据质量作用定律得到的速率方程为

$$r=kc_{\mathrm{A}}^{a}c_{\mathrm{D}}^{d}\cdots \tag{12-10}$$

速率方程中的比例系数 k，叫做反应速率常数(rate constant)。温度一定时，速率常数为一定值，与反应物浓度无关。基元反应的速率常数 k 是该反应的特征物理量，直接反映了反应速率的快慢。同一温度下，比较几个不同反应的速率常数大小，可以大致知道各个反应速率的高低，k 越大，反应越快。反应速率常数除与反应温度有关外，还与催化剂和反应介质等因素有关。

(2) 非基元反应的速率方程

质量作用定律只适用于基元反应。对于非基元反应，只有在清楚反应机理、分解为若干个基元反应后，才能对机理中的每个基元反应逐个运用质量作用定律，从而得到总反应的速率方程，例如前面提到的非基元反应(1)～(3)的速率方程分别为

$$r_1=k_1c_{\mathrm{H_2}}c_{\mathrm{Cl_2}}^{\frac{1}{2}}$$

$$r_2=\frac{kc_{\mathrm{H_2}}c_{\mathrm{Br_2}}^{\frac{1}{2}}}{1+k'c_{\mathrm{HBr}}c_{\mathrm{Br_2}}^{-1}}$$

$$r_3=k_3c_{\mathrm{H_2}}c_{\mathrm{I_2}}$$

(3) 速率方程的一般形式

不论是基元反应还是非基元反应，对于化学计量反应

$$a\mathrm{A}+d\mathrm{D}+\cdots \longrightarrow e\mathrm{E}+f\mathrm{F}+\cdots$$

速率方程通常可以写成一般形式

$$r=kc_{\mathrm{A}}^{x}c_{\mathrm{D}}^{y}\cdots \tag{12-11}$$

式中，各浓度的方次 x 和 y 等，若反应为基元反应，x、y 分别等于 a、d；若反应为非基元反应，x、y 的值只能通过实验测得。

与速率相类似，对于给定的化学反应，速率方程既可以用化学反应的速率方程式(12-11)来表示，也可以用指定某反应物(如 A)的消耗速率方程或某产物(如 E)的生成速率方程来表示：

$$r_{\mathrm{A}}=k_{\mathrm{A}}c_{\mathrm{A}}^{x}c_{\mathrm{D}}^{y}$$

$$r_{\mathrm{E}}=k_{\mathrm{E}}c_{\mathrm{A}}^{x}c_{\mathrm{D}}^{y}$$

式中，k_{A}是反应物 A 的消耗速率方程的速率常数；k_{E}是产物 E 的生成速率方程的速率常数。根据式(12-6b)，化学反应的速率常数 k 与各物质的速率常数关系为

$$k=\frac{k_A}{a}=\frac{k_D}{d}=\cdots=\frac{k_E}{e}=\frac{k_F}{f}=\cdots \tag{12-12}$$

依然以二氧化硫氧化生成三氧化硫 $SO_2(g)+\frac{1}{2}O_2(g) \longrightarrow SO_3(g)$ 的反应为例，化学反应的速率常数 k 与各物质的速率常数关系为

$$k=\frac{k_{SO_2}}{1}=\frac{k_{O_2}}{1/2}=\frac{k_{SO_3}}{1}$$

12.2.4　反应级数与反应分子数

(1) 反应级数

化学反应速率方程中各物质浓度项的次方数之和，称为反应的级数(order of reaction)，常用 n 表示。式(12-10)中，a、d 等分别称为该反应对反应物 A 和 D 等的分级数，反应总级数(简称反应级数)为

$$n=a+d+\cdots \tag{12-13a}$$

同样地，式(12-11)中的反应级数为

$$n=x+y+\cdots \tag{12-13b}$$

反应级数的大小表示浓度对反应速率影响的程度，级数越大，则反应速率受浓度的影响越大。同时，反应速率常数 k 的单位与反应级数密切相关，反应级数不同，则反应速率常数 k 的单位不同；反应速率常数 k 的单位与反应级数之间有一一对应的关系，这一点在后面的学习中将加以讨论。

例如，反应 $H_2+Cl_2 \longrightarrow 2HCl$，实验证明该反应的速率方程为

$$r=kc_{H_2}c_{Cl_2}^{\frac{1}{2}}$$

该反应对 H_2 而言分级数是一级，对 Cl_2 来说分级数是 0.5 级，反应的总级数是 1.5 级。

需要说明的是，速率方程中只有在浓度项次方相互连乘的情况下才定义级数，否则，反应就没有级数的概念。例如，反应 $H_2+Br_2 \longrightarrow 2HBr$ 经实验得出的速率方程为

$$r=\frac{kc_{H_2}c_{Br_2}^{\frac{1}{2}}}{1+k'c_{HBr}c_{Br_2}^{-1}}$$

该反应就没有简单的级数。

另外，对于某些反应，当反应物中某一物质的浓度很大，在反应过程中其浓度保持基本不变，则表现出来的级数将有所改变。如在水溶液中，用酸催化蔗糖($C_{12}H_{22}O_{11}$)水解成葡萄糖($C_6H_{12}O_6$，A)和果糖($C_6H_{12}O_6$，B)的反应

$$C_{12}H_{22}O_{11}+H_2O \xrightarrow{H^+} C_6H_{12}O_6(A)+C_6H_{12}O_6(B)$$

本该为二级反应，其速率方程为

$$r=kc_{C_{12}H_{22}O_{11}}c_{H_2O}$$

但由于蔗糖浓度很小，水的浓度很大，反应过程中水的浓度可认为基本上不变，所以上式改写为

$$r=k'c_{C_{12}H_{22}O_{11}}$$

于是表现为准一级反应，式中 $k'=kc_{H_2O}$。

(2) 反应分子数

反应的分子数与反应的级数不同，一般将基元反应中实际参加反应的微粒数称为反应分子数，在数值上常等于基元反应方程式中反应物分子数之和。从微观的角度说，按参加反应的分子数划分，基元反应可以分为三类：单分子反应、双分子反应和三分子反应。

经过碰撞而活化的单分子发生分解反应或异构化反应，称为单分子反应，例如

$$\mathrm{A} \longrightarrow \mathrm{P}$$

双分子反应可分为同类分子间的反应与异类分子间的反应，例如

$$\mathrm{A}+\mathrm{A} \longrightarrow \mathrm{P}$$

$$\mathrm{A}+\mathrm{B} \longrightarrow \mathrm{P}$$

绝大多数的基元反应为双分子反应。

三分子反应较少，仅仅出现在原子复合或自由基复合反应中。四个分子同时碰撞在一起的机会极少，所以至今还没有发现有大于三个分子的基元反应。

因此，通常基元反应的级数与反应的分子数是相同的，但偶尔也有一些基元反应的反应级数与反应分子数并不完全一致。例如，乙醚在 773K 左右的热分解反应是单分子反应，也是一级反应，但低压下该分解反应仍是单分子反应却表现为二级反应。

(3) 反应级数和反应分子数的关系

反应级数的概念不同于反应分子数，反应级数是对宏观的总反应而言的，而反应分子数是对微观的基元反应来讲的。

基元反应中，反应的分子数与反应物的计量系数的数值是一致的，同时，反应的分子数与反应级数通常也是相等的，基元反应的反应分子数和反应级数只能是不大于 3 的正整数。当然，如上面所述，对于给定的基元反应，随着反应条件的改变，反应的分子数始终保持不变，而反应级数有可能会发生改变。

非基元反应中，没有反应分子数的概念，反应级数与反应物的计量系数之间也不存在必然的关联。非基元反应的级数可以是整数级、分数级、零级甚至负数级，有的非基元反应甚至无法给出简单的级数。

12.2.5 气体反应的速率方程

对于有气体组分参加且 $\sum \nu_{\mathrm{B}}(\mathrm{g}) \neq 0$ 的化学反应，在恒温、恒容下，随着反应的进行，系统的总压必然随之改变。通过测定系统在不同时刻的总压，可以获知反应进程。再运用化学反应的化学计量式，可以得出反应中某气体组分 A 的分压 p_{A} 与系统总压之间的关系。

对于这类系统，虽然仍然可以用浓度随时间的变化率来表示反应的速率，但是，往往用反应物中某气体组分 A 的分压 p_{A} 随时间的变化率来表示反应的速率，显得更加方便和直接。

若 A 代表反应物中的气体组分，假设为理想气体，且反应级数为 n，反应为

$$a\mathrm{A} \longrightarrow \mathrm{P}$$

基于浓度时 A 的消耗速率方程为

$$-\frac{\mathrm{d}c_{\mathrm{A}}}{\mathrm{d}t}=k_{\mathrm{A}} c_{\mathrm{A}}^{n}$$

基于分压时 A 的消耗速率方程为

$$-\frac{\mathrm{d}p_{\mathrm{A}}}{\mathrm{d}t}=k_{p,\mathrm{A}} p_{\mathrm{A}}^{n}$$

上两式中 k_A、$k_{p,A}$分别为基于浓度和分压时 A 的消耗速率常数。

在恒温、恒容下时，理想气体的 $p_A=c_ART$，代入上式，整理后得：

$$-\frac{dc_A}{dt}=k_{p,A}(RT)^{n-1}c_A^n$$

与$-\frac{dc_A}{dt}=k_Ac_A^n$比较可得

$$k_A=k_{p,A}(RT)^{n-1} \tag{12-14}$$

所以，在恒温、恒容时，$-\frac{dc_A}{dt}$和$-\frac{dp_A}{dt}$均可用来表示气相反应的速率，二者的速率常数 k_A和 $k_{p,A}$之间存在如上换算关系。当反应级数 $n=1$ 时，$k_A=k_{p,A}$，其他级数时 k_A和 $k_{p,A}$不相等。同时，无论用浓度还是用分压表示速率和速率方程，化学反应的级数是等价不变的。

12.3 简单级数反应速率方程的积分形式

上节讨论的是由机理导出的速率方程的微分形式，微分形式的方程不仅便于进行理论分析，而且还能明确地表示出浓度对反应速率的影响。但是，它不能表述在指定的时刻反应各组分的浓度，也无法表明反应达到一定的转化率所需的时间。这就得依赖于将微分形式转化为积分形式，所谓积分形式就是浓度 c_A(或分压 p_A)与时间 t 的函数关系式。下面将着重讨论几种简单级数反应的积分形式及其基本特征。

12.3.1 零级反应

对于反应

$$aA \longrightarrow P$$

若反应的速率与反应物 A 浓度的零次方成正比，该反应就是零级反应(the zeroth order reaction)，即

$$-\frac{dc_A}{dt}=k_Ac_A^0=k_A \tag{12-15}$$

所以，零级反应实际是反应速率与反应物浓度无关的反应。零级反应并不多，最多的是表面催化反应(例如氨在金属钨上的催化分解反应)；另外，对于一些只与光的强度有关的光化学反应，也属于零级反应。

将式(12-15)分离变量作定积分

$$-\int_{c_{A,0}}^{c_A}dc_A=k_A\int_0^t dt$$

得

$$c_A-c_{A,0}=-k_At \tag{12-16}$$

式中，$c_{A,0}$为反应开始($t=0$)时反应物 A 的浓度，即 A 的初始浓度；c_A为反应进行到 t 时刻反应物 A 的浓度。

结合零级反应的微分式与积分式，可以发现零级反应有以下基本特征。

从式(12-15)可以发现，零级反应的速率常数 k 的物理意义是单位时间内 A 浓度的减少量，

其单位为[浓度]·[时间]$^{-1}$，常用的单位为 $mol \cdot m^{-3} \cdot s^{-1}$，这是零级反应的基本特征之一。

从式(12-16)可以看出，若以 c_A 对 t 作图，可以得到一条直线，其斜率为 $-k_A$，这是零级反应的基本特征之二，见图 12-2。

若令 $c_A = \frac{1}{2} c_{A,0}$ 时的时间为 $t_{1/2}$，即反应物消耗掉一半所需要的时间，这个时间定义为半衰期(half life)。

将 $c_A = \frac{1}{2} c_{A,0}$ 代入式(12-16)，得零级反应的半衰期为

$$t_{1/2} = \frac{c_{A,0}}{2k_A} \tag{12-17}$$

表明零级反应的半衰期正比于反应物的初始浓度的一次方，这是零级反应的基本特征之三。

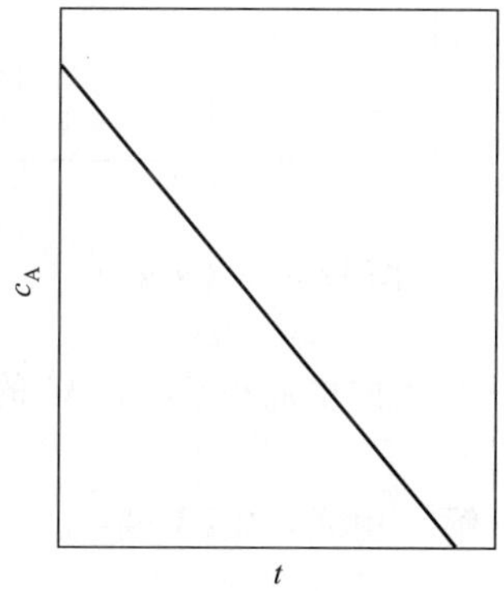

图 12-2 零级反应

12.3.2 一级反应

对于反应

$$aA \longrightarrow P$$

若反应的速率与反应物 A 浓度的一次方成正比，该反应就是一级反应(the first order reaction)，即

$$-\frac{dc_A}{dt} = k_A c_A \tag{12-18}$$

单分子基元反应为一级反应，一些物质的分解反应(如 N_2O_5 的分解)与一些放射性元素的蜕变(如镭的蜕变)等属于典型的一级反应。

$$N_2O_5(g) \longrightarrow N_2O_4(g) + \frac{1}{2}O_2(g)$$

$$^{226}_{88}Ra \longrightarrow ^{222}_{86}Rn + ^{4}_{2}He$$

另外，一些分子重排反应(例如顺丁烯二酸转化为反丁烯二酸)、蔗糖水解反应，都可以认为是一级反应。

将式(12-18)分离变量积分

$$-\int_{c_{A,0}}^{c_A} \frac{dc_A}{c_A} = k_A \int_0^t dt$$

得

$$\ln c_A - \ln c_{A,0} = -k_A t \tag{12-19}$$

或者

$$c_A = c_{A,0} e^{-k_A t} \tag{12-20}$$

在 t 时刻反应物 A 消耗掉的分数，称为 t 时刻反应物 A 的转化率 x_A，即

$$x_A = \frac{c_{A,0} - c_A}{c_{A,0}} \tag{12-21}$$

将 $c_A = c_{A,0}(1 - x_A)$ 代入式(12-19)，可得一级反应积分式的另一种形式为

$$\ln \frac{1}{1 - x_A} = k_A t \tag{12-22}$$

由式(12-22)可以看出，一级反应的速率常数 k_A 的单位为[时间]$^{-1}$，常用的单位为 s^{-1}，这是一级反应的基本特征之一。

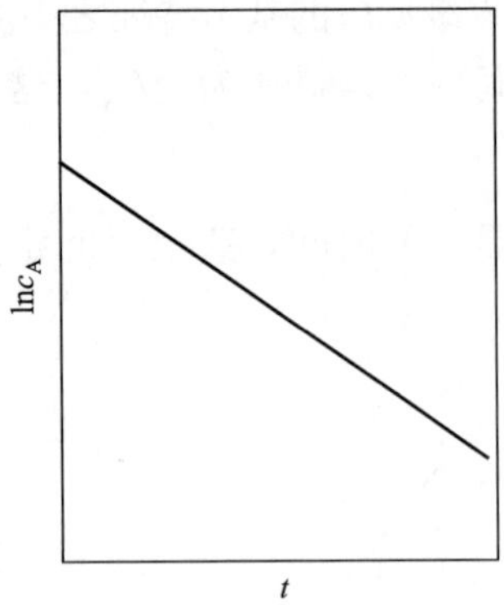

图 12-3 一级反应

由式(12-19)可以发现，若以 $\ln c_A$ 对 t 作图，可以得到一条直线，其斜率为 $-k_A$，这是一级反应的基本特征之二，见图 12-3。

若将 $c_A=\frac{1}{2}c_{A,0}$ 代入式(12-19)或式(12-20)，可以得到一级反应的半衰期

$$t_{1/2}=\frac{\ln 2}{k_A}=\frac{0.693}{k_A} \tag{12-23}$$

上式表明，一级反应的半衰期 $t_{1/2}$ 与反应的速率常数 k_A 成反比，而与反应物的初始浓度无关，这是一级反应的基本特征之三。

【例 12-1】 ^{14}C 放射性蜕变的半衰期 $t_{1/2}=5730$ 年，今在一木乃伊中测得 ^{14}C 占 C 的含量只有 72.0%。求 ^{14}C 的蜕变常数 k 和木乃伊距今有多长时间？

解 由式(12-23)得

$$k=\frac{0.693}{t_{1/2}}=\frac{0.693}{5730}\text{年}^{-1}$$

^{14}C 的蜕变常数为

$$k=1.21\times10^{-4}\text{年}^{-1}$$

代入式(12-22)得

$$\ln\frac{1}{0.72}=1.21\times10^{-4}t$$

木乃伊距今的时间为

$$t=2715\text{年}$$

12.3.3 二级反应

化学反应的速率与反应物浓度的二次方成正比，即为二级反应(the second order reaction)。二级反应是最常见的反应，例如甲醛、碘化氢气体的热分解，一些烯烃(如乙烯、丙烯、异丁烯等)的气相二聚反应，氢气与碘蒸气化合成碘化氢，水溶液中乙酸乙酯的皂化反应等均为二级反应。二级反应有以下几种情形。

(1) 一种反应物的二级反应

对于反应物只有一种的二级反应

$$a\text{A}\longrightarrow\text{P}$$

速率方程为

$$-\frac{\mathrm{d}c_A}{\mathrm{d}t}=k_A c_A^2 \tag{12-24}$$

分离变量积分

$$-\int_{c_{A,0}}^{c_A}\frac{\mathrm{d}c_A}{c_A^2}=k_A\int_0^t\mathrm{d}t$$

得

$$\frac{1}{c_A}-\frac{1}{c_{A,0}}=k_A t \tag{12-25}$$

依据反应物 A 的转化率 x_A 的定义式(12-21)，将 $c_A=c_{A,0}(1-x_A)$ 代入上式，可以得到二级反应积分式的另一种形式

$$\frac{1}{c_{A,0}}\times\frac{x_A}{1-x_A}=k_At \tag{12-26}$$

将 $c_A=\frac{c_{A,0}}{2}$ 代入式(12-25)，或将 $x_A=\frac{1}{2}$ 代入式(12-26)，得到二级反应的半衰期为

$$t_{1/2}=\frac{1}{k_Ac_{A,0}} \tag{12-27}$$

从二级反应的微分式或积分式都能发现，二级反应速率常数 k_A 的单位为[浓度]$^{-1}$·[时间]$^{-1}$，常用的单位为 $m^3\cdot mol^{-1}\cdot s^{-1}$，这是二级反应的基本特征之一。

由式(12-25)可以看出，$\frac{1}{c_A}$ 对 t 作图得到一条直线，直线的斜率为 k_A，这是二级反应的基本特征之二，见图 12-4。

由式(12-27)可知，二级反应的半衰期与反应物的初始浓度的一次方成反比，这是二级反应的基本特征之三。

(2) 两种反应物的二级反应

对于反应

$$aA+dD\longrightarrow P$$

理论上只要满足 A、D 的浓度次方之和等于 2 的反应便为二级反应，而不需考虑计量系数 a、d 是否相等或者 $a+d$ 是否等于 2。但是，当 $a\neq d$ 或 $a+d\neq 2$ 时，通常情况下速率方程积分异常困难，只有在 $\frac{c_{A,0}}{c_{D,0}}=\frac{a}{d}$，即反应物初始浓度等于反应物计量系数之比的特定条件下，积分才显得较为方便，这一特例在随后的例题中加以讨论和说明。

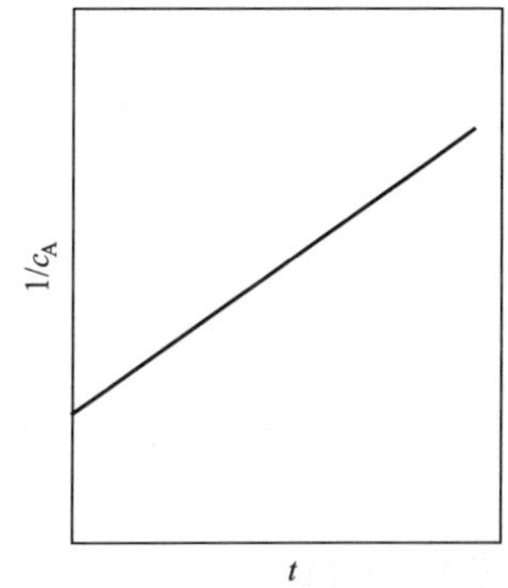

图 12-4 二级反应

因此，为讨论问题的方便，下面所讨论的二级反应都是针对 $a=d=1$ 的情况展开的。这时二级反应方程式可以简化为

$$A+D\longrightarrow P$$

对于上反应，反应开始时 A、D 的初始浓度分别为 $c_{A,0}$ 和 $c_{D,0}$，反应进行到 t 时刻时，有浓度为 c_x 的 A 与等量浓度的 D 发生了化学反应，即

$$\begin{array}{lccc} & A & + & D\longrightarrow P \\ t=0 & c_{A,0} & & c_{D,0} \\ t=t & c_A=c_{A,0}-c_x & & c_D=c_{D,0}-c_x \end{array}$$

其速率方程为

$$-\frac{dc_A}{dt}=k_Ac_Ac_D=k_A(c_{A,0}-c_x)(c_{D,0}-c_x) \tag{12-28}$$

因为 $c_A=c_{A,0}-c_x$，所以，$dc_A=-dc_x$，上式可以改写为

$$\frac{dc_x}{dt}=k_A(c_{A,0}-c_x)(c_{D,0}-c_x) \tag{12-29}$$

反应物 A、D 的初始浓度可以分为相同与不同两种情况。

① 当两反应物的初始浓度相等，即 $c_{A,0}=c_{D,0}$ 时，速率方程式(12-29)可以写成

$$\frac{dc_x}{dt}=k_A(c_{A,0}-c_x)^2 \tag{12-30}$$

分离变量积分

$$\int_0^{c_x}\frac{dc_x}{(c_{A,0}-c_x)^2}=\int_0^t k_A dt$$

得

$$\frac{1}{c_{A,0}-c_x}-\frac{1}{c_{A,0}}=k_A t \tag{12-31}$$

由于 $c_A=c_{A,0}-c_x$，上式也可写成

$$\frac{1}{c_A}-\frac{1}{c_{A,0}}=k_A t$$

这与只有一种反应物的二级反应积分形式完全一致。

② 当两反应物的初始浓度不相等，即 $c_{A,0}\neq c_{D,0}$ 时，对速率方程式(12-29)分离变量积分

$$\int_0^{c_x}\frac{dc_x}{(c_{A,0}-c_x)(c_{D,0}-c_x)}=\int_0^t k_A dt$$

$$\frac{1}{c_{D,0}-c_{A,0}}\int_0^{c_x}\left[\frac{dc_x}{c_{A,0}-c_x}-\frac{dc_x}{c_{D,0}-c_x}\right]=\int_0^t k_A dt$$

得

$$\frac{1}{c_{A,0}-c_{D,0}}\cdot\left[\ln\frac{c_{A,0}-c_x}{c_{D,0}-c_x}-\ln\frac{c_{A,0}}{c_{D,0}}\right]=k_A t \tag{12-32}$$

或者

$$\frac{1}{c_{A,0}-c_{D,0}}\cdot\left[\ln\frac{c_A}{c_D}-\ln\frac{c_{A,0}}{c_{D,0}}\right]=k_A t \tag{12-33}$$

【例 12-2】 在 298K 时乙酸乙酯皂化反应开始时乙酸乙酯和氢氧化钠的浓度都为 $0.01\text{mol}\cdot\text{dm}^{-3}$，每隔一段时间，用标准酸溶液测定其中的碱含量，实验结果如下：

t/min	3	5	7	10	15
$c_{NaOH}/10^{-3}\text{mol}\cdot\text{dm}^{-3}$	7.40	6.34	5.50	4.64	3.63

试证明该反应级数为二级，并求速率常数 k。

证明 假定乙酸乙酯皂化反应

$$CH_3COOC_2H_5+NaOH \longrightarrow CH_3COONa+C_2H_5OH$$

为二级反应，它属于初始浓度相等、有两种反应物参加且 $a=d=1$ 的二级反应，可应用公式

$$\frac{1}{c_A}-\frac{1}{c_{A,0}}=k_A t$$

进行计算，将 NaOH 的初始浓度与不同时刻的 c_{NaOH} 代入上式，计算所得不同时刻的 k 为常数，其平均值为 $k=11.64\text{dm}^3\cdot\text{mol}^{-1}\cdot\text{min}^{-1}$，说明假定正确，表明该反应为二级反应。计算结果列于下表：

t/min	3	5	7	10	15
$c_{NaOH}/10^{-3}\text{mol}\cdot\text{dm}^{-3}$	7.41	6.33	5.51	4.62	3.64
$k_A/\text{dm}^3\cdot\text{mol}^{-1}\cdot\text{min}^{-1}$	11.65	11.60	11.64	11.65	11.65

【例 12-3】298K 时，在一恒容的真空容器中，按化学反应的计量系数比引入反应物 A(g)和 B(g)，进行如下反应

$$2A(g)+B(g)\longrightarrow P(g)$$

反应开始时，容器内压力为 5.4kPa，反应进行 15min 时压力降至 2.8kPa。已知 A(g)和 B(g)的反应分级数分别为 0.7 和 1.3，求速率常数 $k_{p,A}$、k_A及半衰期 $t_{1/2}$。

解 该反应是气相反应，以 A 的分压 p_A表示的速率方程为

$$-\frac{dp_A}{dt}=k_{p,A}p_A^{0.7}p_B^{1.3}$$

根据题意，反应开始时 $p_{A,0}=2p_{B,0}$，所以反应进行到任意时刻的分压 $p_A=2p_B$，代入上式有

$$-\frac{dp_A}{dt}=k_{p,A}p_A^{0.7}\left(\frac{1}{2}p_A\right)^{1.3}=(2^{-1.3}k_{p,A})p_A^2$$

积分得

$$\frac{1}{p_A}-\frac{1}{p_{A,0}}=(2^{-1.3}k_{p,A})t$$

	2A(g)	+ B(g)⟶	P(g)	
$t=0$	$p_{A,0}$	$p_{B,0}=\frac{1}{2}p_{A,0}$	0	$p_0=\frac{3}{2}p_{A,0}$
$t=t$	p_A	$p_B=\frac{1}{2}p_A$	$p_P=\frac{1}{2}(p_{A,0}-p_A)$	$p_t=\frac{1}{2}p_{A,0}+p_A$

因此

$$p_{A,0}=\frac{2}{3}p_0=\frac{2}{3}\times5.4\text{kPa}=3.6\text{kPa}$$

$t=15\text{min}=900\text{s}$ 时

$$p_A=p_t-\frac{1}{2}p_{A,0}=\left(2.8-\frac{1}{2}\times3.6\right)\text{kPa}=1.0\text{kPa}$$

故

$$\frac{1}{1.0\times10^3}-\frac{1}{3.6\times10^3}=(2^{-1.3}k_{p,A})\times900$$

$$k_{p,A}=1.98\times10^{-6}\text{Pa}^{-1}\cdot\text{s}^{-1}$$

基于浓度的速率常数为

$$k_A=k_{p,A}(RT)^{n-1}=(1.98\times10^{-6}\times8.314\times298)\text{m}^3\cdot\text{mol}^{-1}\cdot\text{s}^{-1}$$
$$=4.91\times10^{-3}\text{m}^3\cdot\text{mol}^{-1}\cdot\text{s}^{-1}$$

$$t_{1/2}=\frac{1}{2^{-1.3}k_{p,A}p_{A,0}}=\frac{1}{2^{-1.3}\times1.98\times10^{-6}\times3.6\times10^3}\text{s}=345\text{s}=5.75\text{min}$$

从上面的例题可以看出，对于 $a\neq d$ 同时 $a+d=2$ 的两种反应物的二级反应，在反应物初始浓度(气相反应还可用初始分压)等于反应物的计量系数之比的特定条件下，即$\frac{c_{A,0}}{c_{D,0}}=\frac{a}{d}$(气相反应时也可$\frac{p_{A,0}}{p_{D,0}}=\frac{a}{d}$)，那么，反应进行到 t 时刻必然有$\frac{c_A}{c_D}=\frac{a}{d}$(或$\frac{p_A}{p_D}=\frac{a}{d}$)，从而得到 $c_D=\frac{d}{a}c_A$(或 $p_D=\frac{d}{a}p_A$)，再代入速率方程的微分式中，便能方便地解得速率方程的积分式。

12.3.4 n 级反应

在 n 级反应中，只讨论两种最简单的情况。第一种是只有一种反应物的 n 级反应，

$$aA \longrightarrow P$$

第二种是反应物虽然多种但反应物各初始浓度符合化学反应的计量系数比 $\frac{c_{A,0}}{a}=\frac{c_{D,0}}{d}=\cdots$ 的 n 级反应

$$aA+dD\cdots \longrightarrow P$$

对于第一种情况，根据 n 级反应的定义，其速率方程为

$$-\frac{dc_A}{dt}=k_A c_A^n \tag{12-34}$$

第二种情况反应的速率方程可写成

$$-\frac{dc_A}{dt}=k_A c_A^{\alpha} c_D^{\beta}\cdots$$

其中 $\alpha+\beta+\cdots=n$。

第二种情况，由于 $\frac{c_{A,0}}{a}=\frac{c_{D,0}}{d}=\cdots$，反应进行到 t 时刻必然存在 $\frac{c_A}{a}=\frac{c_D}{d}=\cdots$，则将 $c_D=\frac{d}{a}c_A$、…，代入上述速率方程

$$-\frac{dc_A}{dt}=k_A c_A^{\alpha}\left(\frac{d}{a}c_A\right)^{\beta}\cdots$$

$$-\frac{dc_A}{dt}=\left[k_A\left(\frac{d}{a}\right)^{\beta}\cdots\right]\cdot\left[c_A^{\alpha}c_A^{\beta}\cdots\right]$$

$$-\frac{dc_A}{dt}=\left[k_A\left(\frac{d}{a}\right)^{\beta}\cdots\right]\cdot\left[c_A^{\alpha+\beta+\cdots}\right]$$

即

$$-\frac{dc_A}{dt}=k'_A c_A^n \tag{12-35}$$

其中，$k'_A=k_A\left(\frac{d}{a}\right)^{\beta}\cdots$。

式(12-34)和式(12-35)说明 n 级反应中两种最简单情况的速率微分方程是一致的。现以式(12-34)来讨论 n 级反应的积分形式。

$n=1$ 时，为一级反应，其积分式如前所述为式(12-19)、式(12-20)和式(12-22)三种形式。

$n\neq 1$ 时，对式(12-34)分离变量积分

$$-\int_{c_{A,0}}^{c_A}\frac{dc_A}{c_A^n}=k_A\int_0^t dt$$

得积分式

$$\frac{1}{n-1}\left(\frac{1}{c_A^{n-1}}-\frac{1}{c_{A,0}^{n-1}}\right)=k_A t \tag{12-36}$$

正如简单级数反应一样，n 级反应同样具有以下三个基本特征：

① n 级反应速率常数 k_A 的单位为[浓度]$^{1-n}$·[时间]$^{-1}$。

② n 级反应的 $1/c_A^{n-1}$ 对时间 t 作图呈直线关系，直线的斜率为 $k_A(n-1)$。

③ n 级反应的半衰期为

$$t_{1/2}=\frac{2^{n-1}-1}{(n-1)k_A c_{A,0}^{n-1}} \tag{12-37}$$

本节重点讨论了零级、一级、二级与 n 级反应的积分形式及其动力学特征，结果列于表12-1。值得一提的是，大多数情况都是基于浓度 c_A 来讨论速率方程的，但对于气相反应同样可以用分压 p_A 来研究速率方程。两种方法得到的速率常数，在数值上除了一级反应的相等外，其余级数反应的均不相同，其理论依据是式(12-14)。

表 12-1 符合通式 $-\frac{dc_A}{dt}=k_A c_A^n$ 的各级反应的速率方程及其特征

级数	速率方程		特征		
	微分式	积分式	k_A的单位	直线关系	$t_{1/2}$
0	$-\frac{dc_A}{dt}=k_A$	$c_A-c_{A,0}=-k_At$	[浓度]·[时间]$^{-1}$	c_A-t	$\frac{c_{A,0}}{2k_A}$
1	$-\frac{dc_A}{dt}=k_Ac_A$	$\ln\frac{c_A}{c_{A,0}}=-k_At$	[时间]$^{-1}$	$\ln c_A$-t	$\frac{\ln 2}{k_A}$
2	$-\frac{dc_A}{dt}=k_Ac_A^2$	$\frac{1}{c_A}-\frac{1}{c_{A,0}}=k_At$	[浓度]$^{-1}$·[时间]$^{-1}$	$\frac{1}{c_A}$-t	$\frac{1}{k_Ac_{A,0}}$
3	$-\frac{dc_A}{dt}=k_Ac_A^3$	$\frac{1}{2}(\frac{1}{c_A^2}-\frac{1}{c_{A,0}^2})=k_At$	[浓度]$^{-2}$·[时间]$^{-1}$	$\frac{1}{c_A^2}$-t	$\frac{3}{2k_Ac_{A,0}^2}$
n	$-\frac{dc_A}{dt}=k_Ac_A^n$	$\frac{1}{n-1}(\frac{1}{c_A^{n-1}}-\frac{1}{c_{A,0}^{n-1}})=k_At$	[浓度]$^{1-n}$·[时间]$^{-1}$	$\frac{1}{c_A^{n-1}}$-t	$\frac{2^{n-1}-1}{(n-1)k_Ac_{A,0}^{n-1}}$

12.4 化学反应速率方程级数的确定

对于 n 级反应的速率方程可用下列通式表示

$$r_A=-\frac{dc_A}{dt}=k_A c_A^n \tag{12-38}$$

因此，速率方程的确定，实际上是要确定两个参数：级数 n 和速率常数 k_A。确定反应级数 n 和速率常数 k_A 的方法很多，这里介绍常用的四种方法：积分法、微分法、半衰期法和初始速率法。

12.4.1 积分法

积分法又称为尝试法或试差法，分为代入法和作图法两种方法。

代入法是将实验获得的多组 t、c_A 数据代入上节所介绍的动力学积分公式，分别按零级、一级、二级、三级…反应的公式计算出速率常数 k_A。若各组数据代入零级反应的积分公式后计算所得的所有 k_A 是同一个数值，则该反应是零级反应；如果所得的所有 k_A 不是同一个数值，则该反应不是零级反应，接下来将数据代入一级反应的积分公式。同样地，如果各组数据代入一级反应的积分公式后所得的所有 k_A 是同一个数值，则该反应是一级反应，反之就不是一级反应，然后再将数据代入二级反应的积分公式……，依次类推，直到获得 k_A 值相等、确定反应的级数为止。

【例 12-4】 一定温度下，一气相分解反应 $2A(g) \longrightarrow B(g)$ 在密闭容器中进行，实验测得容器内压力随时间的变化规律如下表，试用代入法确定此反应的级数与速率常数。

t/min	0	5	10	15	20	25
p/kPa	51.42	42.67	38.38	35.79	34.14	32.88

解 假定反应级数 $n=2$，用反应物 A 的分压表示的速率方程积分式为

$$\frac{1}{p_A}-\frac{1}{p_{A,0}}=k_{p,A}t$$

$$\begin{array}{lcc} & 2A(g) & \longrightarrow \quad B(g) \\ t=0 & p_{A,0} & 0 \\ t=t & p_A & \frac{1}{2}(p_{A,0}-p_A) \end{array}$$

$$总压\ p=\frac{1}{2}(p_{A,0}+p_A)$$

所以，$p_A=2p-p_{A,0}$，将题中反应在各时刻的压力数据按此式计算，然后分别代入积分式，结果见下表。

t/min	0	5	10	15	20	25
p/kPa	51.42	42.67	38.38	35.79	34.14	32.88
p_A/kPa	51.42	33.92	25.34	20.16	16.86	14.34
$k_{p,A}/10^{-3}kPa^{-1}\cdot min^{-1}$		2.01	2.00	2.01	1.99	2.01

计算结果表明，各反应时刻点所得速率常数基本相等，说明假定级数 $n=2$ 是正确的，反应速率常数平均值 $k_{p,A}=2.00\times10^{-3}kPa^{-1}\cdot min^{-1}$。

作图法则是按表 12-1 中不同的 c_A 形式与 t 的直线关系，先假定是零级反应，以 c_A 对 t 作图，若得一直线，则该反应为零级反应；如果不是直线，说明不是零级反应。再假定是一级反应，以 $\ln c_A$ 对 t 作图，若得一直线，则该反应为一级反应。如果仍不是直线，则须继续假设，重新尝试，直到得到直线、确定级数为止。

【例 12-5】 仍以上题为例，试用作图法确定反应级数和速率常数。

解 假定反应级数 $n=2$。同样地，可以根据化学反应计量关系，得到 $t=t$ 时的反应物 A 的分压 $p_A=2p-p_{A,0}$，将题中反应在各时刻的压力数据按此式计算，结果见下表。

t/min	0	5	10	15	20	25
p/kPa	51.42	42.67	38.38	35.79	34.14	32.88
p_A/kPa	51.42	33.92	25.34	20.16	16.86	14.34
$1/p_A/10^{-2}kPa^{-1}$	1.94	2.95	3.95	4.96	5.93	6.97

以 $\frac{1}{p_A}$ 对 t 作图结果见图 12-5，得一直线，说明假定反应级数 $n=2$ 是正确的。同时，由直线斜率求得反应的速率常数 $k_{p,A}=2.00\times10^{-3}kPa^{-1}\cdot min^{-1}$。

积分法的优点是若一次能选准级数，则运用代入法时所得各 k_A 值相等，采用作图法时直线关系明确。在遇到实际问题时，采用积分法确定反应级数时，无须按照零级、一级、二级、三级…的次序对级数逐一进行选取，只要以确保选准级数为前提，可以采用跳跃式选取级数。

积分法的缺点之一是若初试不准，则需要尝试多次，方法繁杂，好在借助计算机的帮

助，这一问题得到了满意的解决。事实上，积分法的致命弱点在于：它只适用于整数级而不适于分数级(或小数级)反应，对于分数级反应，积分法显得无能为力，这时往往要用微分法来确定级数。

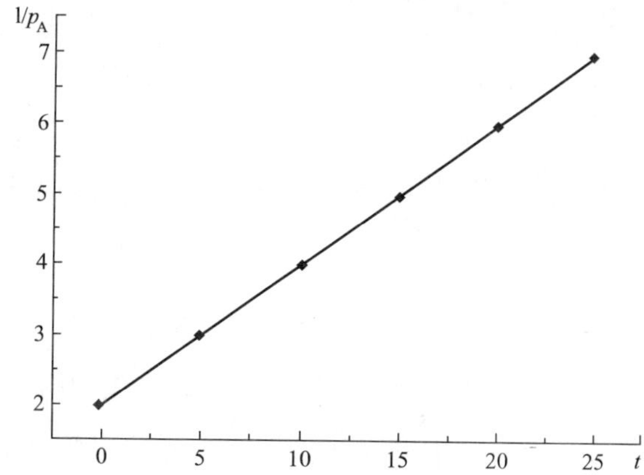

图 12-5 气相反应 $2A(g) \longrightarrow B(g)$ 的 $1/p_A$-t 关系

12.4.2 微分法

对式(12-38)两边取对数得

$$\lg r_A = \lg\left(-\frac{dc_A}{dt}\right) = \lg k_A + n\lg c_A \tag{12-39}$$

以 $\lg\left(-\frac{dc_A}{dt}\right)$，即 $\lg r_A$ 对 $\lg c_A$ 作图，得一直线，直线的斜率即为级数 n、截距为 $\lg k_A$。

具体做法：根据在 t 时刻的浓度 c_A 数据，先将浓度 c_A 对时间 t 作图，然后在不同的浓度 $c_{A,1}$、$c_{A,2}$、$c_{A,3}$，…各点处作 c_A-t 曲线的切线，由切线的斜率求出对应于不同浓度的速率 $r_{A,1}$、$r_{A,2}$、$r_{A,3}$，…；再以 $\lg r_A$ 对 $\lg c_A$ 作图，得一直线，该直线的斜率就是级数 n 的值，并依据截距计算出速率常数 k_A。

或者将一系列的 c_A 及与之对应的 r_A 代入式(12-39)，例如

$$\lg r_{A,1} = \lg k_A + n\lg c_{A,1}$$

$$\lg r_{A,2} = \lg k_A + n\lg c_{A,2}$$

两式相减得

$$n = \frac{\lg r_{A,2} - \lg r_{A,1}}{\lg c_{A,2} - \lg c_{A,1}} \tag{12-40}$$

用同样的方法可以求出若干个 n，最后计算出平均值。

微分法的优点是既适用于确定整数级反应，又适用于确定分数级反应，因而它比积分法的适用范围广。

12.4.3 半衰期法

半衰期法确定反应级数，是依据化学反应的半衰期和反应物初始浓度之间的关系

$$t_{1/2} = \frac{2^{n-1}-1}{(n-1)k_A c_{A,0}^{n-1}}$$

来进行。对于同一个化学反应，两个不同初始浓度 $c'_{A,0}$、$c''_{A,0}$ 所对应的半衰期分别为 $t'_{1/2}$、$t''_{1/2}$，则

$$\frac{t''_{1/2}}{t'_{1/2}} = \left(\frac{c'_{A,0}}{c''_{A,0}}\right)^{n-1}$$

等式两边取对数，整理得

$$n=1+\frac{\lg\left(\frac{t''_{1/2}}{t'_{1/2}}\right)}{\lg\left(\frac{c'_{A,0}}{c''_{A,0}}\right)} \tag{12-41}$$

因此，用两组实验数据即可求得反应级数；如果数据较多，也可用作图法，即对半衰期与初始浓度的关系式取对数

$$\lg t_{1/2}=\lg\frac{2^{n-1}-1}{k_A(n-1)}+(1-n)\lg c_{A,0} \tag{12-42}$$

作 $\lg t_{1/2}$-$\lg c_{A,0}$图，可以得一直线，由直线的斜率即可求得 n。

为了求得不同初始浓度时的半衰期，可将实验测得的 c_A、t 数据绘成 c_A-t 图。再选取几个不同的初始浓度 $c_{A,0}$，并找出反应物浓度降至$\frac{c_{A,0}}{2}$时所在曲线的位置，各$\frac{c_{A,0}}{2}$处所对应的时间与它的 $c_{A,0}$处所对应的时间之差，便为不同初始浓度的半衰期。

如图 12-6，初始浓度 $c'_{A,0}$(点 a 处，而点 a'处的浓度为点 a 浓度的一半)所对应的半衰期 $t'_{1/2}=t_2-0=t_2$，而初始浓度 $c''_{A,0}$(点 b 处，而点 b'处的浓度为点 b 浓度的一半)所对应的半衰期 $t''_{1/2}=t_3-t_2$。

这种方法并不限于反应一定要进行到初始浓度 1/2 所需的时间，即半衰期 $t_{1/2}$法，也可用反应进行到 1/3、1/4、1/8、3/4 等所需的时间 $t_{1/3}$、$t_{1/4}$、$t_{1/8}$、$t_{3/4}$等代替式(12-41)和式(12-42)中的半衰期来进行计算，结果一样。

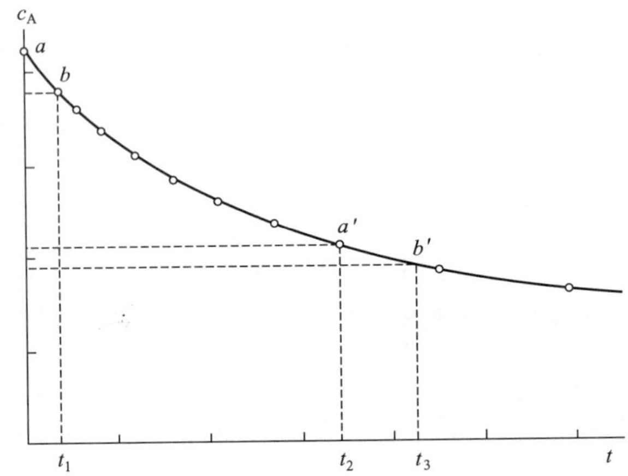

图 12-6　通过 c_A-t 曲线求半衰期

【例 12-6】 一定温度下，反应 $a\mathrm{A}\longrightarrow\mathrm{P}$ 的速率方程为

$$r=kc_A^{\alpha}$$

实验测得 A 在不同初始浓度时的 $t_{3/4}$ 如下表

$c_{A,0}/\mathrm{mol\cdot dm^{-3}}$	$t_{3/4}/\mathrm{min}$
0.100	121.0
0.200	60.0

试确定反应级数和速率常数。

解　根据上述对 $t_{1/2}$法的说明，式(12-41)可以改写为

$$n=1+\frac{\lg\left(\frac{t''_{3/4}}{t'_{3/4}}\right)}{\lg\left(\frac{c'_{A,0}}{c''_{A,0}}\right)}$$

所以，反应级数为

$$\alpha=1+\frac{\lg\frac{60.0}{121.0}}{\lg\frac{0.100}{0.200}}=2$$

反应速率方程的积分式为

$$\frac{1}{c_A}-\frac{1}{c_{A,0}}=k_At$$

将 $c_{A,0}=0.100\text{mol}\cdot\text{dm}^{-3}$，$c_A=c_{A,0}(1-\frac{3}{4})=0.025\text{mol}\cdot\text{dm}^{-3}$ 时，$t=121.0\text{min}$ 代入上式，速率常数为

$$k_A=0.248\text{dm}^3\cdot\text{mol}^{-1}\cdot\text{min}^{-1}$$

12.4.4 初始速率法

积分法、微分法和半衰期法确定反应的级数时，都是基于反应过程中产物对反应速率没有影响的前提下展开的，当产物对反应速率有干扰时(如后面将介绍的对行反应，其产物对反应速率便有影响)，就不能用这些方法来确定级数。为了消除产物对反应速率的影响，可以在初始浓度下测定反应的初始速率。在反应刚刚开始时，产物的量可忽略不计，从而合理避免了因产物的生成对反应速率的影响。

对于反应

$$a\text{A}+d\text{D}\cdots\longrightarrow\text{P}$$

速率方程为

$$r_A=-\frac{\text{d}c_A}{\text{d}t}=k_Ac_A^{\alpha}c_D^{\beta}\cdots$$

反应的初始速率为

$$r_{A,0}=k_Ac_{A,0}^{\alpha}c_{D,0}^{\beta}\cdots \tag{12-43a}$$

对其取对数，得

$$\ln r_{A,0}=\ln k_A+\alpha\ln c_{A,0}+\beta\ln c_{D,0}+\cdots \tag{12-43b}$$

只要能确定各反应物的分级数 α、β、…，就能最终确定反应总级数。现以确定反应物 A 的分级数 α 为例，来说明各级数的确定过程。

首先，确定 A 的初始速率 $r_{A,0}$。一定温度下，实验测得的 c_A-t 曲线在 $t=0$ 处作曲线的切线，其斜率的相反数便是 $r_{A,0}$，此处所对应的浓度是 $c_{A,0}$，获得一组($c_{A,0}$，$r_{A,0}$)数据。

其次，在相同的温度下，保持其他组分初始浓度不变的前提下，不断改变 A 的初始浓度，用上述方法可以得到一系列 A 在不同初始浓度时的($c_{A,0}$，$r_{A,0}$)数据。

由于实验过程中，D 等的初始浓度保持不变，式(12-43b)可以改写为

$$\ln r_{A,0}=\alpha\ln c_{A,0}+C \tag{12-43c}$$

式中，C 为常数。在获得一系列 A 不同初始浓度时的($c_{A,0}$，$r_{A,0}$)数据后，只要根据式(12-43c)，用 $\ln r_{A,0}$-$\ln c_{A,0}$ 作图，所得直线的斜率便是 A 的分级数 α。如果仅有两组数据，应用式(12-43c)同样可以计算出 A 的分级数 α，即

$$\alpha=\frac{\ln\left(\frac{r_{A,0,2}}{r_{A,0,1}}\right)}{\ln\left(\frac{c_{A,0,2}}{c_{A,0,1}}\right)} \tag{12-43d}$$

其他组分分级数的求解，可以与求 A 的分级数 α 步骤相同。

12.5　温度对化学反应速率的影响

温度能够影响化学反应速率，这是早已为人们所熟知、不争的事实。温度主要通过对反应速率常数 k 的影响来改变反应速率，因此找出速率常数 k 与反应温度 T 之间的内在关系，是研究温度对反应速率影响的主要任务。

范特霍夫根据大量实验结果，总结出一条规律：温度每升高 10K，反应速率大约增加为原来的 2～4 倍，用公式表示为

$$\frac{k_{T+10K}}{k_T}=2\sim4$$

上式被后人称为范特霍夫规则，式中，k_T 为化学反应在 T 温度时的速率常数，k_{T+10K} 为同一化学反应在原先 T 温度的基础上温度升高 10K 后的速率常数。

范特霍夫规则只是一个近似规则，虽不能精确地给出反应温度改变后速率常数的定量变化值，但可以粗略地估算温度对反应速率的影响程度，对实际工作仍有帮助和指导意义。

12.5.1　阿伦尼乌斯方程

阿伦尼乌斯(S. A. Arrhenius)研究了许多气相反应的速率，特别是对蔗糖水解反应做了大量研究工作。他于 1889 年提出了活化能的概念和著名的阿伦尼乌斯方程，定量地揭示了速率常数与反应温度之间的内在关系，即

$$k=Ae^{-\frac{E_a}{RT}} \tag{12-44}$$

式中，k 为反应在温度 T 时的速率常数；A 为指前因子(pre-exponential factor)，又称为表观频率因子(frequency factor)，其单位与化学反应速率常数 k 的单位一致；E_a是阿伦尼乌斯活化能，它是由实验测得的 k-T 数据依据阿伦尼乌斯方程计算所得，所以常被称为经验活化能或实验活化能，简称为活化能(activation energy)，单位为 $J\cdot mol^{-1}$。表 12-2 列出了一些化学反应在常温下的动力学参数(E_a和 A)。

对式(12-44)取对数，得

$$\ln k=-\frac{E_a}{RT}+\ln A \tag{12-45}$$

上式表明，若以 $\ln k$ 对$\frac{1}{T}$作图，可以得到一条直线，由直线的斜率和截距能够分别求出活化能 E_a和指前因子 A。同时，由于 E_a大于零，温度升高，反应速率常数 k 增加，反应速率加快。

表 12-2 常温下一些反应的动力学参数

反应	介质	E_a/kJ·mol^{-1}	lg[A/(mol^{-1}·dm^3·s^{-1})]
$CH_3COOC_2H_5+NaOH$	水	47.3	7.2
n-$C_5H_{11}Cl+KI$	丙酮	77.0	8.0
$C_2H_5ONa+CH_3I$	乙醇	81.6	11.4
$C_2H_5Br+NaOH$	乙醇	89.5	11.6
$CH_3I+HI \longrightarrow CH_4+I_2$	气相	139.7	12.2
$2HI \longrightarrow H_2+I_2$	气相	184.1	11.2
$H_2+I_2 \longrightarrow 2HI$	气相	165.3	11.2
$NH_4CNO \longrightarrow NH_2CONH_2$	水	97.1	12.6
$N_2O_5 \longrightarrow N_2O_4+\frac{1}{2}O_2$	气相	103.3	13.7
$CH_3N_2CH_3 \longrightarrow C_2H_6+N_2$	气相	219.7	13.5
$2NO+O_2 \longrightarrow 2NO_2$	气相	−4.6	3.02
$Br+Br+M \longrightarrow Br_2+M$	气相	0	9.60($M=H_2$ 时)

若反应活化能 E_a和指前因子 A 均与反应温度无关，将式(12-45)对温度 T 求导，得到阿伦尼乌斯方程的微分式

$$\frac{\mathrm{d}\ln k}{\mathrm{d}T}=\frac{E_a}{RT^2} \tag{12-46}$$

由式(12-46)可以得到活化能 E_a的定义式

$$E_a=RT^2\frac{\mathrm{d}\ln k}{\mathrm{d}T} \tag{12-47}$$

式(12-46)和式(12-47)表明 $\ln k$ 随 T 的变化率与活化能成正比。活化能越高，温度升高时反应速率增加得越快，也就是说，活化能越高，反应速率的变化对温度的变化就越敏感。若在一个系统中同时存在几个化学反应，则高温更有利于活化能高的反应，低温对活化能低的反应有利。工业生产上常常利用这一原理来选择合适的反应温度，以加速主反应、抑制副反应。

在有限的温度变化范围内，E_a可认为是与温度无关的常数，对式(12-46)或式(12-47)分离变量积分

$$\int_{k_1}^{k_2}\mathrm{d}\ln k = \frac{E_a}{R}\int_{T_1}^{T_2}\frac{\mathrm{d}T}{T^2}$$

得定积分式

$$\ln\frac{k_2}{k_1}=-\frac{E_a}{R}\left(\frac{1}{T_2}-\frac{1}{T_1}\right) \tag{12-48}$$

上式含有活化能 E_a、两个温度 T_1、T_2 和与温度相对应的两个速率常数 k_1、k_2五个参数，若已知其中四个参数，就能通过式(12-48)定量地计算出最后一个参数。

在温度变化不大或面对一般的动力学实验误差范围时，阿伦尼乌斯公式在表达速率常数 k 与温度 T 关系时是最常用的方程，而且结果令人满意。阿伦尼乌斯方程适用于基元反应和

非基元反应，甚至适用于一些非均相反应和扩散过程的速率与温度的关系。

但是，对于精度更高的实验，特别是液相中的一些反应，在温度变化加大时，阿伦尼乌斯方程就显得不够准确了，此时 $\ln k$ 对 $\frac{1}{T}$ 作图往往出现弯曲，说明此时反应活化能 E_a 和指前因子 A 均可能与反应温度有关。这时用下列方程来处理反应速率常数 k 与温度 T 的关系更为合适。

$$k=AT^B e^{-\frac{E}{RT}} \tag{12-49}$$

式中，A、B、E 都是要通过实验确定的常数。与阿伦尼乌斯方程相比，多了一个 T^B 项，可以把它看成是对阿伦尼乌斯经验公式的一个修正项。式(12-49)两边取自然对数后对 T 微分得

$$\frac{\mathrm{d}\ln k}{\mathrm{d}T}=\frac{E}{RT^2}+\frac{B}{T} \tag{12-50}$$

比较式(12-46)和式(12-50)得

$$E_a=E+BRT \tag{12-51}$$

上式说明，活化能 E_a 与温度有关。

对式(12-49)取对数得

$$\ln\frac{k}{T^B}=-\frac{E}{RT}+\ln A \tag{12-52}$$

或

$$\ln k=-\frac{E}{RT}+B\ln T+\ln A \tag{12-53}$$

式(12-52)告诉我们，经修正后的阿伦尼乌斯经验公式，若以 $\ln\frac{k}{T^B}$ 对 $\frac{1}{T}$ 作图，依然是直线关系。

由式(12-53)可以发现，严格说来 $\ln k$ 对 $\frac{1}{T}$ 作图显然不是直线，只能是曲线。反应速率在低温时随温度变化是向上弯曲的曲线，见图 12-7(a)所示。由于一般反应的 B 值较小，在反应温度不高时，$B\ln T$ 值较小，可以忽略，所以大多数系统的实验值仍能与阿伦尼乌斯经验公式较好地相符。

以上讨论的是温度对反应速率影响的一般情况。但有时会遇到更为复杂的特殊情况，如图 12-7(b)～图 12-7(e)所示。

图 12-7(b)曲线代表的是爆炸反应，低温时反应速率慢，基本符合阿伦尼乌斯公式。但当温度升高到某一临界值时，反应速率突然增大，并迅速完成。

图 12-7(c)曲线最典型的是酶催化反应，在温度不太高时，反应速率随温度的升高而加速，但当温度升到一定高度后再升温，反应速率反而降低，这是因为酶的活性随温度升高到一定程度会失活所致。某些受吸附速率控制的多相催化反应(例如加氢反应)，也属于这种情况，这可能是由于高温对催化剂的性能产生负面作用所致。

图 12-7(d)曲线表明，有的反应如碳的氢化，可能由于温度升高时，副反应的影响加大，而导致反应速率出现最高点与最低点，随温度变化的规律不是很明确。

图 12-7(e)曲线显示，反应温度升高速率反而下降，如 $2NO+O_2 \longrightarrow 2NO_2$ 就属于这种情况。

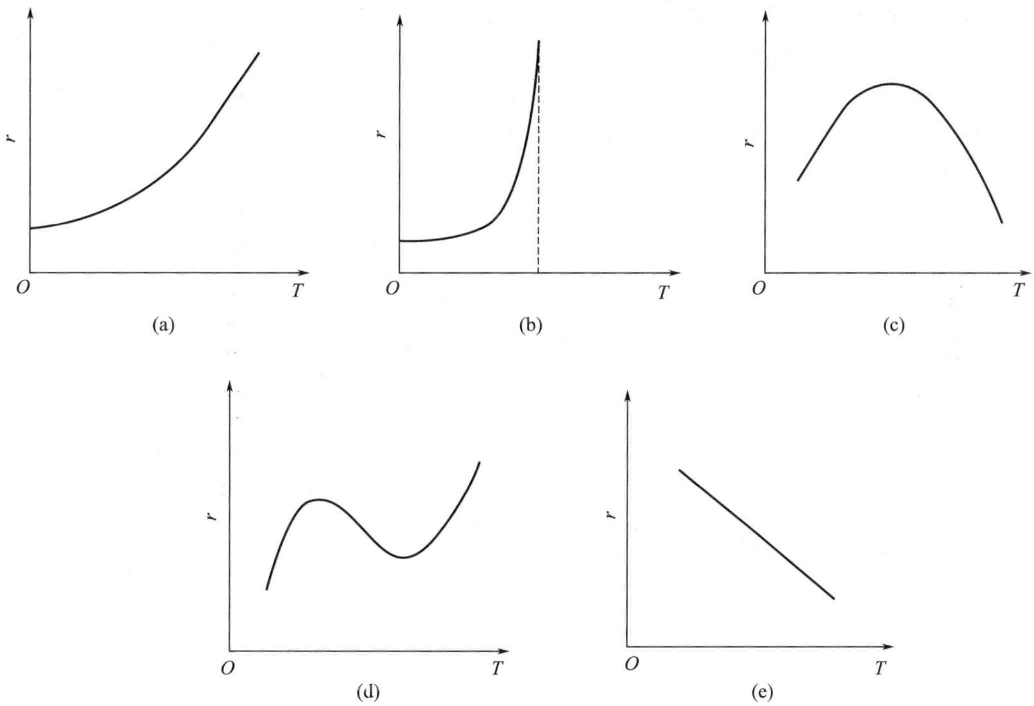

图 12-7　温度对反应速率的影响

阿伦尼乌斯(S. A. Arrhenius，1859—1927)　瑞典化学家。1878 年毕业于乌普萨拉大学并留校。1885 年在化学家奥斯特瓦尔德实验室工作约一年，1886～1887 年在维尔茨堡继续研究溶液电导实验。1891 年任瑞典皇家工业学院讲师，1895 年任院长。1901 年当选为瑞典皇家科学院院士。1905 年任斯德哥尔摩诺贝尔物理化学研究所所长。1911 年当选为英国皇家学会外国会员。

阿伦尼乌斯的最大贡献是 1887 年提出的电离理论：氯化钠水溶液中含有独立的钠离子和氯离子。这一理论是物理化学发展初期的重大发现，是物理和化学之间的一座桥梁。阿伦尼乌斯的研究领域广泛，例如 1889 年提出活化分子和活化热概念，导出了化学反应速率公式。此外，他还研究过太阳系的成因、彗星的本性、北极光、天体的温度、冰川的成因等，并最先对血清疗法的机理作出化学上的解释。1903 年，阿伦尼乌斯因创立电离理论而荣膺诺贝尔化学奖。1902 年还曾获英国皇家学会戴维奖章。著有《宇宙物理学教程》、《免疫化学》、《溶液理论》和《生物化学中的定量定律》等。

12.5.2　活化能

阿伦尼乌斯认为，反应物分子之间发生反应的前提条件是首先要碰撞，但并不是所有的碰撞都能发生反应，只有少数能量足够高的分子发生有效碰撞后，才有可能克服新键形成前的斥力和旧键断开前的引力，从而发生反应生成产物。

具有能发生有效碰撞所需最低能量的分子称为活化分子(activated molecule)，其数量只占全部分子的一小部分。而普通分子只有吸收能量后才有可能变成活化分子，这一过程称为分子的活化。通过分子间的相互碰撞而获得一定能量来实现分子活化的方式，称为热活化，除此以外，分子还可以通过光和电等方法实现活化。

对于基元反应，活化能 E_a 具有明确的物理意义，每摩尔普通分子变为活化分子所需的能量即为活化能。由于每个分子的能量并不完全相同，所以活化能仅仅是指每摩尔活化分子的平均能量与每摩尔普通分子的平均能量之差。

如图 12-8，对于基元反应

$$A \longrightarrow P$$

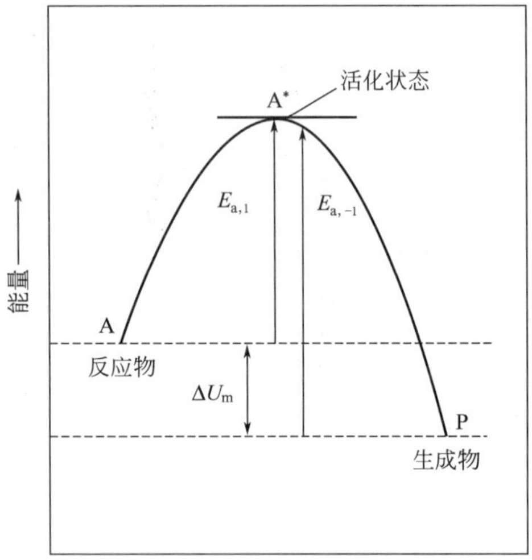

图 12-8 基元反应活化能图示

反应物 A 分子获得能量 $E_{a,1}$ 才能变成活化状态 A^*，从而才可能越过能垒生成产物 P。同样，对于逆反应，P 相对而言是反应物，它必须获得能量 $E_{a,-1}$ 后才可能越过能垒生成 A。

因此，无论是正向反应还是逆向反应，反应物分子均要翻越一定高度的能垒才能变成相应的产物分子，这一能垒即为反应的活化能。能垒越高，反应的阻力就越大，反应就越困难。因此，温度一定时，活化能越大，活化分子所占全部分子的比例就越小，因而反应速率常数就越小，反应便越慢。对于一定的反应来说，温度越高，系统中分子具有的能量就越高，活化分子所占的比例就越大，反应速率常数就越大，化学反应就越快。

活化能对反应速率常数的影响以及对反应速率随温度变化率的影响，将通过下面实际例子加以说明。

【例 12-7】 若化学反应 1 与反应 2 的活化能不同 $E_{a,1} \neq E_{a,2}$，但指前因子相同 $A_1 = A_2$。在 $T = 298\text{K}$ 时，分别计算 $E_{a,2} - E_{a,1} = 10\text{kJ}\cdot\text{mol}^{-1}$ 和 $20\text{kJ}\cdot\text{mol}^{-1}$ 时，两个化学反应速率常数之比 $\frac{k_2}{k_1}$。

解 根据阿伦尼乌斯公式(12-44)得

$$\frac{k_2}{k_1} = \frac{A_2 e^{-\frac{E_{a,2}}{RT}}}{A_1 e^{-\frac{E_{a,1}}{RT}}} = e^{\frac{-(E_{a,2} - E_{a,1})}{RT}}$$

(1) 当 $E_{a,2} - E_{a,1} = 10\text{kJ}\cdot\text{mol}^{-1}$ 时，得

$$\frac{k_2}{k_1} = e^{\frac{-10\times10^3}{8.314\times298}} = 1.77\times10^{-2}$$

(2) 当 $E_{a,2} - E_{a,1} = 20\text{kJ}\cdot\text{mol}^{-1}$ 时，得

$$\frac{k_2}{k_1} = e^{\frac{-20\times10^3}{8.314\times298}} = 3.12\times10^{-4}$$

对于指前因子相同的反应，在相同温度下活化能小的反应速率常数反而大；同时，活化能相差越大，反应速率常数差距就更大。因此，工业生产上可通过降低活化能的方法(例如加催化剂)，以提高生产效率。

【例 12-8】 大多数化学反应的活化能在 $50 \sim 250\text{kJ}\cdot\text{mol}^{-1}$ 之间，参见表 12-2。试估算活化能为 $80\text{kJ}\cdot\text{mol}^{-1}$ 时，温度由 300K 上升 10K 与由 400K 上升 10K 时，速率常数增加的倍数，假设指前因子 A 相同。并对活化能为 $160\text{kJ}\cdot\text{mol}^{-1}$ 时的情况作同样估算。

解 根据阿伦尼乌斯公式(12-48)得

$$\ln\frac{k_2}{k_1}=-\frac{E_a}{R}\left(\frac{1}{T_2}-\frac{1}{T_1}\right)$$

(1) 当 $E_a=80\text{kJ}\cdot\text{mol}^{-1}$ 时，将 $T_1=300\text{K}$、$T_2=310\text{K}$ 代入上式，得

$$\ln\frac{k_2}{k_1}=-\frac{80\times10^3}{8.314}\left(\frac{1}{310}-\frac{1}{300}\right)$$

$$k_2/k_1=2.81$$

同样，再将 $T_1'=400\text{K}$、$T_2'=410\text{K}$ 代入，得

$$\ln\frac{k_2'}{k_1'}=-\frac{80\times10^3}{8.314}\left(\frac{1}{410}-\frac{1}{400}\right)$$

$$k_2'/k_1'=1.80$$

(2) 当 $E_a=160\text{kJ}\cdot\text{mol}^{-1}$ 时，同理可求出：

$T_1=300\text{K}$、$T_2=310\text{K}$ 时，$k_2/k_1=7.92$；

$T_1'=400\text{K}$、$T_2'=410\text{K}$ 时，$k_2'/k_1'=3.23$。

对于活化能相同的化学反应，同样升温 10K，$\frac{k_2}{k_1}$值比$\frac{k_2'}{k_1'}$大，即反应初始温度低的，反应速率常数增加的倍数，比反应初始温度高的增加的倍数要大，说明低温时反应速率常数对温度的变化更敏感。

对于活化能不同的化学反应，在同样的初始温度下升高同样的温度时，活化能高的反应比活化能低的反应速率常数 k 增加得更多，这就定量地说明了活化能高的化学反应的反应速率常数对温度更加敏感，这与前面理论上的分析是一致的。

12.5.3 表观活化能

阿伦尼乌斯公式除适用于基元反应外，也适用于大多数非基元反应。对于非基元反应，阿伦尼乌斯活化能虽也具有能峰的意义，但由于它的总反应式是由若干个基元反应组合而成，因而非基元反应的活化能只能是若干个基元反应活化能组合的综合结果，它对具体的某一个基元反应没有明确的物理意义。例如反应

$$H_2+I_2\xrightarrow{k}2HI$$

其反应历程为

(1) $$I_2+M\underset{k_{-1}}{\overset{k_1}{\rightleftharpoons}}2I\cdot+M$$

(2) $$H_2+2I\cdot\xrightarrow{k_2}2HI$$

在后面的学习中，可以证明 HI 的生成速率方程为

$$\frac{dc_{HI}}{dt}=\frac{2k_1k_2}{k_{-1}}c_{H_2}c_{I_2}=kc_{H_2}c_{I_2}$$

其中
$$k=\frac{2k_1k_2}{k_{-1}} \tag{12-54}$$

因为
$$\frac{d\ln k}{dT}=\frac{d\ln2+d\ln k_1+d\ln k_2-d\ln k_{-1}}{dT}$$

$$\frac{d\ln k}{dT}=\frac{d\ln k_1}{dT}+\frac{d\ln k_2}{dT}-\frac{d\ln k_{-1}}{dT}$$

所以

$$E_a = E_{a,1} + E_{a,2} - E_{a,-1} \tag{12-55}$$

式(12-55)表明，对于非基元反应，总反应中的活化能 E_a 是由各个基元反应的活化能组合而成，对反应历程中的任意一个基元反应均没有明确的物理意义，通常把这种活化能称为总反应的表观活化能。其在式(12-54)中所对应的速率常数 k，也同样是由各基元反应的速率常数组合得到，习惯上把它称为表观速率常数。

12.5.4　活化能与反应热的关系

对于一个正、逆双向都能进行的可逆反应，例如最简单的可逆反应

$$\mathrm{A} \underset{k_{-1}}{\overset{k_1}{\rightleftharpoons}} \mathrm{P}$$

当化学反应处于平衡状态时，正向反应与逆向反应的速率相等，即

$$k_1 c_\mathrm{A} = k_{-1} c_\mathrm{P}$$

反应用浓度表示的平衡常数为

$$K_c = \frac{c_\mathrm{P}}{c_\mathrm{A}} = \frac{k_1}{k_{-1}} \tag{12-56}$$

上式两边取自然对数后对 T 微分，得

$$\frac{\mathrm{d}\ln K_c}{\mathrm{d}T} = \frac{\mathrm{d}\ln k_1 - \mathrm{d}\ln k_{-1}}{\mathrm{d}T} = \frac{\mathrm{d}\ln k_1}{\mathrm{d}T} - \frac{\mathrm{d}\ln k_{-1}}{\mathrm{d}T} \tag{12-57}$$

根据范特霍夫方程得

$$\frac{\mathrm{d}\ln K_c}{\mathrm{d}T} = \frac{\Delta_\mathrm{r} U_\mathrm{m}}{RT^2}$$

依据阿伦尼乌斯方程得

$$\frac{\mathrm{d}\ln k_1}{\mathrm{d}T} = \frac{E_{a,1}}{RT^2}, \quad \frac{\mathrm{d}\ln k_{-1}}{\mathrm{d}T} = \frac{E_{a,-1}}{RT^2}$$

将以上三式代入式(12-57)，得

$$\frac{\Delta_\mathrm{r} U_\mathrm{m}}{RT^2} = \frac{E_{a,1} - E_{a,-1}}{RT^2}$$

所以

$$\Delta_\mathrm{r} U_\mathrm{m} = E_{a,1} - E_{a,-1} \tag{12-58}$$

因为 $\Delta_\mathrm{r} U_\mathrm{m} = Q_{V,\mathrm{m}}$，故可逆反应的恒容摩尔反应热在数值上等于正向反应与逆向反应的活化能之差。在阿伦尼乌斯公式中，把活化能 E_a 视为是与温度无关的常数，但从式(12-58)可以看出，由于反应的 $\Delta_\mathrm{r} U_\mathrm{m}$ 与温度相关，E_a 必然也与温度有关，这与前面讨论阿伦尼乌斯修正公式所得的结果是一致的。

12.6　典型的复合反应

前面所讨论的速率与速率方程，都是对具有简单级数的反应进行的。若一个反应是由两个或两个以上基元反应以各种不同的方式组合而成，则这类反应便是复合反应。组成复合反应的每一个基元反应，尽管其速率常数仍然取决于反应系统的温度和该基元反应的本性(如活化能)，不受其他组分的影响而保持为常数，但是，由于该基元反应中反应物的浓度要受制于同时存在的其他基元反应，从而影响到它的速率大小。因此，复合反应中的基元反应是

既独立又相互制约的。下面讨论几种典型的也是最简单的复合反应——对峙反应、平行反应和连串反应。

12.6.1 对峙反应

正方向和逆方向同时进行的反应，称为对峙反应(opposing reaction)，也称对行反应，或可逆反应。对峙反应有 1-1 级、1-2 级、2-2 级等类型，现在就其中最简单的 1-1 级对峙反应为例进行讨论。

$$\mathrm{A} \underset{k_{-1}}{\overset{k_1}{\rightleftharpoons}} \mathrm{B}$$

$$\begin{array}{lll} t=0 & c_{\mathrm{A},0} & c_{\mathrm{B},0}=0 \\ t=t & c_{\mathrm{A}} & c_{\mathrm{B}}=c_{\mathrm{A},0}-c_{\mathrm{A}} \\ t=t_e & c_{\mathrm{A,e}} & c_{\mathrm{B,e}}=c_{\mathrm{A},0}-c_{\mathrm{A,e}} \end{array}$$

式中，$c_{\mathrm{A},0}$、$c_{\mathrm{B},0}$分别为 A、B 的初始浓度；c_{A}、c_{B}分别为 A、B 反应进行到时刻 t 时的浓度；$c_{\mathrm{A,e}}$、$c_{\mathrm{B,e}}$分别为 A、B 反应达到平衡时的浓度。

反应进行到时刻 t 时，向右进行的净速率取决于正向与逆向反应速率之和，即

$$r=r_1-r_{-1}=-\frac{\mathrm{d}c_{\mathrm{A}}}{\mathrm{d}t}=k_1c_{\mathrm{A}}-k_{-1}(c_{\mathrm{A},0}-c_{\mathrm{A}}) \tag{12-59}$$

当 $t=t_e$时，反应达到平衡，此时反应物与产物的浓度均为平衡浓度，且正、逆反应的速率相等，反应的净速率 $r=0$，因此

$$\frac{c_{\mathrm{B,e}}}{c_{\mathrm{A,e}}}=\frac{c_{\mathrm{A},0}-c_{\mathrm{A,e}}}{c_{\mathrm{A,e}}}=\frac{k_1}{k_{-1}}=K_c \tag{12-60}$$

$$k_{-1}c_{\mathrm{A},0}=(k_1+k_{-1})c_{\mathrm{A,e}}$$

代入式(12-59)，得

$$-\frac{\mathrm{d}c_{\mathrm{A}}}{\mathrm{d}t}=(k_1+k_{-1})(c_{\mathrm{A}}-c_{\mathrm{A,e}})$$

当 $c_{\mathrm{A},0}$一定时，$c_{\mathrm{A,e}}$为常数，故 $\mathrm{d}c_{\mathrm{A}}=\mathrm{d}(c_{\mathrm{A}}-c_{\mathrm{A,e}})$，代入上式

$$-\frac{\mathrm{d}(c_{\mathrm{A}}-c_{\mathrm{A,e}})}{\mathrm{d}t}=(k_1+k_{-1})(c_{\mathrm{A}}-c_{\mathrm{A,e}}) \tag{12-61}$$

令式中的 $c_{\mathrm{A}}-c_{\mathrm{A,e}}=\Delta c_{\mathrm{A}}$，称为反应物 A 的浓度距离平衡浓度的差值，代入上式

$$-\frac{\mathrm{d}\Delta c_{\mathrm{A}}}{\mathrm{d}t}=(k_1+k_{-1})\Delta c_{\mathrm{A}}$$

在 1-1 级对峙反应中，反应物 A 的浓度距离平衡浓度的差值 Δc_{A}对时间的变化率符合一级反应规律，速率常数为(k_1+k_{-1})。也就是说，反应物 A 趋向平衡的速率，既随正向反应的速率常数增大而增大，又随逆向反应的速率常数增大而增大。

当平衡常数 K_c很大即 $k_1\gg k_{-1}$时，平衡完全倾向于产物一方，$c_{\mathrm{A,e}}\approx 0$，逆向反应可以忽略不计，反应表现为朝正向的一级单向反应。相反，当平衡常数 K_c较小时，反应的平衡转化率也会较小，产物的浓度将显著影响总反应的速率。前面涉及反应级数确定时，遇到对行反应要确定正向反应的级数时，必须采用初始浓度法的原因就在于此。

对式(12-61)分离变量积分

$$\int_{c_{\mathrm{A},0}}^{c_{\mathrm{A}}}\frac{\mathrm{d}(c_{\mathrm{A}}-c_{\mathrm{A,e}})}{c_{\mathrm{A}}-c_{\mathrm{A,e}}}=-\int_0^t(k_1+k_{-1})\mathrm{d}t$$

得

$$\ln \frac{c_A - c_{A,e}}{c_{A,0} - c_{A,e}} = -(k_1 + k_{-1})t \tag{12-62}$$

可见，$\ln(c_A - c_{A,e})$对 t 作图得一直线，由直线斜率可求出$(k_1 + k_{-1})$，再由实验测得的平衡常数 K_c，代入式(12-60)，联立二者即可得出 k_1 和 k_{-1}。

对于对峙反应，反应进行到平衡浓度 $c_{A,e}$时，反应总速率为零，意味着反应的终结或完成了全部反应。那么，从反应开始到反应的终结，反应物 A 浓度的总变化为$(c_{A,0} - c_{A,e})$。与简单的级数反应半衰期相似，把 1-1 级对峙反应完成到反应物 A 浓度的总变化一半即 $\frac{1}{2}(c_{A,0} - c_{A,e})$所需的时间定义为半衰期，将 $c_A - c_{A,e} = \frac{1}{2}(c_{A,0} - c_{A,e})$代入式(12-62)，得

$$t_{1/2} = \frac{\ln 2}{k_1 + k_{-1}} \tag{12-63}$$

1-1 级对峙反应的 c-t 关系如图 12-9 所示。对峙反应的特点是经过足够长的时间，反应物和产物都要分别趋近它们的平衡浓度。

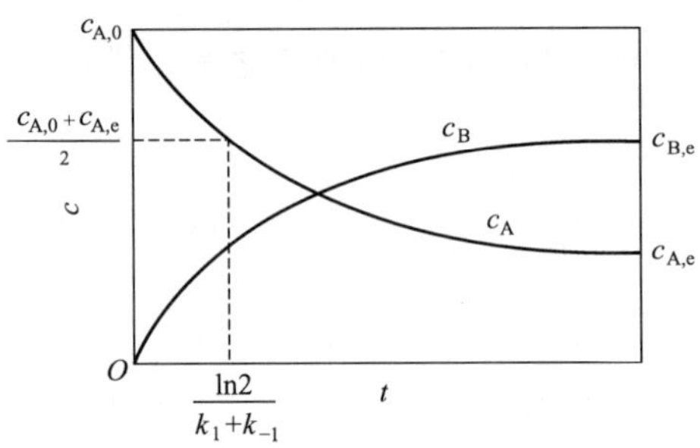

图 12-9　一级对峙反应的 c-t 图

一些分子内重排或异构化反应，符合 1-1 级对峙反应的变化规律，而反应

$CH_3COOH + C_2H_5OH \rightleftharpoons CH_3COOC_2H_5 + H_2O$

则是一个典型的 2-2 级对峙反应。

12.6.2　平行反应

反应物能同时平行地生成几种不同产物的反应称为平行反应(parallel reaction)。通常将生成期望得到产物的反应称为主反应，其余的反应称为副反应。这类反应常见于有机反应中，例如甲苯的一硝化反应，反应可平行地生成邻位、间位与对位硝基甲苯。构成平行反应的几个反应的级数可以相同，也可以不同。

现在以最简单的平行反应——两个都是一级的平行反应来讨论。

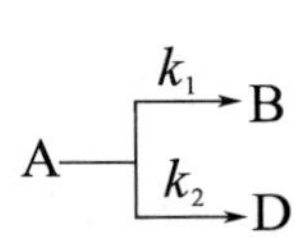

	c_A	c_B	c_D
$t=0$	$c_{A,0}$	$c_{B,0}=0$	$c_{D,0}=0$
$t=t$	c_A	c_B	c_D

B 与 D 的生成速率方程分别为

$$\frac{dc_B}{dt} = k_1 c_A \tag{12-64}$$

$$\frac{dc_D}{dt} = k_2 c_A \tag{12-65}$$

根据反应的计量系数关系可得到

$$c_A + c_B + c_D = c_{A,0}$$

对 t 微分，得

$$\frac{dc_A}{dt}+\frac{dc_B}{dt}+\frac{dc_D}{dt}=0$$

$$-\frac{dc_A}{dt}=\frac{dc_B}{dt}+\frac{dc_D}{dt}=k_1c_A+k_2c_A=(k_1+k_2)c_A$$

分离变量后积分，得

$$\ln\frac{c_A}{c_{A,0}}=-(k_1+k_2)t \tag{12-66}$$

最简单平行反应的积分形式与普通一级反应的完全相同，只不过速率常数为(k_1+k_2)。用 $\ln c_A$对 t 作图所得直线斜率等于$-(k_1+k_2)$。

式(12-64)除以式(12-65)，得到

$$\frac{dc_B}{dc_D}=\frac{k_1}{k_2}$$

因为 $t=0$ 时，$c_{B,0}=0$、$c_{D,0}=0$；$t=t$ 时，$c_B=c_B$，$c_D=c_D$。分离变量，积分上式

$$\int_0^{c_B}dc_B=\frac{k_1}{k_2}\int_0^{c_D}dc_D$$

得

$$\frac{c_B}{c_D}=\frac{k_1}{k_2} \tag{12-67}$$

即级数相同的平行反应，在任一瞬间，两产物浓度之比都等于两反应速率常数之比。在同一时刻 t，只要测出两产物的浓度，由它们的比值即可求得$\frac{k_1}{k_2}$。再由式(12-66)用 $\ln c_A$对 t 作图所得直线斜率等于$-(k_1+k_2)$，联立就能求出 k_1和 k_2。

式(12-66)可以改写为

$$c_A=c_{A,0}e^{-(k_1+k_2)t} \tag{12-68}$$

将上式分别代入式(12-64)和式(12-65)，得

$$\frac{dc_B}{dt}=k_1c_{A,0}e^{-(k_1+k_2)t}$$

$$\frac{dc_D}{dt}=k_2c_{A,0}e^{-(k_1+k_2)t}$$

对上两式分离变量，积分

$$\int_0^{c_B}dc_B=\int_0^t k_1c_{A,0}e^{-(k_1+k_2)t}dt$$

$$\int_0^{c_D}dc_D=\int_0^t k_2c_{A,0}e^{-(k_1+k_2)t}dt$$

得到 c_B、c_D与时间 t 的关系为

$$c_B=\frac{k_1c_{A,0}}{k_1+k_2}[1-e^{-(k_1+k_2)t}] \tag{12-69}$$

$$c_D=\frac{k_2c_{A,0}}{k_1+k_2}[1-e^{-(k_1+k_2)t}] \tag{12-70}$$

将式(12-68)～式(12-70)浓度与时间的关系制成图，得到如图 12-10 所示的最简单平行反应的 c-t 曲线。

平行反应中各反应的活化能往往不同，温度升高有利于活化能大的反应；温度降低则有利于活化能小的反应。再根据催化剂的选择性，不同的催化剂往往只能加速某一反应。所

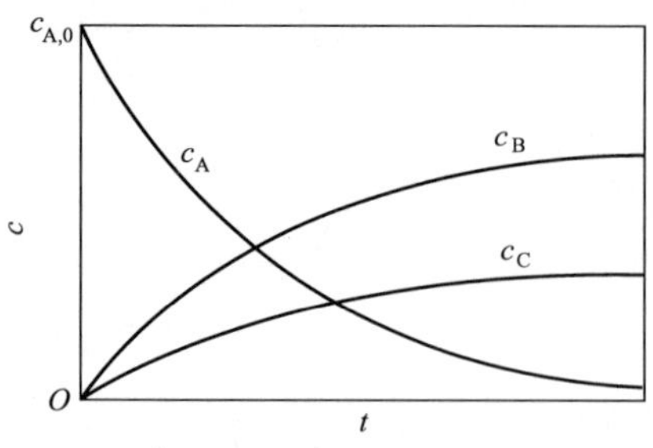

图 12-10 一级平行反应的 c-t 图

以，生产上经常通过控制温度或选择适当的催化剂，来人为地加速目的产物的反应。例如甲苯的氯化，可以在苯环上取代，也可在侧链甲基上取代。实验表明，低温(303～323K)下，使用 $FeCl_3$ 为催化剂，主要是苯环上取代；高温(393～403K)下，用光激发，则主要是侧链取代。因此，生产中可以根据甲苯氯化所需要的主产物，选择适宜的氯化温度和催化条件，确定最佳合成工艺。

12.6.3 连串反应

反应经过连续几步才能完成，且前一步的生成物是下一步反应的反应物，依次类推连续进行，这种反应称为连串反应(consecutive reaction)，或称连续反应。例如，苯的硝化，生成的一硝基苯能进一步生成二硝基苯、三硝基苯。最简单的连串反应是两个单向连续的一级反应，例如

$$\mathrm{A} \xrightarrow{k_1} \mathrm{B} \xrightarrow{k_2} \mathrm{C}$$

	A	B	C
$t=0$	$c_{A,0}$	$c_{B,0}=0$	$c_{C,0}=0$
$t=t$	c_A	c_B	c_C

A 的消耗速率只与第一步有关，其速率方程为

$$-\frac{dc_A}{dt}=k_1c_A$$

积分，得

$$\ln\frac{c_A}{c_{A,0}}=-k_1t$$

或

$$c_A=c_{A,0}e^{-k_1t} \tag{12-71}$$

B 作为中间产物，其速率等于第一步的生成速率与第二步的消耗速率之和

$$\frac{dc_B}{dt}=k_1c_A-k_2c_B=k_1c_{A,0}e^{-k_1t}-k_2c_B$$

$$\frac{dc_B}{dt}+k_2c_B=k_1c_{A,0}e^{-k_1t} \tag{12-72}$$

这是一个$\frac{dy}{dx}+Py=Q$ 型的一次线性微分方程，其解为

$$y=e^{-\int P dx}\left[\int Qe^{\int P dx}dx+I\right]$$

式中，I 为积分常数。利用上积分公式，对式(12-72)积分

$$c_B=e^{-\int k_2 dt}\left[\int k_1c_{A,0}e^{-k_1t}\cdot e^{\int k_2 dt}dt+I\right]$$

$$c_B=e^{-k_2t}\left[\frac{k_1c_{A,0}}{k_2-k_1}e^{(k_2-k_1)t}+I\right]$$

当 $t=0$ 时，$c_B=0$，代入上式，得

$$I=-\frac{k_1 c_{A,0}}{k_2-k_1}$$

最后得到

$$c_B=\frac{k_1 c_{A,0}}{k_2-k_1}(e^{-k_1 t}-e^{-k_2 t}) \tag{12-73}$$

根据化学反应计量关系，$c_A+c_B+c_C=c_{A,0}$，即 $c_C=c_{A,0}-c_A-c_B$所以

$$c_C=c_{A,0}\left(1-\frac{k_2 e^{-k_1 t}-k_1 e^{-k_2 t}}{k_2-k_1}\right) \tag{12-74}$$

式(12-71)、式(12-73)和式(12-74)分别表述了最简单连串反应中各物质浓度随时间的变化规律，绘制成 c-t 曲线，得图 12-11。由图可见，A 的浓度随时间单调减小，C 的浓度则随时间单调增加，而 B 的浓度先增后减，中间出现极大值。

B 为反应的中间产物，浓度在反应过程出现极大值，是连串反应最为突出的特点。一般而言，反应时间长些得到的最终产物会多些。但对于连串反应，反应前期，反应物 A 的浓度大，生成中间产物 B 的速率较大，B 的浓度随反应时间的变化不断增加。但是，随着反应的持续进行，一方面反应物 A 的浓度逐渐减小，生成中间产物 B 的速率逐渐减慢；另一方面，B 浓度的不断增加，促使其进一步生成最终产物 C 的速率不断加快，大量消耗了 B，所以 B 的浓度开始下降。当生成 B 的速率与消耗 B 的速率相等，即$\frac{dc_B}{dt}=0$ 时，中间产物 B 的浓度出现极大值。从连串反应开始，到中间产物浓度出现最大值所需时间，称为中间产物的最佳时间，常用 t_m 表示。下面就 t_m 的求解作进一步讨论。

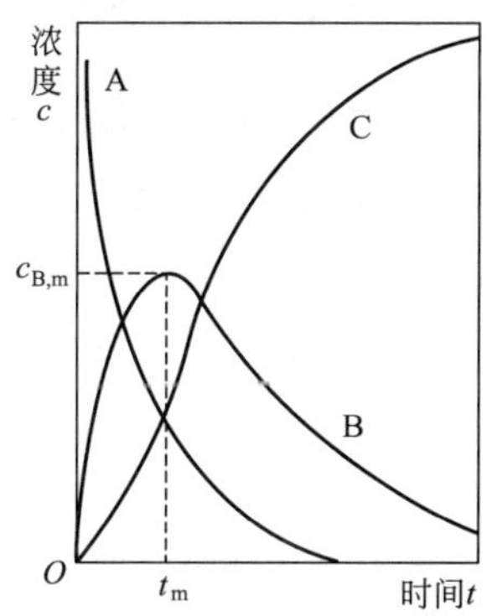

图 12-11 连串反应

B 浓度与时间关系的式(12-73)对时间 t 微分后，再令其等于零，得

$$\frac{dc_B}{dt}=\frac{k_1 c_{A,0}}{k_2-k_1}(-k_1 e^{-k_1 t}+k_2 e^{-k_2 t})=0$$

解得

$$t_m=\frac{\ln k_2-\ln k_1}{k_2-k_1} \tag{12-75}$$

将式(12-75)代入式(12-73)，得到中间产物 B 的极大值浓度为

$$c_{B,m}=c_{A,0}\left(\frac{k_1}{k_2}\right)^{\frac{k_2}{k_2-k_1}} \tag{12-76}$$

若中间产物 B 为目的产物，由于它存在一个浓度最大的最佳反应时间 t_m，超出这个时间，不仅目的产物 B 的产率要下降，而且会增加副产物的量。因此，工业生产上常常把反应控制在最佳时间时就立即终止反应，既可望得到浓度最高的中间产物，又可减少产品的后处理强度。

例如，丙烯直接氧化制备丙酮，是一连串反应

$$CH_3CH{=}CH_2 \xrightarrow{O_2} CH_3COCH_3 \xrightarrow{O_2} CH_3COOH \xrightarrow{O_2} CO_2$$

丙酮为目的产物，是连串反应的中间产物，故当原料气在反应器中达到最佳时间 t_m 时，应立即从反应器中引出，进入吸收塔吸收产物丙酮。

12.7　复合反应速率方程的近似处理法

通常而言，大多数化学反应是经过一系列基元反应来完成的，因而总化学反应的动力学方程就由这些基元反应的微分方程组合而成，任一基元反应的速率方程均可由质量作用定律得出。然而，基元反应中所涉及的中间体往往参与多个基元反应的反应，这样便会在几个基元反应的微分方程中出现同一个中间体的浓度，使得每个基元反应的微分方程之间不再彼此独立，而是相互关联，给微分方程的积分、求解带来麻烦。特别是随着反应步骤、组分数和级数的增加，其速率方程的积分形式求解将变得极其复杂与困难，有的甚至无法求解。例如，上一节中即便讨论的是最简单的连串反应，其速率方程的积分形式求解已经相当复杂。因此，研究速率方程的近似处理方法就变得极为必要与现实。

12.7.1　慢步骤控制法

在连串反应中，若其中有一步反应的速率最慢，它控制了总反应的速率，使总反应的速率基本等于最慢一步的速率，这最慢的一步反应称为反应速率的控制步骤，简称速控步(rate controlling step)或决速步(rate determining step)。

控制步骤的速率近似为整个反应的速率，要想加速整个反应进程，关键是提高控制步骤的速率。利用控制步骤法近似处理反应速率，可以大大简化速率方程积分形式的求解过程。例如，上一节讨论过的连串反应中 c_C 的精确解见式(12-74)，为

$$c_C=c_{A,0}\left(1-\frac{k_2e^{-k_1t}-k_1e^{-k_2t}}{k_2-k_1}\right)$$

当 $k_1 \ll k_2$，上式可简化为

$$c_C=c_{A,0}(1-e^{-k_1t})$$

这是通过对微分方程精确求解后，利用 $k_1 \ll k_2$ 条件，再对精解公式近似处理所得到的产物 C 的浓度。

现在，用慢步骤控制法来近似处理这一问题。若 $k_1 \ll k_2$，表明中间产物 B 一旦生成就瞬间生成 C，这一反应过程对整体反应的速率几乎没有影响。反应的总速率完全取决于第一步，第一步的速率方程为

$$-\frac{dc_A}{dt}=k_1c_A$$

即

$$c_A=c_{A,0}e^{-k_1t}$$

因为 $c_A+c_B+c_C=c_{A,0}$，而 $k_1 \ll k_2$ 表明在整个反应过程中 B 一旦生成就立即转化为 C，无法进行量的积累，即 $c_B \approx 0$，故

$$c_C \approx c_{A,0}-c_A=c_{A,0}(1-e^{-k_1t})$$

可见，用慢步骤控制法得到的结果，与精确求解微分方程后再对所得公式近似处理的结果完全相同，但它避免了求解繁琐的微分方程这一麻烦过程，处理问题更为方便和简化。当然，这种方法在控制步骤比其他步骤慢得越多时，其精确度就越高。

12.7.2　平衡态近似法

对于化学反应

$$A_2 + B_2 \longrightarrow 2AB$$

它的反应历程为

(1) $A_2 \underset{}{\overset{K_1}{\rightleftharpoons}} 2A$（快速平衡）

(2) $B_2 \overset{K_2}{\rightleftharpoons} 2B$（快速平衡）

(3) $A + B \xrightarrow{k_3} AB$（慢）

第一、二个反应是快速平衡，可以认为瞬间就能完成化学平衡反应，在任一时刻都可近似认为它们处于平衡状态，即

$$K_1 = \frac{c_A^2}{c_{A_2}}$$

$$K_2 = \frac{c_B^2}{c_{B_2}}$$

第三步为慢步骤，为整个反应的控制步骤，AB的生成速率便是整个反应的总速率：

$$\frac{dc_{AB}}{dt} = k_3 c_A c_B = k_3 (K_1^{\frac{1}{2}} c_{A_2}^{\frac{1}{2}})(K_2^{\frac{1}{2}} c_{B_2}^{\frac{1}{2}})$$

即

$$\frac{dc_{AB}}{dt} = k c_{A_2}^{\frac{1}{2}} c_{B_2}^{\frac{1}{2}} \tag{12-77}$$

其中，$k = k_3 K_1^{\frac{1}{2}} K_2^{\frac{1}{2}}$，称为表观速率常数。

式(12-76)是运用平衡态近似处理法，由反应机理推导得出的非基元反应速率方程。同样地，对于非基元反应 $H_2 + I_2 \xrightarrow{k} 2HI$，其反应机理为

(4) $I_2 + M \underset{k_{-1}}{\overset{k_1}{\rightleftharpoons}} 2I\cdot + M$（快速平衡）

(5) $H_2 + 2I\cdot \xrightarrow{k_2} 2HI$（慢反应）

反应(4)为快速平衡的对行反应，其平衡常数为

$$K_c = \frac{c_{I\cdot}^2}{c_{I_2}} = \frac{k_1}{k_{-1}}$$

$$c_{I\cdot}^2 = \frac{k_1}{k_{-1}} c_{I_2}$$

反应(5)是慢反应，是整个反应的控速步骤，以HI的生成速率表示总反应的速率，得

$$\frac{dc_{HI}}{dt} = 2k_2 c_{H_2} c_{I\cdot}^2 = 2k_2 \frac{k_1}{k_{-1}} c_{H_2} c_{I_2}$$

即

$$\frac{dc_{HI}}{dt} = k c_{H_2} c_{I_2}$$

其中，$k = 2k_2 \frac{k_1}{k_{-1}}$。

这便是12.5节中式(12-54)的由来。

12.7.3 稳态近似法

对于连串反应

$$A \xrightarrow{k_1} B \xrightarrow{k_2} C$$

当 $k_2 \gg k_1$ 时，表明中间产物B很活泼，极易继续反应，一旦生成就立即转化为C，反应体系中B不会积累，可认为 c_B 是一个不随时间变化的常数，即B的浓度处于稳态或定态：

$$\frac{dc_B}{dt}=0$$

对于上述连串反应，用稳态法处理

$$\frac{dc_B}{dt}=k_1c_A-k_2c_B=0$$

$$c_B=\frac{k_1}{k_2}c_A=\frac{k_1}{k_2}c_{A,0}e^{-k_1t}$$

可见，非常方便就能求出 c_B 与 c_A 间的关系，以及 c_B 随时间 t 的变化情况。

而上一节中式(12-73)是连串反应中 c_B 的精确解，为

$$c_B=\frac{k_1c_{A,0}}{k_2-k_1}(e^{-k_1t}-e^{-k_2t})$$

当 $k_2 \gg k_1$ 时，$e^{-k_1t}-e^{-k_2t}\approx e^{-k_1t}$、$k_2-k_1\approx k_2$，上式可简化为

$$c_B=\frac{k_1}{k_2}(c_{A,0}e^{-k_1t})=\frac{k_1}{k_2}c_A$$

显然，稳态处理法比求精确解的方法容易得多，它可以使数学处理大为简化，而两者结果完全一致。

【例 12-9】 气相反应 $H_2+Cl_2 \longrightarrow 2HCl$ 的机理(或历程)如下：

(1) $Cl_2+M \xrightarrow{k_1} 2Cl\cdot+M$

(2) $Cl\cdot+H_2 \xrightarrow{k_2} HCl+H\cdot$

(3) $H\cdot+Cl_2 \xrightarrow{k_3} HCl+Cl\cdot$

(4) $2Cl\cdot+M \xrightarrow{k_4} Cl_2+M$

试用稳态近似法推导出以HCl生成速率表示的速率方程。

解　在机理中，涉及生成HCl的方程式有(2)和(3)，对它们使用质量作用定律，HCl生成速率方程为

$$\frac{dc_{HCl}}{dt}=k_2c_{Cl\cdot}c_{H_2}+k_3c_{H\cdot}c_{Cl_2} \tag{a}$$

自由基Cl·是活泼中间体，处于稳态。Cl·在方程式(1)和(3)中是生成、在(2)和(4)中是消耗，Cl·总的速率方程为

$$\frac{dc_{Cl\cdot}}{dt}=2k_1c_{Cl_2}c_M-k_2c_{Cl\cdot}c_{H_2}+k_3c_{H\cdot}c_{Cl_2}-2k_4c_{Cl\cdot}^2c_M=0 \tag{b}$$

自由基H·同样是活泼中间体，也处于稳态。H·在方程式(2)中是生成、在(3)中是消耗，H·总的速率方程为

$$\frac{dc_{H\cdot}}{dt}=k_2c_{Cl\cdot}c_{H_2}-k_3c_{H\cdot}c_{Cl_2}=0 \tag{c}$$

把式(c)代入式(b)，解得

$$c_{\mathrm{Cl}\cdot}=\left(\frac{k_1}{k_4}\right)^{\frac{1}{2}}c_{\mathrm{Cl}_2}^{\frac{1}{2}}$$

把式(c)和上式同时代入式(a)，得

$$\frac{\mathrm{d}c_{\mathrm{HCl}}}{\mathrm{d}t}=2k_2c_{\mathrm{Cl}\cdot}c_{\mathrm{H}_2}=2k_2\left(\frac{k_1}{k_4}\right)^{\frac{1}{2}}c_{\mathrm{H}_2}c_{\mathrm{Cl}_2}^{\frac{1}{2}}$$

即

$$\frac{\mathrm{d}c_{\mathrm{HCl}}}{\mathrm{d}t}=kc_{\mathrm{H}_2}c_{\mathrm{Cl}_2}^{\frac{1}{2}}$$

其中，$k=2k_2\left(\frac{k_1}{k_4}\right)^{\frac{1}{2}}$。

一般说来，在化学反应中自由原子或自由基等可看作活泼的中间物，它们的反应能力很强，浓度很低，故可近似认为它们处于稳态。

12.8 链反应

链反应(chain reaction)是一类特殊规律的复合反应，它通常在热、光、辐射、引发剂或其他方法作用下使反应引发，继而在活性组分(如自由基或原子)的推动下发生一系列像链条一样的连续反应。例如，高聚物的合成、石油的裂解、碳氢化合物的氧化和卤化、有机物的热分解甚至燃烧和爆炸反应等都与链反应有关。所有的链反应，一般都由下列三个步骤构成：

① 链的开始(或链的引发，chain initiation)：分子在热、光等外界条件的作用下生成自由原子或自由基。

② 链的传递(或链的增长，chain propagation)：自由原子或自由基与一般分子反应，在生成新分子的同时，能够再生成新的自由原子或自由基，这样不断交替使反应一个接一个传递下去，直至反应物消耗为止。链的传递过程是链反应的主体。

③ 链的终止(或链的销毁，chain termination)：当自由基、自由原子等被消耗完时，链就终止。链的终止可以是两个自由基结合成分子，也可以是与器壁相撞失去能量而使链终止。因此，反应器形状的改变或表面涂料的更换等都可能影响反应速率，这种器壁效应是链反应的特点之一。

根据链的传递方式不同，链反应可分为直链反应(straight chain reaction)与支链反应(branched chain reaction)。

12.8.1 直链反应

在链的传递步骤中，消耗一个链的传递物的同时只产生一个新的链的传递物的反应称为直链反应，或称单链反应。对于直链反应，链的传递步骤中链的传递物的数量保持不变。例如，$H_2+Cl_2 \longrightarrow 2HCl$ 为典型的直链反应，其反应机理见表 12-3。

表 13-3　$H_2+Cl_2 \longrightarrow 2HCl$ 反应机理

反应		E_a/kJ·mol^{-1}
(1)$Cl_2+M \xrightarrow{k_1} 2Cl\cdot+M$	链的引发	242
(2)$Cl\cdot+H_2 \xrightarrow{k_2} HCl+H\cdot$	链的增长	24
(3)$H\cdot+Cl_2 \xrightarrow{k_3} HCl+Cl\cdot$		13
⋮　　⋮		
(4)$2Cl\cdot+M \xrightarrow{k_4} Cl_2+M$	链的终止	0

基元反应(1)为链的开始。显然，反应会选择活化能较低的方式进行，由于 H—H 的键能(436kJ·mol^{-1})比 Cl—Cl 的键能(242kJ·mol^{-1})大得多，因此链的引发是从 Cl_2开始而不是从 H_2开始的。Cl_2分子与一个能量大的分子 M 相碰撞而解离为两个自由基 Cl·。

基元反应(2)与(3)为链的传递。自由基 Cl·很活泼，在反应(2)中与 H_2反应生成产物 HCl，同时生成一个新自由基 H·。H·同样很活泼，在反应(3)中与 Cl_2反应生成产物 HCl，同时又生成一个自由基 Cl·。Cl·又按式(2)与 H_2反应，再生成 H·，如此循环往复，一直进行下去。

基元反应(4)为链的终止。两个 Cl·与不活泼分子 M 或与容器壁相碰撞而失去能量失活，最终变为 Cl_2。

知道了反应机理，加上中间物是活泼的自由基，就可以用质量作用定律，运用稳态近似法导出其速率方程。

12.8.2　支链反应

爆炸是瞬间就完成的高速化学反应。它的研究对于化工安全生产、经济建设和国防建设都具有重要意义。根据爆炸的原因不同分为如下两类。

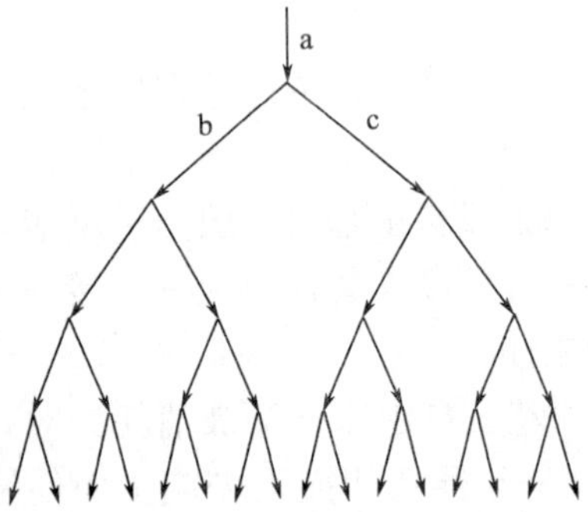

图 12-12　支链链反应

① 热爆炸(thermal explosion)：指在一定的空间内进行的放热反应，反应热来不及散发而使系统的温度升高；温度升高，又促使反应速率按指数规律加快，放热就更多，温度升得更快。如此恶性循环，结果反应速率毫无止境地增加，在瞬间大到无法控制而引起爆炸。

② 支链爆炸(branched chain explosion)：它是发生爆炸的更重要的原因。直链反应是反应过程中传递物数量不增不减，所以反应稳步进行。而支链反应则是消耗一个传递物的同时，会生成两个或更多的传递物，见图 12-12。如此 1 变 2，2 变 4，4 变 8……迅猛发展，瞬间就达到爆炸的程度。

爆炸反应一般都有一定的爆炸区域，当反应达到燃烧或爆炸的压力范围时，反应速率由平稳突然增加，图 12-13 展现了氢气和氧气混合系统的爆炸界限与温度、压力的关系。在 AB 段，压力低于 p_1，反应平缓进行。当压力介于 p_1与 p_2 之间时，反应速率迅速增加，发生爆炸或燃烧。压力高于 p_2 但又小于 p_3时，反应又趋于平缓。当压力超过 p_3，系统又发生爆炸。

上述体系中的两个压力限与温度的关系，可通过图 12-13(b)。图中 ab 为低的爆炸界限，

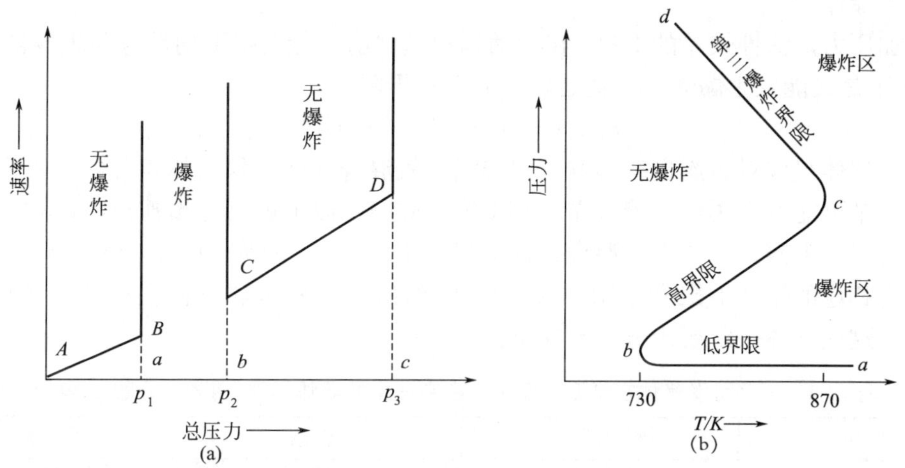

图 12-13 H_2 和 O_2 混合系统的爆炸界限与 T，p 的关系

bc 为高的爆炸界限，cd 代表第三爆炸界限，第三爆炸界限以上的爆炸都是热爆炸。为了解释这三个爆炸界限，现以 H_2 与 O_2 混合系统发生反应的机理加以说明。当 H_2 与 O_2 发生支链反应时，其链反应机理为

链的开始： $H_2 \longrightarrow H\cdot + H\cdot$ (1)

直链反应： $H\cdot + O_2 + H_2 \longrightarrow H_2O + OH\cdot$ (2)

$OH\cdot + H_2 \longrightarrow H_2O + H\cdot$ (3)

支链反应： $H\cdot + O_2 \longrightarrow OH\cdot + O\cdot$ (4)

$O\cdot + H_2 \longrightarrow HO\cdot + H\cdot$ (5)

链在气相中的中断： $2H\cdot + M \longrightarrow H_2 + M$ (6)

$O_2 + H\cdot + M \longrightarrow HO_2\cdot + M$ (7)

链在器壁上的中断： $H\cdot \longrightarrow$ 器壁 $\longrightarrow$ 销毁 (8)

$HO_2\cdot \longrightarrow$ 器壁 $\longrightarrow$ 销毁 (9)

反应(1)是链的开始，生成自由基 H·。反应(2)～(5)是链的传递，其中(2)与(3)是直链反应的传递。但反应(4)、(5)在消耗一个传递物的同时生成两个新的链的传递物，属于支链反应。反应(4)是慢步骤，而反应(5)是快步骤，即一旦反应(4)生成 O·，就通过(5)由一个自由基(O·)变为两个自由基(HO·和 H·)，再次生成一个 H·。有了 H·就能重新开始分支反应，经过两步后再生成 H·，不断重复下去。

在低压条件下，H·也能与器壁发生碰撞而销毁，导致链的终止，见反应(8)。因此，能否发生爆炸关键在于反应(4)与(8)在争夺 H·的过程中何者占优势。一般认为，低压时一方面 H·易与器壁碰撞而失活，另一方面 O_2 浓度很小，不利于反应(4)，所以不发生爆炸。但增加压力有利于反应(4)而不利于反应(8)，故压力增加到一定程度而爆炸，这就是爆炸下限。爆炸下限与器壁表面销毁有关，所以受容器大小、形状与表面性质等的影响。

反应(6)～(9)都是链终止反应。继续增加压力，尽管不利于反应(8)，但对反应(4)和(7)都有利。因反应(4)是二级反应、(7)是三级反应，所以在争夺 H·的过程中，压力增高更有利于反应(7)。而反应(7)生成的自由基 HO_2·较不活泼，易与器壁碰撞生成 H_2O_2 和 O_2 而失活。因此压力增加到一定程度，(7)占优势而又不能爆炸，这就是爆炸上限。由于(7)是自由基反应、活化能极低，而(4)是慢反应、活化能较高，升温更有利于提速反应(4)，所以

升温有利于爆炸。

再增加压力，活性较差的 $HO_2\cdot$ 在运动到器壁之前，能发生下列反应而生成活泼的自由基 $HO\cdot$，于是又能发生爆炸，这就是爆炸的第三界限。

$$HO_2\cdot + H_2 \longrightarrow H_2O + HO\cdot$$

另外，气体组成对爆炸也有影响。例如氢、氧混合气体，氢的体积分数在 4%～94%范围内，点火都可能发生爆炸，若氢在 4%以下，或 94%以上就不会爆炸。所以 4%为爆炸下限，94%为爆炸上限。氢与空气混合，则下限为 4.1%，上限为 74%。其他可燃气体在空气中，也都有相应的爆炸下限和上限，表 12-4 中列出了一些可燃气体在空气中的爆炸界限。因此，使用这些气体一定要十分注意安全。

表 12-4 一些可燃气体在常温常压下，在空气中的爆炸界限(用体积分数 φ_B 表示)

可燃气体	爆炸界限 φ_B	可燃气体	爆炸界限 φ_B
H_2	0.041～0.74	CO	0.125～0.74
NH_3	0.16～0.27	CH_4	0.053～0.14
CS_2	0.013～0.44	C_2H_6	0.032～0.125
C_2H_4	0.030～0.29	C_6H_6	0.014～0.067
C_2H_2	0.025～0.80	CH_3OH	0.073～0.36
C_3H_8	0.024～0.095	C_2H_5OH	0.43～0.19
C_4H_{10}	0.019～0.084	$(C_2H_5)_2O$	0.019～0.48
C_5H_{12}	0.016～0.078	$CH_3COOC_2H_5$	0.021～0.085

12.9 反应速率理论

阿伦尼乌斯方程是由大量实验得出的，提出了活化能和指前因子的概念，为建立反应速率理论奠定了基础。在反应速率理论中将从微观的角度，对阿伦尼乌斯方程中的指前因子 A 和活化能 E_a 作出定量的解释，从理论上预言反应在给定条件下的速率常数。

12.9.1 气体反应的碰撞理论

气体反应的碰撞理论(collision theory)是以气体运动理论为基础，在 20 世纪初期发展起来的。分子的接触碰撞是发生化学反应的先决条件，但并非每次碰撞都能导致反应的发生，只有那些相对平动能在分子连心线上的分量(称为碰撞动能 ε)，超过某一临界能或阈能(threshold energy，以 ε_c 表示)的分子对相互碰撞时，才能将平动能转化为分子内部的能量，促使旧键断裂而形成新键，这种碰撞称为有效碰撞(effective collision)。在知道了分子的碰撞频率(即单位时间、单位体积内气体分子碰撞次数，以 Z 表示)以及有效碰撞在总碰撞中所占的分数(以 q 表示)后，就可求出反应速率与速率常数。

(1) 双分子碰撞的速率方程

两个分子的碰撞过程实质上是在分子间作用力推动下，两个分子相互接近，但接近到一定距离时，它们之间开始产生斥力，斥力随分子间距离的减小而迅速增大，随后分子就改变原来的方向而相互远离，完成一次碰撞过程。假定异类双分子的碰撞为基元反应

$$A + B \longrightarrow P$$

设分子 A 和 B 为硬球，半径分别为 r_A 与 r_B，单位时间单位体积内分子 A 和 B 的碰撞次

数称为碰撞数，记为 Z_{AB}，单位为 $m^{-3} \cdot s^{-1}$。若把 B 看作不动，可以计算硬球 A 以相对速率 u_{AB} 碰撞 B 时的碰撞频率 $Z_{A \to B}$，其单位为 s^{-1}。

设想一个以 $(r_A + r_B)$ 为半径的圆，其面积 $\sigma = \pi(r_A + r_B)^2$ 称为碰撞截面。当这个以 A 的中心为圆心的碰撞截面，以 u_{AB} 运动时，单位时间内的轨迹为一个圆柱形，它的体积为 $\pi(r_A + r_B)^2 u_{AB}$。凡中心在此圆柱体内的球 B，都能与 A 相撞，如图 12-14 所示。

所以，一个 A 分子在单位时间内能碰到 B 分子的次数，即为碰撞频率 $Z_{A \to B}$，应等于此圆柱体的体积与气体分子 B 的分子浓度 C_B（即单位体积内的分子个数）的乘积，即

$$Z_{A \to B} = \pi(r_A + r_B)^2 u_{AB} C_B \tag{12-77}$$

若 A 的分子浓度为 C_A，则单位时间单位体积内分子 A 与 B 分子的碰撞总数为

$$Z_{AB} = \pi(r_A + r_B)^2 u_{AB} C_A C_B \tag{12-78}$$

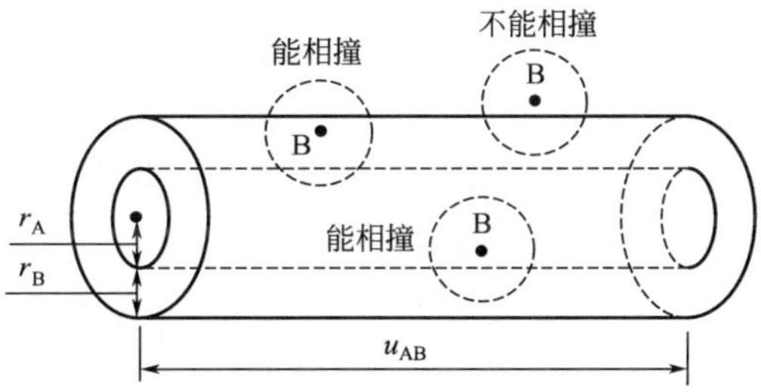

图 12-14 碰撞截面扫过的体积示意

由分子运动论可知，气体分子 A 与 B 的平均相对速率为

$$u_{AB} = \left(\frac{8 k_B T}{\pi \mu}\right)^{1/2} \tag{12-79}$$

式中，k_B 为玻尔兹曼常数；μ 为两个分子的折合质量；$\mu = \dfrac{m_A m_B}{m_A + m_B}$；$m_A$ 和 m_B 分别为分子 A 与 B 的质量。

将式(12-79)代入式(12-78)，整理后得到碰撞数

$$Z_{AB} = (r_A + r_B)^2 \left(\frac{8\pi k_B T}{\mu}\right)^{1/2} C_A C_B \tag{12-80}$$

相撞分子对的运动可分解为两项：一项是分子对作为一个整体的运动，另一项是两分子相对于其质心的运动。前者对反应不起作用，只有后者的平动能，才能克服两个相撞分子间的斥力以及原分子旧键的引力，从而翻越反应的能垒，最终发生反应生成产物。

碰撞动能 $\varepsilon \geqslant \varepsilon_c$ 的分子对碰撞称为有效碰撞。由分子运动论可知，有效碰撞数占碰撞总数的分数，即为有效碰撞分数：

$$q = e^{-\frac{E_c}{RT}}$$

式中，E_c 为摩尔临界能，简称临界能。$E_c = \varepsilon_c L$，L 为阿伏加德罗常数。

因此，用单位时间、单位体积反应掉的反应物的分子个数表示的速率方程为

$$-\frac{dC_A}{dt} = Z_{AB} e^{-\frac{E_c}{RT}} = (r_A + r_B)^2 \left(\frac{8\pi k_B T}{\mu}\right)^{1/2} e^{-\frac{E_c}{RT}} C_A C_B \tag{12-81}$$

将 $C_A = c_A L$ 和 $C_B = c_B L$ 代入上式，得

$$-\frac{dc_A}{dt} = L(r_A + r_B)^2 \left(\frac{8\pi k_B T}{\mu}\right)^{1/2} e^{-\frac{E_c}{RT}} c_A c_B = k c_A c_B \tag{12-82}$$

这是用气体分子碰撞理论导出的异类双分子基元反应的速率方程。式中，k 为速率方程常数，其值为

$$k = L(r_A + r_B)^2 \left(\frac{8\pi k_B T}{\mu}\right)^{1/2} e^{-\frac{E_c}{RT}} = z_{AB} e^{-\frac{E_c}{RT}} \tag{12-83}$$

式中，z_{AB} 称为碰撞频率因子(frequency factor)，单位为 $m^3 \cdot mol^{-1} \cdot s^{-1}$，其值为

$$z_{AB}=L(r_A+r_B)^2\left(\frac{8\pi k_BT}{\mu}\right)^{1/2} \tag{12-84}$$

对于同类双分子反应

$$A+A \longrightarrow P$$

因 $r_B=r_A$，$\mu=\frac{1}{2}m_A$，$c_B=c_A$，代入式(12-82)，得其速率方程为

$$-\frac{dc_A}{dt}=16Lr_A^2\left(\frac{\pi k_BT}{m_A}\right)^{1/2}e^{-\frac{E_c}{RT}}c_A^2=kc_A^2 \tag{12-85}$$

因为气体常数 $R=k_BL$、A 的摩尔质量 $M_A=m_AL$，代入上式，得同类双分子基元反应速率方程的另一种形式为

$$-\frac{dc_A}{dt}=16Lr_A^2\left(\frac{\pi RT}{M_A}\right)^{1/2}e^{-\frac{E_c}{RT}}c_A^2=kc_A^2 \tag{12-86}$$

速率常数为

$$k=16Lr_A^2\left(\frac{\pi k_BT}{m_A}\right)^{1/2}e^{-\frac{E_c}{RT}}=16Lr_A^2\left(\frac{\pi RT}{M_A}\right)^{1/2}e^{-\frac{E_c}{RT}} \tag{12-87}$$

（2）阿伦尼乌斯方程与碰撞理论的比较

阿伦尼乌斯方程是经验公式，碰撞理论得出的速率常数表达式是理论公式。对两者进行比较，一方面可以检验碰撞理论的合理性和正确性，另一方面可以解释阿伦尼乌斯经验公式中的活化能 E_a 和指前因子 A 的物理意义。为便于比较，将碰撞理论得到的方程化为与阿伦尼乌斯方程相似的形式。

以异类双分子反应 $A+B \longrightarrow P$ 为例，根据式(12-83)由碰撞理论得到的速率常数 $k=z_{AB}e^{-\frac{E_c}{RT}}$，而阿伦尼乌斯方程的一种表示形式为 $k=Ae^{-\frac{E_a}{RT}}$。可见，由碰撞理论得到的速率常数与温度 T 的函数关系，与由阿伦尼乌斯方程得出的速率常数与温度 T 的函数关系，两者形式完全相似，差别只在于两个公式中的临界能 E_c 和活化能 E_a、碰撞频率因子 z_{AB} 和指前因子 A。下面就临界能 E_c 和活化能 E_a、碰撞频率因子 z_{AB} 和指前因子 A 的关系分别作进一步的分析。

碰撞理论得到的速率常数公式(12-83)可改写为

$$k=L(r_A+r_B)^2\left(\frac{8\pi k_B}{\mu}\right)^{1/2}T^{1/2}e^{-\frac{E_c}{RT}} \tag{12-88}$$

此式与 12.5 节中的公式(12-49)即 $k=AT^Be^{-\frac{E}{RT}}$ 相似，相当于 $B=\frac{1}{2}$ 的情况。

对式(12-88)两边取自然对数后对 T 微分，得

$$\frac{d\ln k}{dT}=\frac{1}{2}\times\frac{1}{T}+\frac{E_c}{RT^2}=\frac{\frac{1}{2}RT+E_c}{RT^2}$$

即

$$\frac{d\ln k}{dT}=\frac{\frac{1}{2}RT+E_c}{RT^2} \tag{12-89}$$

而阿伦尼乌斯公式的微分式为

$$\frac{d\ln k}{dT}=\frac{E_a}{RT^2}$$

比较上两式，可得活化能 E_a与临界能 E_c的关系为

$$E_a = E_c + \frac{1}{2}RT \tag{12-90}$$

可见，临界能 E_c与 T 无关，而 E_a应与 T 有关。事实上，大多数反应在温度不太高时，$E_c \gg \frac{1}{2}RT$，故$\frac{1}{2}RT$ 项可忽略，上式化为 $E_a \approx E_c$，所以一般可认为 E_a与 T 无关，此时 $\ln k$ 对$\frac{1}{T}$作图，可得一直线。

温度较高时，$\frac{1}{2}RT$ 项不能忽略，这时应按式(12-89)来处理。对式(12-89)分离变量积分，得

$$\ln\left(\frac{k}{T^{\frac{1}{2}}}\right) = -\frac{E_c}{RT} + I$$

式中，I 为积分常数。此时，用 $\ln\left(\frac{k}{T^{\frac{1}{2}}}\right)$对$\frac{1}{T}$作图，依然可得一直线。

【例 12-10】 800K 时，乙醛热分解反应为二级反应，反应活化能为 190.4kJ·mol^{-1}，乙醛分子直径为 0.50nm，摩尔质量为 44.05g·mol^{-1}。计算反应在该温度下的速率常数。

解 $E_c = E_a - \frac{1}{2}RT$

$$= \left(190400 - \frac{1}{2} \times 8.314 \times 800\right) \text{J·mol}^{-1} = 187074 \text{J·mol}^{-1}$$

乙醛热分解反应为二级反应，属于同类双分子反应，其速率方程适合式(12-86)，由式(12-87)可得速率常数为

$$k = 16Lr_A^2\left(\frac{\pi RT}{M_A}\right)^{1/2} e^{-\frac{E_c}{RT}}$$

$$= 16 \times 6.022 \times 10^{23} \times (2.5 \times 10^{-10})^2 \left(\frac{3.14 \times 8.314 \times 800}{44.05 \times 10^{-3}}\right)^{1/2} e^{-\frac{187074}{8.314 \times 800}}$$

$$= 2.53 \times 10^{-4} \text{m}^3\text{·mol}^{-1}\text{·s}^{-1} = 0.253 \text{dm}^3\text{·mol}^{-1}\text{·s}^{-1}$$

然而，对于不少的化学反应，碰撞理论的碰撞频率因子 z_{AB}和阿伦尼乌斯公式的指前因子 A 之间却存在较大差异。碰撞频率因子 z_{AB}是按式(12-84)进行理论计算得到的，而指前因子 A 则是通过测定实验数据然后按阿伦尼乌斯公式求得的，两者结果并不相等，而且相差甚大。这种较大的差异一般可以用“有效碰撞”加以解释，这里的“有效碰撞”是指在超过临界能量 E_c的分子碰撞中，仅仅只有一小部分的分子才是真正有效碰撞而发生化学反应的，大部分的分子碰撞都属于无效碰撞，它不同于气体分子碰撞理论中的“有效碰撞”概念。若这样定义“有效碰撞”，反应速率必然会降低，其结果更接近阿伦尼乌斯经验公式，与实验结果能基本相符。为此，定义概率因子(probability factor)或方位因子(steric factor)为

$$P = \frac{A}{z_{AB}} \tag{12-91}$$

表 12-5 列出了一些气相反应的指前因子和碰撞频率因子，供参考、比较，表中还给出了活化能及概率因子 P 的数据。

表 12-5　某些气相反应的指前因子、碰撞频率因子、活化能和概率因子

反应	A 或 z_{AB}/$dm^3 \cdot mol^{-1} \cdot s^{-1}$		E_a/$kJ \cdot mol^{-1}$	$P=\frac{A}{z_{AB}}$
	A	z_{AB}		
$2NOCl \longrightarrow 2NO+Cl_2$	1.0×10^{10}	6.3×10^{10}	103.0	0.16
$2NO_2 \longrightarrow 2NO+O_2$	2.0×10^{9}	4.0×10^{10}	111.0	5×10^{-2}
$2ClO \longrightarrow Cl_2+O_2$	6.3×10^{7}	2.5×10^{10}	0.0	2.5×10^{-3}
$K+Br_2 \longrightarrow KBr+Br$	1.0×10^{12}	2.1×10^{11}	0.0	4.8
$H_2+C_2H_4 \longrightarrow C_2H_6$	1.24×10^{6}	7.3×10^{11}	180	1.7×10^{-6}

由表可知，多数反应的指前因子小于碰撞频率因子，即概率因子 $P<1$。这可能有以下几方面的原因。

首先，当两个分子相互碰撞时，能量高的分子把能量传递给能量低的分子，这一传递过程需要一定的碰撞接触时间来完成，若碰撞接触时间不是足够长，高能量的分子来不及把能量传递给低能量的分子，两个才接触的分子便分开了，低能量的分子没有获得足够的能量而活化，这样的分子碰撞对反应而言是无效的，自然不可能发生反应。

其次，虽然低能量分子在与高能量分子碰撞中已获得了足够的能量，但能量在分子内部传递到达最弱的键并使之断键的过程同样需要一定的时间。假如在完成这一过程之前，这一分子恰好又与其他低能量分子发生碰撞失去能量而失活，那么，这一分子的首次碰撞依然是无效碰撞，对反应速率没有贡献。

再次，复杂分子旧键的断裂与新键的生成往往发生在特定的部位，显然，若分子碰撞不是发生在特定的结构部位上，或者当这种特定的部位被其他较大的原子团掩蔽而形成空间位阻效应时，一定会影响该分子的特定部位与其他分子碰撞的机会，即使碰撞动能高于临界能，也可能不会发生化学反应，降低了反应速率。

综上所述，所有这些原因都可能使碰撞成为无效，而使概率因子小于 1。碰撞理论由于没有考虑能量传递需要时间和分子结构等对反应的影响，处理问题过于简单化，使得它的计算结果与实际情况产生较大的误差。然而，正是因为它的简化，对于基元反应的具体反应过程的描述更加直观易懂，并且突出了反应过程须经分子碰撞和需要足够能量以克服能垒才有可能进行反应的主要特点，因而能定量地解释基元反应的质量作用定律与阿伦尼乌斯方程中的 A 和 E_a。另外，它对结构简单的分子的估算，也具有一定的准确性。

12.9.2　过渡状态理论

碰撞理论是在经典力学基础上发展起来的，对于描述外部运动的模型清晰可见，但由于忽略了分子的内部结构和内部运动，所得到的结果与实验事实有一定距离。

过渡状态理论(transition state theory)又称为活化络合物理论，这个理论是 1935 年后由埃林(Eyring)、波兰尼(Polanyi)等人在统计力学和量子力学发展的基础上提出来的。该理论的大意是：

① 化学反应要经过足够高能量的碰撞而先形成过渡态(活化络合物)，在活化络合物的形成过程中要兼顾分子的内部结构与内部运动。

② 活化络合物与反应物分子之间建立化学平衡，反应的速率由活化络合物转化成产物的速率来决定。

③ 反应物分子之间相互作用的势能是分子间相对位置的函数，在反应物转变为产物的

全过程中，系统的势能不断变化，可以画出反应过程中势能变化的势能面图，从中找出最佳的反应途径。

过渡状态理论原则上提供了一种计算反应速率的方法，只要知道了分子的某些基本物性，如振动频率、质量、核间距离等，就可计算某反应的速率常数，故这个理论也称为绝对反应速率理论(absolute rate theory)。

(1) 势能面

原子间相互作用表现为原子间有势能 E_p存在，势能 E_p的值与原子的核间距 r 有关，表示成函数关系为

$$E_p = f(r)$$

势能函数的获得一般有两种方法：一是用量子力学进行理论计算，但此法即使是对最简单的双原子分子系统结果也不令人满意，更不用说对多原子分子系统。二是用经验公式，对双原子分子最常用的经验公式是莫尔斯(Morse)势能公式，可以获得足够准确的势能数据。

现以简单的反应为例

$$\mathrm{A + B{-}C \longrightarrow [A\cdots B\cdots C]^{\neq} \longrightarrow A{-}B + C}$$

式中，A 代表单原子分子；B—C 代表双原子分子。当 A 分子接近 B—C 分子时，就开始使 B—C 分子间的键减弱，同时，开始生成新的 A—B 键。而在这个过程未完成之前，系统形成一个过渡态，即活化络合物[A…B…C]$^{\neq}$(常用 X$^{\neq}$代表)。此时旧键尚未断开，新键又未完全形成。若 A、B、C 在一条直线上，则系统的势能变化只要用 A、B 间距离 r_{AB}及 B、C 间距离 r_{BC}两个参数来描述，即 $E_p = f(r_{AB}, r_{BC})$。若以图形表示，则可用 x 轴表示 r_{BC}，y 轴表示 r_{AB}，用垂直于 xy 平面的 z 轴表示势能 E_p，见图 12-15。在 xy 平面上的任一点，代表一定的 r_{BC}、r_{AB}，也就是原子 A、B、C 间一定的相对位置，必然有一定的 E_p 值与之对应。随着 r_{BC}、r_{AB} 的不同，势能值 E_p 也不同，这些不同的点在空间汇成了高低不平的曲面，犹如起伏的山峰，而这个曲面，叫做势能面(potential energy surface)。

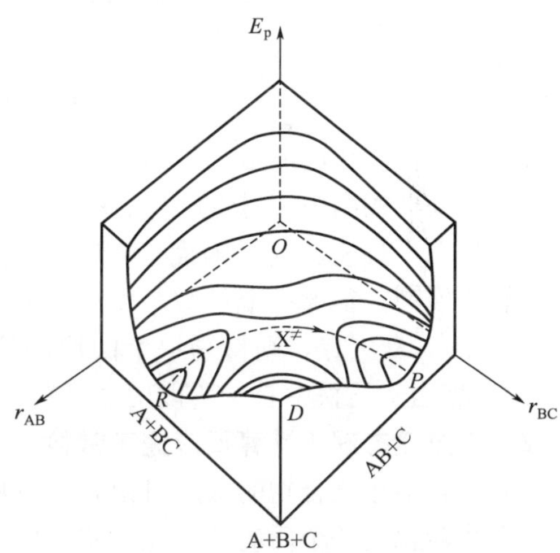

图 12-15 A+B—C⟶[A…B…C]$^{\neq}$⟶ A—B+C 反应的势能面示意图

这个势能面有两个山谷，山谷的两个低谷口分别对应于反应的初态和终态(相应于图中点 R 和点 P)。连接这两个山谷间的山脊顶点(RP 连线中的最高点 X$^{\neq}$)是势能面上的鞍点(saddle point)。反应物从左山谷的谷底，沿山谷爬上鞍点，形成活化络合物，用“X$^{\neq}$”表示，然后再沿右边山谷下降到右边的谷底，形成生成物，其所经路线如图中虚线 R…X$^{\neq}$…P 所示。这是一条能量最低的反应途径，称为反应坐标(reaction coordinate)。

与坐标原点 O 点相对一侧的 D 点的势能很高，它相应于完全解离成原子的状态，即 A+B+C。在左前方的切面图上，R 点代表反应的始态(即 A+B—C)，其势能最低。在右前方的切面上，P 是反应的终点(即 A—B+C)，其势能是该势能切面的最低点。当反应开

始后，物系沿 R…X$^{\neq}$线上升，r_{AB}渐小，但最初 r_{BC}不变(即 B—C 键不变，仍然保持稳定分子状态)，说明原子 A 与分子 B—C 迎面运动，由于它们之间的斥力，所以越靠近，则势能越增大。到达 X$^{\neq}$点前，B—C 键不断拉长并即将断裂，而 A—B 键刚刚开始形成，A…B…C 以较弱的键存在，即处于过渡状态。形成活化络合物(X$^{\neq}$点)后，反应又沿 X$^{\neq}$…P 线下降。这是一个 B…C 键继续拉长而断裂、A…B 键继续缩短而加强的过程，系统渐趋稳定而势能逐步变小，到达 P 点生成稳定产物 AB 和 C，完成了反应的全过程。这个全过程也叫做基元反应的"详细机理"。如果把势能面上的等势能线(类似于地图上的等高线)投射到底面上，就得到图 12-16。

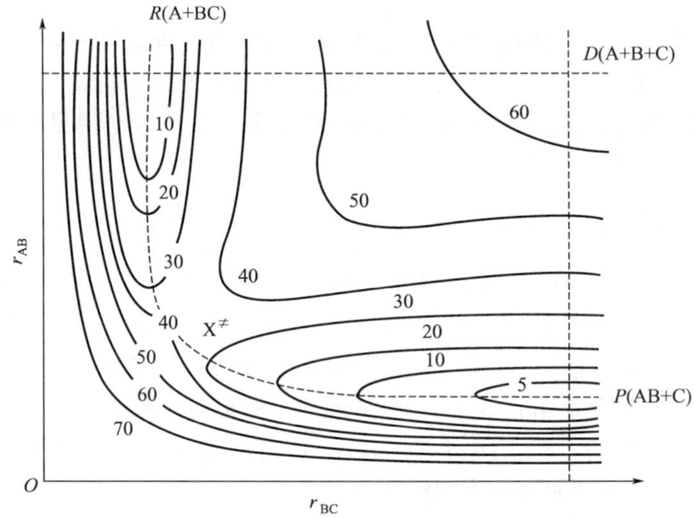

图 12-16　势能面投影示意图

图中曲线代表相同能量的投影，线上的数字表示每一条等势能曲线的能量数值，且数字越大势能越高。如图中 D 点的 r_{AB}、r_{BC}较大，代表原子 A、B、C 间距离较远，三者都处于自由原子状态，势能较高，因而 D 点相当于一个山顶。O 点与 D 点的能量均比 X$^{\neq}$点高。这个势能面模型，很像一个马鞍，原点 O 和 D 点相当于马鞍前后的两个高峰的切点，如果连接 O、X$^{\neq}$、D 三点，则将是一个凹形曲线，X$^{\neq}$点是曲线的最低。R 和 P 相当于两个脚蹬，X$^{\neq}$点相当于马鞍中心，所以用"马鞍点"来表示活化络合物 X$^{\neq}$是十分形象化的。

(2) 由过渡态理论计算反应速率常数

一方面，活化络合物的浓度可由它与反应物达成化学平衡的假设来求算。另一方面，过渡态向产物转化是整个反应的决速步骤，即活化络合物的分解速率可作为整个反应的速率。有了这两个条件，就可以讨论反应速率常数的计算问题了。例如，对于反应

$$A+B \rightleftharpoons X^{\neq} \xrightarrow{k_1} P$$

反应物 A 和 B 与活化络合物 X$^{\neq}$间存在快速平衡，与此相对比，后一步 X$^{\neq}$分解为产物为慢步骤，因此，总速率等于此慢步骤的速率，即

$$-\frac{dc_A}{dt}=k_1 c_{\neq} \tag{a}$$

式中，$c_{\neq}$为活化络合物 X$^{\neq}$的浓度。

X$^{\neq}$沿反应途径方向每振动一次，则有一个 X$^{\neq}$分子分解，若 X$^{\neq}$在反应途径方向上的振

动频率为 ν，即单位时间振动 ν 次，则

$$-\frac{\mathrm{d}c_{\mathrm{A}}}{\mathrm{d}t}=\nu c_{\neq}=k_1 c_{\neq} \tag{b}$$

因反应物 A 和 B 与活化络合物 $X^{\neq}$ 间存在着快速平衡，以浓度表示的化学平衡常数为

$$K_c=\frac{c_{\neq}}{c_{\mathrm{A}}c_{\mathrm{B}}} \tag{c}$$

$$c_{\neq}=K_c c_{\mathrm{A}}c_{\mathrm{B}} \tag{d}$$

代入式(b)，得

$$-\frac{\mathrm{d}c_{\mathrm{A}}}{\mathrm{d}t}=\nu c_{\neq}=\nu K_c c_{\mathrm{A}}c_{\mathrm{B}}=kc_{\mathrm{A}}c_{\mathrm{B}} \tag{12-92}$$

式中，$k=\nu K_c$。

将理想气体化学反应用配分函数表示的平衡常数 K_c 表示式，应用于活化络合平衡，得

$$K_c=\frac{q_{\neq}^*}{q_{\mathrm{A}}^* q_{\mathrm{B}}^*}L\mathrm{e}^{-\frac{\Delta_{\mathrm{r}}\varepsilon_0}{k_{\mathrm{B}}T}}$$

由于

$$\frac{\Delta_{\mathrm{r}}\varepsilon_0}{k_{\mathrm{B}}T}=\frac{\Delta_{\mathrm{r}}U_{0,\mathrm{m}}}{RT}$$

$\Delta_{\mathrm{r}}U_{0,\mathrm{m}}$ 为 0 K 时的摩尔反应热力学能变(常记为 E_0)，也可认为是 0 K 时反应的活化能，因此

$$k=\nu K_c=\nu\frac{q_{\neq}^*}{q_{\mathrm{A}}^* q_{\mathrm{B}}^*}L\mathrm{e}^{-\frac{E_0}{k_{\mathrm{B}}T}} \tag{12-93}$$

从活化络合物的配分函数 $q_{\neq}^*$ 中分解出沿反应途径振动的配分函数 $f_{\upsilon,\neq}^*$，则

$$q_{\neq}^*=f_{\upsilon,\neq}^* q_{\neq}^{*\prime} \tag{e}$$

式中，$q_{\neq}^{*\prime}$ 为 $q_{\neq}^*$ 分离出 $f_{\upsilon,\neq}^*$ 后余下的部分。$f_{\upsilon,\neq}^*$ 是一个振动自由度的配分函数，可把此振动按一维简谐振子处理，即

$$f_{\upsilon,\neq}^*=(1-\mathrm{e}^{-\frac{h\nu}{k_{\mathrm{B}}T}})^{-1}$$

由于 $X^{\neq}$ 沿反应途径方向的振动要分解为产物，所以沿反应途径方向振动键比正常的键弱得多，即 ν 很小，$h\nu\ll k_{\mathrm{B}}T$，因此 $\mathrm{e}^{-\frac{h\nu}{k_{\mathrm{B}}T}}\approx 1-\frac{h\nu}{k_{\mathrm{B}}T}$，则

$$f_{\upsilon,\neq}^*=(1-\mathrm{e}^{-\frac{h\nu}{k_{\mathrm{B}}T}})^{-1}=\frac{k_{\mathrm{B}}T}{h\nu} \tag{f}$$

将式(e)、式(f)代入式(12-93)，得到以过渡状态理论为基础的双分子反应速率常数表达式

$$k=\frac{k_{\mathrm{B}}T}{h}\times\frac{q_{\neq}^{*\prime}}{q_{\mathrm{A}}^* q_{\mathrm{B}}^*}L\mathrm{e}^{-\frac{E_0}{k_{\mathrm{B}}T}} \tag{12-94}$$

若令

$$K_c^{\neq}=\frac{q_{\neq}^{*\prime}}{q_{\mathrm{A}}^* q_{\mathrm{B}}^*}\mathrm{e}^{-\frac{E_0}{k_{\mathrm{B}}T}}$$

则式(12-94)的反应速率常数表达式可改写为

$$k=\frac{k_{\mathrm{B}}T}{h}K_c^{\neq} \tag{12-95}$$

式中，$K_c^{\neq}$ 称为准平衡常数，是指把失去一个沿反应途径方向振动自由度后的 $X^{\neq}$ 仍看作正

常分子而得出的平衡常数。

式(12-94)和式(12-95)是过渡状态理论运用统计热力学方法，计算出的双分子反应速率常数，也称为艾林(Eyring H)方程。只要知道了有关分子的结构，就可以直接计算速率常数 k 值，而不必作动力学测定。所以，过渡状态理论有时称为绝对反应速率理论(absolute reaction rate theory)。在实际应用中，测定反应物分子的结构一般较容易，困难的是活化络合物很不稳定(寿命≤10^{-14}s)，无法直接测定其结构参数，只能用类比的方法，测定与其相似的稳定分子的结构，然后进行计算。这样计算的结果，虽然不能令人十分满意，但比碰撞理论的计算值更接近于实验数据。

(3) 过渡状态理论的热力学处理法

利用反应物转变成活化络合物过程中的热力学函数的变化值 $\Delta_r^{\neq}G_m^{\ominus}$、$\Delta_r^{\neq}S_m^{\ominus}$和 $\Delta_r^{\neq}H_m^{\ominus}$来计算 $K_c^{\neq}$，进而计算速率常数 k 值。对于反应

$$A+B \rightleftharpoons X^{\neq} \xrightarrow{k_1} P$$

尽管 $K_c^{\neq}$是分离出沿反应途径方向振动自由度后的平衡常数，但仍可近似作为活化络合物 $X^{\neq}$的平衡常数来处理，即

$$K_c^{\neq}=\frac{c_{\neq}}{c_A c_B}=\frac{c_{\neq}/c^{\ominus}}{(c_A/c^{\ominus})(c_B/c^{\ominus})}\times\frac{1}{c^{\ominus}}=\frac{K_c^{\neq\ominus}}{c^{\ominus}} \tag{12-96}$$

式中 $K_c^{\neq\ominus}$为生成 $X^{\neq}$的标准平衡常数。因为

$$-RT\ln K_c^{\neq\ominus}=\Delta_r^{\neq}G_m^{\ominus}=\Delta_r^{\neq}H_m^{\ominus}-T\Delta_r^{\neq}S_m^{\ominus}$$

即

$$K_c^{\neq\ominus}=\exp\left(-\frac{\Delta_r^{\neq}G_m^{\ominus}}{RT}\right)=\exp\left(-\frac{\Delta_r^{\neq}H_m^{\ominus}}{RT}\right)\cdot\exp\left(\frac{\Delta_r^{\neq}S_m^{\ominus}}{R}\right) \tag{12-97}$$

将式(12-96)、式(12-97)代入式(12-95)，得双分子反应速率常数的艾林方程热力学表示式

$$k=\frac{k_B T}{hc^{\ominus}}\exp\left(-\frac{\Delta_r^{\neq}G_m^{\ominus}}{RT}\right)=\frac{k_B T}{hc^{\ominus}}\exp\left(-\frac{\Delta_r^{\neq}H_m^{\ominus}}{RT}\right)\cdot\exp\left(\frac{\Delta_r^{\neq}S_m^{\ominus}}{R}\right) \tag{12-98}$$

知道了活化熵、活化焓或活化吉布斯函数，就可以计算反应的速率常数。从式(12-98)可发现，反应速率不仅取决于活化焓，而且还与活化熵有关，两者对速率常数的影响刚好相反。这就是有些反应虽然活化焓很大，但由于其活化熵也很大，仍能以较快的速率进行的缘故。例如，蛋白质的变性反应，其 $\Delta_r^{\neq}H_m^{\ominus}$值高达 $420\text{kJ}\cdot\text{mol}^{-1}$，但反应速率仍很快。相反，有些反应尽管活化焓很小，但其活化熵很负时，其反应速率也可能很小。

对于双分子气相反应有下列关系

$$\Delta_r^{\neq}H_m^{\ominus}=E_a-2RT$$

将上式代入式(12-98)，得

$$k=\frac{k_B T}{hc^{\ominus}}e^2\exp\left(\frac{\Delta_r^{\neq}S_m^{\ominus}}{R}\right)\cdot\exp\left(-\frac{E_a}{RT}\right)$$

将上式与阿伦尼乌斯方程及本章上节介绍的概率因子相比较，可得到阿伦尼乌斯的指前因子 A、碰撞理论的频率因子 z_{AB}、概率因子 P 以及活化熵 $\Delta_r^{\neq}S_m^{\ominus}$间的关系

$$A=Pz_{AB}=\frac{k_B T}{hc^{\ominus}}e^2\exp\left(\frac{\Delta_r^{\neq}S_m^{\ominus}}{R}\right) \tag{12-99}$$

一般说来，上式中$\frac{k_B T}{hc^{\ominus}}e^2$的数量级与 z_{AB}大体相当，因此，$\exp\left(\frac{\Delta_r^{\neq}S_m^{\ominus}}{R}\right)$相当于概率因子

P。如果A与B生成$X^{\neq}$时$\Delta_r^{\neq}S_m^{\ominus}=0$，则$P=1$。但实际上A与B生成$X^{\neq}$时往往要损失平动和转动自由度，增加振动自由度，由于平动对熵的贡献较大，而振动的贡献较小，因此，$\Delta_r^{\neq}S_m^{\ominus}<0$。而且反应分子A与B结构愈复杂，$X^{\neq}$分子愈规整，则熵减少得愈多，即$P$愈小于1。从另一角度看，$X^{\neq}$分子愈规整，则形成$X^{\neq}$时对碰撞方位的要求就愈苛刻，因而$P$就愈小于1。

碰撞理论对概率因子是无能为力的，而根据过渡状态理论，原则上活化熵可由分子结构数据求得，这显然是一大进步。但目前由分子结构计算还停留在简单分子的水平上，对复杂分子的计算存在相当大的猜测成分，有待进一步发展。

12.10 溶液中的反应

有人曾粗略估计过，90%以上的均相反应是在溶液中进行的，比气相反应多得多。与气相反应相比，溶液中的反应最大特点是溶剂分子的存在。与气相反应一样，溶质分子也只有经过碰撞才有可能发生反应；与气相反应不同的是，溶质分子必须穿过溶剂分子的包围进行扩散，才能与另一溶质分子接触碰撞而发生反应。因此，反应物相同的反应在气相中进行与在溶液中进行时不仅速率各不相同，甚至可以生成不同的产物。所以，研究溶液中溶质分子间的反应，必须考虑溶剂对反应物(溶质)的影响。

溶剂对反应物的影响大致有：解离作用、传能作用和溶剂的介电性质等；在电解质溶液中，还有离子与离子、离子与溶剂分子间的相互作用等影响，这些都属于溶剂的物理效应。溶剂也可以对反应起催化作用，甚至溶剂本身也可以参加反应，这些属于溶剂的化学效应。显然，溶液中的反应要比气相反应复杂得多。本节仅对溶剂的影响中的笼效应、原盐效应以及扩散速度的影响作简要介绍。

12.10.1 溶液反应中的笼效应

溶液中起反应的溶质分子，首先要通过扩散(又称挤撞)穿过周围的溶剂分子，才能彼此接触而发生反应，随后生成物分子同样要穿过周围的溶剂分子包围、通过扩散而离开。由于液体分子间平均距离比气体的近得多，溶质分子实际上都被周围溶剂分子所包围，就好像关在溶剂分子所构成的笼中，而不能像气体分子那样自由运动，只能在笼中不断地与周围分子挤撞。如果某一个溶质分子具有足够的能量，或正在向某方向振动时，恰好该方向的周围溶剂分子让开，这个分子就可以冲破溶剂笼扩散出去，但是它立刻就又陷入另一个笼中。分子由于这种笼中运动所产生的效应，称为笼蔽效应或笼效应(cage effect)。

两个溶质分子扩散到同一个笼中互相接触称为遭遇，只有遭遇才能反应。据粗略估计，水溶液中一对无相互作用的分子，在一次遭遇中在笼中的停留时间约为$10^{-12}\sim10^{-11}$s，在这段时间内大约要进行$10^2\sim10^3$次的碰撞。所以溶剂分子的存在虽然限制了反应分子作远距离的移动，减少了与远距离分子的碰撞机会，但却增加了近距离反应分子的重复碰撞，总的碰撞频率并未减低。可见溶液中反应分子的碰撞是间断式的，不同于气体中反应分子的连续式碰撞，一次遭遇相当于一批碰撞，包含着多次碰撞。因此就单位时间内的总碰撞次数而论，溶液中的反应与气体的反应在数量级上大致相同，所以溶剂的存在不会使活化分子减少。

另外，反应物分子通过溶剂分子所构成的笼所需要的活化能一般不会超过 $20kJ \cdot mol^{-1}$，而分子碰撞进行反应的活化能一般在 $40 \sim 400kJ \cdot mol^{-1}$。因此一般情况下，扩散作用的活化能比反应的活化能小得多，扩散作用不会对溶液反应总速率影响太大。而反应的活化能高，反应速率慢，是溶液反应的控制步骤，这类反应常称为反应控制或活化控制的溶液反应。相反，有些反应的活化能比扩散作用的活化能还要小得多，例如自由基的复合反应，水溶液中的离子反应等，反应总的速率取决于分子的扩散速率，这类反应常称为扩散控制的溶液反应。

(1) 扩散控制的溶液反应

扩散控制的溶液反应其总速率等于扩散速率。尽管溶液中每一个溶质分子向任一方向运动的概率都是相等的，但扩散方向总是由高浓度向低浓度进行。如图 12-17 所示，若距离 x 处物质 B 的浓度为 c_B，浓度梯度为$\frac{dc_B}{dx}$，则按菲克(Fick)扩散第一定律：在一定温度下，物质 B 单位时间里扩散通过截面积为 A_s 的物质的量$\frac{dn_B}{dt}$，正比于截面积 A_s 和浓度梯度$\frac{dc_B}{dx}$的乘积，即

$$\frac{dn_B}{dt} = -DA_s\frac{dc_B}{dx} \tag{12-100}$$

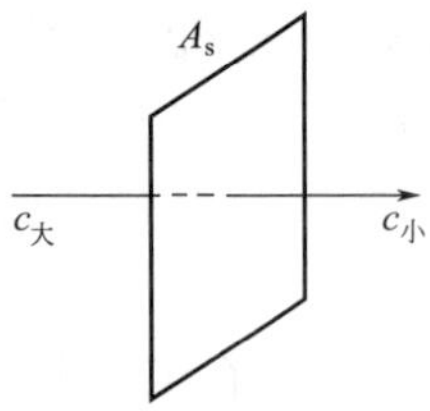

图 12-17　扩散定律

扩散过程总是向着 x 增大、c_B 减小的方向进行，所以浓度梯度 $\frac{dc_B}{dx} < 0$，为确保扩散为正值，上式右边加负号。式中，D 为扩散系数，单位为 $m^2 \cdot s^{-1}$。对于球形粒子，D 可按爱因斯坦(Einstein)-斯托克斯(Stokes)方程计算：

$$D = \frac{k_B T}{6\pi r\eta} \tag{12-101}$$

式中，k_B 为普朗克常数；r 为球形粒子的半径；η 为黏度。

当半径为 r_A 及 r_B、扩散系数为 D_A 及 D_B 的两球形分子发生扩散控制的溶液反应时，若一种分子不动，另一种分子向它扩散，在 $r_{AB} = r_A + r_B$ 处，假设扩散分子的浓度 $c=0$，浓度逐渐向外增大，形成一个球形对称的浓度梯度，则由扩散定律得该二级反应的速率常数 k 为

$$k = 4\pi L(D_A + D_B)r_{AB}f \tag{12-102}$$

式中，f 为静电因子，量纲为 1。当反应物电荷相反互相吸引，则反应加速；当反应物电荷相同互相排斥，则反应减慢；若无静电影响，则 $f=1$。

若反应分子 A 与 B 可用相同半径的球表示，即 $r_A = r_B$ 和 $r_{AB} = r_A + r_B = 2r_A$；且无静电影响，即 $f=1$。联合式(12-101)和式(12-102)，可得到扩散控制的二级反应速率常数 k 为

$$k = 4\pi L\left(\frac{k_B T}{6\pi r_A \eta} + \frac{k_B T}{6\pi r_B \eta}\right)r_{AB}f = 4\pi L\left(\frac{k_B T}{6\pi r_A \eta} + \frac{k_B T}{6\pi r_A \eta}\right)2r_A \times 1$$

即

$$k = \frac{8k_B LT}{3\eta} = \frac{8RT}{3\eta} \tag{12-103}$$

例如，298K 时，水的黏度 $\eta = 8.95 \times 10^{-4} Pa \cdot s$，由式(12-103)可求得水溶液中扩散控制的二级反应的速率常数 $k = 7.38 \times 10^9 dm^3 \cdot mol^{-1} \cdot s^{-1}$。

另外，溶剂黏度 η 与温度的关系同样遵循类似 Arrhenius 公式，即

$$\eta=A\exp(\frac{E_a}{RT})$$

式中，E_a是扩散过程的活化能，代入式(12-103)，得

$$k=\frac{8RT}{3A}\exp(-\frac{E_a}{RT}) \tag{12-104}$$

可见，扩散速率与温度的关系也符合阿伦尼乌斯方程，根据上式可计算当反应为扩散控制时的活化能。大多数有机溶剂的扩散活化能 E_a约为 10kJ·mol^{-1}，扩散活化能越小，扩散控制的反应速率就越大，低活化能是扩散控制反应的重要特征。

(2) 活化控制的溶液反应

当反应活化能较大，反应速率较慢，相对于较快的扩散过程，溶液反应整体速率取决于较慢的反应速率，成为活化控制的溶液反应。溶剂对反应分子无明显作用时，活化控制的溶液反应速率与气相反应相似。这是因为：①溶剂无明显作用，故对反应活化能影响不大；②与气体分子的碰撞相比，溶液中溶质分子的碰撞尽管受笼效应影响，但对碰撞总数影响不大。所以，溶液中的一些二级反应(可能是双分子反应)的速率，与按气体碰撞理论的计算值基本接近；而某些一级反应，如 N_2O_5、Cl_2O 或 CH_2I_2 的分解和蒎烯的异构化反应的速率，也与气相反应速率很相近。

12.10.2 溶剂对反应速率的影响

多数情况下，溶剂对反应速率可产生显著影响。例如，C_6H_5CHO 在溶液中的溴化反应，用 CCl_4 作溶剂比用 $CHCl_3$ 或 CS_2 作溶剂要快 1000 倍。而对于一些平行反应，一定的溶剂只加速其中一种反应，例如

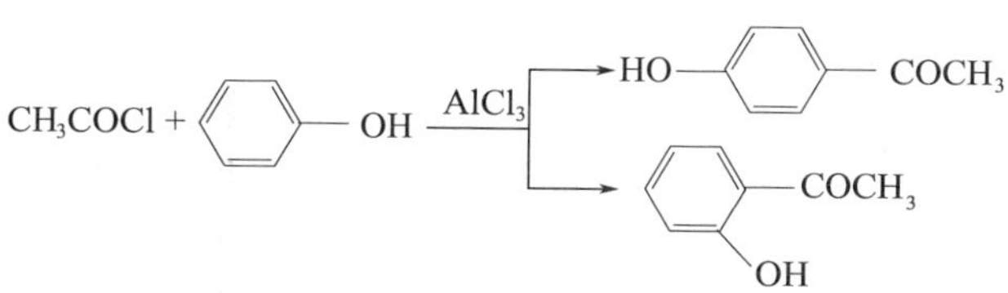

当溶剂为硝基苯，只加速第一个反应；而用二硫化碳作溶剂，仅仅加速第二个反应。因此，选择适宜的溶剂，有时不仅能加速反应，而且还能加速主反应、抑制副反应，这对于降低原料消耗、减轻分离负担、倡导绿色环保，都具有十分重要的意义。

溶液中溶剂对反应速率的影响是一个极其复杂的问题，一般有下列几个方面。

(1) 溶剂介电常数的影响

溶剂的介电常数愈大，则会减弱异号离子间的引力，因此介电常数大的溶剂常常不利于异号离子间的化合反应，而有利于解离为阴阳离子的反应。

(2) 溶剂极性的影响

如果活化络合物或生成物的极性比反应物大，则在极性溶剂中反应速率比较大；反之亦然。例如反应

$$C_2H_5I+(C_2H_5)_3N \longrightarrow (C_2H_5)_4NI$$

由于生成物$(C_2H_5)_4NI$是一种盐类，其极性远比反应物大，所以随着所用溶剂极性的增加，反应速率将会加快。

(3) 溶剂化的影响

一般说来，反应物、生成物以及活化络合物在溶液中都能或多或少地形成溶剂化物。溶剂化可以降低反应的活化能，所以反应总是加速物质溶剂化变大的物种方向。

(4) 离子强度的影响

在稀溶液中若反应物都是电解质，第三种电解质的存在虽不参与反应，但对于原反应的速率有影响，也就是说，溶液的离子强度对溶液中的反应速率有影响，称为原盐效应(primary salt effect)。下一节将作详细介绍。

12.10.3 原盐效应

早在 20 世纪 20 年代，布耶伦(Bjerram)等就已假设溶液中的反应离子在转化成产物之前要经过一个相当于过渡态的中间体，并用过渡态理论导出了速率常数与离子活度因子之间的关系式。设在溶液中离子 A^{z_A} 和 B^{z_B} 的反应为

$$A^{z_A}+B^{z_B}\longrightarrow[(A\cdots B)^{z_A+z_B}]^{\neq}\xrightarrow{k}P$$

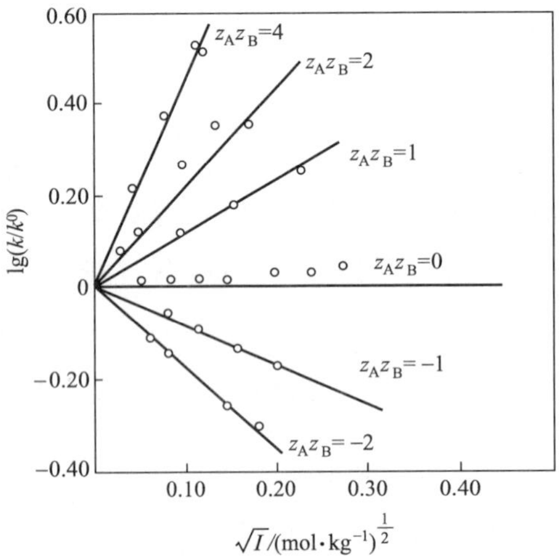

图 12-18 原盐效应

式中，z_A、z_B和 z_A+z_B分别代表 A、B 和$(A\cdots B)^{\neq}$的离子电荷数，按过渡状态理论的热力学处理方法有

$$k=\frac{k_BT}{h}K_c^{\neq}$$

因 A、B 和$(A\cdots B)^{\neq}$间存在快速平衡，且因离子间存在相互作用，是实际溶液，故应该用活度 a_B 或活度系数 γ_B 表示平衡常数 $K_a^{\neq}$，即

$$K_a^{\neq}=\frac{a_{\neq}}{a_Aa_B}=K_c^{\neq}c^{\ominus}\frac{\gamma_{\neq}}{\gamma_A\gamma_B}$$

因此

$$k=\frac{k_BT}{h}\times\frac{K_a^{\neq}}{c^{\ominus}}\times\frac{\gamma_A\gamma_B}{\gamma_{\neq}}=k_0\frac{\gamma_A\gamma_B}{\gamma_{\neq}} \tag{12-105}$$

可见，速率常数与活度因子有关，k_0一般由实验测得。对上式取对数

$$\lg k-\lg k_0=\lg\gamma_A+\lg\gamma_B-\lg\gamma_{\neq}$$

根据德拜-休克尔极限公式 $\lg\gamma_i=-Az_i^2\sqrt{I}$

得

$$\lg k-\lg k_0=-A[z_A^2+z_B^2-(z_A+z_B)^2]\sqrt{I}=2z_Az_BA\sqrt{I} \tag{12-106}$$

因 k_0为常数，所以 $\lg k$-$\sqrt{I}$作图为一直线，如图 12-18。

当 z_A和 z_B同号，$z_Az_B>0$，反应速率随离子强度增加而增大；当 z_A和 z_B异号，$z_Az_B<0$，反应速率随离子强度增加而减小；当一个反应物不带电，$z_Az_B=0$，反应速率与离子强度无关，图 12-18 的结果证明了这一结论。

12.11 光化学反应

只有在光的作用下才能进行的化学反应，或由于化学反应产生的激发态粒子在跃迁到基态时能放出光辐射的反应，都称为光化学反应(photochemical reaction)，光化学反应既与电磁辐射有关，又与物质的相互作用有关。光化学现象早已为人们所熟知，例如绿色植物的光合作用、胶片的感光作用、染料的退色等，但光化学理论的建立才只有短短几十年时间。

光是一种电磁辐射，具有波粒二象性。可见光的波长范围是 400～750nm，紫外光波长为 150～400nm，近红外光的波长为 750～3000nm。通常，对光化学反应有效的光是可见光和紫外光，红外光由于能量较低，不足以引发化学反应。光子的能量随光的波长的增大而下降，因为一个光子的能量 ε 为

$$\varepsilon = h\nu = h\frac{c}{\lambda} = hc\sigma \tag{12-107}$$

式中，h 为 Planck 常数；c 为光速；ν 为频率；λ 为波长，$\lambda=\frac{c}{\nu}$；σ 为波数，$\sigma=\frac{1}{\lambda}$。

植物的叶绿素能利用光合作用把 CO_2 与 H_2O 变成碳水化合物和氧气；人类当今的重要能源(煤、石油、天然气)，则是古代光合作用留给人类的遗产；另外，地球上一切生命所必需的氧，追根究底也是光合作用的产物。随着粮食、能源、污染等问题的日益尖锐，对光合作用的研究不仅具有重要的科学价值，而且具有巨大的经济价值。

光合作用的化学模拟研究正成为学科研究的前沿。例如，模拟植物利用阳光把 CO_2 与 H_2O 合成碳水化合物和氧的研究；模拟光合作用中分解水放出氧气和氢气的研究等。另外，结合太阳能的利用，人们正进行着光、电转换以及光、化学能转换的研究。同时，由于具有清洁、环保、节能等优点，所以光化学反应在科学研究、医学、化工生产和军事应用等方面都得到广泛的研究和应用。

12.11.1 光化学反应的初级过程与次级过程

光化学反应首先是物质吸收光子，分子或原子由基态跃迁到较高能量的激发态(用“*”表示激发态)，称为初级过程。若光子能量很高也可使分子解离成原子(或自由基)。例如

$$Hg + h\nu \longrightarrow Hg^*$$

$$Br_2 + h\nu \longrightarrow 2Br\cdot$$

这两个反应都是初级过程，初级过程的产物可以进行诸如荧光、磷光或猝灭等一系列的过程，这些过程称为次级过程。原子或分子吸收光子后成为能级较高的激发态，其寿命一般只有 10^{-7}s，很不稳定，若不与其他粒子碰撞，它就会自动地回到基态而放出光子，称为荧光(fluorescence)，切断光源，荧光立即停止。但另一些被光照射的物质，在切断光源后，仍能继续发光，可延续到若干秒甚至更长时间，这种光称为磷光(phosphorescence)。如果激发分子与其他分子或器壁碰撞后失去能量而回到基态时所发出的光，称为猝灭(quenching)。

激发态分子与其他分子碰撞，使后者或激发、或解离、或与后者反应。例如

$$Hg^* + Tl \longrightarrow Hg + Tl^*$$

$$Hg^* + H_2 \longrightarrow Hg + 2H\cdot$$

$$Hg^* + O_2 \longrightarrow HgO + O^*$$

当反应物放在光照之下，若反应物对光不敏感，则不发生反应。但可以引入能吸收光的分子或原子，使它变为激发态，然后再将能量传给原反应物，使反应物活化。能起这样作用的物质叫光敏物质或光敏剂。在 Hg^* 和 H_2 的反应中，Hg 蒸气是光敏剂。因为如果以 λ 为 253.7nm 的光照射 H_2 并不能使之解离，而这一波长的光却能使 Hg 激发成 Hg^*，激发态的 Hg^* 则可以使 H_2 发生解离。

12.11.2 光化学定律与量子效率

只有被分子吸收的光才能引起分子的光化学反应，这是 19 世纪由格罗特斯(Grotthus)和德拉波(Draper)提出的光化学活化原则，故称为 Grotthus-Draper 定律，又称为光化学第一定律。分子基态与激发态能量是不连续的，受激分子从基态到激发态所需的能量要与光子的能量相匹配，因此并非任意波长的光都能被吸收。

在光化学初级过程中，系统吸收一个光子只能活化一个反应分子。这是 20 世纪初由斯塔克(Stark)和爱因斯坦(Einstein)提出来的，故称为 Stark-Einstein 定律，又称为光化学第二定律。该定律只适用强度为 $10^{14} \sim 10^{18}$ 光子$\cdot s^{-1}$的光源，而对光强度很大(如激光)、激发态分子寿命较长的情况则不适用。

根据该定律，如要活化 1mol 分子则要吸收 1mol 光子，1mol 光子的能量称为 1 "Einstein"，用符号 u 表示，则

$$u = Lh\nu = Lhc/\lambda = (0.1196/\lambda)\,J\cdot m\cdot mol^{-1} \tag{12-108}$$

式中，L 为阿伏加德罗常数。

值得注意的是，这里只说吸收一个光子能使一个分子活化而非使一个分子反应。这是因为：一方面，初级过程中一个分子活化后，在次级过程中可能引起多个分子发生反应，例如，光引发的链反应。另一方面，吸收一个光子而成为激发态的活化分子，如果在还没有反应之前就又放出光子而失活，那么这个被吸收过的光子就没有产生化学变化。因此，一个分子吸收一个光子活化后，不一定会使一个分子发生反应或者不一定只使一个分子发生反应。为了衡量物质吸收光子后所引发的光化学反应的效率，有必要引入量子效率的概念。

量子效率常用 φ 表示，可以由反应物的消耗来定义

$$\varphi = \frac{\text{反应物分子的消失数目}}{\text{吸收光子的数目}} = \frac{\text{反应物消失的物质的量}}{\text{吸收光子的物质的量}} \tag{12-109}$$

也可根据产物的生成来定义量子效率

$$\varphi' = \frac{\text{生成产物分子的数目}}{\text{吸收光子的数目}} = \frac{\text{生成产物的物质的量}}{\text{吸收光子的物质的量}} \tag{12-110}$$

对于同一个光化学反应，因化学反应式中计量系数的关系，φ 和 φ' 的数值可能相等，也可能不等。例如

$$2HBr + h\nu(\lambda = 200nm) \longrightarrow H_2 + Br_2$$

显然，$\varphi = 2$，$\varphi' = 1$。

通常光化学反应的 $\varphi \leqslant 1$。$\varphi < 1$ 是由于初级过程吸收光子后产生的激发态分子，在未进一步反应前就失活造成的。而量子产率 $\varphi > 1$ 的光化学反应表明次级过程是链反应。例如，HI 的光解反应机理为

初级过程：　　$HI + h\nu \longrightarrow H\cdot + I\cdot$

次级过程：　　$H\cdot + HI \longrightarrow H_2 + I\cdot$

　　　　　　　$2I\cdot + M \longrightarrow I_2 + M$

总反应过程：　$2HI \longrightarrow H_2 + I_2$

即 1 分子 HI 吸收 1 个光子后使 2 分子 HI 发生分解反应，故量子产率 $\varphi=2$。若次级反应为链反应，则 φ 可能很大，例如 $H_2+Cl_2 \longrightarrow 2HCl$ 的反应，φ 值高达 $10^4 \sim 10^6$。若次级反应中包括消活化作用，则 φ 可以小于 1，例如 CH_3I 的光解反应 φ 为 0.01。

12.11.3 光化学反应速率方程

要确定光化学反应的速率，关键是要确定其反应历程。而反应历程只能依据实验数据，各种分子光谱的应用为获取实验数据提供了有力的实验工具。

假设光化学反应 $A_2 \xrightarrow{h\nu} 2A$ 的反应机理如下

(1) $A_2 + h\nu \xrightarrow{k_1} A_2^*$　（活化）　初级过程

(2) $A_2^* \xrightarrow{k_2} 2A$　（解离）　次级过程

(3) $A_2^* + A_2 \xrightarrow{k_3} 2A_2$　（失活）　次级过程

初级过程的速率取决于吸收光子的速率，正比于入射光的强度 I_a，而与反应物浓度无关(即对 A_2 为零级反应)。对 A_2^* 作稳态近似处理

$$\frac{dc_{A_2^*}}{dt} = k_1 I_a - k_2 c_{A_2^*} - k_3 c_{A_2^*} c_{A_2} = 0$$

$$c_{A_2^*} = \frac{k_1 I_a}{k_2 + k_3 c_{A_2}}$$

A 的生成速率只与反应(2)解离有关，即

$$\frac{dc_A}{dt} = 2k_2 c_{A_2^*} = \frac{2k_1 k_2 I_a}{k_2 + k_3 c_{A_2}} \tag{12-111}$$

吸收光的强度 I_a 表示单位时间、单位体积内吸收光子的物质的量，一个 A_2 吸收一个光子生成 2 个 A，故此反应的量子产率为

$$\varphi = \frac{1}{2I_a} \times \frac{dc_A}{dt} = \frac{k_1 k_2}{k_2 + k_3 c_{A_2}} \tag{12-112}$$

【例 12-11】 曾经有学者用实验测得氯仿的光氯化反应

$$CHCl_3 + Cl_2 \xrightarrow{h\nu} CCl_4 + HCl$$

的速率方程为

$$\frac{dc_{CCl_4}}{dt} = k c_{Cl_2}^{\frac{1}{2}} I_a^{\frac{1}{2}}$$

能否用下列反应机理验证上述速率方程的正确性?

(1) $Cl_2 + h\nu \xrightarrow{k_1} 2Cl\cdot$

(2) $Cl\cdot + CHCl_3 \xrightarrow{k_2} Cl_3C\cdot + HCl$

(3) $Cl_3C\cdot + Cl_2 \xrightarrow{k_3} CCl_4 + Cl\cdot$

(4) $2Cl_3C\cdot + Cl_2 \xrightarrow{k_4} 2CCl_4$

解　方程式(3)和(4)中有 CCl_4 生成，生成 CCl_4 的速率方程为

$$\frac{dc_{CCl_4}}{dt}=k_3c_{Cl_3C\cdot}c_{Cl_2}+2k_4c_{Cl_3C\cdot}^2c_{Cl_2}$$

反应机理中有两种自由基，即 Cl•和 $Cl_3C\cdot$，它们是活泼基团，由稳态法得

$$\frac{dc_{Cl\cdot}}{dt}=2k_1I_a-k_2c_{Cl\cdot}c_{CHCl_3}+k_3c_{Cl_3C\cdot}c_{Cl_2}=0$$

$$\frac{dc_{Cl_3C\cdot}}{dt}=k_2c_{Cl\cdot}c_{CHCl_3}-k_3c_{Cl_3C\cdot}c_{Cl_2}-2k_4c_{Cl_3C\cdot}^2c_{Cl_2}=0$$

两式相加，得

$$c_{CCl_3\cdot}=\left(\frac{k_1I_a}{k_4c_{Cl_2}}\right)^{\frac{1}{2}}$$

将上式代入生成 CCl_4 的生成速率方程

$$\frac{dc_{CCl_4}}{dt}=k_3\left(\frac{k_1}{k_4}\right)^{\frac{1}{2}}c_{Cl_2}^{\frac{1}{2}}I_a^{\frac{1}{2}}+2k_1I_a=kc_{Cl_2}^{\frac{1}{2}}I_a^{\frac{1}{2}}+2k_1I_a$$

式中 $k=k_3\left(\frac{k_1}{k_4}\right)^{\frac{1}{2}}$。

在光化学反应中，一般情况下反应物的浓度总比吸收的光子数多得多，所以上式右边的第二项可省略，得

$$\frac{dc_{CCl_4}}{dt}=kc_{Cl_2}^{\frac{1}{2}}I_a^{\frac{1}{2}}$$

因此，用机理导出的速率方程与用实验测得的速率方程相一致。

12.11.4 温度对光化学反应速率的影响

温度对光化学反应速率的影响与温度对热化学反应速率的影响显著不同。热化学反应速率的温度系数较大，温度每升高 10K，反应速率要变为原来的 2～4 倍。同样升温，光化学反应速率却增加甚微，大多数光化学反应速率的温度系数接近于零。这是因为光化学反应的初级反应过程只与吸收光的强度有关，而与温度无关；次级反应过程尽管具有热化学反应的特征，理论上它的反应速率的温度系数与普通的热化学反应应该相当，但是，参加初级反应的物质中常常伴有反应活性极高的原子和自由基等，使得这些次级反应的活化能很小，甚至为零，因此，次级反应过程的反应速率受温度的影响很小。无论是初级反应过程还是次级反应过程，总的结果是整个光化学反应速率的温度系数很小，接近于零。

但是，并非所有光化学反应速率的温度系数都很小。少许光化学反应，如草酸钾与碘反应，其速率的温度系数基本接近热化学反应；甚至极个别光化学反应，如苯的氯化，其速率温度系数竟然是负值。光化学反应产生这些例外的原因，是由于次级反应的存在，使得光化学反应总的速率常数中可能包括多个中间步骤的速率常数或平衡常数。最简单的情况是，总的速率常数 k 仅仅包含某一步骤的速率常数 k_1 和另一中间反应的平衡常数 $K^\ominus$，假设它们的关系如下

$$k=k_1K^\ominus$$

则

$$\frac{d\ln k}{dT}=\frac{d\ln k_1}{dT}+\frac{d\ln K^\ominus}{dT}$$

$$=\frac{E_{a,1}}{RT^2}+\frac{\Delta_r H_m^{\ominus}}{RT^2}$$
$$=\frac{E_{a,1}+\Delta_r H_m^{\ominus}}{RT^2}$$

式中，$E_{a,1}$为光化学反应中某次级反应过程的活化能，一般其值很小；$\Delta_r H_m^{\ominus}$为光化学反应中另一次级反应过程的标准摩尔反应焓变。

如果$\Delta_r H_m^{\ominus}>0$，且其值较大，那么，即便$E_{a,1}$很小，$E_{a,1}+\Delta_r H_m^{\ominus}$仍很大，光化学反应总的速率常数$k$随温度升高增大，可接近热化学反应。草酸钾与碘的光化学反应，可能与这种情况相似。

如果$\Delta_r H_m^{\ominus}<0$，且其绝对值大于$E_{a,1}$，那么，$E_{a,1}+\Delta_r H_m^{\ominus}<0$，意味着升高温度反应速率反而降低，即速率的温度系数为负值，苯的氯化反应就属于这种类型。

12.11.5 光化学反应与热化学反应的区别

光化学反应与热化学反应有许多不同之处，其主要区别在于光作用下的反应是激发态分子的反应，而热化学反应通常是基态分子的反应。光化学反应的开始阶段，反应分子依靠吸收外来光子的能量而成为自身具有高能量的激发态，处于激发态的分子能够直接克服能垒而发生反应。而热化学反应的初始过程，反应分子处于基态，自身能量较低、活性差，反应分子只能靠频繁的相互碰撞而获得克服能垒所需的活化能。

激发态分子的寿命一般在10^{-7}s左右，处于激发态的分子有两种可能的变化情形：①进行后续的光化学反应；②激发态的自我衰变，如以辐射方式放出荧光或磷光等。这两种可能的变化情形中只有活化能较小、反应速率快者才能取得优势，由于光化学反应的活化能较小，所以常会按第一种情形进行。

恒温恒压下，热化学反应总是向着系统的吉布斯函数降低的方向进行，但许多(并非所有的)光化学反应却能朝着系统的吉布斯函数增加的方向进行。例如在光的作用下氧转变为臭氧、氨的分解以及植物中CO_2与H_2O合成碳水化合物并放出氧气等。但如果把光源切断，这些反应仍然向吉布斯函数减少的方向进行。

活化能大小和反应速率的温度系数之间的区别。热化学反应的活化能来源于分子碰撞，一般在50～400kJ·mol^{-1}，而光化学反应的活化能来源于光子的能量，通常在30kJ·mol^{-1}左右。因此，热化学反应的速率受温度影响大，其速率常数与反应温度的关系通常遵循阿伦尼乌斯方程，而光化学反应速率的温度系数一般情况下较小，接近于零。

12.12 催化反应动力学

12.12.1 催化概论

在化学反应系统中，若加入某种物质(也可以是几种)后，可以改变反应的速率，而该物质在反应前后既没有数量上的变化，又没有化学性质的改变，那么，这种物质称为催化剂(catalyst)。当催化剂的作用是加快反应速率时，称为正催化剂(positive catalyst)；减慢反应速率时，称为负催化剂(negative catalyst)，但一般不作特别说明，都是指正催化剂。

有时，某些反应的产物也具有加速反应的作用，则称为自动催化作用。化学反应通常是开始时浓度大、反应速率最大，随后反应物的浓度降低而速率变慢，而自动催化反应的速率，却随产物的增加而加快，以后由于反应物太少，才会逐渐变慢。例如，在硫酸存在时，高锰酸钾和草酸的反应，产物 $MnSO_4$ 能起到自动催化作用。

催化剂广泛应用于化工、医药、农药、染料等行业，80%以上的产品在生产过程中都要用到催化剂，如氮氢合成氨、$SO_2(g)$ 氧化制 $SO_3(g)$、氨氧化制硝酸、尿素的合成、合成橡胶、高分子的聚合反应等。同样，在生命现象中存在着大量催化作用，例如植物对 $CO_2(g)$ 的光合作用，有机体内的新陈代谢，蛋白质、碳水化合物和脂肪的分解作用等，基本上都是酶催化的结果，而人体内酶催化作用的终止意味着生命的终止。

除了工业上人为加入催化剂以改变反应速率外，一些偶然的杂质、尘埃，甚至容器的表面结构等，也可能产生催化作用，充分说明了催化现象的普遍性。例如 473K 下，在玻璃容器中进行的溴对乙烯的气相加成反应，起初认为是单纯的气体反应，后来发现该反应若在较小的玻璃容器中进行，反应速率加快；若再加入一些小玻璃管或玻璃球，则加速更为显著；而将容器内壁涂上石蜡，反应就几乎停止。这说明该反应是在玻璃表面的催化作用下进行的。

催化反应通常可分为均相催化和多相催化。前者是指催化剂和反应物质处于同一相的反应，例如酸性条件下乙酸乙酯的水解。后者是指催化剂和反应物质处于不同相的反应，有时也称非均相催化。工业上许多重要反应大多是多相催化反应，且以固态物质为催化剂，反应物为气态或液态。例如，用铁作催化剂将氢与氮合成氨，或用铂作催化剂将氨氧化制硝酸。

(1) 催化反应的机理、速率常数与活化能

催化剂改变反应速率，主要是由于催化剂与反应物可以生成不稳定的中间化合物，改变了反应历程，降低了表观活化能。表 12-6 列出了某些反应在进行催化反应与非催化反应时的活化能数据。

表 12-6 催化反应和非催化反应的活化能

反应	$E_a/kJ\cdot mol^{-1}$		催化剂
	非催化反应	催化反应	
$2HI \longrightarrow H_2+I_2$	184.1	104.6	Au
$2H_2O \longrightarrow 2H_2+O_2$	244.8	136.0	Pt
盐酸溶液中蔗糖的分解	107.1	39.3	转化酶
$2SO_2+O_2 \longrightarrow 2SO_3$	251.0	62.8	Pt
$3H_2+N_2 \longrightarrow 2NH_3$	334.7	167.4	$Fe\text{-}Al_2O_3\text{-}K_2O$

假设催化剂 K 能加速反应 $A+B \longrightarrow AB$，若其机理为

$$A+K \underset{k_{-1}}{\overset{k_1}{\rightleftharpoons}} AK$$

$$AK+B \xrightarrow{k_2} AB+K$$

若这里的对行反应是快速平衡，则

$$\frac{k_1}{k_{-1}}=K_c=\frac{c_{AK}}{c_A c_K}$$

即

$$c_{AK}=\frac{k_1}{k_{-1}}c_A c_K$$

总反应速率为

$$\frac{dc_{AB}}{dt}=k_2 c_{AK} c_B$$

将前式代入此式，得

$$\frac{dc_{AB}}{dt}=k_2 \frac{k_1}{k_{-1}} c_K c_A c_B = k c_A c_B$$

所以

$$k=k_2 \frac{k_1}{k_{-1}} c_K \tag{12-113}$$

式中，因 c_K 在反应前后保持不变，计入常数项；k 是催化反应的总速率常数，称为表观速率常数(apparent rate constant)。

将上式中各基元反应的速率常数用阿伦尼乌斯方程 $k=Ae^{-\frac{E_a}{RT}}$ 表示，则得

$$k=\frac{A_1 A_2}{A_{-1}} c_K e^{-\frac{E_1+E_2-E_{-1}}{RT}} = A c_K e^{-\frac{E_a}{RT}}$$

所以催化反应的表观活化能 E_a 与各基元反应活化能 E 的关系为

$$E_a=E_1+E_2-E_{-1} \tag{12-114}$$

图 12-19 给出了反应在是否使用催化剂时，反应历程的改变及活化能的变化。上面一条曲线表示非催化反应，它要克服一个高的能峰，活化能为 E_0。在催化剂 K 的参与下，反应的历程发生了改变，只需克服两个较小的能峰(E_1 和 E_2)，此时反应总的表观活化能 E_a 见式(12-114)。因此，催化反应的表观活化能 E_a 小于非催化反应的活化能 E_0，则在指前因子变化不大的情况下，反应速率显然是要增加的。如表 12-6 中 NH_3 的合成反应，在没有催化剂时活化能为 334.7kJ·mol^{-1}，若以 Fe-Al_2O_3-K_2O 为催化剂，活化能降为 167.4 kJ·mol^{-1}。假定催化反应和非催化反应的指数前因子 A 相等，合成氨反应在 773K 下进行，则

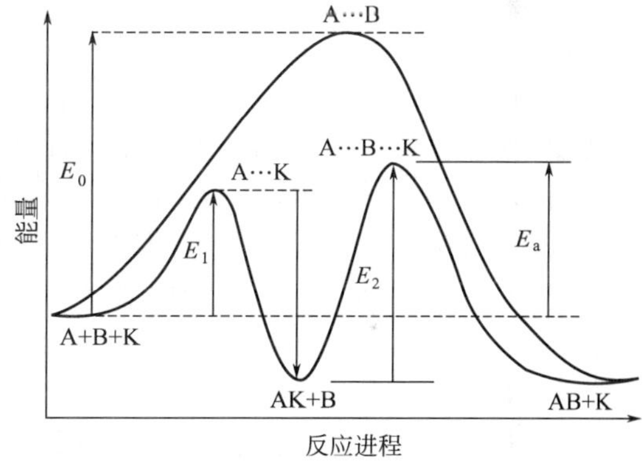

图 12-19 活化能与反应历程的关系

$$\frac{k_2}{k_1}=2.0\times10^{11}$$

式中，k_2 为使用催化剂后合成氨反应的速率常数；k_1 为不使用催化剂时合成氨反应的速率常数。可见，催化剂的使用，改变了反应历程，降低了活化能，化学反应速率得到了极大提高。

由上述机理并结合图 12-19 可知，催化剂应易与反应物作用，即 E_1 要小；但二者的中间产物 AK 不应太稳定，即 AK 的能量不能过低，否则下一步反应的活化能 E_2 将会增大，而不利于最终反应。因此，那些不易与反应物作用，或虽易与反应物作用但所生成中间产物过于稳定的物质，都不能成为催化剂。

催化反应的机理是复杂而多样的。有些催化反应，尽管活化能降低不多，但反应速率却改变很大；有时同一反应使用不同的催化剂，其活化能虽相差不大，但反应速率却相差很大。这些情况尽管机理尚不是十分清楚，但可以由活化熵的概念来作出可能的近似解释。由

12.12 节中式(12-98)

$$k=\frac{k_{\mathrm{B}}T}{hc^{\ominus}}\exp\left(\frac{\Delta_{\mathrm{r}}^{\neq}S_{\mathrm{m}}^{\ominus}}{R}\right)\cdot\exp\left(-\frac{\Delta_{\mathrm{r}}^{\neq}H_{\mathrm{m}}^{\ominus}}{RT}\right)\approx A\exp\left(-\frac{E_{\mathrm{a}}}{RT}\right)$$

可以看出，影响一定温度下化学反应速率常数 k 的因素有 $\Delta_{\mathrm{r}}^{\neq}S_{\mathrm{m}}^{\ominus}$ 和 $\Delta_{\mathrm{r}}^{\neq}H_{\mathrm{m}}^{\ominus}$ 两个。$\Delta_{\mathrm{r}}^{\neq}H_{\mathrm{m}}^{\ominus}$ 近似为反应的活化能，因同一反应使用不同的催化剂时，其活化能相差不大，可把 $\Delta_{\mathrm{r}}^{\neq}H_{\mathrm{m}}^{\ominus}$ 看成是常数，若反应的活化熵 $\Delta_{\mathrm{r}}^{\neq}S_{\mathrm{m}}^{\ominus}$ 改变较大，同样能强烈地影响速率常数 k。例如，乙烯的加氢反应，分别用金属 W 和 Pt 作催化剂时的反应活化能相同，但用 Pt 催化时反应的活化熵大，导致指前因子 A 增加，所以反应速率加快。

(2) 催化剂的基本特性

通过上面的分析，对催化剂的特性作出下面评价。

① 催化剂在反应前后，其化学性质和数量都没有改变。但在反应过程中，由于参与了反应，常伴有物理性质的改变(如形状的改变等)。例如，催化 $KClO_3$ 分解用的 MnO_2 催化剂，在催化反应完成后会从块状变为粉末。而催化 NH_3 氧化用的铂网，经过几个星期，表面就变得比较粗糙。

② 催化剂能加快反应到达平衡的速率，是由于改变了反应历程，降低了活化能。至于它怎样降低活化能，机理如何，对大部分催化反应来说，了解得还很有限。另外，对于上面提及的特殊催化反应，其机理尚需深入研究。因此，催化理论有待进一步发展、完善。

③ 催化剂只改变速率，不影响化学平衡。催化剂的存在不会改变反应系统的始、末状态，当然就不会改变系统中的 $\Delta_{\mathrm{r}}G_{\mathrm{m}}^{\ominus}$。催化剂只能使 $\Delta_{\mathrm{r}}G_{\mathrm{m}}=\Delta_{\mathrm{r}}G_{\mathrm{m}}^{\ominus}+RT\ln J_p<0$ 的过程加速进行，直到 $\Delta_{\mathrm{r}}G_{\mathrm{m}}=0$，即达到平衡为止。因此，催化剂可以缩短达到平衡所需的时间，而不能移动平衡点。对于已达到平衡的反应，不可能借助加入催化剂以增加产物的比例。

催化剂不改变系统中的 $\Delta_{\mathrm{r}}G_{\mathrm{m}}^{\ominus}$，即平衡常数 K 不变，而 $K=k_1/k_{-1}$，所以，能增加正反应速率常数 k_1 的催化剂，也必定能增加逆反应的速率常数 k_{-1}，即对正反应优良的催化剂也必为逆反应优良的催化剂。例如，苯在 Pt 和 Pd 上容易氢化生成环已烷(473～513K)，而在 533～573K 环已烷也能在上述催化剂上脱氢。同样，水合反应的催化剂同时也是脱水反应的催化剂。这一条规律为寻找催化剂的实验提供了很大的方便，例如用 CO 和 H_2 为原料合成 CH_3OH 是一个很有经济价值的反应，在常压下寻找甲醇分解反应的催化剂，就可作为高压下合成甲醇的催化剂。而直接研究高压反应，实验条件要困难许多。

催化剂不改变反应系统的始、末状态，当然也不会改变反应热。许多非催化反应在高温下进行时的热效应，在有适当催化剂时，则可以在接近常温下测定反应热。应当指出的是，催化剂不能催化热力学上不能发生的反应。

④ 催化剂对反应的加速作用具有选择性。例如，523K 时乙烯与空气中的氧反应，可能同时进行生成环氧乙烷、乙醛和二氧化碳的三个平行反应。但是，若用银催化剂，只选择性地加速生成环氧乙烷的反应；若用钯催化剂，只选择性地加速生成乙醛的反应。同样，对于连串反应，选用适当的催化剂，可使反应停留在某步或某几步上，而得到所希望的产品。可见，在实际应用上，可利用催化剂的选择性来提高目的产物的反应速率。

12.12.2 均相酸碱催化反应

酸碱催化是液相催化中最常见的一种，可分为均相与多相两种，而理论上比较成熟、应用较多的主要是均相催化。酸碱催化在化工生产中有着极其广泛的应用，例如在硫酸或磷酸的催化下，乙烯水合为乙醇

$$CH_2{=}CH_2+H_2O\xrightarrow{H_2SO_4}C_2H_5OH$$

在硫酸的催化下，环氧乙烷水解为乙二醇

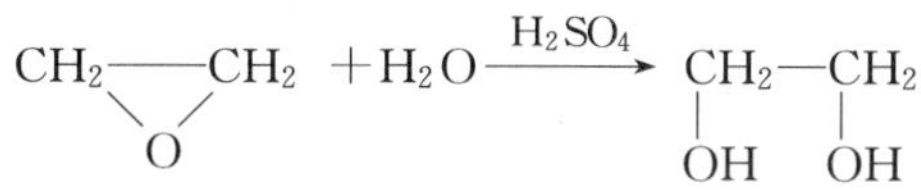

在碱的催化下，环氧氯丙烷水解为甘油

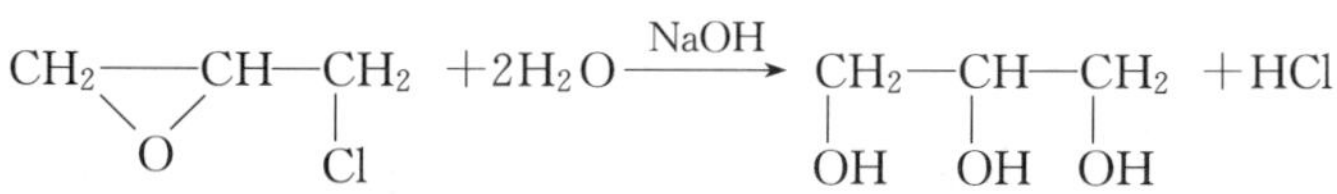

许多离子型的有机反应，常可采用酸碱催化，酸碱催化的主要特征就是质子的转移，其一般机理是，反应物 S 首先接受质子 H^+ 形成质子化物的 SH^+，然后不稳定的 SH^+ 再与反应物 R 反应放出 H^+ 而生成产物。

$$S+H^+\rightleftharpoons SH^+$$

$$SH^++R\xrightarrow{k}P+H^+$$

根据平衡态近似法，反应速率为

$$r=kc_{SH^+}c_R=kK_cc_Sc_{H^+}c_R \tag{12-115}$$

通常平衡常数 K_c 很小，c_{H^+} 恒定。如 c_R 值很大，在反应过程中其值变化不大，可视为常数，式(12-115)近似为 $r\approx k'c_S$，反应级数为准一级；如 c_R 值与 c_S 值相当，式(12-115)可改写为 $r=k''c_Sc_R$，反应级数为准二级。

例如，在 H^+ 的催化下，甲醇与醋酸的酯化反应机理为

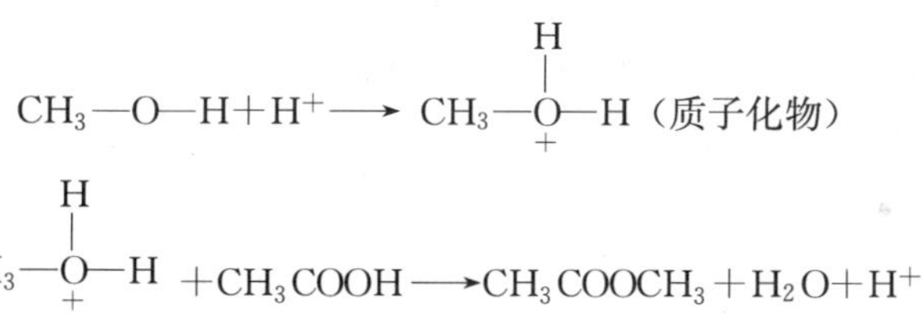

质子 H^+ 核外无电子，在反应中它很容易接近极性分子 CH_3OH 的负极(氧原子)形成中间物 $CH_3OH_2^+$，由于此中间物较正常分子多了一个质子，所以打乱了化学键的正常状态而处于不稳定的状态，因此很容易与另一反应物发生反应而生成产物，同时放出一个质子。

在酸催化反应中首先是催化剂分子释放质子，因此酸催化剂的效率常与酸强度有关，而酸的强度(即失去质子的能力大小)可以用酸的解离常数 K_a 来衡量。实验表明，酸催化反应的速率常数 k_a 取决于酸的解离常数 K_a，二者有下列比例关系

$$k_a=G_aK_a^{\alpha}$$

或

$$\lg k_a=\lg G_a+\alpha\lg K_a \tag{12-116}$$

式中，G_a、α 均为常数(α 为正值，介于 0～1 之间)，它们都取决于反应的种类和反应条件。乙醛水合物在丙酮溶剂中用各种酸作催化剂时，脱水反应为

$$CH_3CH(OH)_2\xrightarrow{催化剂}CH_3CHO+H_2O$$

图 12-20 是上述反应的 $\lg k_a$ 对 $\lg K_a$ 作图的结果，符合式(12-116)。

碱催化的一般机理是，首先碱接受反应物的质子生成中间产物，然后中间产物继续反应生成产物，同时碱复原。

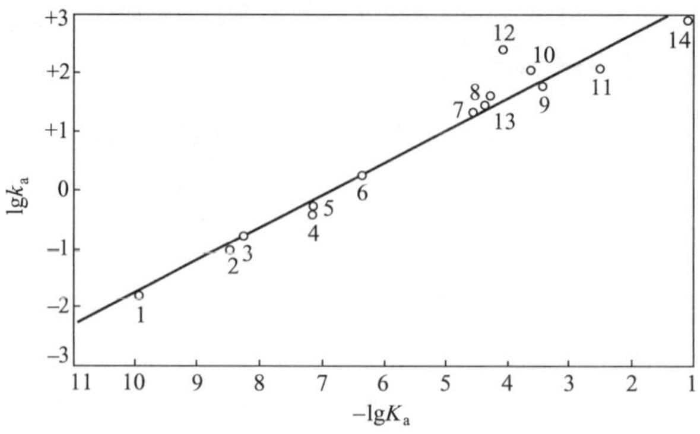

图 12-20 乙醛水合物酸催化 $\lg k_a$-$\lg K_a$图

$$S+B \longrightarrow S^- + HB^+$$

$$S^- + HB^+ + R \longrightarrow P+B$$

对于碱催化的反应，碱的催化作用速率常数 k_b 同样与它的解离常数 K_b 有如下的关系：

$$k_b = G_b K_b^{\beta} \tag{12-117}$$

式中，G_b、β 为常数(β 介于 0～1 之间)，它们同样是由反应的种类和反应条件决定的。

不仅一般酸碱有催化作用，而且广义的酸和广义的碱同样有这种催化作用。例如，硝基胺的水解，可用碱 OH^- (NaOH)作催化剂

$$NH_2NO_2 + OH^- \longrightarrow NHNO_2^- + H_2O$$

$$NHNO_2^- \longrightarrow N_2O + OH^-$$

也可用广义碱，如 CH_3COO^- (CH_3COONa)作催化剂

$$NH_2NO_2 + CH_3COO^- \longrightarrow NHNO_2^- + CH_3COOH$$

$$NHNO_2^- \longrightarrow N_2O + OH^-$$

$$CH_3COOH + OH^- \longrightarrow CH_3COO^- + H_2O$$

酸碱催化的实质是质子的转移，因此凡有质子转移的反应，如水合与脱水、酯化与水解、烷基化与脱烷基等反应，往往都可以采用酸碱催化。有些固体催化剂按机理也属于酸碱催化。

12.12.3 络合催化

络合活化催化作用，简称为络合催化(coordination catalysis)，是在近代络合物化学和化学键理论的基础上发展起来的。它对化学工业的发展起着重大作用，同时又促进了络合物化学和化学键理论的进一步完善。尤其重要的是，许多具有催化性能的络合物可以作为反应的中间体被分离出来，通过对这些中间体的性质、结构等方面的研究，可以更深入地了解催化反应中的机理，这对探讨催化作用的本质是非常重要的，为制备和筛选催化剂提供了更多的科学依据。络合催化又称配位催化，是指在反应过程中，催化剂与反应基团形成中间络合物，使反应基团活化的过程；若所形成的络合物中，具有配位键的则称为配位催化。一般络合催化和配位催化二词并用。

过渡金属元素的价电子层有 9 个能量相近的原子轨道，即 5 个$(n-1)$d 轨道、1 个 ns 轨道和 3 个 np 轨道，它们容易组合成各种类型的 d、s、p 杂化轨道。这些杂化轨道可以与配体以配位键的方式结合形成络合物。因此，过渡金属有很强的络合能力，能生成多种类型的络合物。显然，络合物的催化活性主要取决于过渡金属原子或离子的化学特性，即与过渡金

属原子(或离子)的价电子结构、成键方式等有关。

同一类催化剂，有时既可起均相催化作用，也可使之成为固体催化剂在多相催化中起作用。例如有人用 $PdCl_2$ 作为催化剂，在异辛烷溶液中通过均相催化将乙烯合成醋酸乙烯；而把 $PdCl_2$ 附载于 Al_2O_3 上催化乙烯则变为多相催化，但两者都形成 $PdCl_2$-C_2H_4 中间络合物，且其催化活性几乎相等。因此，可以通过均相催化认识多相催化活性中心的本质和催化作用的机理，这对多相催化反应催化剂的筛选与其催化机理的研究是非常有意义的。

络合催化的机理，一般可表示为

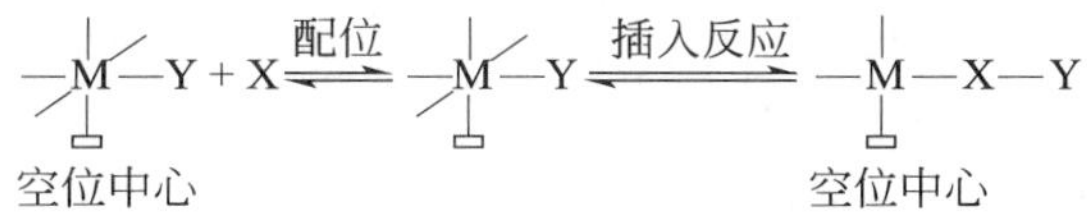

式中，M 为中心金属原子；Y 为配体；X 为反应分子。

首先，反应分子(又称配体 X)可与配位数不饱和的络合物直接配合形成新的络合物，然后新的络合物中的配体 X，随即转移插入相邻的 M—Y 键中，形成 M—X—Y 键(M—Y 键属于不稳定的配位键)，插入反应又使络合物的空位恢复，然后又可重新进行络合和插入反应。

以 $PdCl_2$ 为催化剂，将乙烯氧化制乙醛，是一个典型的络合催化例子。这个方法自 1959 年工业化以来，一直是生产乙醛较好的方法。将乙烯通入溶有 $PdCl_2$ 和 $CuCl_2$ 的水溶液，则在 $PdCl_2$ 的催化下 C_2H_4 氧化为 CH_3CHO，这个过程可简单表示为

$$C_2H_4+PdCl_2+H_2O \longrightarrow CH_3CHO+Pd+2HCl$$

然后 $CuCl_2$ 将 Pd 氧化为 $PdCl_2$，即

$$2CuCl_2+Pd \longrightarrow 2CuCl+PdCl_2$$

而生成的 CuCl 可以较快地被氧化为 $CuCl_2$

$$2CuCl+2HCl+\frac{1}{2}O_2 \longrightarrow 2CuCl_2+H_2O$$

总反应式为

$$C_2H_4+\frac{1}{2}O_2 \longrightarrow CH_3CHO$$

上述过程的机理为一系列较复杂的络合反应，即

(1) $[PdCl_4]^{2-}+C_2H_4 \rightleftharpoons [C_2H_4PdCl_3]^-+Cl^-$

(2) $[C_2H_4PdCl_3]^-+H_2O \rightleftharpoons [C_2H_4PdCl_2(H_2O)]+Cl^-$

(3) $[C_2H_4PdCl_2(H_2O)]+H_2O \rightleftharpoons [C_2H_4PdCl_2(OH)]^-+H_3O^+$

(4) $[C_2H_4PdCl_2(OH)]^- \longrightarrow [HOC_2H_4PdCl_2]^-$(慢)

(5) $[HOC_2H_4PdCl_2]^- \longrightarrow CH_3CHO+Pd+HCl+Cl^-$(快)

$PdCl_2$ 在有足够多的 Cl^- 的水溶液中，能形成络离子 $[PdCl_4]^{2-}$，然后在溶液中进行一系列的配位体置换反应，即上述的反应(1)～(3)；反应(4)是插入反应，相当于在络合离子中，被络合的 C_2H_4 插入到金属氧键(Pd—O)中间去，形成很不稳定的中间络合离子，是慢步骤；最后按反应(5)不稳定的中间络合离子很快解体而生成产物 CH_3CHO，并分解出金属 Pd。

根据上述机理，可以得出其速率方程为

$$-\frac{dc_{C_2H_4}}{dt}=k\frac{c_{PdCl_4^{2-}}c_{C_2H_4}}{c_{Cl^-}^2c_{H^+}} \tag{12-118}$$

在均相络合催化中，由于每一个络合物分子或离子都是一个活性中心，而且活性中心的性质都是相同的，只能进行一两个特定的反应，因此它具有高活性、高选择性的优点；也正因为在不太高的温度下就具有较高的活性，所以反应条件温和。

尽管络合催化的诞生、发展只有短短几十年时间，但它发展速度惊人。自 20 世纪 50 年代初期齐格勒-纳塔(Ziegler-Natta)型催化剂的出现以来，以金属络合物为基础的催化剂研究进展迅猛。现在一些过渡金属络合物已成为加氢、脱氢、氧化、异构化、水合、羰基合成、高分子聚合等类型反应过程的催化活化中间物，络合催化的优点，已经逐渐在工业化生产上显现出来。尤其是近几年中络合催化理论有了长足的发展，已成为均相催化进展的主流。但络合均相催化的最大不足是，催化剂与反应混合物的分离较困难。为此，提出了优良络合催化剂固体化的研究方向。相应地，为了提高催化效能，也在进行着固体催化剂均相化的研究。因此，络合催化是一个极具发展前途的催化理论。

12.12.4 多相催化反应

多相催化又称复相催化，或非均相催化，主要是指固体催化剂催化气体或液体反应物的反应，这类反应往往在固体催化剂表面上进行。这里主要讨论气-固相催化反应。

(1) 多相催化的吸附作用

气体分子与固体表面之间存在吸附作用，这种作用是发生催化反应的前提条件。吸附过程中物理吸附与化学吸附交替共存，系统能量不断变化。例如，氢在镍上的物理吸附过程，氢分子距镍表面甚远时，势能为零；当它逐渐接近镍表面时，因气体分子与固体表面间存在吸引力，导致势能逐渐下降。但当氢分子核距表面镍核的距离达到一定值 r_1(约为 0.32nm)时，势能降到最低，常称为物理吸附平衡位置，此时的势能与零势能的差值，即为物理吸附的吸附热，记为 ΔH_p(一般小于 $20\text{kJ}\cdot\text{mol}^{-1}$)。过了物理吸附平衡位置，氢分子再继续接近镍表面时，二者间原先的吸引力变为斥力，势能逐渐升高。

当氢分子核距表面镍核的距离近到一定程度时，氢在镍上就发生化学吸附，可表示为如下的过程

$$2Ni + H_2 \longrightarrow 2NiH$$

氢分子核距表面镍核的距离，相当于 Ni 原子与 H 原子形成了化学键。两核间的距离 r_2 近似为两原子半径之和，约为 0.16nm。这个过程所放出的热 ΔH_c 称为化学吸附热(在低覆盖率时约为 $125\text{kJ}\cdot\text{mol}^{-1}$)，它的绝对值比物理吸附热大得多。化学吸附需要活化能，而物理吸附却不需要活化能，因此物理吸附低温时即能发生，而化学吸附却需要较高的温度。氢分子核距表面镍核的距离介于 r_2 与 r_1 之间某一位置处时，表示氢与镍处于活化过渡状态。

固体催化剂(大多是指金属)催化气相反应是在固体表面上进行的，首先是固体表面上的活性中心吸附反应物气体分子，这种吸附属于化学吸附。化学吸附来源于化学键力，它能使被吸附分子的价键力发生变化，或引起分子的变形，因而能改变反应途径，降低活化能，从而产生催化作用。所以，化学吸附是多相催化的基础。例如氢分子在金属表面上在发生化学吸附作用的同时，要发生解离，即

$$H_2 + 2M \longrightarrow 2HM$$

式中，M 代表表面金属原子。饱和烃的吸附也属这种类型，例如甲烷在金属上吸附时

$$CH_4 + 2M \longrightarrow CH_3M + HM$$

这种化学吸附通常称为解离化学吸附。但是，具有 π 电子或孤对电子的气体分子，在化学吸

附时并不解离。例如，单烯烃在化学吸附时，可认为其分子轨道重新杂化，即碳原子由 sp^2 变为 sp^3，于是产生两个自由价，然后这两个自由价再与金属表面上的自由价相结合。例如，对于乙烯可认为

$$CH_2=CH_2+2M \longrightarrow M-CH_2-CH_2-M$$

(2) 多相催化的反应步骤

多相催化反应是反应物分子必须能化学吸附在固体催化剂的表面上，然后才能在表面上发生反应。同时，吸附在表面上的产物必须从表面上不断地解吸下来，才能使反应继续在表面上发生。另外，由于催化剂颗粒是多孔的，所以催化剂的大量表面还包括催化剂微孔内的表面。因此，气体分子要在催化剂表面上起反应，必须经过如下的七个步骤：

① 反应物由气体主体向催化剂的外表面扩散(外扩散)；

② 反应物由外表面向内表面扩散(内扩散)；

③ 反应物在表面上发生吸附，主要是化学吸附；

④ 反应物在表面上进行化学反应，生成产物；

⑤ 产物从催化剂表面上脱附(或解吸)；

⑥ 产物从内表面向外表面扩散(内扩散)；

⑦ 产物从外表面向气体主体扩散(外扩散)。

其中①与⑦是外扩散过程；②与⑥是内扩散过程；③、④、⑤分别代表反应物的吸附、表面反应和产物的脱附过程，合称为表面反应过程。由此可见，一个多相催化反应全过程的速率与外扩散过程速率、内扩散过程速率以及表面过程速率密切相关，整个过程的速率大小受其中阻力最大的慢步骤所控制。

为了简化计算，总是假设其中一个步骤为控制步骤，而其他步骤都很快，能够随时保持平衡。若为扩散控制，则表面过程随时保持平衡；若为表面过程控制，则认为扩散能很快达到平衡，即催化剂表面附近的气体浓度与气体主体相同。一般若气流速度大、催化剂颗粒小、孔径大、反应温度低、催化剂活性小，则扩散速率大于表面过程的速率，所以受表面过程控制，或称为动力学控制，例如以氧化锌为催化剂的乙苯脱氢制苯乙烯的反应。若反应在高温、高压下进行，催化剂活性很高，催化剂颗粒小，孔径大，但气流速度较低，则表面过程和内扩散都较快，而外扩散较慢，这时反应为外扩散控制。例如，在 503K、7.6MPa 下的丙烯聚合反应，1023～1173K 时氨氧化反应，当采用适当催化剂时，均为外扩散控制。

进行化学动力学的实验研究时，应排除扩散影响。在一定条件下，若增加气流速度能使反应加快，则说明反应受外扩散控制，应继续增加流速，直到反应不受流速影响为止。在一定条件下，若减小催化剂粒度，反应速率增大，则为内扩散控制。这时，应继续减小粒度，直到反应速率不受影响为止。这说明操作条件改变，同一反应的控制步骤有可能改变。

(3) 表面反应控制的气-固相催化反应动力学

在上述七个步骤中，若表面反应是最慢的一步，则过程为表面反应控制。相对地扩散与吸附都很快，可认为表面上气体分压与主体中气体分压相等，而且随反应的进行，能迅速维持吸附平衡状态。因此，可按朗格缪尔吸附平衡来计算反应速率。

① 只有一种反应物的表面反应　若反应 A→B 的机理为

$$A+S \rightleftharpoons A\cdot S \qquad \text{(快，吸附)}$$

$$A\cdot S \xrightarrow{k_S} B\cdot S \qquad \text{(慢，表面反应)}$$

$$B \cdot S \rightleftharpoons B + S \quad （快，解吸）$$

式中，S 为催化剂表面上的活性中心；A•S 为吸附在活性中心上的 A 分子；B•S 为吸附在活性中心上的 B 分子。

因过程为表面反应控制，所以，过程总的速率等于最慢的表面反应速率。按表面质量作用定律，表面单分子反应的速率，应正比于该分子 A 对表面的覆盖率 θ_A，即

$$-\frac{dp_A}{dt} = k_s \theta_A \tag{12-119}$$

吸附平衡时，若产物吸附极弱，将朗格缪尔方程

$$\theta_A = \frac{b_A p_A}{1 + b_A p_A}$$

代入式(12-119)，得

$$-\frac{dp_A}{dt} = \frac{k_s b_A p_A}{1 + b_A p_A} \tag{12-120}$$

下面分几种情况加以讨论。

a. 若反应物的吸附很弱，即在同样的 p_A 下，吸附系数 b_A 很小，$b_A p_A \ll 1$，则式(12-120)可简化为

$$-\frac{dp_A}{dt} = k_s b_A p_A = k p_A$$

反应级数为一级。例如，磷化氢在玻璃、陶瓷、SiO_2 上的分解；甲酸蒸气在玻璃、铂、铑上的分解；HI 在铂上的分解；NO_2 在金上的分解等都属于这种情况。

b. 若反应物的吸附很强，即吸附系数 b_A 很大，$b_A p_A \gg 1$，固体表面几乎全部被覆盖，所以由式(12-120)变为

$$-\frac{dp_A}{dt} = k_s$$

反应速率为常数，与压力无关，为零级反应。当固体表面全部被反应气体覆盖时，改变压力对于反应分子的表面浓度几乎没有影响，因此反应速率维持恒定。例如，氨在钨表面上的解离，HI 在金丝上的解离等都是零级反应。

c. 反应物的吸附介于强弱之间，则式(12-120)可近似地写作

$$-\frac{dp_A}{dt} = k_s p_A^n$$

$0 < n < 1$，反应级数小于 1。例如 SbH_3 在锑表面上的解离反应，$n = 0.6$。

上面介绍的是在通常压力下，弱吸附表现为一级反应，强吸附表现为零级反应，中间吸附为分数级反应。另一方面，对同一个反应系统，在不同的压力范围内也会表现为不同级数，即低压下表现为一级，高压下表现为零级，中等压力下表现为分数级。

② 有两种反应物的表面反应　若反应 $A + B \longrightarrow P$ 的机理为

$$A + S \rightleftharpoons A \cdot S \quad （快，吸附）$$

$$B + S \rightleftharpoons B \cdot S \quad （快，吸附）$$

$$A \cdot S + B \cdot S \xrightarrow{k_S} P \cdot S \quad （慢，表面反应）$$

$$P \cdot S \rightleftharpoons P + S \quad （快，解吸）$$

此机理称为朗格缪尔-欣谢尔伍德(Langmuir-Hinshelwood)机理。因控制步骤为表面双分子反应，按表面质量作用定律，得

$$-\frac{dp_A}{dt}=k_s\theta_A\theta_B \tag{12-121}$$

吸附平衡时，若产物吸附极弱，应用朗格缪尔方程

$$\theta_A=\frac{b_Ap_A}{1+b_Ap_A+b_Bp_B}$$

$$\theta_B=\frac{b_Bp_B}{1+b_Ap_A+b_Bp_B}$$

所以

$$-\frac{dp_A}{dt}=\frac{k_sb_Ap_Ab_Bp_B}{(1+b_Ap_A+b_Bp_B)^2}=\frac{kp_Ap_B}{(1+b_Ap_A+b_Bp_B)^2} \tag{12-122}$$

式中，$k=k_sb_Ab_B$。由上式可知，若 A 和 B 的吸附都很弱，即 b_A、b_B很小；或 p_A和 p_B较小，则上式可化简为

$$-\frac{dp_A}{dt}=kp_Ap_B$$

为二级反应。

上述式(12-120)和式(12-122)是通过反应机理，按表面质量作用定律推导出的速率方程，属于机理速率方程。若方程与实验数据相符，表明机理的正确性。但如前所述，有时不同的机理可得到相同的速率方程，因此，要验证机理的正确与否，尚应从实验出发，通过实验加以验证。

12.12.5 酶催化反应

生物体进行的各种复杂反应，如蛋白质、脂肪、碳水化合物的合成、分解等，基本上都是酶催化反应。酶是动植物和微生物产生的具有催化能力的蛋白质分子，主要由氨基酸构成，有些酶还结合了一些金属元素，例如过氧化氢分解酶含有铁，二氧化碳分解酶含有铬，固氮酶含有铁、钼、钒等金属。酶的活性极高，约为一般酸碱催化剂的 10^8～10^{12}倍，通过酶可以合成和分解自然界大量有机物质。由于酶的分子大小约在 10～100nm 之间，因此酶催化作用就催化剂的大小而言，可看作是介于均相与多相催化的过渡范围，既可以看成是反应物与酶形成了中间化合物的均相催化反应，也可以看成是在酶的表面上首先吸附了底物(酶催化作用时常将反应物叫做底物)而后再进行的催化反应。

酶催化反应的特点之一是酶具有极高的选择性与专一性。例如，尿素酶在溶液中只要含千万分之一，就能迅速催化尿素转化为氨与二氧化碳，但不能水解尿素的取代物，如甲脲。其他情况如蛋白酶只催化蛋白质水解为肽，脂肪酶只催化脂肪水解为脂肪酸和甘油等，体现出了酶催化的高度专一性。

酶催化反应的特点之二是酶催化的高效性，比普通催化剂有时能高出上亿倍。例如，一个过氧化氢分解酶分子能在 1s 内分解十万个过氧化氢分子，而石油裂解所使用的硅酸铝催化剂在 773K 的温度下，大约 4s 才分解一个烃分子。

酶催化反应的特点之三是反应条件的温和性，通常在常温常压下就能进行。例如工业合成氨，要在约 3×10^6 Pa 的高压、770K 的高温以及特殊设备的条件下才能进行，且氨的转化率只有 7%～10%；而某些植物茎部的固氮酶在常温常压下不仅能固定空气中稀少的氮，而且还能将它还原为氨。

由于酶具有突出的优良催化性能，酶催化已被利用在发酵、石油脱蜡、脱硫以及“三

废"处理等方面。但是，由于酶反应历程的复杂性，增加了酶催化反应研究的困难性，因此如何模拟自然界的生物酶是络合催化研究的一个活跃领域、当前科学的一大热门课题。

酶催化反应的机理比较复杂，最简单也是最具有代表性的反应机理是由米恰利斯(Michaelis)和门顿(Menten)提出的。他们指出酶 E 与底物 S 先结合形成一个中间络合物 ES，然后中间络合物再继续分解生成产物 P 而使酶 E 复原。即

$$E+S \underset{k_{-1}}{\overset{k_1}{\rightleftharpoons}} ES$$

$$ES \xrightarrow{k_2} P+S$$

按稳态法，中间络合物 ES 的变化速率为零

$$\frac{dc_{ES}}{dt}=k_1 c_E c_S - k_{-1} c_{ES} - k_2 c_{ES}=0$$

$$c_{ES}=\frac{k_1 c_E c_S}{k_{-1}+k_2}=\frac{c_E c_S}{K_M}$$

式中，$K_M=\frac{k_{-1}+k_2}{k_1}=\frac{c_E c_S}{c_{ES}}$，称为米恰利斯常数。

反应速率为

$$r=\frac{dc_P}{dt}=k_2 c_{ES} \tag{12-123}$$

以 $c_{E,0}$ 代表酶的总浓度，因 $c_{E,0}=c_E+c_{ES}$，在整个反应过程中 $c_{E,0}$ 恒定。将 $c_E=c_{E,0}-c_{ES}$ 代入米恰利斯常数表达式，整理得

$$c_{ES}=\frac{c_{E,0} c_S}{K_M+c_S}$$

再将上式代入式(12-123)，得

$$r=k_2\frac{c_{E,0} c_S}{K_M+c_S} \tag{12-124}$$

速率 r 随 c_S 的变化关系见图 12-21。当 c_S 很小时，$K_M+c_S \approx K_M$，$r=\frac{k_2}{K_M}c_{E,0} c_S$，对 c_S 而言是一级反应，这与实验事实相符。

当 $c_S \rightarrow \infty$ 时，速率趋于极大，以 r_m 表示，$r_m=k_2 c_{E,0}$。再将 r_m 的表达式代入式(12-124)，并整理得

$$\frac{1}{r}=\frac{1}{r_m}+\frac{K_M}{r_m}\times\frac{1}{c_S} \tag{12-125}$$

可见，用 $\frac{1}{r}$ 对 $\frac{1}{c_S}$ 作图，得一直线，由直线的截距及斜率即可求得极大速率 r_m 及米恰利斯常数 K_M。

而当 $r=\frac{r_m}{2}$ 时，$K_M=c_S$，即当反应速率达到最大速率的一半时，底物的浓度就等于米恰利斯常数。

酶催化反应越来越多地受到人们的重视，不仅仅是由于发酵化工生产及污水处理等过程

中需要借助于酶来完成，更重要的是它在生物学中的重要性，没有酶的存在，几乎所有的生理反应和生命过程均将停止，许多疾病的发生也源于酶反应的失调。人们需要深入研究酶反应的机理，以解决许多疑难病症，为人类造福。

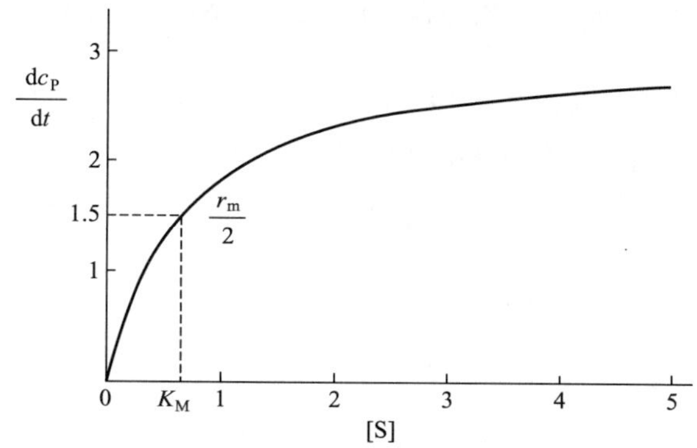

图 12-21　酶催化反应速率曲线图

学习基本要求

1. 掌握动力学的基本概念。如：反应速率、反应速率方程、基元反应、非基元反应、反应级数、反应分子数和反应速率常数等。

2. 掌握简单级数的积分形式和基本特征，学会确定反应级数的方法，能熟练运用速率方程进行有关速率常数、反应时间、半衰期和反应级数等之间的计算。

3. 掌握温度对反应速率常数影响的阿伦尼乌斯方程，掌握活化能和表观活化能的概念，能利用阿伦尼乌斯方程各种表达式进行反应速率和活化能等方面的计算。

4. 学会典型复合反应处理问题的方法，掌握复合反应速率方程的近似处理方法，能运用慢步骤控制法、快速平衡法和稳态法等，由复杂反应的机理推导速率方程。

5. 掌握链反应的基本特点，了解爆炸界限等概念。

6. 了解反应速率理论中碰撞理论和过渡态理论的主要区别，掌握活化能、临界能、活化焓和活化熵等概念，能运用速率理论计算简单反应的速率常数。

7. 了解溶液反应的特点，了解溶剂、扩散和离子强度等对溶液反应速率的影响。

8. 了解光化学反应的基本定律，光化学和热化学反应的区别，掌握量子产率和光化学反应动力学。

9. 了解催化反应的基本概念，了解均相酸碱催化反应、络合催化、多相催化反应和酶催化反应等特点。

习　　题

12-1　蔗糖水解是一级反应。298K 时，在 $100cm^3$ 水溶液中含有 0.03mol 蔗糖和 0.1mol HCl，用旋光仪测得反应 20min 时有 30%蔗糖发生了水解。求：

（1）反应的速率常数；

（2）反应开始时和反应 20min 时的速率；

（3）反应进行到 50min 时蔗糖水解的百分数。

12-2　分解反应：$N_2O_5(g) \longrightarrow 2NO_2(g) + \frac{1}{2}O_2(g)$ 是一级反应，已知一定温度下该反应的速率常数为 $4.8\times10^{-4}s^{-1}$。求：

（1）半衰期 $t_{1/2}$；

(2) 若在体积一定的真空容器中开始充入 N_2O_5 时压力为 66.66kPa，则反应进行到第 10s 和 10min 时容器的压力各为多少？

12-3　反应 $SO_2Cl_2(g) \longrightarrow SO_2(g)+Cl_2(g)$ 为一级气相反应，593K 时速率常数 $k=2.2\times10^{-5}s^{-1}$。问在 593K 加热 90min $SO_2Cl_2(g)$ 的分解分数为若干？

12-4　298K 时，一级反应 $A \longrightarrow P$ 的初始速率为 $4\times10^{-3}mol\cdot dm^{-3}\cdot min^{-1}$，2h 时的速率为 $1\times10^{-3}mol\cdot dm^{-3}\cdot min^{-1}$。求：

(1) 反应速率常数；

(2) 半衰期 $t_{1/2}$；

(3) 反应的初始浓度。

12-5　金属钚的同位素进行 β 放射，14 天后同位素的活性降低 6.85%。试求同位素的蜕变常数、半衰期和分解 80%所需的时间。

12-6　^{238}U 的衰变：$^{238}U \longrightarrow {}^{206}Pb+8{}^{4}He$ 为一级反应。实验测得衰变反应的半衰期 $t_{1/2}=4.51\times10^9$ 年，且每克陨石中含有 ^{238}U 为 $6.3\times10^{-8}g$，^{4}He 为 $20.77\times10^{-6}cm^3$（273.15K、101.325kPa 条件下），试求该陨石的陨龄。

12-7　在一真空刚性容器中，加入一定量纯 A(g)，发生如下反应：$A(g) \longrightarrow 2B(g)+C(g)$

若反应能彻底完成，在 323K 恒温一定时间后开始计时，测得各时刻系统的压力数据如下表：

t/min	0	30	50	∞
p/kPa	53.33	73.33	80.00	106.66

求反应的级数与速率常数。

12-8　试分别计算一级反应与二级反应，当转化率达到 87.5%所需时间是转化率达到 50%所需时间的几倍。

12-9　某物质 A 分解反应为二级反应，当反应进行到 A 消耗了 1/3 时，所需时间为 5min，则若继续反应掉剩余量 1/3 的 A，应需多长时间？

12-10　二级反应 $2A \longrightarrow P$，初始浓度为 $1.0mol\cdot dm^{-3}$，反应 5min 后反应掉 25%，求速率常数 k。

12-11　某温度时，反应 $2NH_3(g) \longrightarrow N_2(g)+3H_2(g)$ 的速率常数 $k_{NH_3}=40dm^3\cdot mol^{-1}\cdot min^{-1}$，求 k_{N_2} 与 k_{H_2}。

12-12　浓度相同的 A、B 溶液等体积混合，发生 $A+B \longrightarrow P$ 的反应。反应 1.0h 后，A 已消耗了 75%；在下列情况下，反应 2.0h 后，A 还有多少没反应？

(1) 反应对 A 为一级，对 B 为零级；

(2) 对 A、B 均为一级；

(3) 对 A、B 均为零级。

12-13　553K 时，分解反应 $A(g) \longrightarrow 2B(g)$ 可以进行完全，将反应物置于密闭的恒容容器中，于不同的时间测得系统压力如下表：

t/s	0	500	800	1300	1800
p/kPa	2.000	2.520	2.760	3.066	3.306

求反应级数和速率常数。

12-14　791K 时，在一定体积的容器中乙醛气体发生如下的分解反应

$$2CH_3CHO(g) \longrightarrow 2CH_4(g)+2CO(g)$$

从实验开始，每隔一定时间，测定容器中的压力，结果如下表：

t/s	0	42	105	242	384	665	1070
p/kPa	48.4	52.9	58.3	66.3	71.6	78.3	83.6

试证明该反应为二级反应，并求速率常数。

12-15　在 773K 时，某气体有机物在初压为 100kPa 时分解反应的半衰期为 2s；若初压降为 10kPa，则

半衰期为 20s。求反应级数和速率常数。

12-16 反应 $2A(g) \longrightarrow A_2(g)$ 为二级反应，恒温恒压下系统的总压 p 数据如下表，试求速率常数 k_A。

t/s	0	100	200	400	∞
p/kPa	41.330	34.397	31.197	27.331	20.665

12-17 NO 与 H_2 反应如下：

$$2NO(g)+2H_2(g) \longrightarrow N_2(g)+2H_2O(g)$$

一定温度下，测得等量的 NO 与 H_2 混合物反应在不同初压时的半衰期如下表：

p_0/kPa	50.0	45.4	38.4	32.4	26.9
$t_{1/2}$/min	95	102	140	176	224

求反应的总级数。

12-18 在 950K 时，测得分解反应 $4PH_3(g) \longrightarrow P_4(g)+6H_2(g)$ 在不同时刻系统的压力如下表：

t/min	0	40	80
p/kPa	13.33	20.00	22.22

若反应开始时只有 PH_3，求反应级数与速率常数。

12-19 在 673K 时，气相反应

$$A(g)+B(g) \longrightarrow P(g)$$

保持 A 的初压力(1.3kPa)不变，改变 B 的初始压力，测得反应的初始速率如下表：

$p_{B,0}$/kPa	1.3	2.0	3.3	5.3	8.0	13.3
$r_0 \times 10^4$/kPa·s^{-1}	1.3	2.5	5.3	10.7	19.6	42.1

同样，保持 B 的初压力(1.3kPa)不变，改变 A 的初始压力，测得反应的初始速率如下表：

$p_{A,0}$/kPa	1.3	2.0	3.3	5.3	8.0	13.3
$r_0 \times 10^4$/kPa·s^{-1}	1.3	1.6	2.1	2.7	3.3	4.2

求：(1) 反应对 A 和 B 的级数以及总级数；

(2) 反应速率常数 k_p；

(3) 反应速率常数 k_c。

12-20 反应

$$[Co(NH_3)_5F]^{2+}\ H_2O \xrightarrow{H^+} [Co(NH_3)_5H_2O]^{3+}\ F^-$$

速率方程为

$$r = k c^a_{[Co(NH_3)_5F]^{2+}} c^b_{H^+}$$

在不同温度下，采用不同初始浓度测得的 $t_{1/2}$ 与 $t_{3/4}$ 如下表：

$c_{[Co(NH_3)_5F]^{2+},0}$/mol·dm^{-3}	$c_{H^+,0}$/mol·dm^{-3}	T/K	$t_{1/2}$/min	$t_{3/4}$/min
0.100	0.010	298	60.0	120.0
0.200	0.020	298	30.0	60.0
0.100	0.010	308	30.0	60.0

试求：

(1) 反应级数 a 和 b 的 k 值；

(2) 不同温度时的反应速率常数 k 值；

(3) 反应的活化能 E_a 值。

12-21　阿司匹林的水解为一级反应，373K 时的速率常数为 $7.92d^{-1}$，求 290K 时水解 30%所需的时间。假定在 290～373K 间反应的活化能为 $56.5kJ \cdot mol^{-1}$。

12-22　二级反应 $A+B \longrightarrow P$ 的活化能为 $92.0kJ \cdot mol^{-1}$，A 与 B 的初始浓度均为 $1.0mol \cdot dm^{-3}$，298K 时反应进行 30min 后 A 与 B 各消耗一半。求：

(1) 在此温度下，反应 60min 时反应物的转化率；

(2) 反应在 315K 下进行 60min 后的转化率。

12-23 反应

$$N_2O_5(g) \longrightarrow 2NO_2(g)+1/2O_2(g)$$

在 338K 时的速率常数为 $0.292min^{-1}$，活化能为 $103.3kJ \cdot mol^{-1}$，求 373K 时反应的速率常数与半衰期 $t_{1/2}$。

12-24　分解反应

$$A(g) \longrightarrow 2B(g)$$

为一级反应。553K 时，在一容器中加入 A，反应 751s 后系统压力为 2.710kPa；经长时间反应全部完成后系统压力为 4.008kPa。升高温度到 578K，改变 A 的用量重复上述实验，经 320s 系统压力为 2.838kPa；反应完成后系统压力为 3.554kPa。求反应活化能。

12-25　反应由相同的初始浓度开始，完成 30%所需的时间，在 300K 时为 25min，350K 时为 10min，求该反应的活化能。

12-26　一定温度下，下列分解反应

$$2A(g) \longrightarrow 2B(g)+C(g)$$

其半衰期与初始压力成反比。在 970K 时，A 的初始压力为 39.2kPa 的半衰期为 1529s；在 1030K 时，A 的初始压力为 48.0kPa 的半衰期为 212s。求：

(1) 反应的级数；

(2) 反应的活化能。

12-27　青霉素 G 的分解为一级反应，在不同温度下测得反应的半衰期数据如下表：

T/K	310	316	327
$t_{1/2}$/min	32.1	17.1	5.8

求反应的活化能与指前因子。

12-28　在 673K 时，假设反应

$$A(g) \longrightarrow B(g)+1/2C(g)$$

可以完全进行，其反应速率 k 与反应温度 T 之间关系如下：

$$\ln \frac{k}{(mol \cdot dm^{-3})^{-1} \cdot s^{-1}} = -\frac{12886.7}{T/K}+20.27$$

试计算：

(1) 反应级数；

(2) 活化能与指前因子；

(3) 若在 673K 时，向容器中通入 A(g)，使其压力为 26.66kPa，当反应后容器中压力达到 32.0kPa 时所需的时间。

12-29　正、逆反应均为一级的对峙反应 $A \underset{k_{-1}}{\overset{k_1}{\rightleftharpoons}} B$，已知速率常数 k_1 及平衡常数 K 与温度的关系分别如下：

$$\lg k_1/s^{-1} = -\frac{2000}{T/K} + 4.0$$

$$\lg K = \frac{2000}{T/K} - 4.0$$

式中 $K = k_1/k_{-1}$

反应开始时，$c_{A,0} = 0.5 mol \cdot dm^{-3}$，$c_{B,0} = 0.05 mol \cdot dm^{-3}$，计算：

（1）逆反应的活化能；

（2）400K 时，反应 10s 后，A 和 B 的浓度；

（3）400K 时，反应达到平衡时 A 和 B 的浓度。

12-30　一定温度下，对峙反应 $A \underset{k_{-1}}{\overset{k_1}{\rightleftharpoons}} B$ 的 $k_1 = 0.006 s^{-1}$，$k_{-1} = 0.002 min^{-1}$。若反应开始时只有 A，浓度为 $1.0 mol \cdot dm^{-3}$，求：

（1）反应平衡时 A 与 B 的浓度；

（2）A 与 B 浓度相等时反应所需的时间。

12-31 一定温度下，测得对峙反应 $A \underset{k_{-1}}{\overset{k_1}{\rightleftharpoons}} B$ 中 A 在不同时刻的浓度如下表：

t/s	0	45	90	225	360	585	∞
$c_A/mol \cdot dm^{-3}$	1.00	0.892	0.811	0.623	0.507	0.399	0.300

若反应开始时只有 A，求：反应的平衡常数与正、逆反应的速率常数。

12-32　在 298K 时，气相分解反应

$$A(g) \underset{k_{-1}}{\overset{k_1}{\rightleftharpoons}} B(g) + C(g)$$

$k_1 = 0.21 s^{-1}$，$k_{-1} = 5 \times 10^{-9} Pa^{-1} \cdot s^{-1}$，当温度由 298K 升高到 310K 时，$k_1$ 与 k_{-1} 均增加 1 倍，求：

（1）298K 时反应的平衡常数；

（2）正、逆反应的活化能；

（3）298K 时反应的 $\Delta_r H_m$ 与 $\Delta_r U_m$；

（4）298K 时，A 的初始压力为 100kPa，使系统压力达到 152kPa 所需的时间。

12-33　对于一级对峙反应 $A \underset{k_{-1}}{\overset{k_1}{\rightleftharpoons}} B$，达到 $c_A = \frac{c_{A,0} + c_{A,e}}{2}$ 所需的时间为半衰期 $t_{1/2}$。

（1）证明：$t_{1/2} = \ln 2/(k_1 + k_{-1})$；

（2）若初始速率为每分钟消耗 0.2% 的 A，平衡时有 80% 的 A 转化为 B，求 $t_{1/2}$。

12-34　对于平行反应

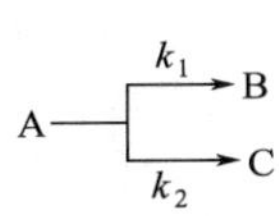

若总反应的活化能为 E，证明：

$$E = \frac{k_1 E_1 + k_2 E_2}{k_1 + k_2}$$

12-35　在 I_2 作催化剂的条件下，氯苯（C_6H_5Cl）与氯气（Cl_2）在 CS_2(l) 溶液中发生下列平行反应（均为二级）：

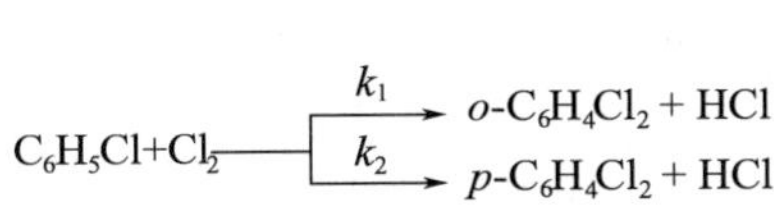

设当温度和 I_2 的浓度一定时，C_6H_5Cl 与 Cl_2 在 CS_2(l)溶液中的起始浓度均为 $0.5mol\cdot dm^{-3}$，30min 后，有 15%的 C_6H_5Cl 转变为 o-$C_6H_4Cl_2$，有 25%的 C_6H_5Cl 转变为 p-$C_6H_4Cl_2$，求速率常数 k_1 和 k_2。

12-36　气相反应 $A(g)+C(g)\longrightarrow D(g)$的反应机理如下：

$$A(g)\underset{k_{-1}}{\overset{k_1}{\rightleftharpoons}}B(g)$$

$$B(g)+C(g)\longrightarrow D(g)$$

其中，B 为活泼物质，可用稳态法近似处理。求出 D 的生成速率方程，并证明反应在高压下为一级，低压下为二级。

12-37　反应 $H_2+Br_2\longrightarrow 2HBr$ 的机理如下：

(1) $Br_2+M\xrightarrow{k_1}2Br\cdot+M$

(2) $Br\cdot+H_2\xrightarrow{k_2}HBr+H\cdot$

(3) $H\cdot+Br_2\xrightarrow{k_3}HBr+Br\cdot$

(4) $H\cdot+HBr\xrightarrow{k_4}H_2+Br\cdot$

(5) $Br\cdot+Br\cdot+M\xrightarrow{k_5}Br_2+M$

试推导出生成 HBr 的速率方程。

12-38　N_2O_5 分解反应历程如下：

(a) $N_2O_5\xrightarrow{k_1}NO_2+NO_3$

(b) $NO_2+NO_3\xrightarrow{k_2}N_2O_5$

(c) $NO_2+NO_3\xrightarrow{k_3}NO+NO_2+O_2$

(d) $NO+NO_3\xrightarrow{k_4}2NO_2$

(1) 若以 NO_3 与 NO 为活性中间体，用稳态近似法证明：N_2O_5 的消失速率对 N_2O_5 的浓度是一级反应；

(2) N_2O_5 的消失速率常数 $k=\dfrac{2k_1k_3}{k_2+2k_3}$。

12-39　反应 $OCl^-+I^-\longrightarrow OI^-+Cl^-$ 的机理如下：

(1) $OCl^-+H_2O\underset{k_{-1}}{\overset{k_1}{\rightleftharpoons}}HOCl+OH^-$　　(快速平衡，$K=k_1/k_{-1}$)

(2) $HOCl+I^-\xrightarrow{k_2}HOI+Cl^-$　　(决速步)

(3) $OH^-+HOI\xrightarrow{k_3}H_2O+OI^-$　　(快速反应)

试导出反应的速率方程，并求出表观活化能与各基元反应活化能之间的关系。

12-40　若反应 $3HNO_2\longrightarrow H_2O+2NO+H^++NO_3^-$ 的机理如下：

(1) $2HNO_2\rightleftharpoons NO+NO_2+H_2O$　　(快速平衡，K_1)

(2) $2NO_2\rightleftharpoons N_2O_4$　　(快速平衡，K_2)

(3) $N_2O_4+H_2O\xrightarrow{k}HNO_2+H^++NO_3^-$　　(慢反应)

求出以 NO_3^- 表示的速率方程。

12-41　二级反应 $2A\longrightarrow P$ 的速率常数 $k(mol\cdot dm^{-3}\cdot s^{-1})$与温度 T(K)的关系如下：

$$k=4.0\times10^{10}T^{1/2}\exp(-145.2\times10^3/RT)$$

(1) 在 500K 时，$c_{A,0}=0.10mol\cdot dm^{-3}$，求反应的半衰期 $t_{1/2}$；

(2) 在 500K 时，该反应活化能；

(3) 若反应历程如下：

$A \underset{k_{-1}}{\overset{k_1}{\rightleftharpoons}} B$(快速平衡)，$A+B \xrightarrow{k_2} C$(决速步)，$C \xrightarrow{k_3} P$(快反应)

用平衡态法导出该反应的速率方程，并指出在什么条件下表现为二级反应。

12-42 有机化合物热分解的链反应历程如下：

$A_1 \xrightarrow{k_1} R_1 + A_2 \qquad E_1 = 320\text{kJ} \cdot \text{mol}^{-1}$

$R_1 + A_1 \xrightarrow{k_2} R_1H + R_2 \qquad E_2 = 40\text{kJ} \cdot \text{mol}^{-1}$

$R_2 \xrightarrow{k_3} R_1 + A_3 \qquad E_3 = 140\text{kJ} \cdot \text{mol}^{-1}$

$R_1 + R_2 \xrightarrow{k_4} A_4 \qquad E_4 = 0\text{kJ} \cdot \text{mol}^{-1}$

上述各式中，各 R 均表示高活性的自由基，各 A 均表示稳定物质。对于某一长链有机化合物的分解反应，请推导出其反应速率方程，并求出表观活化能。

12-43 乙炔气相热分解为二级反应。发生反应的临界能 $E_c = 190.4\text{kJ} \cdot \text{mol}^{-1}$，分子直径为 0.5nm，计算：

(1) 1000K，100kPa 时，单位时间、单位体积内的碰撞数；

(2) 1000K 时的速率常数。

12-44 对于同类双分子反应 $2A \longrightarrow P$，试证明：

(1) A 与 A 之间的碰撞数为

$$Z_{AA} = 8r_A^2 \left(\frac{\pi RT}{m_A}\right)^{1/2} C_A^2$$

(2) 反应的速率方程为

$$-\frac{dC_A}{dt} = 16r_A^2 \left(\frac{\pi RT}{m_A}\right)^{1/2} n_A^2 e^{-E_c/RT}$$

12-45 实验测得丁二烯气相二聚反应的速率常数为

$$k = 9.2 \times 10^9 \exp\left(-\frac{12058}{T}\right) \text{cm}^3 \cdot \text{mol}^{-1} \cdot \text{s}^{-1}。$$

若此反应的 $\Delta_r^{\neq} S_m^{\ominus} = -60.79\text{J} \cdot \text{K}^{-1} \cdot \text{mol}^{-1}$，试用过渡态理论求此反应在 600K 时的指前因子 A，并与实验值比较。

12-46 303K 时，丙黄原酸离子在乙酸缓冲溶液中反应的速率常数与温度的关系式为：

$$k = 2.05 \times 10^{13} \exp(-8681/T) \text{dm}^3 \cdot \text{mol}^{-1} \cdot \text{s}^{-1}$$

求该反应的 $\Delta_r^{\neq} H_m^{\ominus}$ 与 $\Delta_r^{\neq} S_m^{\ominus}$。

12-47 水在 298K 和 308K 时的 η 分别为 $8.937 \times 10^{-4}\text{Pa} \cdot \text{s}$ 与 $7.225 \times 10^{-4}\text{Pa} \cdot \text{s}$，试计算以水为溶剂时的扩散控制反应的活化能。

12-48 H_2 和 Cl_2 的光化学反应吸收波长为 480nm 的光，量子效率为 10^6。在此条件下吸收 1J 的辐射能，可生成多少摩尔的 HCl?

12-49 330K 时，气态丙酮在波长为 313nm 的光照下，发生下列分解反应

$$(CH_3)_2CO(g) \longrightarrow C_2H_6(g) + CO(g)$$

实验时反应池体积为 59cm^3，丙酮蒸气吸收入射光的 91.5%，入射光的能量 $E = 4.81 \times 10^{-4}\text{J} \cdot \text{s}^{-1}$。反应开始压力为 102.1kPa，终态压力为 104.4kPa，计算反应的量子效率。

12-50 乙醛光解反应历程如下

(1) $CH_3CHO + h\nu \xrightarrow{I_a} CH_3 \cdot + CHO \cdot$

(2) $CH_3 \cdot + CH_3CHO \xrightarrow{k_1} CH_4 + CH_3CO \cdot$

(3) $CH_3CO \cdot \xrightarrow{k_2} CO + CH_3 \cdot$

(4) $CH_3 \cdot + CH_3 \cdot \xrightarrow{k_3} C_2H_6$

试推导出 CO 的生成反应速率方程及 CO 的量子产率表达式。

12-51　323K 时，某有机化合物在酸催化下发生水解反应，其速率方程为

$$-\frac{dc_A}{dt}=k_A c_A^{\alpha} c_{H^+}^{\beta}$$

当溶液的 pH=5 时，$t_{1/2}$=69.3min；pH=4 时，$t_{1/2}$=6.93min，且 $t_{1/2}$ 与 A 的初始浓度无关。求：

（1）α 与 β 的值；

（2）速率常数 k_A；

（3）pH=3 时，$t_{1/2}$。

12-52　酶 E 作用在某一反应物 S 上将产生氧气，其反应机理为

$$E+S \underset{k_{-1}}{\overset{k_1}{\rightleftharpoons}} ES \xrightarrow{k_2} E+P$$

实验测得在底物的不同初始浓度 $c_{s,0}$ 时，产生氧气的初始速率 r_0 数据如下：

$c_{s,0}$/mol·dm^{-3}	0.050	0.017	0.010	0.005	0.002
$r_0/10^6$mol·dm^{-3}·min^{-1}	16.6	12.4	10.1	6.6	3.3

计算反应的 Michaelis 常数 K_M。

第13章

界面化学

界面科学是化学、物理、生物、材料和信息等学科之间相互交叉和渗透的一门重要的边缘科学，是当前三大科学技术(即生命科学、材料科学和信息科学)前沿领域的桥梁。界面化学是在原子或分子尺度上探讨两相界面上发生的化学过程以及驱动化学过程的一些物理过程。

物质通常以气、液、固三种聚集态(也称相态)存在。当两种聚集态共存时，会出现气-液、气-固、液-液、液-固和固-固五种相的界面。一般常把与气体接触的界面称为表面，如气-液界面常称为液体表面，气-固界面称为固体表面。

界面并不是简单的几何面，而是从一相到另一相的过渡层，约几个分子厚，所以也称界面层或界面相，与界面层相邻的两相称为体相。处于任一相态的物质，其界面层和体相的组成、结构、受力情况以及所处的能量状态均不相同，因而界面层与体相的性质上也有所差异，这种性质差异导致了界面上发生了一系列与体相不同的行为，称为界面现象。对于一定量的物质，当其分散度很高时，其界面积越大，界面现象就越突出，此时的界面现象是不可以忽略的。

物质的分散度通常用比表面积 a_s(或 a_v)来表示，其定义为物质的表面积 A_s 与其质量 m 或体积 V 之比，即

$$a_s=\frac{A_s}{m} \quad 或 \quad a_v=\frac{A_s}{V} \tag{13-1}$$

单位分别为 $m^2 \cdot kg^{-1}$ 和 m^{-1}。所以，比表面积 $a_s(a_v)$ 是单位质量(体积)的物质具有的表面积，其数值随着物质的分散度的增加而增大。

对于一定质量的物体，若将其分散为粒子，粒子越小，比表面越大。例如，将 $1cm^3$ 的立方体在三维方向上各拦腰切割一次，每切割一次就增加了两个新的表面，三次切割增加了6个新的表面，则总面积就从 $6cm^2$ 增加到了 $12cm^2$。若继续切割，其表面积和比表面积的增加如表13-1所示。表中同时给出了总表面能，当粒子的边长从 10^{-4} cm 变化到 10^{-7} cm 时，表面积由 $6\times10^4 cm^2$ 变到 $6\times10^7 cm^2$，比表面积由 $6\times10^6 m^{-1}$ 增加到 $6\times10^9 m^{-1}$，表面能由 0.44×10^0 J 变化为 0.44×10^3 J，导致微小粒子物理化学性质的巨大变化。

随着工业生产的发展，与界面现象有关的应用也越来越多，人们把粒径在1～1000nm之间的粒子组成的分散系统称为胶体，由于其具有极高的分散度和很大的比表面积，会产生特有的界面现象，所以经常把胶体与界面现象一起来研究，称为胶体界面化学(或表面化

学）。胶体表面化学是物理化学的一个重要分支，与实际应用有着非常紧密的联系。

表 13-1　1cm³ 的立方体在分割过程中表面性质的变化

边长/cm	立方体个数	总表面积/cm^2	比表面积/m^{-1}	总表面能/J
1	1	6	6×10^{2}	0.44×10^{-4}
1×10^{-1}	1×10^{3}	6×10^{1}	6×10^{3}	0.44×10^{-3}
$1\times10^{\ 2}$	1×10^{6}	6×10^{2}	6×10^{4}	0.44×10^{-2}
1×10^{-3}	1×10^{9}	6×10^{3}	6×10^{5}	0.44×10^{-1}
1×10^{-4}	1×10^{12}	6×10^{4}	6×10^{6}	0.44×10^{0}
1×10^{-5}	1×10^{15}	6×10^{5}	6×10^{7}	0.44×10^{1}
1×10^{-6}	1×10^{18}	6×10^{6}	6×10^{8}	0.44×10^{2}
1×10^{-7}	1×10^{21}	6×10^{7}	6×10^{9}	0.44×10^{3}
1×10^{-8}	1×10^{24}	6×10^{8}	6×10^{10}	0.44×10^{4}

13.1　界面张力

13.1.1　液体的表面张力、表面功和表面吉布斯函数

物质表面层中的分子与体相中的分子二者所处的力场是不同的。以饱和蒸气相接触的液体表面分子与内部分子受力情况为例，如图 13-1 所示。

在液体内部的任一分子，都处于同类分子的包围之中，平均看来，该分子与其周围分子间的吸引力是球形对称的，各个相反方向上的力彼此相互抵消，其合力为零。然而表面层中的分子，则处于力场不对称的环境中。液体内部分子对表面层中分子的吸引力，远远大于液面上蒸气分子对它的吸引力，所受作用力的合力垂直于液面内部，即液体表面分子受到指向液体内部的拉力，如同液体表面被一层绷紧了的富于弹性的膜包围着。因此，在没有其他作用力存在时，所有液体都有缩小表面积的趋势。而要扩展液体的表面，即把一部分分子由内部移到表面上来，则需要克服指向液体内部的拉力而消耗功(即环境对系统做功)，所消耗的功全部或部分转变成表面分子的势能。可见，表面分子比内部分子具有更高的能量。这就是为什么小液体总是呈球形，肥皂泡要用力吹才能变大的缘故，因为相同体积的物体球形表面积最小，扩张表面需要对系统做的功就最小。

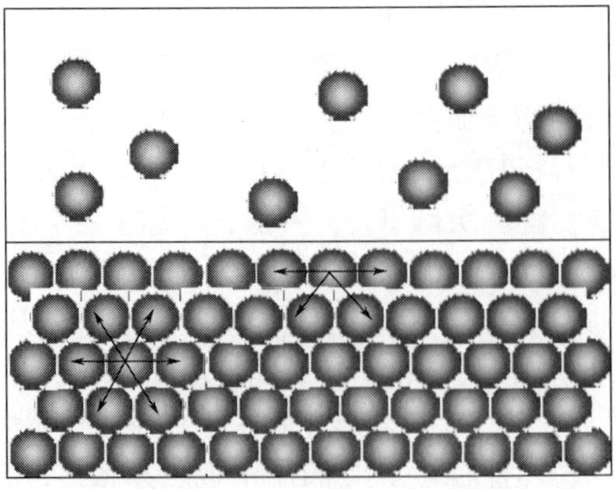

图 13-1　液体表面与内部分子受力情况比较

如图 13-2 所示。把金属丝弯成 U 形框架，另一根金属丝附在框架上并可以自由滑动。把框架放在肥皂液中，然后慢慢地取出，框架上就有了一层肥皂膜，并且能观察到肥皂膜会自动收缩，并带动 AB 边向 CD 方向移动，这说明肥皂膜表面具有自动收缩的力。

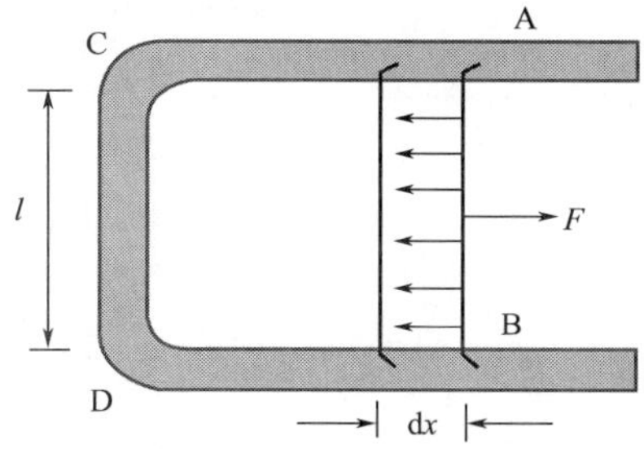

图 13-2 表面张力和表面功示意图

所以，放松金属丝，肥皂膜会自动收缩以减小表面积。这时欲使膜框架维持不变，需在金属丝上施加一相反的力 F，其大小与金属丝的长度 l 成正比，比例系数以 γ 表示，因为膜有正反两个表面，故可得

$$F=2\gamma l \tag{13-2a}$$

即

$$\gamma=F/(2l) \tag{13-2b}$$

式中，γ 称为表(界)面张力，γ 可看作是液体表面收缩作用在单位长度上的力，其单位为 $N\cdot m^{-1}$。表面张力的方向是和液面相切的，并和两部分的分界线垂直。若液面是平面，表面张力就在这个平面上。如果液面是曲面，表面张力则在这个曲面的切面上。

也可以从另一个角度来看 γ。如图 13-2 中，若要将金属丝 AB 向右移动 dx 距离，使肥皂膜表面积增大 $dA_s=2l dx$(肥皂膜有两个面)，则需施加一外力 F 对系统做功 $\delta W_r'$，忽略摩擦力的影响，这一过程所做的可逆非体积功为

$$\delta W_r'=F dx=2\gamma l dx=\gamma dA_s \tag{13-3}$$

式中，$dA_s=2l dx$ 为增大的液体表面积，将上式移项可得

$$\gamma=\frac{\delta W_r'}{dA_s} \tag{13-4}$$

由此可知，γ 也表示为使系统增加单位表面所需的可逆功，单位为 $J\cdot m^{-2}$。IUPAC 以此式来定义 γ，称 γ 为表面功(superficial work)。

由于恒温恒压下，可逆非体积功等于系统的吉布斯函数变化，即

$$\delta W_r'=dG_{T,p}=\gamma dA_s \tag{13-5}$$

故

$$\gamma=\left(\frac{\partial G}{\partial A_s}\right)_{T,p} \tag{13-6}$$

可见，γ 的物理意义为，恒温恒压下增加单位表面积所引起的体系吉布斯函数(又称吉布斯自由能)的变化，即单位表面的分子比相同数量的内部分子多余的自由能。因此，称 γ 为比表面吉布斯函数，或比表面吉布斯自由能，单位为 $J\cdot m^{-2}$。

综上所述，γ 既是比表面自由能，又是表面张力，二者数值相等，量纲也相同($J\cdot m^{-2}=N\cdot m\cdot m^{-2}=N\cdot m^{-1}$)。它们都是系统的强度性质，其数值与物质的本性、共存另一相的性质以及温度、压力等因素有关。在讨论界面热力学时，γ 可看作比表面自由能，在讨论界面间的相互作用及平衡关系时，γ 可看作表面张力。

13.1.2 表面热力学基本方程

在第 4 章 4.3 节中，综合考察了系统的 T、p、S、V 和各个相中各物质的量 $n_{B(\alpha)}$ 这些变量后，导出了多组分多相系统的四个热力学基本公式[式(4.32)～式(4.35)]，但是，没有考虑相界面面积 A_s 这一因素。实际上，即使是纯液体与其蒸气平衡共存时，必然也存在一

个两相之间的过渡表面区，即界面。如果要增加系统的表面积，就必须对系统做功。因此，若再考虑相界面面积 A_s 为变量，且假定系统内只有一个相界面，则相应的热力学基本公式为

$$dU = TdS - pdV + \sum_{\alpha}\sum_{B}\mu_{B(\alpha)}dn_{B(\alpha)} + \gamma dA_s \tag{13-7}$$

$$dH = TdS + Vdp + \sum_{\alpha}\sum_{B}\mu_{B(\alpha)}dn_{B(\alpha)} + \gamma dA_s \tag{13-8}$$

$$dA = -SdT - pdV + \sum_{\alpha}\sum_{B}\mu_{B(\alpha)}dn_{B(\alpha)} + \gamma dA_s \tag{13-9}$$

$$dG = -SdT + Vdp + \sum_{\alpha}\sum_{B}\mu_{B(\alpha)}dn_{B(\alpha)} + \gamma dA_s \tag{13-10}$$

由以上四式可得

$$\gamma = \left(\frac{\partial G}{\partial A_s}\right)_{T,p,n_{B(\alpha)}} = \left(\frac{\partial U}{\partial A_s}\right)_{S,V,n_{B(\alpha)}} = \left(\frac{\partial H}{\partial A_s}\right)_{S,p,n_{B(\alpha)}} = \left(\frac{\partial A}{\partial A_s}\right)_{T,V,n_{B(\alpha)}} \tag{13-11}$$

下脚标 $n_{B(\alpha)}$ 表示各相中各物质的量均不变。

由此可知，γ 是指在各相应变量不变的情况下，每增加单位表面积时，系统热力学能或吉布斯自由能等热力学函数的增量，称为广义的表面自由能。

在恒温恒压、单相中多组分系统中的各物质的量不变时，由式(13-10)得

$$dG = \gamma dA_s \tag{13-12}$$

此式表明在上述条件下，由于相界面面积变化而引起系统的吉布斯函数的变化，因这一变化体现在界面上，也称为界面吉布斯函数的变化，并用 dG_s 表示。

【例 13-1】 在 293.2K 和标准压力 $p^{\ominus}$ 下，将半径 $r_1 = 1.00\times10^{-3}$ m 的水滴分散成半径 $r_2 = 1.00\times10^{-9}$ m 的小水滴。已知该温度下，水的表面张力 $\gamma = 0.0728\text{N}\cdot\text{m}^{-1}$。试计算分散后的小水滴的数目及表面吉布斯自由能的变化。

解 设小水滴的数目为 N，则

$$\frac{4}{3}\pi r_1^3 = N\cdot\frac{4}{3}\pi r_2^3$$

$$N = \left(\frac{r_1}{r_2}\right)^3 = \left(\frac{1.00\times10^{-3}}{1.00\times10^{-9}}\right)^3 = 10^{18}\text{个}$$

$$\begin{aligned}\Delta G &= \int_{A_1}^{A_2}\gamma\cdot dA = \gamma(A_2 - A_1)\\ &= \gamma(N\cdot 4\pi r_2^2 - 4\pi r_1^2)\\ &= 0.0728\times4\times3.14\times[10^{18}\times(1.00\times10^{-9})^2 - (1.00\times10^{-3})^2]\text{J}\\ &= 0.914\text{J}\end{aligned}$$

13.1.3 影响界面张力的因素

界面张力与形成界面的两相物质的性质密切相关，凡能影响两相性质的因素，对界面张力均有影响。

(1) 物质本性的影响

界面张力是分子之间相互作用的结果，不同的物质其分子间的作用力不同，界面张力也不相同。以液体表面张力为例，表面张力起源于净吸引力，而净吸引力取决于分子间的引力和分子间的结构。通常所说的某种液体的表面张力，是指液体与含有本身蒸气的空气相接触

时的测定值。一般情况下，气相对液体的表面张力影响不大。

而不同液体表面张力之间的差异主要是由于液体分子之间的作用力不同而造成的。一般说来，极性液体，有较大的表面张力，例如常压下，20℃时水的表面张力高达 72.75mN·m^{-1}。而非极性液体正己烷在同温度下的表面张力只有 18.60mN·m^{-1}。另外，熔融的盐和熔态金属的表面张力也很高，这主要是由于其分子间分别以离子键和金属键相互作用。表面张力与分子的键型有关，一般遵循以下规律

$$\gamma(\text{金属键})>\gamma(\text{离子键})>\gamma(\text{极性共价键})>\gamma(\text{非极性共价键})$$

表 13-2 给出了一些物质在不同温度下以液态形式存在时的表面张力。

表 13-2　某些液态物质的表面张力

物质	t/℃	γ/mN·m^{-1}	物质	t/℃	γ/mN·m^{-1}
水	20	72.75	FeO	1427	582
乙醇	20	22.30	Al_2O_3	2080	700
乙醚	20	17.00	Hg	25	485.48
正己烷	20	18.60	Ag	1100	878.50
NaCl	803	113.8	Cu	1084.6	1300
LiCl	614	137.8	Pt	1773.5	1800

固体分子的相互作用力远大于液体的，所以固体物质的表面张力一般要比液体物质的表面张力更大，则气相对固体的表面张力的影响更小。表 13-3 为一些固体物质在相应实验温度下的表面张力。

表 13-3　一些固态物质的表面张力

物质	气氛	t/℃	γ/mN·m^{-1}	物质	气氛	t/℃	γ/mN·m^{-1}
铜	Cu 蒸气	1050	1670	苯	—	5.5	52±7
银	—	750	1140	氧化镁	真空	25	1000
锡	真空	215	685	氧化铝	—	1850	905
冰	—	0	120±10	云母	真空	20	4500

一种液体与不互溶的其他液体形成液-液界面时，因界面层分子所处的力场取决于两种液体，故不同的液-液界面张力不同。Antonoff 发现，两个液相之间的界面张力是两液体已相互饱和(尽管互溶度很小)时两个液体的表面张力之差，即

$$\gamma_{1,2}=\gamma_1'-\gamma_2' \tag{13-13}$$

式中，γ_1'和 γ_2'分别为两个相互饱和的液体的表面张力。这个经验规律称为 Antonoff 法则。表 13-4 为 20℃时某些液-液界面的界面张力。

在液-气界面上，表面张力是液体分子相互吸引所产生的净吸引力的总和，空气分子对液体分子的吸引可以忽略。但在液-液界面上，两种不同的分子也要相互吸引，因而降低了每种液体的净吸引力，使得新界面的张力一般介于该两种液体表面张力之间。

表 13-4　20℃时某些液-液界面的界面张力

界面	γ/mN·m^{-1}	界面	γ/mN·m^{-1}
水-正己烷	51.1	水-正辛醇	8.5
水-正庚烷	50.2	水-氯仿	32.8
水-正庚烷	50.8	水-苯	35.0
水-四氯化碳	45.1	水-汞	375.0

(2) 温度的影响

同一种物质的界面张力因温度不同而异，当温度升高时物质的体积膨胀，分子间的距离增大，分子之间的相互吸引力减弱，故界面张力减小。当然也可以用温度升高时界面上相邻两相的密度差别减小这个事实来说明。液体的表面张力受温度的影响较大，温度升高时一般液体的表面张力都降低，且 γ-t 有线性关系。当温度升高到接近临界温度 t_c时，液-气界面逐渐消失，表面张力趋近于零。

关于表面张力和温度的关系式，目前主要采用一些经验公式。实验证明，非缔合性液体的 γ-t 关系基本上是线性的，可表示为

$$\gamma_T=\gamma_0[1-K(T-T_0)] \tag{13-14}$$

式中，γ_T和γ_0分别为温度 T 和 T_0 时的表面张力；K 为表面张力的温度系数。表 13-5 给出了一些液体在不同温度下的表面张力。

表 13-5 不同温度下液体的表面张力 单位：$mN \cdot m^{-1}$

物质	0℃	20℃	40℃	60℃	80℃	100℃
水	75.64	72.75	69.60	66.24	62.67	58.91
乙醇	24.4	22.3	21.0	19.2	17.3	15.5
甲醇	24.5	22.6	20.9	19.3	17.5	15.7
丙酮	26.2	23.7	21.2	18.6	16.2	—
甲苯	30.92	28.53	26.15	23.94	21.8	19.6
苯	31.9	29.0	26.3	23.6	21.2	18.2
四氯化碳	29.5	26.9	24.5	22.1	19.7	17.3

当温度接近于临界温度时，液-气界面即行消失，这时表面张力为零，由此拉姆齐(Ramsay)和希尔茨(Shields)提出了以下关系式

$$\gamma V_m^{2/3}=K(T_c-T-6.0) \tag{13-15}$$

式中，V_m为液体的摩尔体积；T_c 为临界热力学温度；K 为普适常数，非极性液体的 K 约为 $2.2\times10^{-7}J\cdot K^{-1}$。此公式是求界面张力与温度间关系的较常用的公式。

(3) 压力及其他因素对表面张力的影响

从气-液两相密度差和净吸引力考虑，气相压力对表面张力是有影响的。因在一定温度下液体的蒸气压不变，因此，研究压力的影响只能靠改变空气或惰性气体的压力来进行。可是空气和惰性气体都在一定程度上(特别是高压下)溶于液体并为液体所吸收，当然也会有部分气体在液体表面上吸附，而且压力不同，溶解度和吸附量也不同，故用改变空气和惰性气体压力所测得的表面张力变化应该包括溶解、吸附、压力等因素的综合影响。这些因素的综合效应，一般来讲是增加气相的压力，可使气相的密度增加，减小液体表面分子受力不对称的程度，表面张力下降。通常每增加 1MPa 的压力，表面张力约降低 $1mN\cdot m^{-1}$。例如，20℃时，101.325kPa 下水和 CCl_4 的表面张力分别为 $72.75mN\cdot m^{-1}$和 $26.9mN\cdot m^{-1}$，而在 1MPa 下分别是 $71.75mN\cdot m^{-1}$和 $25.9mN\cdot m^{-1}$。

分散度对界面张力的影响，只有在物质分散到曲率半径接近分子大小尺寸时才能体现得比较明显。

13.2 弯曲液面的附加压力与毛细现象

一般情况下，液体的表面是水平的，而液滴、水中气泡以及滴定管或毛细管中的水面是向下弯曲的。若滴定管中装的是水银，则水银面呈凸形且是向上凸起弯曲的。本节将讨论为什么会出现这些现象。

13.2.1 弯曲液面的附加压力

由于表面张力的作用，在弯曲液面下液体或气体的受力情况与表面为平面时的情况不同。在图 13-3 中，设在液面上以某一小块面积 AB 作为研究对象。沿 AB 的四周，AB 以外的表面对 AB 面有表面张力的作用，力的方向与 AB 的周界垂直，而且沿周界处与表面相切，使表面收缩。如果表面是水平的，则表面张力 γ 也是水平的，当平衡时，沿周界的表面张力互相抵消，合力为零，此时液面下的液体所受到的压力与液面上相等，如图 13-3(a)所示。如果液面是弯曲的，则沿 AB 周界上的表面张力 γ 不是水平的，其方向如图 13-3(b)和图 13-3(c)所示，平衡时，表面张力将产生一合力，当液面为凸形时，合力指向液体内部，当液面为凹形时，合力指向液体外部，即合力作用的方向总是指向曲率半径中心的。这一合力称为弯曲液面的附加压力 p_s，定义

$$p_s = p_l - p_g \tag{13-16}$$

式中，p_l为液体内部对 AB 面的作用力；p_g为气体对 AB 面的作用力。

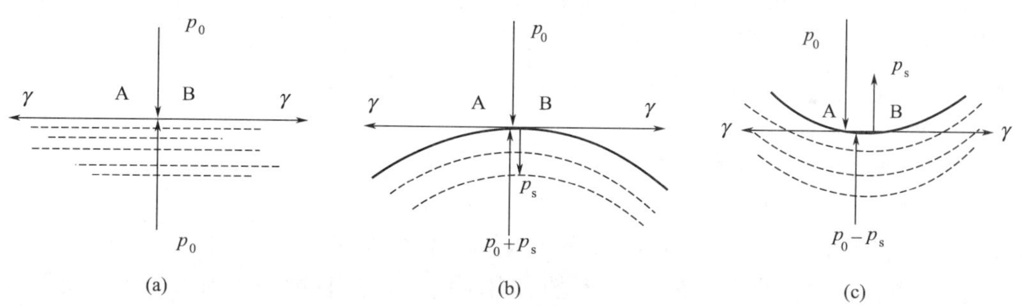

图 13-3 弯曲表面的附加压力

附加压力的大小与曲率半径有关。以凸形液滴为例(如图 13-4)，设一毛细管内充满液体，管端有半径为 R'的球形液滴与管内液体处于平衡状态，若外压为 p_0，附加压力为 p_s，则液滴所受总压为 $p_l = p_0 + p_s$。因处于平衡，故管内液面上所受到的压力也应为 $p_l = p_0 + p_s$。现对活塞缓慢施加压力 p_l，管内活塞位置向下移动且使管内液体体积减小 dV，则液滴的体积将增加 dV，相应地其表面积增加 dA_s。此时，环境对体系做功 $p_l dV$，液体对环境做功 $p_0 dV$，环境对液体做的净功为$(p_l - p_0)dV$，此功用于克服表面张力而增加液滴的表面积 dA_s，即表面功 γdA_s，故有

$$(p_l - p_0)dV = \gamma dA_s$$

即

$$p_s dV = \gamma dA_s$$

因为

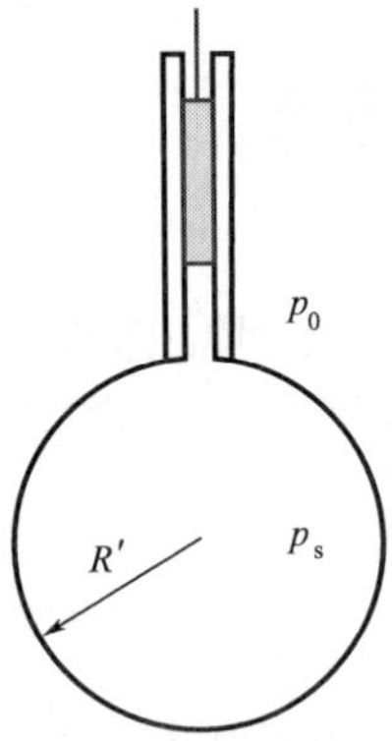

图 13-4 球形液滴的附加压力与半径的关系

球面积 $A_s=4\pi R'^2$，所以 $dA_s=8\pi R'dR'$

球体积 $V=\frac{4}{3}\pi R'^3$，所以 $dV=4\pi R'^2 dR'$

代入前式，得

$$p_s=\frac{2\gamma}{R'} \tag{13-17}$$

可见，对指定液体而言，附加压力 p_s与表面曲率半径 R'成反比，曲率半径越小，则所受到的附加压力越大。对于平面液体，$R'\rightarrow\infty$，$p_s=0$，则 $p_1=p_0$；若为凸形液面，曲率半径 R'为正值，附加压力指向曲率半径中心，与外压方向一致，凸面下液体所受压力 p_1比平面时的要大，$p_1=p_0+p_s$。如果是凹面，曲率半径 R'为负值，例如玻璃管中水溶液的弯月面，附加压力指向曲面圆心，与外压方向相反，凹面下液体所受压力比平面上要小，$p_1=p_0-p_s$。

在不受外加力场影响时，自由液滴或气泡通常呈球形，这就是附加压力的结果。因为若液滴呈不规则形状(如图 13-5)，则在表面不同部位曲面弯曲方向及其曲率不同，所具有的附加压力的方向和大小也不同，在凸面处附加压力指向液滴内部，而凹面的部位则指向相反的方向。在这些不平衡力的作用下，必然迫使液滴呈现球形，液滴才处于稳定状态。另外，相同体积的物质，球形的表面积最小，则表面总的 Gibbs 自由能最低，所以，变成球形最稳定。自由液滴如此，分散在水中的油滴或气泡也是如此。

由上述讨论可知，由于表面张力的存在，弯曲液面会产生附加压力，通常可以利用这种现象来测定液体的表面张力，通常采用最大气泡压力法测定液体的表面张力，其装置示意图如图 13-6 所示。

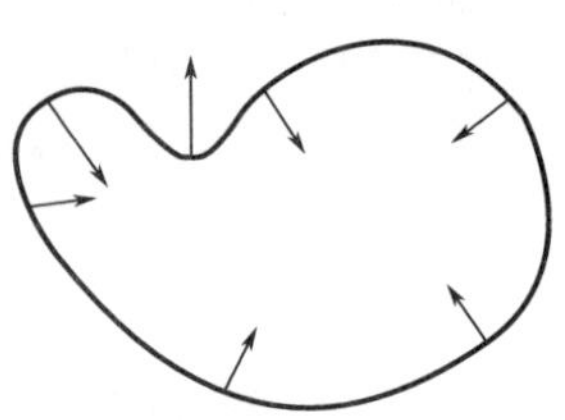
图 13-5 不规则液滴的附加压力

当毛细管端面与待测液体面相切时，液面将沿毛细管上升。打开活塞，使水缓缓下滴以减少系统的压力，这样毛细管内液面上受到一个比试管中液面上大的压力，当此压力差在毛细管端面上产生的作用力稍大于毛细管口液体的表面张力时，气泡就从毛细管口逸出，这一最大压力差 Δp 可以从精密数字压力计上读出。其关系式为

$$p_{最大}=p_{大气}-p_{系统}=\Delta p \tag{13-18}$$

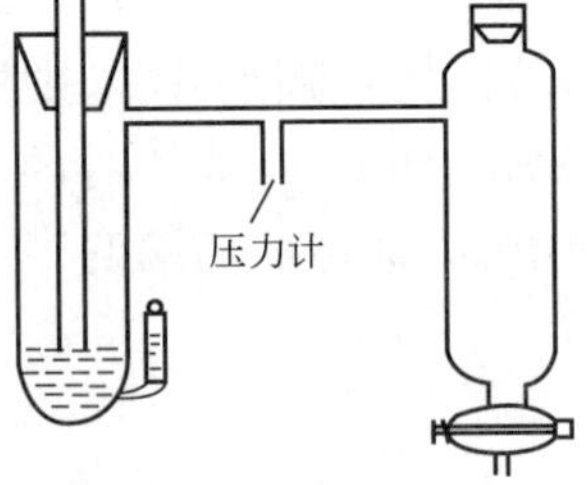

图 13-6 最大气泡压力法测液体的表面张力

如果毛细管的半径为 r，气泡从毛细管口逸出时受到向下的总压力为 $\pi r^2 p_{最大}$，气泡在毛细管上受到的表面张力引起的作用力为 $2\pi r\gamma$，当气泡刚从毛细管口逸出时，则上述两力相等，即

$$\pi r^2 p_{最大}=\pi r^2\Delta p=2\pi r\gamma$$

$$\gamma=\frac{r}{2}\Delta p \tag{13-19}$$

若用同一支毛细管和压力计，在同一温度下，对两种具有表面张力为 γ_1和 γ_2的液体而言，则得

$$\gamma_1=\frac{r}{2}\Delta p_1$$

$$\gamma_2=\frac{r}{2}\Delta p_2$$

故

$$\gamma_1=\frac{\gamma_2}{\Delta p_2}\Delta p_1=K\Delta p_1 \tag{13-20}$$

式中，K 为毛细管常数。用已知表面张力为 γ_2 的液体为标准，从式(13-20)即可求出其他液体的表面张力 γ_1。

13.2.2 毛细现象

把毛细管插入液体中，管中液面呈凹形或凸形曲面，并且上升或下降一定的高度。若把毛细管垂直插入水中，则管中液面呈凹形(如图 13-7)，液体与管壁的接触角 $\theta<90°$，曲面受一向上的附加压力，曲面下的液体受到的压力 $p_1<p_0$，则管外液体被压入管中而使管内液面上升；当把毛细管垂直插入汞中时，则情况相反。这种由于附加压力而引起的毛细管内液面上升或下降的现象，称为毛细现象(capillary phenomenon)。

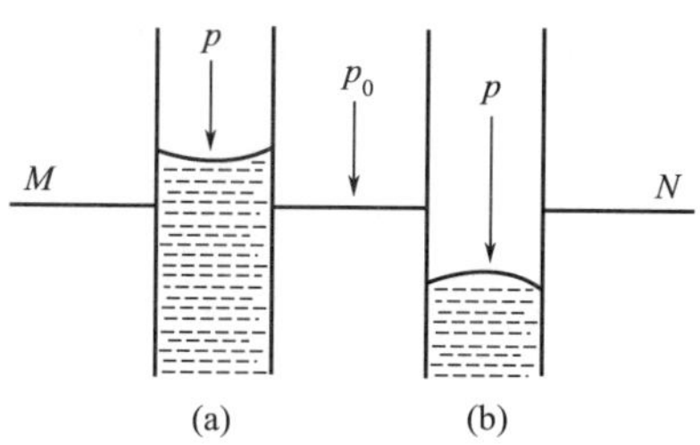

图 13-7 毛细现象

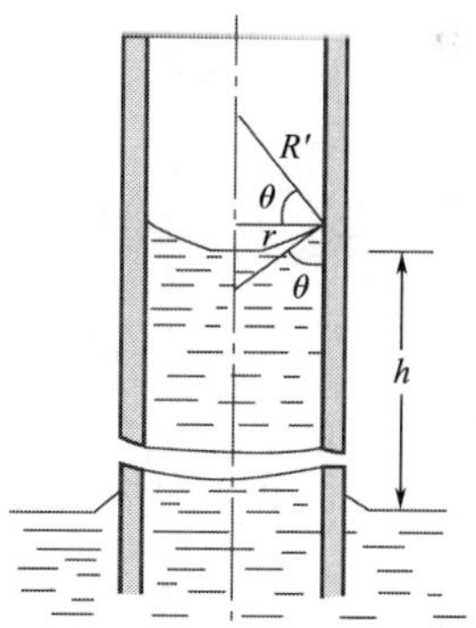

图 13-8 曲率半径与毛细现象

利用毛细现象，可以测定液体的表面张力，以毛细管中液体上升为例，设毛细管半径为 r，并设该球面的曲率半径为 R'，则附加压力 $p_s=\frac{2\gamma}{R'}$，方向向上，当管外液体被压入管内而使管内液面上升，直至上升的液柱所产生的静压力 $\Delta p=\Delta\rho gh$ 与附加压力 $p_s=\frac{2\gamma}{R'}$在量值上相等，方可达到力的平衡，即

$$\frac{2\gamma}{R'}=\Delta\rho gh \tag{13-21}$$

式中，$\Delta\rho$ 是管内液相和管外气相的密度差，$\Delta\rho=\rho_1-\rho_g$，通常 $\rho_1\gg\rho_g$，同时，由图 13-8 中的几何关系可以看出，接触角 θ 与毛细管半径 r 及弯曲液面曲率半径 R' 之间的关系为 $\cos\theta=r/R'$，将其代入式(13-21)则得到液体在毛细管中上升的高度为

$$h=\frac{2\gamma}{R'\rho_1 g}=\frac{2\gamma}{r\rho_1 g}\cos\theta \tag{13-22}$$

式中，γ 为液体的表面张力；ρ_1 为液体的密度；g 为重力加速度。由上式可知，在一定

温度下，毛细管越细，液体密度越小，液体对管壁的润湿越好，即接触角 θ 越小，液体在毛细管中上升得越高。

当液体不能润湿管壁，即 $\theta>90°$，$\cos\theta<0$ 时，液体在毛细管内呈凸液面，$h<0$，代表液面在管内下降的高度。即当把毛细管垂直插入汞中时，可观察到水银面在毛细管中下降的现象(图 13-7 所示)。

由上述讨论可知，当干净的玻璃毛细管插入液体中，若 $\theta<90°$ 由于表面张力的存在，弯曲液面产生附加压力，液体沿毛细管上升，直到上升的力被液体自身的重力所平衡而停止上升。毛细现象则是弯曲液面具有附加压力的必然结果，毛细管法测定液体的表面张力就是根据这个道理。

13.3 开尔文公式和亚稳状态

13.3.1 微小液滴的饱和蒸气压——开尔文（Kelvin）公式

平面液体在一定的温度下，具有一定的饱和蒸气压。若将液体分散成半径为 R' 的小液滴，则由于附加压力的影响，液滴所受压力比平面时大，即液滴的饱和蒸气压也会比平面液体的饱和蒸气压大。这说明，液体的蒸气压不但与温度、压力与物质本性有关，还与其曲率半径有关。如图 13-9 所示，设有物质的量为 dn 的微量液体，由平面液体转移成半径为 r 的小液滴，但此过程中平面液体的饱和蒸气压与小液滴的饱和蒸气压不同。

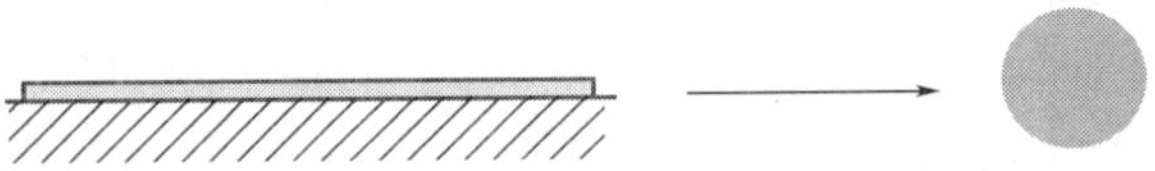

图 13-9 物质的量为 dn 的平面液体转移为小液滴的示意图

设在一定温度下时，某液体与其饱和蒸气呈平衡

$$\text{液体}(T,\ p_1)\rightleftharpoons\text{饱和蒸气}(T,\ p_g)$$

式中，p_1 和 p_g 分别表示液体所受的压力和饱和蒸气的压力。如果将一定体积的平面液体分散成半径为 r 的小液滴，则小液滴将受到附加压力，因此，小液滴受到的压力与水平液面下液体所受到的压力不同，相应的其饱和蒸气压力也随之改变。小液滴与小液滴的饱和蒸气压会建立新的平衡。

$$\begin{array}{ccc}\text{平面液体} & \rightleftharpoons & \text{蒸气压}\ p_0\\ \downarrow & & \downarrow\\ r\text{小液滴} & \rightleftharpoons & \text{蒸气压}\ p_r\end{array}$$

当平衡时，有

$$\mu(\mathrm{l})=\mu(\mathrm{g})$$

即

$$G_\mathrm{m}(\mathrm{l})=G_\mathrm{m}(\mathrm{g})$$

恒温时，有

$$\left(\frac{\partial G_\mathrm{m}(\mathrm{l})}{\partial p_1}\right)_T \mathrm{d}p_1=\left(\frac{\partial G_\mathrm{m}(\mathrm{g})}{\partial p_1}\right)_T \mathrm{d}p_g$$

因为

$$\left(\frac{\partial G_m(\mathrm{l})}{\partial p_1}\right)_T = V_m(\mathrm{l})$$

$$\left(\frac{\partial G_g(\mathrm{g})}{\partial p_g}\right)_T = V_m(\mathrm{g}) = \frac{RT}{p_g}$$

代入上式得

$$V_m(\mathrm{l})\mathrm{d}p_1 = RT\mathrm{d}\ln p_g$$

假定 $V_m(\mathrm{l})$不随压力而改变，蒸气为理想气体。液体表面为平面时，所受的压力为 p_0^{l}，蒸气压为 p_0，当液体分散为小液滴后上述压力分别为 p_r^{l}和 p_r，将上式积分

$$V_m(\mathrm{l})\int_{p_0^{\mathrm{l}}}^{p_r^{\mathrm{l}}}\mathrm{d}p_1 = RT\int_{p_0}^{p_r}\mathrm{d}\ln p_g$$

得

$$V_m(\mathrm{l})(p_r^{\mathrm{l}} - p_0^{\mathrm{l}}) = RT\ln\frac{p_r}{p_0}$$

式中$(p_r^{\mathrm{l}} - p_0^{\mathrm{l}}) = p_s$，将式(13-17)代入，得

$$RT\ln\frac{p_r}{p_0} = \frac{2\gamma V_m(\mathrm{l})}{r} = \frac{2\gamma M}{\rho r} \tag{13-23}$$

此式称为开尔文(Kelvin)公式。式中，γ 为液体的表面张力，单位为 $\mathrm{N \cdot m^{-1}}$；M 为纯液体的摩尔质量，单位为 $\mathrm{kg \cdot mol^{-1}}$；$\rho$ 为密度，单位为 $\mathrm{kg \cdot m^{-3}}$；p_0 为纯液体在温度 T 时的饱和蒸气压，单位为 Pa；p_r为温度 T 时半径为 r 的小液滴或小气泡的蒸气压，单位为 Pa；r 为液滴或气泡半径，单位为 m。该式表明，对于液滴(凸面)，曲率半径 $r>0$，其半径越小则蒸气压越大；而对于小气泡(凹面)，曲率半径 $r<0$，其半径越小，液体在泡内的蒸气压就越低。不同半径的小水滴、小水泡内的饱和蒸气压 p_r和平面液体水的饱和蒸气压 p 的比值见表 13-6。

表 13-6 不同半径小水滴、小水泡的 p_r与平面液体水的 p 之比(293.2K，p=2333Pa)

r/m		10^{-5}	10^{-6}	10^{-7}	10^{-8}	10^{-9}
p_r/p	小液滴	1.0001	1.001	1.011	1.114	2.937
	小气泡		0.9969	0.9891	0.8977	0.3390

开尔文公式也可以用于气-固界面的计算，此时式(13-23)中的 γ 是固体表面张力。同样的道理，颗粒半径越小的固体，具有越高的饱和蒸气压。不过由于固体很难成为严格的球形，而且不同晶面的表面张力有所不同，所以，计算结果精度不高。

运用开尔文公式可以说明许多表面效应。例如在毛细管内，某液体若能润湿管壁，管内液面为凹面。在某温度下，由于凹面液体的饱和蒸气压比平面液体的饱和蒸气压小，在一定蒸气压下，对于平面液体而言尚未达到饱和，但对在毛细管中的凹液面来讲，可能已经达到饱和状态，这时的蒸气在毛细管内将凝结成液体，这种现象称为毛细管凝结。硅胶干燥剂具有较强的吸湿能力，这主要是因为它是一种多孔性物质，具有很大的内表面，可吸附空气中的水蒸气，在毛细管内发生凝结现象，而达到干燥的目的。

13.3.2 亚稳状态及新相的生成

系统由于分散度的增加、粒径减小而引起的液体或者固体饱和蒸气压升高的现象，只有在颗粒粒径小到纳米级左右时，才能达到觉察的程度。在通常情况下，这些表面现象是可以完全忽略的。但是，在蒸气冷凝、液体沸腾、液体凝固以及液体结晶等过程中，由于经历了从无到有的新相生成过程，最初生成的液滴、气泡或颗粒极其微小，其比表面积和表面吉布

斯函数都很大，因此，在系统中要产生新相是极为困难的。由于新相难以生成，进而会产生过饱和蒸气、过冷或过热液体以及过饱和溶液等。这些状态均为亚稳状态，是热力学不完全稳定的状态。一旦新相生成，亚稳状态将转变为稳定相态。

(1) 过饱和蒸气

当气体凝结成液体时，首先要有小液滴产生，由于附加压力的存在而使小液滴的蒸气压大于平面液体的蒸气压，如图 13-10 所示，曲线 MN 和 $M'N'$ 分别表示平面液体和微小液滴的饱和蒸气压曲线。若在 t_0 温度时，压力为 p_0 的蒸气对平面液体来说已经达到饱和(A 点)，但对小液滴尚未达到饱和，所以蒸气在 A 点不能凝结出小液滴。若维持 t_0 温度不变，将蒸气压升高至 p'时，才达到了小液滴在此温度时的饱和蒸气压(或者维持压力 p_0 不变，将温度降至 t')。这种在正常相变条件下应该凝结而未凝结的蒸气，称为过饱和蒸气。

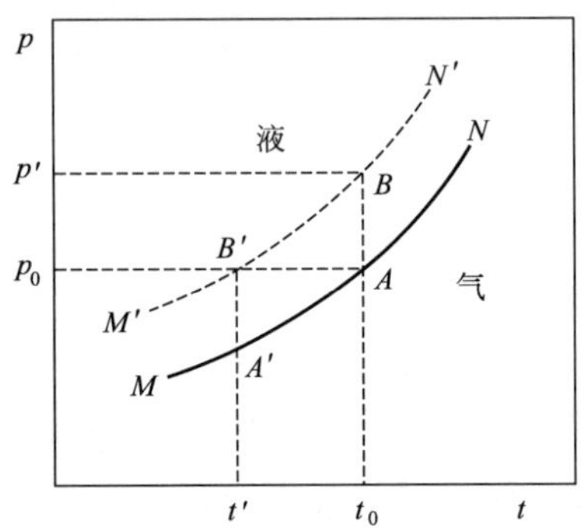

图 13-10　平面液体和小液滴的蒸气压

高空中如果没有灰尘，水蒸气可以达到相当高的过饱和程度而不凝结成水滴。如果用飞机向空中喷洒干冰或 AgI 小颗粒，则这些固体小颗粒就成为水的凝聚中心，使凝结的水滴的初始曲率半径加大，从而在相对较低的水蒸气过饱和程度时使水蒸气迅速凝结成水滴，这就是人工降雨的道理。

(2) 过热液体

液体在沸腾时，不仅在液体表面上进行汽化，而且液体内部自动地生成微小气泡(新相)，然后小气泡逐渐长大并上升至液面。根据 Kelvin 公式，水气泡中的液体饱和蒸气压将小于平面液体的饱和蒸气压，而且气泡越小，蒸气压越低。在沸点时，水平面液体的饱和蒸气压等于外压(一般为 101.325kPa)，而沸腾时形成的气泡经历从无到有，从小到大的过程，而最初形成的半径极小的气泡内的饱和蒸气压远小于外压，且小气泡一经形成，会产生很大的附加压力，这时小气泡所承受的压力除了外压($p_{大气}$)外，还有液体的静压力(ρgh)以及附加压力(p_s)。所以，小气泡内的压力远远小于必须承受的压力，即小气泡不可能存在。如图 13-11，若要使小气泡存在，必须继续加热，使小气泡内的蒸气压等于或大于它所需要承受的压力时，小气泡才可能产生，此时小气泡突然大量生成，液体爆沸，此时液体的温度必然高于正常沸点。这种按照相平衡条件，达到正常沸点而不沸腾的液体，称为过热液体。

为了防止液体过热，常在液体中投入素烧瓷片或者毛细管等多孔性物质，因这些物质内部贮有气体，加热时这些气体称作新相的“种子”，因而绕过了产生极微小气泡的困难阶段，使液体的过热程度大大降低。

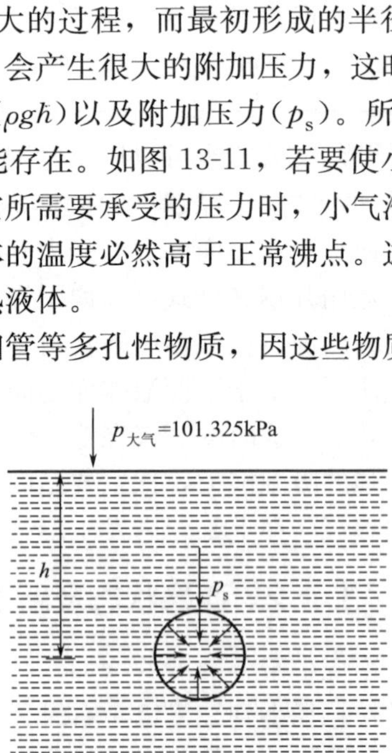

图 13-11　过热液体中的气泡

【例 13-2】 在 101.325kPa，373.2K 下，纯水的密度为为 958.1kg·m^{-3}，表面张力为 58.91mN·m^{-1}，试通过计算说明在上述条件下离液面 0.05m 的深处，半径为 10^{-8}m 的小气泡能否存在?

解　小气泡弯曲液面的附加压力为

$$p_s=\frac{2\gamma}{r}=11.785\times10^3\text{kPa}$$

小气泡承受的静压力为

$$p'=\rho gh=0.4695\text{kPa}$$

小气泡如果存在，其内部需承受的压力为

$$\begin{aligned}p&=p_{\text{amb}}+p'+p_s\\&=(101.325+11.785\times10^3+0.4695)\text{kPa}\\&=11.887\times10^3\text{kPa}\end{aligned}$$

通过以上计算可知，小气泡如果存在需要承受的压力远高于 373.2K 时水的饱和蒸气压，且主要的压力来源于其弯曲液面的附加压力，所以小气泡不可能存在。若要使小气泡存在，必须继续加热，使小气泡内蒸气压等于或大于它所需要承受的压力。

(3) 过冷液体

在一定温度下，过冷液体之所以存在，是因为微小晶体的饱和蒸气压恒大于普通晶体的饱和蒸气压。如图 13-12 所示，CO'线为平面液体的蒸气压曲线，曲线 AO 和 BO'分别表示普通晶体和微小晶体的饱和蒸气压曲线。O 点和 O'点所对应的温度 T_f 和 T_f'分别为普通晶体和微小晶体的凝固点。由于微小晶体的饱和蒸气压大于普通晶体的饱和蒸气压，因而微小晶体的饱和蒸气压曲线 BO'位于 AO 线之上。

当液体冷却时，其饱和蒸气压沿 CO'曲线下降到 O 点，这时所对应的温度 T_f，蒸气对普通晶体来说，已经达到了饱和状态，按照相平衡条件，应当有晶体析出，但由于新生成的晶体(新相)极微小，其凝固点 T_f'低于普通晶体的凝固点 T_f，此时对微小晶体来说，尚未达到饱和状态，所以不会有晶体析出。当温度继续下降到正常凝固点 O 点以下的 O'点时，蒸气压才能达到微小晶体的饱和状态而使其开始凝固。这种按照相平衡条件，应该凝固而未凝固的液体，称为过冷液体。在过冷液体中，若加入小晶体颗粒作为新相“种子”，则能使液体迅速凝固成晶体。

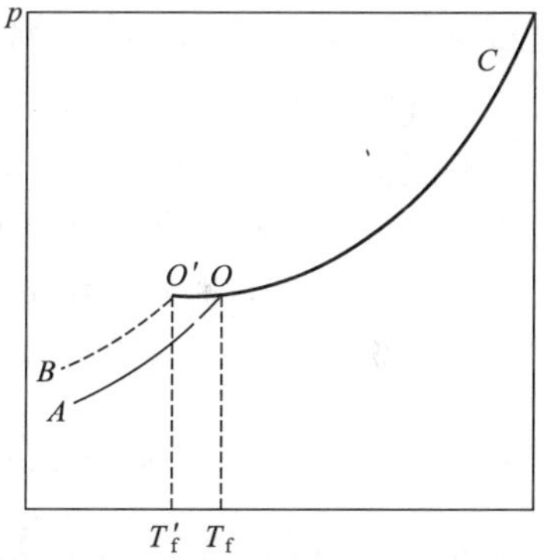

图 13-12 液体的过冷现象

(4) 过饱和溶液

在一定温度下，过饱和液体之所以存在，是因为微小晶体颗粒的饱和浓度大于普通晶体的饱和浓度，这个结论可以通过开尔文公式得到证实，只要将开尔文公式中的蒸气压换成溶质的饱和浓度即可。在一定温度下，晶体颗粒越小，则 $1/r$ 越大，根据开尔文公式，可得溶解度越大。所以，当溶液在一定温度下浓缩时，溶质的浓度逐渐增大，达到普通晶体的饱和浓度时，对微小晶体却尚未达到饱和状态，因而不会析出微小晶体。这种按照相平衡的条件，应该析出晶体而未析出的溶液，称为过饱和溶液，进一步蒸发溶液，达到一定的过饱和程度时，细小晶体才能析出。

在结晶的过程中，如果溶液的过饱和程度太大，会生成大量过于细小的晶体颗粒，给过滤和洗涤带来了困难。在实际操作中，常常向饱和溶液中投入小晶体颗粒作为新相的“种子”，降低溶液的过饱和程度，可获得较大的晶体颗粒。

13.4 固体表面吸附

固体表面与液体表面有一个重要的共同点，即表面层分子受力是不对称的，因此固体表面也有表面张力及吉布斯函数存在。但固体表面又与液体表面有一个重要的不同，即固体表面上分子几乎是不可移动的。这使得固体不能像液体那样以收缩表面的形式来降低表面吉布斯函数。但固体可以从表面的外部空间吸引气体分子到表面，以减小表面分子受力不对称的程度，降低表面张力及表面吉布斯函数。在恒温恒压下，吉布斯函数降低的过程是自发过程，所以固体表面会自发地将气体富集到表面，使气体在固体表面的浓度(或密度)不同于气相中的浓度(或密度)。这种在相界面上某种物质的浓度不同于体相浓度的现象称为吸附。具有吸附能力的固体物质称为吸附剂，被吸附的物质称为吸附质。例如用活性炭吸附甲烷气体，活性炭是吸附剂，甲烷是吸附质。

吸附(adsorption)是表面效应，即固体吸附气体后，气体只停留在固体表面，并不进入到固体内部。如果气体进入固体内部，则称为吸收(absorption)。在本节讨论的是固体表面的吸附作用。

固体表面的吸附在生产和科学实验中有着广泛的应用。具有高比表面积的多孔固体，如活性炭、硅胶、氧化铝、分子筛等常被人们作为吸附剂、催化剂载体等，用于化学工业中的气体纯化、催化反应、有机溶剂回收等许多过程，以及城市的环境保护、现代高层建筑和潜水艇的空气净化调节、民用和军用的防毒面具等许多方面。近年来，人们又在研究高比表面积的吸附剂，如 MOF 材料等，用于洁净能源甲烷、氢气等的吸附存储，以及空气、石油气的变压吸附分离等重要领域，不断将固-气界面吸附的应用扩展到更广阔的范围。研究固-气界面吸附，可为人们提供有关固体的比表面积、空隙率、表面均匀程度等很多有用的信息。这类知识对于分析研究许多化学化工的理论和实际应用问题都是十分重要的。

13.4.1 物理吸附与化学吸附

按吸附剂和吸附质作用本质的不同，吸附可分为物理吸附与化学吸附。物理吸附时，吸附剂与吸附质分子间以范德华力相互作用；而化学吸附时，吸附剂与吸附质分子间发生化学反应，以化学键相结合。由于物理吸附与化学吸附在分子作用力上有本质的不同，所以表现出许多不同的吸附性质，见表 13-7。

表 13-7 物理吸附与化学吸附的区别

性质	物理吸附	化学吸附
吸附力	范德华力	化学键力
吸附热	较小，近于液化热， 一般在几百到几千焦耳每摩尔	较大，近于化学反应热， 一般大于几万焦耳每摩尔
选择性	无选择性或很差	有较强的选择性
吸附稳定性	不稳定，易解吸	比较稳定，不易解吸
分子层	单分子层或多分子层	单分子层
吸附速率	较快，不受温度影响， 故一般不需要活化能	较慢，温度升高则速度加快， 故需活化能
可逆性	可逆	不可逆
吸附平衡	易达到	不易达到

因物理吸附的作用力是范德华力，它是普遍存在于所有分子之间的，所以当吸附剂表面吸附了一层气体分子之后，被吸附的分子还可以再继续吸附气体分子，因此物理吸附可以是多层的。气体分子在吸附剂表面上依靠范德华力形成多层吸附的过程，与气体凝结成液体的过程很相似，故吸附热与气体的凝结热具有相同的数量级，它比化学吸附热小得多。又由于物理吸附力是分子间力，所以吸附基本上是无选择性的，不过临界温度高的气体，也就是易于液化的气体比较易于被吸附。如 H_2O 和 Cl_2 的临界温度分别高达 373.91℃和 144℃，而 N_2 和 O_2 的临界温度分别低至－147.0℃和－118.57℃，所以吸附剂很容易从空气中吸附水蒸气和氯气，活性炭可以从空气中吸附氯气而作为防毒面具即是根据这一原理。此外，由于吸附力弱，物理吸附也容易解吸(或脱附)，吸附速率快，易于达到吸附平衡。

与物理吸附不同，产生化学吸附的作用力是化学键力，化学键力很强。吸附剂表面在与被吸附的分子之间形成了化学键以后，就不会再与其他分子成键，故化学吸附是单层的。化学吸附过程发生键的断裂与形成，故化学吸附热的数量级与化学反应相当，比物理吸附热大得多。化学吸附由于在吸附剂与吸附质之间形成化学反应，所以化学吸附选择性很强，这点非常重要。因为很多气相反应速率很慢，往往需要催化剂来加速。在反应物之间可发生众多反应的情况下，使用选择性很强的催化剂就可以使所期望的反应进行。此外，一般来说化学键的生成与破坏是比较困难的，故化学吸附平衡较难建立，而且一般是不可逆的。

物理吸附与化学吸附是不能截然分开的，两者有时可同时发生，并且在不同的情况下，吸附类型也可以发生变化。如 CO(g)在 Pd 上的吸附，低温下是物理吸附，高温时则表现为化学吸附；而氢气在许多金属上的化学吸附则是以物理吸附为前奏的，故吸附活化能接近于零。

13.4.2 吸附量与吸附等温曲线

研究指定条件下的吸附量是人们十分关心的问题。吸附量的大小，一般用单位质量吸附剂所吸附气体的物质的量 n 或其在标准状况下(0℃、101.325kPa)所占有的体积 V 来表示，即

$$n^a=\frac{n}{m} \tag{13-24}$$

$$V^a=\frac{V}{m} \tag{13-25}$$

吸附量所对应的单位分别为 $mol\cdot kg^{-1}$ 或 $m^3\cdot kg^{-1}$。

实验表明，对于一个给定的系统，即一定的吸附剂与一定的吸附质，达到平衡时的吸附量与温度及气体的压力有关。用式表示为

$$V^a=f(T,\ p) \tag{13-26}$$

上式中共有三个变量(吸附量、温度、压力)，为了找出它们的规律，常常固定一个变量，然后求出其他两个变量之间的关系。例如

若 T=常数，则 $V^a=f(p)$，称为吸附等温式 (13-27)

若 p=常数，则 $V^a=f(T)$，称为吸附等压式 (13-28)

若 V^a=常数，则 $p=f(T)$，称为吸附等量式 (13-29)

上述三种式子，分别可以用相应的吸附曲线表示，其中最重要、最常用的是吸附等温线。三种曲线之间具有相互联系，例如测定一组吸附等温线，可以分别求算出吸附等压线和

吸附等量线。

随着实验数据的积累，人们从所测得的各种等温线中总结出吸附等温线大致有五种类型，如图 13-13 所示，图中纵坐标代表吸附量，横坐标为比压 p/p^*，p^* 代表在该温度下被吸附物质的饱和蒸气压，p 是吸附平衡时的压力，其中除第Ⅰ种为单分子层吸附等温线外，其余四种皆为多分子层吸附等温线。

例如，在 78K 时，N_2 在活性炭上的吸附属于类型(Ⅰ)，78K 时 N_2 在硅胶上或铁催化剂上的吸附属于类型(Ⅱ)，352K 时 Br_2 在硅胶上的吸附属于类型(Ⅲ)，323K 时 C_6H_6 在氧化铁凝胶上的吸附属于类型(Ⅳ)，373K 时水汽在活性炭上的吸附属于类型(Ⅴ)。

五种类型的吸附等温线，反映了吸附剂的表面性质有所不同，孔分布及吸附质和吸附剂的相互作用不同。因此，由吸附等温线的类型反过来可以了解一些关于吸附剂表面性质、孔的分布性质及吸附质和吸附剂相互作用的有关信息。

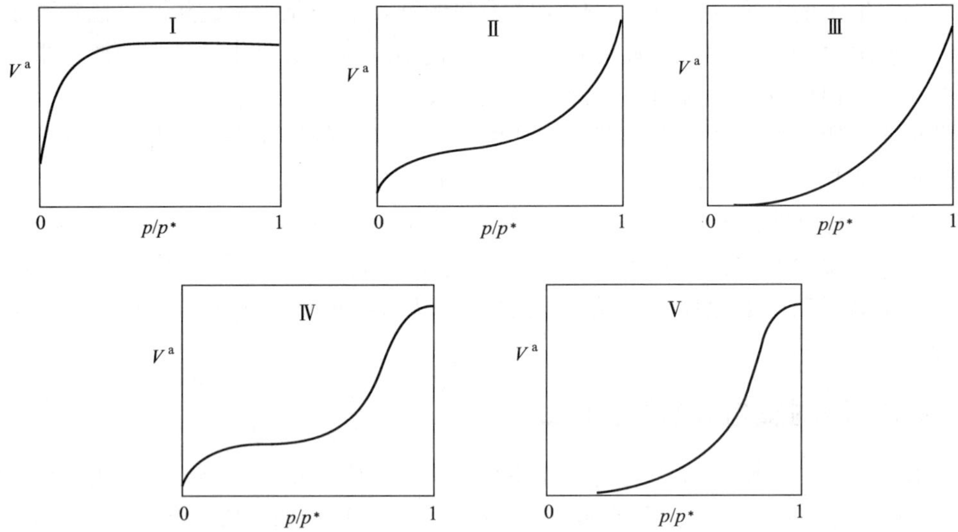

图 13-13　五种类型的吸附等温线

根据大量的实验结果，人们曾提出过许多描述吸附的物理模型及等温线方程，下面介绍几种较为重要、应用较广泛的吸附等温线方程。

13.4.3　吸附经验式——弗罗因德利希公式

弗罗因德利希(Freundlich)提出了含有二常数项的指数方程来描述第Ⅰ类吸附等温线，弗罗因德利希公式为

$$V^a = kp^n \tag{13-30}$$

式中，n 和 k 是两个经验常数，对于指定的吸附系统，它们是温度的函数。k 值可视为单位压力时的吸附量，一般来说，k 随温度的升高而降低。n 的数值一般在 0 与 1 之间，它的大小反映出压力对吸附量影响的强弱，弗罗因德利希公式一般适用于中压范围。

对式(13-30)取对数，可得

$$\lg V^a = \lg k + n\lg p \tag{13-31}$$

上式表明若以 $\lg V^a$ 对 $\lg p$ 作图，可得一直线，由直线的斜率与截距可求出 n 和 k。

弗罗因德利希经验式的形式简单，计算方便，应用相当广泛。但经验式中的常数没有明

确的物理意义，在此式适用的范围内，只能概括地表达一部分实验事实，而不能说明吸附作用的机理。

13.4.4 朗格缪尔（Langmuir）单分子层吸附理论及吸附等温式

1916 年 Langmuir 在研究低压下气体在金属上的吸附时，根据实验数据发现了一些规律，然后又从动力学的观点提出了一个吸附等温式，并总结出 Langmuir 单分子层吸附理论。这个理论的基本观点认为，在固体表面上的吸附是气体分子在吸附剂表面的凝集和逃逸(即吸附与解吸)两种相反过程达到动态平衡的结果，该理论的基本假设如下。

(1) 单分子层吸附

固体表面上的原子力场是不饱和的，有剩余价力，也就是说固体表面有吸附力场存在，该力场的作用范围大约相当于分子直径的大小，即在 0.2～0.3nm 间，只有气体分子碰撞到固体的空白表面上，进入此力场作用的范围内，才有可能被吸附，所以固体表面对气体分子只能发生单分子层吸附。

(2) 固体表面均匀

固体表面上各吸附位置的吸附能力是相同的，每个位置上只能吸附一个分子。摩尔吸附热是常数，不随表面覆盖程度的大小而变化。

(3) 被吸附在固体表面上的分子相互之间无作用力

在各个吸附位置上，气体分子的吸附与解吸的难易程度，与其周围是否有被吸附分子的存在无关，即被吸附在固体表面上的气体分子之间没有作用力。

(4) 吸附平衡是动态平衡

气体分子碰撞到固体的空白表面上，可以被吸附。若被吸附的分子所具有的能量，足以克服固体表面对它的吸引力时，它可以重新回到气相，这种现象称为解吸(或脱附)。当吸附速率大于解吸速率时，整个过程表现为气体的被吸附。但随着吸附量的逐渐增加，固体表面上未被气体分子覆盖的部分(空白面积)就越来越少，气体分子碰撞到空白面积上的可能性就必然减少，解析速率却越来越大。当吸附速率与解吸速率相等时，从表观上看，气体不再被吸附或解吸，但实际上吸附与解吸仍在不断地进行，只是二者的速率相等而已，这时达到了吸附与解吸之间的平衡。

以 k_1 及 k_{-1} 分别代表吸附与解吸的速率常数，A 代表气体，M 代表固体表面，AM 代表吸附状态，则吸附的始末状态可以表示为

$$\mathrm{A(g)+M(表面)} \underset{k_{-1}}{\overset{k_1}{\rightleftharpoons}} \mathrm{AM}$$

设 θ 为任一瞬间固体表面被覆盖的分数，称为覆盖率，即

$$\theta=\frac{\text{已被吸附质覆盖的固体表面积}}{\text{固体总的表面积}}$$

$(1-\theta)$则代表固体表面上空白面积的分数。

若以 N 代表固体表面上具有吸附能力的总的吸附位置数，则吸附速率 $v_{吸附}$ 应与 A 的压力 p 及固体表面上的空位数$(1-\theta)N$ 成正比，即

$$v_{吸附}=k_1 p(1-\theta)N$$

解吸速率 $v_{解吸}$ 应与固体表面上被覆盖的吸附位置数 θN，或者说是与被吸附分子的数目成正比，则

$$v_{解吸}=k_{-1}\theta N$$

达到吸附平衡时，这两个速率应相等，即

$$k_1 p(1-\theta)N=k_{-1}\theta N$$

由上式可得朗格缪尔吸附等温式为

$$\theta=\frac{bp}{1+bp} \tag{13-32}$$

式中，$b=k_1/k_{-1}$，Pa^{-1}。从本质上看，b 为吸附作用的平衡常数，也称为吸附系数(adsorption coefficient)，其大小与吸附剂、吸附质的本性及温度有关。b 值越大，则表示吸附能力越强，上式称为 Langmuir 吸附等温式，它定量地指出了表面覆盖率 θ 与平衡压力 p 之间的关系。

① 当压力足够低或者吸附很弱时，$bp \ll 1$，则 $\theta \approx bp$，即 θ 与 p 成线性关系；

② 当压力足够高或者吸附很强时，$bp \gg 1$，则 $\theta \approx 1$，即 θ 与 p 无关；

③ 当压力适中时，θ 用式(13-32)表示(或 $\theta \propto p^m$，m 介于 0～1 之间)。

以上三种情况可以用图 13-14 描绘。

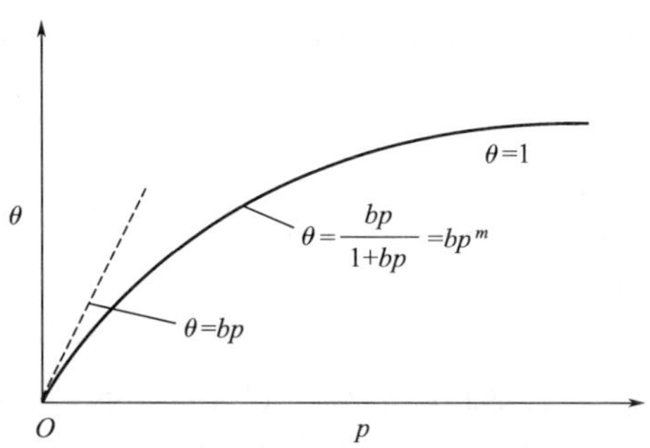

图 13-14　Langmuir 等温式的示意图

现以 V^a 代表覆盖率为 θ 时的平衡吸附量，在较低的压力下，θ 应随着平衡压力的上升而增加。在压力足够高的情况下，气体分子在固体表面挤满整整一层时，θ 应趋于 1。这时吸附量不再随气体压力的上升而增加，达到吸附饱和的状态，对应的吸附量称为饱和吸附量，以 V_m^a 表示。由于每个具有吸附能力的位置上只能吸附一个气体分子，故

$$\theta=V^a/V_m^a \tag{13-33}$$

因此，Langmuir 吸附等温式可以写为

$$V^a=V_m^a\frac{bp}{1+bp} \tag{13-34}$$

或

$$\frac{1}{V^a}=\frac{1}{V_m^a}+\frac{1}{V_m^a b}\times\frac{1}{p} \tag{13-35}$$

由式(13-35)可知，若以 $1/V^a$ 对 $1/p$ 作图，应得到一直线，由直线的斜率与截距，可求出 V_m^a 和 b。

如果已知饱和吸附量 V_m^a 及每个被吸附分子的截面积 a_m，可以得出计算吸附剂的比表面积 a_s 的公式为

$$a_s=\frac{V_m^a}{V_0}La_m \tag{13-36}$$

式中，V_0 为 1mol 气体在标准状况(0℃、101.325kPa)下的体积；L 为阿伏伽德罗常数。反之，若已知 V_m^a 及 a_s，也可由上式来计算每个吸附分子的截面积 a_m。

总体来说，如果固体表面比较均匀，并且吸附只限于单分子层，朗格缪尔公式能够较好地描述实验结果。对于一般的化学吸附及低压高温下的物理吸附，朗格缪尔公式取得了很大的成功，并且为后来的吸附理论发展奠定了基础。

应该指出的是，朗格缪尔的基本假设并不很严格。例如，对于物理吸附，当表面覆盖率不是很低时，被吸附的分子之间往往存在不可忽视的相互作用力；另外很多时候固体表面并不是均匀的，吸附热会随着表面覆盖率而变化，b 不再是常数。在这些情况下朗格缪尔公式则与实验结果出现偏差。此外，对于多分子层吸附，朗格缪尔公式也不再适用。

朗格缪尔(I. Langmuir，1881—1957)美国物理化学家。1903 年毕业于哥伦比亚大学矿业学院，1906 年在德国格丁根大学获化学博士学位。1919～1921 年间，他研究了化学键理论，在发表的论文中提出了原子结构的理论模型。1913～1942 年间，他对物质的表面现象进行了研究，开拓了化学学科的新领域——界面化学。1916 年发表论文《固体与液体的基本性质》，文中首次提出了固体吸附气体分子的单分子层吸附理论，并导出了朗格缪尔吸附等温方程，解释了许多表面动力学现象。他因在原子结构和表面化学方面取得的成果，获得 1932 年度诺贝尔化学奖。1915 年和 1920 年两度获美国化学学会的尼科尔斯奖章，1918 年获皇家学会的休斯奖章和朗福德奖章。1947 年他与谢弗尔合作，发明了人工降雨。他一生发表论文 200 余篇，获得专利 63 项。

* 13.4.5 多分子层吸附理论——BET 公式

朗格缪尔吸附等温式能较好地说明图 13-13 中第Ⅰ类型的吸附等温线，但对后四种类型的等温线却无从解释。因此很多人曾尝试以其他理论来解释这些曲线，其中最成功的是布鲁诺尔(Brunauer)、埃米特(Emmett)和特勒(Teller)三人在 1938 年提出的多分子层吸附理论，简称 BET 理论。这个理论是在 Langmuir 理论的基础上提出来的，他们接受了 Langmuir 理论中关于吸附作用是吸附和解吸(或凝集与逃逸)两个相反过程达到平衡的概念，以及固体表面是均匀的，吸附分子的解吸不受四周其他分子的影响等看法。他们认为表面在已经吸附了一层气体分子之后，由于被吸附气体本身的范氏引力，还可以继续发生多分子层吸附。当然，第一层的吸附与后面各层的吸附有本质不同。前者是气体分子与固体表面直接发生联系，而第二层后面的各层则是相同分子之间的相互作用。他们认为第一层的吸附热与后面各层的吸附热不同，假设第二层后面的各层的吸附热都相同，且接近于气体的凝聚热。当吸附达到平衡时，气体的吸附量等于各层吸附量的总和。经推导，得出

$$\frac{V^{a}}{V_{m}^{a}}=\frac{c(p/p^{*})}{(1-p/p^{*})\{1+(c-1)p/p^{*}\}} \tag{13-37}$$

这是著名的 BET 公式。式中，V^a 为压力 p 下的吸附量；V_m^a 为单分子层的饱和吸附量；p^* 为吸附温度下吸附质液体的饱和蒸汽压；c 是与吸附热有关的吸附常数。因该式中含有 c 和 V_m^a 两个常数，故又称为 BET 二常数公式。该式可写成直线式的形式

$$\frac{p}{V^{a}(p^{*}-p)}=\frac{1}{cV_{m}^{a}}+\frac{c-1}{cV_{m}^{a}}\times\frac{p}{p^{*}} \tag{13-38}$$

实验测定不同压力 p 下的吸附量 V^a 后，若以 $p/[V^a(p^*-p)]$ 对 p/p^* 作图，可得一直线，由其斜率和截距，可求出 c 和 V_m^a。将 V_m^a 代入式(13-36)，可求得吸附剂的比表面积。

BET 公式在吸附层数 $n=1$ 时，还原成朗格缪尔吸附等温式，可描述图 13-13 中的第Ⅰ类型吸附等温式；式(13-37)则可描述第Ⅱ、Ⅲ类型的吸附等温线，其中第Ⅱ类型是第一层

吸附热大于凝结热时的多分子层吸附，第Ⅲ类型是第一层吸附热小于凝结热时的多分子层吸附。第Ⅳ、第Ⅴ类型吸附分别是第Ⅱ、Ⅲ类型吸附加上毛细凝结的结果。BET 公式成功地解释了图 13-13 中物理吸附的全部五种类型吸附等温线，使人们第一次对物理吸附有了较全面和较深入的认识。

BET 公式较广泛应用于比表面积的测定，测量时常采用低温惰性气体作为吸附质，例如氮气。当第一层吸附热远远大于被吸附气体的凝结热时，$c \approx 1$，式(13-37)可近似简化为下列形式

$$\frac{V^{a}}{V_{m}^{a}} \approx \frac{1}{1-p/p^{*}} \tag{13-39}$$

此时，只要测定一个平衡压力下的吸附量，就可求出饱和吸附量 V_{m}^{a}，所以该式又称为一点法公式。

实验表明，BET 二常数公式只适用于 $p/p^{*}=0.05 \sim 0.35$ 的范围，超出这个范围，在压力较低或较高的情况下，都会产生较大的偏差，理想化的假设是导致产生偏差的主要原因。实际上，固体表面经常是不均匀的，各点的吸附能力不尽相同，而最初的吸附总是发生在能量最有利的位置上。另外假定同一吸附层的分子间无相互作用力，而上下层的分子间却存在吸引力，这本身就是矛盾。再有在低温、高压下，在吸附剂的毛细孔中可能会发生毛细凝结等因素也未加考虑。多年来，许多人想建立一个包括表面不均匀性和被吸附分子间有相互作用的吸附理论，但至今没有取得满意结果。BET 理论尽管有一些缺陷，但它仍是迄今为止应用最广、最成功的吸附理论。

13.4.6　吸附热力学

如前所述，吸附是一个自发过程，是吉布斯函数下降的过程，即 $\Delta G<0$。而在吸附过程中，气体分子由三维空间被吸附到二维表面，自由度减少了，分子的平动受到了限制，所以吸附过程是熵减小的过程。根据热力学公式 $\Delta G=\Delta H-T\Delta S$，吸附过程的 ΔH 则应是负值，即 $\Delta H<0$。所以吸附通常为放热过程。

吸附热可以直接用量热计测定，也可利用吸附等量线，用热力学方法计算。因物理吸附过程中，气态分子变到吸附态分子的过程与气体的液化很相似，所以公式的推导过程与克劳修斯-克拉佩龙方程的推导过程非常相似。

在温度 T，压力 p 下达到吸附平衡的系统，吸附质在吸附相(a)和在气相(g)的吉布斯函数 G_a 与 G_g 必定相等，$G_a=G_g$。

在维持吸附量不变的条件下，使温度改变 dT 至 $T+dT$，同时使压力改变 dp 至 $p+dp$，达到新的吸附平衡，这时吸附质在吸附相和气相的吉布斯函数也分别改变 dG_a 和 dG_g，达到 G_a+dG_a 和 G_g+dG_g，两者也必然相等。即

$$G_a+dG_a=G_g+dG_g$$

因 $G_a=G_g$，故必然

$$dG_a=dG_g$$

根据热力学基本方程

$$dG_a=-S_a dT+V_a dp$$
$$dG_g=-S_g dT+V_g dp$$

将这两式同时代入上式，整理得

$$\left(\frac{\partial p}{\partial T}\right)_n=\frac{S_a-S_g}{V_a-V_g} \tag{13-40}$$

下脚标 n 代表吸附量恒定不变。

平衡状态下的吸附过程为可逆过程，故

$$S_a-S_g=\frac{H_a-H_g}{T}=\frac{\Delta_{ads}H}{T} \tag{13-41}$$

$\Delta_{ads}H$ 即吸附焓，在量值上等于吸附热。

因吸附质在气相的体积远大于在吸附相的体积 $V_g \gg V_a$，再假定气相为理想气体，则

$$V_a-V_g \approx -V_g=-\frac{nRT}{p} \tag{13-42}$$

将式(13-41)、式(13-42)代入式(13-40)，得

$$\left(\frac{\partial p}{\partial T}\right)_n=-\frac{\Delta_{ads}H}{nRT^2/p}$$

或

$$\left(\frac{\partial \ln p}{\partial T}\right)_n=-\frac{\Delta_{ads}H_m}{RT^2} \tag{13-43}$$

式中 $\Delta_{ads}H_m=\Delta_{ads}H/n$ 为吸附质在吸附剂上的摩尔吸附焓。

假定吸附焓不随温度变化，将上式积分，有

$$\Delta_{ads}H=-\frac{RT_2T_1}{T_2-T_1}\ln\frac{p_2}{p_1} \tag{13-44}$$

p_1 和 p_2 分别在 T_1 和 T_2 下达到某一相同吸附量时的平衡压力，它们可由不同温度下的吸附等温线得出，也可直接从等量线得出。温度升高时要维持同样的吸附量，必然要增大气体的压力，即若 $T_2>T_1$，必然 $p_2>p_1$，由式(13-43)可以看出 $\Delta_{ads}H_m<0$，可知吸附为放热过程。

吸附热一般会随吸附量的增加而下降，这说明固体表面的能量是不均匀的。吸附总是首先发生在能量较高、活性较大的位置上，然后依次发生在能量较低、活性较小的位置上。从吸附热的数据可以更多地了解吸附的性质以及固体表面的性质。

13.5 固-液界面与润湿现象

固体与液体接触，可产生固-液界面。固-液界面上发生的过程一般分两类来讨论，一类是吸附，另一类是润湿。固-液界面上的吸附与固体吸附气体的情况类似，固体表面由于力场的不对称性，对溶液中的分子也同样具有吸附作用。润湿是固体与液体接触后，液体取代原来固体表面上的气体而产生固一液界面的过程，本节介绍润湿过程。

13.5.1 润湿现象

手入水即湿，但涂油后入水就不湿了。干净玻璃上有水倒掉后，玻璃表面是湿的，但玻璃上有汞倒掉后玻璃上无汞存在。要解释这些现象必须弄清楚什么是润湿(wetting)和润湿角(又称为接触角，contact angle)。在许多工业领域，如选矿、采油、洗涤、防水和油漆等中，润湿的程度都是一个非常重要的性能指标。

润湿是指固体表面上的气体被液体取代的现象。从热力学观点看，就是在一定温度和压

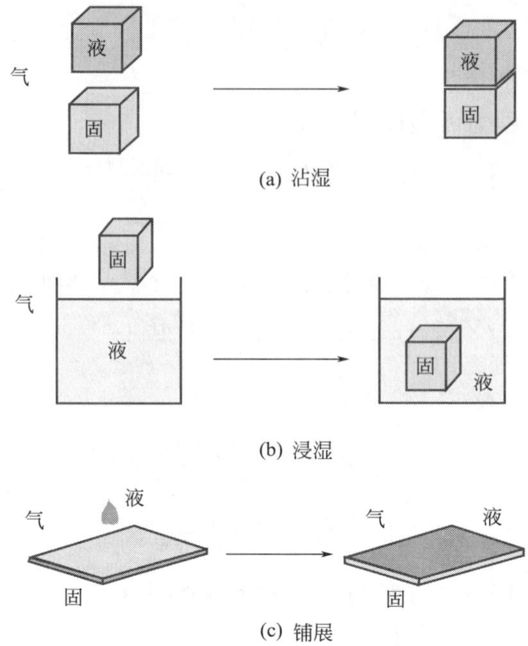

图 13-15 液体对固体的润湿过程

力下，系统的表面吉布斯函数的改变量降低(即 $\Delta G<0$)的现象，且其降低得越多，润湿程度越好。根据润湿程度不同，可分为沾湿(adhesion wetting)、浸湿(immersion wetting)和铺展(spreading)三种情况，简单介绍如下。

图 13-15 分别表示恒温恒压下的沾湿、浸湿和铺展三个过程。三种过程的吉布斯函数变化可由 $dG=\gamma dA_s$ 求得。

沾湿过程是指在恒温恒压条件下，使气-液和气-固界面消失，形成固-液界面的过程，如图 13-15(a)所示。设各界面均为单位面积，从热力学角度，则该过程的吉布斯函数变化为

$$\Delta G_a=\gamma^{s\text{-}l}-\gamma^{l\text{-}g}-\gamma^{s\text{-}g} \tag{13-45}$$

式中，$\gamma^{l\text{-}g}$、$\gamma^{s\text{-}g}$和 $\gamma^{s\text{-}l}$分别表示液-气、固-气和固-液的界面张力。若沾湿过程自发，则有

$$\Delta G_a<0 \tag{13-46}$$

沾湿功是指沾湿过程的逆过程所做的功，即把单位面积已沾湿的固-液界面分开形成气-液和气-固界面过程所需的功，即

$$W_a'=-\Delta G_a \tag{13-47}$$

此功为系统得到环境的最小功。

浸湿过程是指将固体浸入液体中，使气-固界面完全被固-液界面取代的过程(液体表面没有变化)，如图 13-15(b)所示。恒温恒压下，单位面积上浸湿过程的吉布斯函数变化为

$$\Delta G_i=\gamma^{s\text{-}l}-\gamma^{s\text{-}g} \tag{13-48}$$

若浸湿是自发过程，则有

$$\Delta G_i<0 \tag{13-49}$$

浸湿功是指浸湿过程的逆过程所做的功，即把单位面积已浸湿的固-液界面分开形成气-固界面过程所需的功，即

$$W_i' = -W_i = -\Delta G_i \tag{13-50}$$

此功为系统得到环境的最小功。

铺展过程是指少量液体在固体表面上展开，形成一层薄膜的过程，即固-液界面取代气-固界面的同时，气-液界面也扩大了同样面积的过程，如图 13-15(c)。设少量液体在铺展前以小液体存在的表面积与其铺展后的面积相比可以忽略不计，在恒温恒压下，单位面积上铺展过程的吉布斯函数变化为

$$\Delta G_s = \gamma^{s\text{-}l} + \gamma^{l\text{-}g} - \gamma^{s\text{-}g} \tag{13-51}$$

若铺展过程自发进行，则有

$$\Delta G_s < 0 \tag{13-52}$$

令

$$S = -\Delta G_s = \gamma^{s\text{-}g} - \gamma^{s\text{-}l} - \gamma^{l\text{-}g} \tag{13-53}$$

式中，S 称为液体在固体表面上的铺展系数。$S \geqslant 0$ 时液体可以在固体表面上自动铺展，且 S 越大，铺展性能越好。若 $S<0$，则不能铺展。

需要说明的是，前面提到的 ΔG_a、W_a'、ΔG_i、W_i'，ΔG_s 及 S 单位均为 J。

由以上分析可知，只要知道各界面张力($\gamma^{s\text{-}g}$、$\gamma^{s\text{-}l}$和 $\gamma^{l\text{-}g}$)的具体数值，就可以计算某一润湿过程的吉布斯函数变化，并以此来判断该过程能否进行及润湿的程度。但事实上，迄今为止，还没有测量固体表面张力 $\gamma^{s\text{-}g}$ 和固-液界面张力 $\gamma^{s\text{-}l}$ 的可靠方法，所以式(13-45)、式(13-48)和式(13-51)只是理论上的分析，而无实际效用。一百多年前人们发现了润湿现象和接触角有关，并设计了实验测定接触角的方法，于是各种热力学判据转化成了接触角判据，从而使润湿程度度量更加具体化了。

13.5.2 接触角与杨氏方程

设液体在固体表面上形成图 13-16(a)和图 13-16(b)所示的液滴时，在气、液、固三相交界处，液-固界面和气-液界面切线(包含液体)之间的夹角，称为接触角，用 θ 表示。

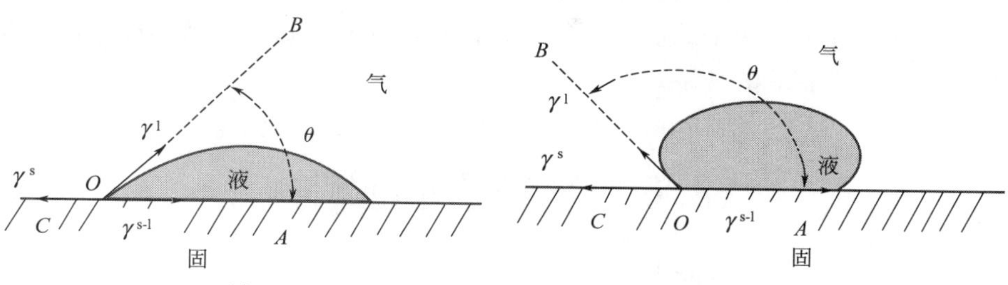

图 13-16 接触角与各界面张力的关系

有三种界面张力同时作用于点 O 处的液体分子之上：固体表面张力 $\gamma^{s\text{-}g}$ 力图把液体分子拉向左方，以覆盖更多的气-固界面；固-液界面张力 $\gamma^{s\text{-}l}$ 则力图把液体分子拉向右方，以缩小固-液界面；而 $\gamma^{l\text{-}g}$ 则力图把液体分子拉向液面的切线方向，以缩小气-液界面。当固体表面为光滑的水平面，上述三种力达到平衡时的关系为

$$\gamma^{s\text{-}g} = \gamma^{s\text{-}l} + \gamma^{l\text{-}g}\cos\theta \tag{13-54}$$

或

$$\cos\theta=\frac{\gamma^{s-g}-\gamma^{s-l}}{\gamma^{l-g}} \tag{13-55}$$

该式称为杨氏方程，是杨氏(Young)于 1805 年得出的。

将杨氏方程 $\gamma^{s-g}=\gamma^{s-l}+\gamma^{l-g}\cos\theta$ 分别代入式(13-45)、式(13-48)和式(13-51)，有

$$沾湿过程：\Delta G_a=\gamma^{s-l}-\gamma^{l-g}-\gamma^{g-s}=-\gamma^{l-g}(\cos\theta+1) \tag{13-56}$$

$$浸湿过程：\Delta G_i=\gamma^{s-l}-\gamma^{s-g}=-\gamma^{l-g}\cos\theta \tag{13-57}$$

$$铺展过程：\Delta G_s=\gamma^{s-l}+\gamma^{l-g}-\gamma^{s-g}=-\gamma^{l-g}(\cos\theta-1) \tag{13-58}$$

对于某一润湿过程来说，如果能够进行，则必有此过程的 $\Delta G<0$，因液体的表面张力 $\gamma^{l-g}>0$，此时，接触角一定满足下列条件

沾湿过程：　$\theta\leqslant180°$

浸湿过程：　$\theta\leqslant90°$

铺展过程：　$\theta=0°$或不存在

上式表明，只要 $\theta\leqslant180°$，沾湿过程即可进行。因任何液体在固体上的接触角总是小于 180°的，所以沾湿过程是任何液体和固体之间都能进行的过程。

式(13-45)、式(13-48)和式(13-51)表明，在三种润湿中，当 $90°<\theta<180°$时，液体能够沾湿固体；当 $0°<\theta<90°$时，液体不仅能够沾湿固体，还能够浸湿固体；当 $\theta=0°$或不存在时，液体不仅能够沾湿、浸湿固体，还能够在固体表面上发生铺展。

习惯上人们更常用接触角来判断液体对固体的润湿，把 $\theta<90°$的情形称为润湿；$\theta>90°$时称为不润湿；$\theta=0°$或不存在时称为完全润湿；$\theta=180°$时称为完全不润湿。例如水在玻璃上的接触角 $\theta<90°$(非常干净的玻璃与非常纯净的水之间的 $\theta=0°$)，水可以在玻璃毛细管中上升，通常说水能润湿玻璃；而汞在玻璃上的接触角 $\theta=140°$，汞在玻璃毛细管中下降，通常说汞不能润湿玻璃。用接触角来判断润湿与否，最大的好处是直观，但它不能反映出润湿过程的能量变化，也没有明确的热力学意义。

润湿与铺展在生产实践中有着广泛的应用。伞布是棉的，容易被水润湿，但经过表面活性剂处理后，使得伞布的外表面布满憎水基团，使水在其上的接触角 $\theta>90°$，雨滴在伞布上呈球形，形成不润湿，从而能防雨。农药喷洒在植物上，若能在叶上发生铺展，将会显著提高杀虫效率。另外，在机械设备的润滑、矿物的浮选、注水采油、金属焊接、印染及洗涤等方面都涉及与润湿理论有关的技术。

13.6　溶液表面吸附

13.6.1　溶液表面吸附现象

溶质在溶液表面层(或表面相)中的浓度与在溶液本体(或体相)中的浓度不同的现象，称为溶液表面的吸附。

溶液的表面张力与纯溶剂的表面张力是不同的。纯液体恒温恒压下，表面张力是一定值。而对于溶液来说，由于溶质在溶液表面发生吸附，进而改变溶液的表面张力，所以溶液的表面张力不仅是温度、压力的函数，还是溶液组成的函数。

例如，在一定温度的纯水中，分别加入不同种类的溶质时，溶质的浓度对溶液表面张力的影响大致可分为三种类型，如图 13-17 所示。曲线Ⅰ表明，随着溶液浓度的增加，溶液的

表面张力稍有提高。就水溶液而言，属于此种类型的溶质有无机盐类(如 NaCl)，不挥发性酸(如 H_2SO_4)、碱(如 NaOH)，以及含有多个—OH 基的有机化合物(如蔗糖、甘油等)。曲线Ⅱ表明，随着溶质浓度的增加，水溶液的表面张力逐渐下降，大部分的低脂肪酸、醇、醛等极性有机物质的水溶液皆属此类。曲线Ⅲ表明，在水中加入少量的某溶质时，却能引起溶液的表面张力急剧下降，至某一浓度之后，溶液的表面张力几乎不再随溶液浓度的上升而变化。属于此类的化合物可以表示为 RX，其中 R 代表含有 10 个或 10 个以上碳原子的烷基；X 则代表极性基团，一般可以是—OH，—COOH，—CN，—CONH，—COOR′，也可以是离子基团，如—SO_3^-，—NH_3^+，—COO^-，等。这类曲线有时会出现如图 13-17 所示的虚线部分，这可能是由于某种杂质的存在而引起的。

溶液表面的吸附现象，可用恒温、恒压下溶液表面吉布斯函数有自动减小的趋势来说明。在一定 T、p 下，由一定量的溶质与溶剂所形成的溶液，因溶液的表面积不变，降低表面吉布斯函数的唯一途径，是尽可能地使溶液的表面张力降低。而降低表面张力则是通过使溶液中相互作用力较弱的分子富集到表面而完成的。

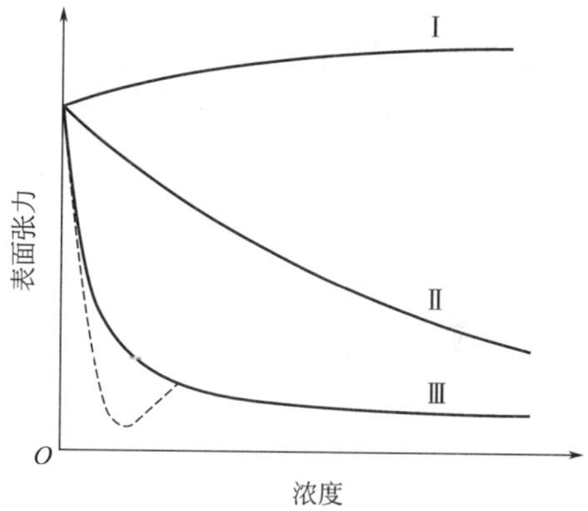

图 13-17 表面张力与浓度的关系

当溶剂中加入形成图 13-17 中第Ⅱ、Ⅲ类曲线的物质后，由于它们都是有机类化合物，分子之间的相互作用较弱，当它们富集于表面时，会使表面层中分子间的相互作用减弱，使溶液的表面张力降低，进而降低表面吉布斯函数。所以这类物质会自动地富集到表面，使得它在表面的浓度高于本体浓度，这种现象称为正吸附。

与此相反，当溶剂中加入上述第Ⅰ类物质后，由于它们是无机的酸、碱、盐类物质，在水中可解离为正、负离子，使溶液中分子之间的相互作用增强，使溶液的表面张力升高，进而使表面吉布斯函数升高(多羟基类有机化合物作用类似)。为减低这类物质的影响，使溶液的表面张力升高得少一些，这类物质会自动地减小在表面的浓度，使得它在表面层的浓度低于本体浓度，这种现象称为负吸附。

一般来说，凡是能使溶液表面张力升高的物质，都称为表面惰性物质；凡是能使溶液表面张力降低的物质，称为表面活性物质。但习惯上，只有那些溶入少量就能显著降低溶液表面张力的物质，称为表面活性剂。表面活性的大小可用$-(\partial\gamma/\partial c)_T$来表示，其值愈大，则表示溶质的浓度对溶液表面张力的影响愈大。溶质吸附量的大小，可用吉布斯公式来计算。

13.6.2 表面吸附——吉布斯（Gibbs）吸附等温式

在单位面积具有一定厚度的表面层中，所含溶质的物质的量与同量溶剂在溶液本体所含溶质物质的量的差值，称为溶质的表面过剩或表面吸附量。

设有一个二元溶液，与其蒸气来平衡，以 α 和 β 分别代表液相和气相，两相的体积分别为 V^α、V^β。在气液交界处有一薄层(厚度约有几个分子厚)，其中溶质的浓度和溶剂的浓度既不同于液相，也不同于气相，将这一层称为表面相 σ，如图 13-18 所示。在表面相中画一个面 ss'，设在此面下的 α 相(或在此面上的 β 相)的浓度是完全一致的，而且就是体相的浓

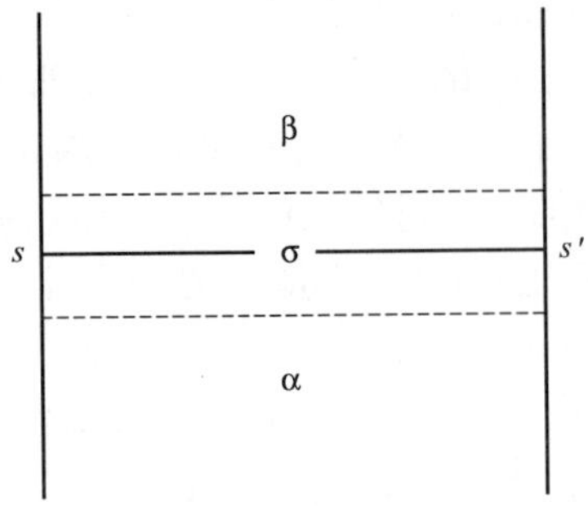

图 13-18　表面相示意图

度。分别以 c^{α}、c^{β}表示溶质在 α 相和 β 相的浓度，由此算出的 α 和 β 相中溶质的物质的量 n^{α}和 n^{β}分别为

$$n^{\alpha}=V^{\alpha}c^{\alpha}$$

$$n^{\beta}=V^{\beta}c^{\beta}$$

以 n_0表示溶质总的物质的量，则

$$n^{\sigma}=n_0-(n^{\alpha}+n^{\beta})$$

n^{σ}为表面相 σ 中溶质的过剩量，将其除以相界面面积 A_s，得

$$\Gamma=\frac{n^{\sigma}}{A_s} \tag{13-59}$$

Γ 为表面过剩，单位 $mol \cdot m^{-2}$，也称为吸附量。

由于气相的浓度远远小于液相浓度，即 $n^{\alpha} \gg n^{\beta}$，所以

$$\Gamma=\frac{n_0-n^{\alpha}}{A_s} \tag{13-60}$$

由式(13-60)可知，物质表面过剩的计算是与 n^{α}有关的，而 n^{α}的值则与 ss'面所含的物质有关。所以首先要按一定原则确定 ss'面后，Γ 才有明确的物理意义。为此，吉布斯提出将 ss'面定在溶剂的表面过剩量为 0 的地方。

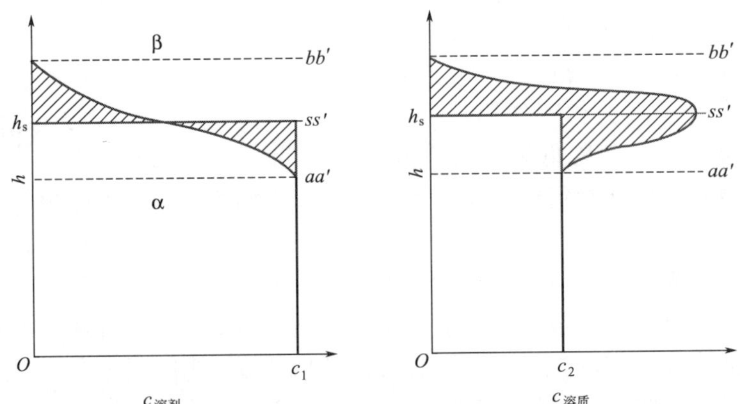

(a) 溶剂浓度与容器高度的关系　　(b) 溶质浓度与容器高度的关系

图 13-19　吉布斯吸附模型

设溶剂浓度 $c_{溶剂}$和溶质浓度 $c_{溶质}$与容器高度 h 的关系分别如图 13-19 的曲线所示，当容器的截面积 A_s为单位面积时，图中曲线下的面积就分别代表溶剂和溶质的总量 $n_{0,1}$和 $n_{0,2}$。吉布斯将 ss'面定在正好使图 13-19(a)中两块阴影面积相等的地方，这使得溶剂的吸附量 $\Gamma_1=n_{0,1}-c_1h_sA_s=0$。在分界面确定之后，溶质的吸附量也就随之确定了，$\Gamma_2=n_{0,2}-c_2h_sA_s$，等于图 13-19(b)中阴影的面积。

用与导出式(13-59)同样的方法，可以确定表面相的其他热力学函数，如表面内能、表面熵、表面吉布斯函数等的定义分别为

$$\begin{aligned} U^{\sigma}&=U-(U^{\alpha}+U^{\beta}) \\ S^{\sigma}&=S-(S^{\alpha}+S^{\beta}) \\ G^{\sigma}&=G-(G^{\alpha}+G^{\beta}) \end{aligned} \tag{13-61}$$

因满足溶剂吸附量 Γ_1为 0 的分界面只有一个，所以分界面确定之后，不仅溶质的吸附

量 Γ_2 为确定值，U^σ、S^σ、G^σ 也都具有确定值，并都有过剩的意义。

当表面相的吉布斯函数 G^σ 发生一个微小变化时，根据式(13-10)有

$$dG^\sigma = -S^\sigma dT + V^\sigma dp + \gamma dA_s + \sum_B \mu_B dn_B^\sigma \tag{13-62}$$

对于恒温、恒压下的二元系统，则

$$dG^\sigma = \gamma dA_s + \mu_1^\sigma dn_1^\sigma + \mu_2 dn_2^\sigma \tag{13-63}$$

式中，μ_1 和 μ_2 分别为表面相中溶剂和溶质的化学势，因吸附平衡时同一种物质在表面相及溶液本体的化学势相等，所以可省去 μ 的表示相的上角标；n_1^σ 及 n_2^σ 分别为溶剂及溶质在表面相中的过剩量。在各强度性质(即 T、p、γ、μ)恒定的情况下，对式(13-63)进行积分，得

$$G^\sigma = \gamma A_s + \mu_1 n_1^\sigma + \mu_2 n_2^\sigma \tag{13-64}$$

表面吉布斯函数是状态函数，它具有全微分的性质，故

$$dG^\sigma = \gamma dA_s + A_s d\gamma + \mu_1 dn_1^\sigma + n_1^\sigma d\mu_1 + \mu_2 dn_2^\sigma + n_2^\sigma d\mu_2 \tag{13-65}$$

将式(13-65)与式(13-63)相比较，可得适用于表面层的吉布斯－杜亥姆方程，即

$$A_s d\gamma = -(n_1^\sigma d\mu_1 + n_2^\sigma d\mu_2) \tag{13-66}$$

式(13-66)除以 A_s，再结合表面过剩的定义式(13-59)$\Gamma = n^\sigma / A_s$，得

$$d\gamma = \quad (\Gamma_1 d\mu_1 + \Gamma_2 d\mu_2) \tag{13-67}$$

按吉布斯表面相模型，溶剂的 $\Gamma_1 = 0$，上式变为

$$d\gamma = -\Gamma_2 d\mu_2 \tag{13-68}$$

将 $d\mu_2 = -RT\ln a_2$ 代入上式，整理后可得

$$\Gamma_2 = -\frac{d\gamma}{RT d\ln a_2} = -\frac{a_2}{RT} \times \frac{d\gamma}{da_2} \tag{13-69}$$

对于理想稀溶液，可用溶质的浓度 c_2 代替其活度 a_2，略去 c_2 及 Γ_2 的下标 2，上式可变为

$$\Gamma = -\frac{c}{RT} \times \frac{d\gamma}{dc} \tag{13-70}$$

此式即为吉布斯吸附等温式。由该式可知，在一定温度下，当溶液的表面张力随浓度的变化率 $d\gamma/dc < 0$ 时，$\Gamma > 0$，表明凡是增加浓度，能使溶液表面张力降低的溶质，在表面层必然发生正吸附；当 $d\gamma/dc > 0$ 时，$\Gamma < 0$，表明凡增加浓度，使溶液表面张力上升的溶质，在溶液的表面层必然发生负吸收；当 $d\gamma/dc = 0$ 时，$\Gamma = 0$，说明此时无吸附作用。

用吉布斯吸附等温式计算某溶质的吸附量时，可由实验测定一组恒温下不同浓度 c 时的表面张力 γ，以 γ 对 c 作图，得到曲线 γ-c。将曲线上某指定浓度 c 下的斜率 $d\gamma/dc$ 代入式(13-70)，即可求得该浓度下溶质在溶液表面的吸附量。将不同浓度下求得的吸附量对溶液浓度作图，可得到曲线 Γ-c，即溶液表面的吸附等温线。

13.6.3 溶液表面活性物质在吸附层的定向排列

在一般情况下，表面活性物质的 Γ-c 曲线的形式如图 13-20 所示。

在一定温度下，系统的平衡吸附量 Γ 和浓度 c 之间的关系与固体对气体的吸附很相似，即

$$\Gamma = \Gamma_m \frac{kc}{1+kc} \tag{13-71}$$

也称为朗格缪尔单分子层等温式在溶液表面活性物质吸附中的应用。式中 k 为经验常数，与

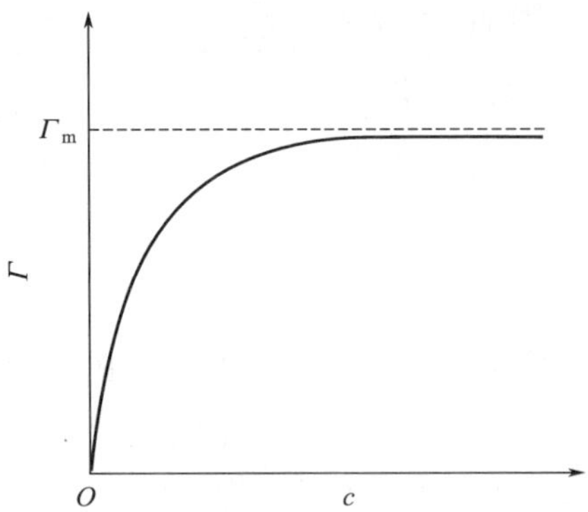

图 13-20　溶液吸附等温线

溶质的表面活性大小有关。由上式可知，当浓度很小时，Γ 与 c 呈直线关系；当浓度较大时，Γ 与 c 呈曲线关系；当浓度足够大时，则呈现一个吸附量的极限值，即 $\Gamma=\Gamma_m$。此时若再增加浓度，吸附量不再改变，说明溶液的表面吸附已达饱和状态，溶液中的溶质不再能更多地吸附于表面，所以 Γ_m 称为饱和吸附量。Γ_m 可以近似地看作是在单位表面上，定向排列呈单分子层吸附时溶质的物质的量。由实验测出 Γ_m 值，即可算出每个被吸附的表面活性物质分子的横截面积，即

$$a_m=\frac{1}{\Gamma_m L} \qquad (13\text{-}72)$$

式中，L 为阿伏伽德罗常数。

表 13-8 给出了一些长碳氢链有机化合物的实验结果。这些化合物的结构形式皆为 $C_nH_{2n+1}X$，所不同的只是 X 代表不同种类的基团。实验测得许多不同化合物分子的横截面积皆为 0.205nm^2，这一实验结果可以帮助人们认识表面活性物质的分子模型，以及它们在表面层排列的方式。

表 13-8　化合物在单分子膜中每个分子的横截面积

化合物种类	X	横截面积/nm^2
脂肪酸	$—COOH$	0.205
二元酯类	$—COOC_2H_5$	0.205
酰胺类	$—CONH_2$	0.205
甲基酮类	$—COCH_3$	0.205
甘油三酸酯类(每链面积)	$—COOCH_3$	0.205
饱和酸的酯类	$—COOR$	0.220
醇类	$—CH_2OH$	0.216

13.7　表面活性剂及其应用

13.7.1　表面活性剂的分类

表面活性剂是指加入少量就能显著降低溶液表面张力的一类物质，通常是指降低水的表面张力。表面活性剂可以从用途、物理性质或化学结构等方面进行分类，最常用的是按化学结构来分类，大体上可分为离子型和非离子型两大类。当表面活性剂溶于水时，凡能解离生成离子的，称为离子型表面活性剂；凡在水中不能解离的，就称为非离子型表面活性剂。而离子型的表面活性剂按其在水溶液中解离后具有表面活性作用的部分的电性，还可进一步分类。具体分类和举例如表 13-9 所示。

阴离子表面活性剂分子在水中电离后，表面活性剂分子主体带负电荷，常用的有羧酸盐型和磷酸酯盐型等；阳离子表面活性剂分子在水中电离后，表面活性剂分子主体带正电荷，它们都是含氮有机化合物，也就是有机胺的衍生物，常用的是季铵盐；两性离子型表面活性剂是由带正、负电荷活性基团组成的表面活性剂。两性离子表面活性剂溶于水后显示出极为

重要的性质；当水溶液偏碱性时，它显示出阴离子活性剂的特性，水溶液偏酸性时它显示出阳离子表面活性剂的特性。如果将等量的阴离子表面活性剂和阳离子表面活性剂混合，由于它们的相互作用则可能使它们各自的性能相互抵消。而两性表面活性剂却能灵活自如地显示出两种不同离子活性基团的特性，因此它具有独特应用性能。有的两性离子型表面活性剂在硬水，甚至在浓盐水及碱性水中也能很好地溶解，并且稳定。这类表面活性剂有杀菌作用，对人体的毒性和刺激性也较小。

表 13-9 表面活性剂的分类

- 表面活性剂
  - 离子表面活性剂
    - 阴离子表面活性剂
      - R—COONa 羧酸盐
      - R—OSO_3Na 硫酸酯盐
      - R—SO_3Na 磺酸盐
      - R—OPO_3Na_2 磷酸酯盐
    - 阳离子表面活性剂
      - R—NH_2·HCl 伯胺盐
      - R—$N(CH_3)H$·HCl 仲胺盐
      - R—$N(CH_3)_2$·HCl 叔胺盐
      - R—$N^+(CH_3)_3$·Cl^- 季铵盐
    - 两性表面活性剂
      - R—$NHCH_2CH_2COOH$ 氨基酸
      - $R(CH_3)_2N^+$—CH_2COO^- 甜菜碱型
  - 非离子表面活性剂
    - R—O—$(CH_2CH_2O)_nH$ 聚氧乙烯型
    - R—$COOCH_2C(CH_2OH)_3$ 多元醇型

非离子型表面活性剂在数量上仅次于阴离子表面活性剂。它除具有良好的洗涤力外，还有较好的乳化、增溶性及较低的泡沫，在工业助剂中占有非常重要的地位。非离子型表面活性剂在溶液中不是离子状态，所以稳定性高，不易受强电解质无机盐类的影响，也不易受酸、碱的影响；它与其他类型表面活性剂的相容性好；在水及有机溶剂中皆有较好的溶解性能(视结构不同而有所差别)。由于它在溶液中不电离，但有亲水基(如氧乙烯基—CH_2CH_2O—、醚基—O—、羟基—OH或酰胺基—$CONH_2$等)和亲油基(如烃基—R)。它包括两大类，即聚乙二醇型(也称聚氧乙烯型)和多元醇型表面活性剂。

13.7.2 表面活性剂的结构特征与性质

在讨论溶液的表面张力时，已经知道表面活性剂在低浓度时能使溶液的表面张力显著降低，但达到一定浓度之后，溶液的表面张力就不再随着表面活性剂浓度的增加而降低，在 γ-c 曲线上出现一转折点(图 13-17 所示)。大量的实验表明，表面活性剂溶液的很多性质(如电导、渗透压等)随溶液浓度的变化也具有转折点，而且所有转折点对应的浓度都落在一很窄的范围内，如图 13-21。如何解释这些实验事实呢？

如图 13-22 所示，当表面活性剂的浓度很稀时，表面活性剂的分子在溶液本体和表面层中分布的情况。在这种情况下，若稍微增加表面活性剂的浓度，一部分表面活性剂分子将自动聚集于表面层，使水和空气的接触面减小，溶液的表面张力急剧降低。表面活性剂的分子在表面不一定都是直立的，也可能是东倒西歪而使非极性的基团翘出水面。另一部分表面活性剂分子则分散在水中，有的以单分子形式存在，有的则三三两两相互接触，把憎水性的基团靠拢在一起，形成简单的聚集体。

当表面活性剂的浓度足够大时，达到饱和状态，液面上刚刚挤满一层定向排列的表面活性剂分子，形成单分子膜。在本体溶液中，亲水的极性基与水相接触，憎水的非极性基则靠范德华力相互吸引聚集成团，将非极性基埋在内部，减少了与水相的接触，降低了体系的能量。这种自发形成的表面活性剂分子定向排列的聚集体称作胶束(或胶团)(micelle)；形成胶束的最低浓度称为表面活性剂的临界胶束浓度，简称 cmc(critical micelle concentration)。

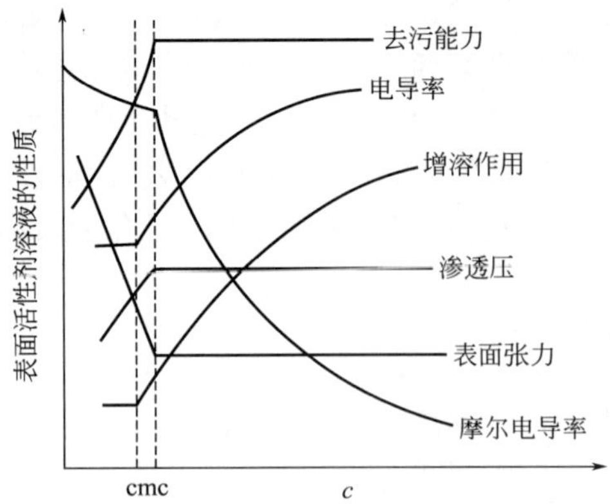

图 13-21 表面活性剂溶液的性质与浓度关系示意图

溶液浓度超过 cmc 后，再增加表面活性剂的量，只能增加溶液中胶束的数量，而不增加游离分子的数量。正是由于在 cmc 前后表面活性剂溶液结构的变化，导致了许多性质的突变。cmc 可以作为表面活性剂表面活性的一种量度，cmc 越低，表面活性越强。胶束的大小与胶体离子的大小相近，所以又将胶束溶液称为缔合胶体溶液。但胶体体系是多分散的热力学不稳定体系，而胶束溶液却是热力学稳定体系。胶束的形状视溶液的浓度不同，可能有球状、棒状或层状几种情况。

某些表面活性剂在非极性溶剂中也能自发地定向排列成极性头向内，非极性基向外伸向有机溶剂的聚集体，并称为反向胶束(或反相胶束)，简称反胶束。反胶束区别于水溶液胶束的特点是：胶束的聚集数小，没有明显的 cmc。一般认为反胶束多数为球形，浓度大时也可能为棒状或椭球状。

图 13-22 表面活性剂的分子在溶液本体及表面层中的分布

13.7.3 表面活性剂的 HLB 值

表面活性剂的亲水亲油性取决于分子中亲水基和亲油基的强弱。1949 年，Griffin 提出用 HLB(hydrophile and lipopile balance)值表征表面活性剂的亲水亲油性，HLB 值即为亲水亲油平衡值。

HLB 值是一个相对值，人们规定亲油性强的石蜡(完全没有亲水性)的 HLB 值为 0；亲水性强的聚乙二醇(完全是亲水基)的 HLB 值为 20，以此为标准，定出其他表面活性剂的 HLB 值。HLB 值越小，表面活性剂的亲油性越强，反之亲水性越强。一些常见表面活性剂的 HLB 值可在表面化学相关资料中查到。表面活性剂的 HLB 值与其性能和作用有关，根据表面活性剂的 HLB 值，可以大体了解它的作用与用途，见表 13-10。

表 13-10 表面活性剂的 HLB 值范围及其用途

HLB 值	主要用途	HLB 值	主要用途
1～3	消泡剂	12～15	润湿剂
3～6	油包水型(W/O)乳化剂	13～15	洗涤剂
8～18	水包油型(W/O)乳化剂	15～18	增溶剂

在实际应用中，HLB 值也是选择合适表面活性剂的依据，但是，由于 HLB 值的计算和测定都是经验性的，所以在实际应用中 HLB 值有一定的指导意义，但不能作为唯一的依据，还需由实验的实际效果来确定。

13.7.4 表面活性剂的几种重要作用及其应用

(1) 润湿作用

表面活性剂在化学结构上的共同特点是，它们都是由亲水的极性基和亲油的非极性基构成的，由于它们能显著降低水的表面张力，因而能强烈地吸附在水的表面上，也能吸附在其他各种界面上，而且这种吸附往往都有一定的取向。正是表面活性剂分子在界面上的定向吸附，使得表面活性剂具有改变表面润湿性能的作用。

在生产和生活中，人们常常需要改变液体对某种固体的润湿性能，有时希望把润湿变为不润湿，有时则希望把不润湿变为润湿，这些都可以借助于表面活性剂来实现。

普通的棉布因纤维中有醇羟基基团而呈亲水性，所以容易被水沾湿，不能防雨。若采用表面活性剂处理棉布，使其极性基与棉纤维的醇羟基结合，而非极性基伸向空气，从而使棉布与水的接触角发生改变，由原来的润湿变为不润湿，制成既能防水又可透气的雨布。

喷洒农药杀灭害虫时，如果农药水溶液对植物的茎叶表面润湿性不好，药液易滚落下来不仅造成浪费，而且洒在植物上的药液也不能很好展开，待水分蒸发后，叶面上只形成断续的药物斑点，杀虫效果不好。若在药液中加入少量表面活性剂，使药液容易在茎叶表面展开，待水分蒸发后，形成均匀的药物薄层，大大提高了农药的利用率和杀虫效果。

(2) 增溶作用

一些非极性的碳氢化合物，如苯、乙烷等在水中的溶解度本来很小，但浓度达到或超过临界胶束浓度的表面活性剂水溶液，却能使这类物质的溶解度大为增加，形成完全透明、外观与真溶液相似的体系。表面活性剂的这种作用称为增溶作用。

增溶作用与表面活性剂在水溶液中形成胶束是分不开的。在胶束内部，相当于液态的碳氢化合物，根据相似互溶原理，非极性的溶质容易溶解到胶束内部，因而溶解度增大。显然，只有表面活性剂的水溶液浓度达到或超过临界胶束浓度时，才有增溶作用。

增溶与真正的溶解不同，溶解是使溶质分散成分子或离子，溶液具有依数性，而增溶后的溶液无明显的依数性，说明增溶后溶质并未拆成分子，而是以较大的分子集团形成整体溶入的。增溶作用应用很广，如肥皂液、洗涤液等除去油污时，增溶起着相当重要的作用。一些生理现象也与增溶作用有关，例如不能被小肠直接吸收的脂肪，是靠胆汁的增溶作用才被有效地吸收。

反胶束中表面活性剂的极性头向内排列形成极性核，极性核中能溶解少量的水形成“水池”。在一定条件下，反胶束的“水池”可以增溶水溶性物质(如蛋白质等)，由于受到表面活性剂分子的“保护”，蛋白质不与有机溶剂直接接触，因而能够保持活性，甚至表现出超活性。如果创造条件使增溶在反胶束“水池”中的蛋白质返回第二水相，则可以实现蛋白质的分离和提纯。

(3) 发泡和消泡作用

液体泡沫是气体高度分散在液体中形成的分散体系。“泡”是由液体薄膜包围着的气体，泡沫则是很多起泡的聚集物。由于气-液界面张力较大，气体的密度较液体小，所以起泡很容易破裂。

在液体中加入表面活性剂，再向液体中鼓气就能形成较为稳定的泡沫，这种作用称为发泡，所加的表面活性剂为发泡剂。发泡剂的主要作用是：①降低液-气界面张力；②在气泡的液膜上形成双层吸附膜并具有一定的机械强度，不易破裂；③亲水基在液膜中的水化作用使膜内液体黏度增加，使液膜稳定；④离子型表面活性剂可使泡沫带有电荷，气泡间的静电排斥阻碍了它们相互靠近和聚集。

一些表面活性剂也可以作消泡剂，它们的表面张力比气泡液膜的低，容易从液膜表面挤走原来的发泡剂，而其本身不能形成坚固的吸附膜，导致泡沫破裂，从而起到消泡作用。

泡沫浮选是现代工业中广泛应用的选矿方法，是界面化学原理在采矿过程中的重要应用。其基本方法是将粉碎到一定程度的矿石倾入水池中，加入少量表面活性剂，也称为捕集剂和起泡剂，则捕集剂选择吸附在有用矿石粒子的表面上，形成较强的憎水性薄膜而使其变为憎水性。然后从水池底部通入气泡，则有用矿石离子就附着在气泡上升到水面，而不含矿物的岩石和泥沙则留在水底，从而达到有用矿物与岩石的分离。

(4) 助磨作用

我国古代劳动人民，早就有水磨比干磨效率高的经验。如米粉、豆粉之类，水磨的要比干磨的细得多。在固体物料的粉碎过程中若加入表面活性剂(称为助磨剂)，可增加粉碎程度，提高粉碎的效率。在 Al_2O_3 的粉碎过程中，加与不加助磨剂，粉碎效率大不相同。为什么干磨(不加任何助磨剂)的效率最低呢？这是因为当磨细到几十微米以下时，颗粒度很微小，比表面积很大，使系统具有很大的表面吉布斯函数，系统处在热力学的高度不稳定状态。在一定温度和压力下，表面吉布斯函数有自动减小的趋势，在没有表面活性剂存在的情况下，只能靠表面积自动的变小，即颗粒度变大，以降低系统的表面吉布斯函数。因此若想提高粉碎效率，得到更多的颗粒，必须加入适量助磨剂，如水、油酸、亚硫酸纸浆废液等。

在固体的粉碎过程中，若有表面活性剂存在，它能很快地定向排列在固体颗粒的表面上，使固体颗粒的表面(或界面)张力有明显降低。可以想象，表面活性剂在颗粒表面覆盖率越大，表面张力降低得越多，则系统的表面吉布斯函数值越小。因此，表面活性剂不仅可以自动吸附在颗粒的表面上，而且还可以自动地渗入到微细裂缝中去并能向深处扩散，如同在裂缝中打入一个“楔子”，起着一种劈裂作用，在外力的作用下加大裂缝或分裂成更小的颗粒。

学习基本要求

1. 掌握表面张力的定义，了解影响表面张力的因素，了解表面功及表面吉布斯函数的概念及其相互关系。

2. 掌握弯曲液面上附加压力的 Laplace 方程、小液滴饱和蒸气压的 Kelvin 公式，了解产生亚稳态现象的原因，熟悉亚稳状态的具体表现。

3. 了解润湿的概念，掌握沾湿、浸湿和铺展的条件，掌握接触角和杨氏方程。

4. 了解固体表面物理吸附与化学吸附的区别，掌握吸附等温方程，重点掌握朗格谬尔吸附等温式。

5. 掌握溶液表面吸附的吉布斯方程，了解表面活性剂的分类和基本性质，了解表面活性剂的用途。

习　题

13-1　在 293K 及 101.325kPa 下，把半径为 1×10^{-3} m 的汞滴分散成半径为 1×10^{-9} m 的汞滴，试求

此过程表面吉布斯函数变(ΔG)为多少?已知 293.15K 时汞的表面张力为 $0.4865\mathrm{N\cdot m^{-1}}$。

13-2　298K 时，水的表面张力 $\gamma=0.072\mathrm{N\cdot m^{-1}}$，$\left(\frac{\partial\gamma}{\partial T}\right)_{p,A}=-1.570\times10^{-4}\mathrm{N\cdot m^{-1}\cdot K^{-1}}$，试计算：298K，$p^{\ominus}$下可逆地增大 $2.00\times10^{-4}\mathrm{m^2}$ 表面积时的 ΔG。

13-3　计算 373K 时，下列情况下弯曲液面承受的附加压力。已知 373K 时水的表面张力为 $58.91\mathrm{N\cdot m^{-1}}$。

(1) 水中存在的半径为 0.1μm 的小气泡；

(2) 空气中存在的半径为 0.1μm 的小液滴；

(3) 空气中存在的半径为 0.1μm 的小气泡。

13-4　在 298K 和 $p^{\ominus}$下，将直径为 1μm 的毛细管插入水中，问需在管内加多大压力才能防止水面上升？若不施加额外压力，则管内液面可上升多高？已知在该温度下水的表面张力为 $0.072\mathrm{N\cdot m^{-1}}$，水的密度为 $1000\mathrm{kg\cdot m^{-3}}$，并设接触角为 0°。

13-5　298K 时，有一水银气压计，玻璃管的内半径为 0.200cm，管内外水银柱的高度差 75.8cm。若考虑到管内水银面的附加压力，则实际大气压为多少厘米汞柱？设汞与玻璃的接触角 $\theta=\pi$，汞的表面张力 $\gamma=0.54\mathrm{N\cdot m^{-1}}$，汞的密度 $\rho=13.6\times10^3\mathrm{kg\cdot m^{-3}}$。

13-6　373K 时，水的表面张力 $\gamma=0.0589\mathrm{N\cdot m^{-1}}$，密度 $\rho=958.4\mathrm{kg\cdot m^{-3}}$，问直径 $1\times10^{-7}\mathrm{m}$ 的气泡内在 373K 时的水蒸气压力为多少？在 101.325kPa 外压下，能否从 373K 的水中蒸发出直径为 $1\times10^{-7}\mathrm{m}$ 的气泡？

13-7　水蒸气骤冷会发生过饱和现象。在夏天的乌云中，用飞机喷洒干冰微粒，使气温骤降至 293K，水蒸气的过饱和度(p/p_0)达到 4。已知在 293K 时，水的表面张力为 $0.07288\mathrm{N\cdot m^{-1}}$，密度为 $997\mathrm{kg\cdot m^{-3}}$。试计算：

(1) 在此时开始形成雨滴的半径；

(2) 每一雨滴中所含的分子数。

13-8　在 351.45K 时，用焦炭吸附 NH_3 测得如下数据，设 V^a-p 关系符合 $V^a=kp^n$ 方程。

p/kPa	0.722	1.307	1.723	2.898	3.931	7.528	10.10
$V^a/\mathrm{dm^3\cdot kg^{-1}}$	10.2	14.7	17.3	23.7	28.4	41.9	50.1

试求方程式 $V^a=kp^n$ 中的 k 及 n 的数值。

13-9　已知在 273K 时，用活性炭吸附 $CHCl_3$，其饱和吸附量为 $93.8\mathrm{dm^3\cdot kg^{-1}}$，若 $CHCl_3$ 的分压力为 13.375kPa，其平衡吸附量为 $82.5\mathrm{dm^3\cdot kg^{-1}}$。试求：

(1) 朗格缪尔吸附等温式中的 b 值；

(2) $CHCl_3$ 的分压力为 6.6672kPa 时，平衡吸附量为若干？

13-10　假设气体在固体表面上吸附平衡时的压力为 p，远远小于该吸附质在相同温度下的饱和蒸气压 p^*。试由 BET 吸附等温式

$$\frac{p}{V^a(p^*-p)}=\frac{1}{cV^a}+\frac{c-1}{cV^a}\frac{p}{p^*}$$

导出朗格缪尔吸附等温式 $V^a=V^a_m\frac{bp}{1+bp}$。

13-11　298K 时，将少量的某表面活性物质溶解在水中，当溶液的表面吸附达到平衡后，实验测得该溶液的浓度为 $0.20\mathrm{mol\cdot m^{-3}}$。用一很薄的刀片快速地刮去已知面积的该溶液的表面薄层，测得在表面薄层中活性物质的吸附量为 $3\times10^{-6}\mathrm{mol\cdot m^{-2}}$。已知 298.15K 时纯水的表面张力为 $71.97\mathrm{mN\cdot m^{-1}}$。假设在很稀的浓度范围内，溶液的表面张力与溶液的浓度呈线性关系，试计算上述溶液的表面张力。

13-12　292K 时，丁酸水溶液的表面张力可以表示为 $\gamma=\gamma_0-a\ln(1+bc)$。式中 γ_0 为纯水的表面张力，

a 和 b 皆为常数。

（1）试求该溶液中丁酸的表面吸附量 Γ 和浓度 c 的关系。

（2）若已知 $a=13.1\text{mN}\cdot\text{m}^{-1}$，$b=19.62\text{dm}^3\cdot\text{mol}^{-1}$，试计算当 $c=0.200\text{mol}\cdot\text{dm}^{-3}$ 时的 Γ 为多少？

（3）当丁酸的浓度足够大，达到 $bc\gg1$ 时，饱和吸附量 Γ_m 为多少？设此时表面上丁酸呈单分子吸附，计算在液面上每个丁酸分子所占的截面积为多少？

13-13　在 1373K 时向某固体材料涂银。已知该温度下固体材料的表面张力 $\gamma^s=965\text{mN}\cdot\text{m}^{-1}$，Ag(l) 的表面张力 $\gamma^l=878.5\text{mN}\cdot\text{m}^{-1}$，固体材料与 Ag(l) 之间的界面张力 $\gamma^{s\text{-}l}=1364\text{mN}\cdot\text{m}^{-1}$。计算接触角，并判断液态银能否润湿该材料表面。

13-14　293K 时，乙醚-水、汞-乙醚、汞-水的界面张力分别为 $0.0107\text{N}\cdot\text{m}^{-1}$，$0.379\text{N}\cdot\text{m}^{-1}$，$0.375\text{N}\cdot\text{m}^{-1}$，在乙醚与汞的界面上滴一滴水，试求其接触角。

13-15　293K 时，水的表面张力为 $0.0728\text{N}\cdot\text{m}^{-1}$，汞的表面张力为 $0.483\text{N}\cdot\text{m}^{-1}$，汞-水的界面张力为 $0.375\text{N}\cdot\text{m}^{-1}$，试判断：

（1）水能否在汞的表面上铺展？

（2）汞能否在水的表面上铺展？

13-16　在 293K 时，水的表面张力为 $0.072\text{N}\cdot\text{m}^{-1}$，水与石墨的接触角为 $90°$，试求水与石墨的黏附功、浸湿功和铺展系数。

第 14 章

胶体分散系统与高分子溶液

“胶体”一词是由英国科学家格雷阿姆(Graham)提出的。19 世纪 60 年代，格雷阿姆应用分子运动论研究溶液中溶质的扩散情况时，发现有些物质如蔗糖、氯化钠等在水中扩散快，易透过羊皮纸(半透膜)，将水蒸去后呈晶体析出；另一些物质如明胶、氢氧化铝等在水中扩散慢，不能透过羊皮纸，蒸去水后呈黏稠状。格雷阿姆将前者称为晶体(crystal)，后者称为胶体(colloid)。另一方面，格雷阿姆在制备胶体溶液时发现，有许多通常不溶解的物质在适当的条件下可以分散在溶剂中形成貌似均匀的溶液，从其外表来看和通常的真溶液没什么差别，但从其扩散速度、渗透能力等来看则属于胶体物质的范围，因此将其称之为溶胶(sol)。20 世纪初，俄国化学家法伊曼(Ваймарн)经过对二百多种物质研究发现，同一物质在适当条件下，既可表现为晶体，又可表现为胶体。例如，氯化钠在水中具有晶体的特性，分散在无水乙醇中则表现为胶体。可见胶体只是物质在特定条件下的一种特殊存在形式，是某些物质分散于另外的物质中形成的分散系统。

胶体分散系统在生物界和非生物界都普遍存在，在实际生活和生产中也占有重要的地位。如在石油、冶金、造纸、橡胶、塑料、纤维、肥皂等工业部门，以及如生物学、土壤学、医学、生物化学、气象学、地质学等学科中都广泛地接触到与胶体分散系统有关的问题。由于实际的需要，也由于本身具有丰富的内容，因此胶体分散系统的研究得到了迅速的发展，已经成为一门独立的学科。

14.1　分散系统的分类与胶团结构

14.1.1　分散系统的分类

一种或几种物质分散在另一种物质中所形成的系统称为分散系统(dispersion system)。分散系统中被分散的物质称为分散相(dispersion phase)，分散相所处的介质称为分散介质(dispersion medium)。各种溶液(盐水、糖水、茶水等)就是最常见的分散系统，水滴分散在空气中形成的云雾、颜料分散在油中形成的油漆、气体分散在液体中形成的泡沫以及固体颗粒分散在空气中形成的烟尘等都是分散系统的实例。

分散系统可分为均相分散系统(homogeneous dispersion system)和多相分散系统(heterogeneous dispersion system)。均相分散系统是物质彼此以分子或离子形态分散或混合所形成的系统，如小分子溶液、电解质溶液等。此类系统的分散相及分散介质之间不存在相界面，是热力学稳定的系统。多相分散系统是物质以微相形态分散在分散介质中所形成的非均相系统。按分散相和分散介质的聚集状态不同，可分为八大类，见表 14-1。

表 14-1　多相分散系统按聚集状态的分类

分散介质	分散相	名称	实例
液	固	溶胶、悬浮液	金溶胶、泥浆
	液	乳状液	牛奶、含水原油
	气	泡沫	肥皂泡沫
气	固	气溶胶	烟、尘
	液		雾
固	固	固态悬浮液	加颜料的塑料
	液	固态乳状液	珍珠
	气	固态泡沫	泡沫塑料

分散程度的大小是表征分散系统的重要依据，所以通常又按照分散相粒子的大小将分散系统分为小分子分散系统(也称为真溶液)、胶体分散系统和粗分散系统三种类型，如表 14-2 所示。

表 14-2　分散系统按分散相粒子大小的分类

类型	粒子的大小/m	实例
小分子分散系统	$<10^{-9}$	空气、NaCl 水溶液
胶体分散系统	$10^{-9}\sim10^{-6}$	金溶胶、$Fe(OH)_3$ 溶胶 高分子溶液 缔合胶体
粗分散系统	$>10^{-6}$	泡沫、泥浆

(1) 小分子分散系统

当被分散物质以分子、原子或离子(粒子大小 $d<10^{-9}$m)形式均匀地分散在分散介质中时，形成的系统即为真溶液。它又分为固态溶液、液态溶液和气态溶液。真溶液属于均相分散系统，溶质、溶剂间没有相界面，且不会自动分离成两相，是热力学稳定系统。常表现出透明、不发生光散射、溶质扩散快、溶质和溶剂均能透过半透膜等特点。

(2) 胶体分散系统

分散相粒子大小介于 $10^{-9}\sim10^{-6}$m 的高分散系统，或者是那些在该尺度范围内存在不连续性的系统即为胶体系统。而且还明确分散相不必是分立的，那些基本粒子单元的尺度处于 $10^{-9}\sim10^{-6}$m 而形成连续网状结构的多孔固体、凝胶等也属于胶体系统。上面所规定的胶体粒子大小的界限，完全是人为的大致划分，许多在此界限以外的系统，例如，泡沫、乳浊液、悬浮液等属于粗分散系统，它们也具有许多与胶体共同的性质，所以也可作为胶体化学的研究对象。

通过对胶体溶液稳定性和胶体粒子结构的研究，人们发现胶体分散系统包括：①溶胶；②高分子溶液；③缔合胶体。

溶胶是由粒子大小在 $10^{-9}\sim10^{-6}$m 的难溶物分散在分散介质中形成的，粒子与分散介质之间存在相的界面，粒子能通过滤纸，但不能透过半透膜，扩散速度慢，在普通显微镜下看不见。其主要特征是高度分散、多相，有很大的相界面、很高的表面吉布斯能，很不稳定，极易被破坏而聚沉，聚沉之后不能恢复原状，因而是热力学中不稳定和不可逆系统，也叫憎液溶胶(lyophobic sol)。

高分子溶液是一维空间尺寸(线尺寸)达到 $10^{-9}\sim10^{-6}$m 之间的高分子(如蛋白质分子、高聚物分子等)，分散于分散介质之中形成的系统。其主要特征是高度分散的、均相的、热力学稳定系统，鉴于分散相和分散介质之间亲和力很强，故又称亲液胶体(lyophilic sol)。

表面活性剂在溶液中的浓度高于某一数值后，多个表面活性剂分子形成胶束，在胶束中还可以溶进一些特定性质的物质，形成所谓的微乳液或液晶。这种系统叫做缔合胶体(associated colloid)。缔合胶体在形成过程中由于使整个系统界面能降低而成为热力学稳定系统。这个系统目前具有重要的实用意义。

(3) 粗分散系统

分散相粒子大小 $d>10^{-6}$m 的分散系统为粗分散系统。这类系统主要包括悬浮液(suspensoid)、乳状液(emulsion)、泡沫(foam)、粉尘(dust)等。在粗分散系统中，分散相和分散介质间存在明显的相界面，分散相粒子容易自动发生聚集而与分散介质分开，因此，它是热力学不稳定系统，常表现出不透明、浑浊、分散相不能透过滤纸等特点。

胶体分散系统和粗分散系统因高度分散和巨大表面积而具有许多独特性质，而且很多的物质都可能成为该二类系统中的一个组分，这就决定了胶体化学的研究对象、涉及的学科、所用的研究方法和应用范围极其广泛。就具应用来说，遍及生命现象(血液、骨组织、细胞膜)、材料(陶瓷水泥浆料、胶乳、泡沫塑料、多孔吸附剂、有色玻璃)、食品(牛奶、啤酒、面包)、医药(微胶囊、凝胶制剂)、能源(强化采油、乳化和破坏)、环境(烟雾、除尘、水处理)等各领域。尤其是近年来发展起来的超微技术、纳米材料的制备已成为很多学科研究的新热点。掌握胶体分散系统和粗分散系统的知识对指导工农业生产和研究生命科学具有重要意义。

14.1.2 胶团结构

由分子、原子或离子聚集而成的固态微粒常具有晶体结构，它可以从分散介质中选择性地吸附某种离子；或者由于离子晶体表面电离，其中一种离子溶解于周围的介质中等原因，使固态微粒成为带电体，它是构成胶团结构的核心，故习惯上称其为胶核(colloidal nucleus)。胶体粒子带电的正、负号，取决于胶核上离子的正、负号。实验证明，晶体表面对那些能与组成固体表面的离子生成难溶物或电离度很小的化合物的离子具有优先吸附作用，这一规则称为法拉杨-帕尼思(Fajans-Pancth)规则。依据这一规则，用 $AgNO_3$ 和 KI 制备 AgI 溶胶时，AgI 颗粒表面易于吸附 Ag^+ 或 I^-，而对 K^+ 和 NO_3^- 吸附极弱。因而 AgI 颗粒的带电符号取决于 Ag^+ 和 I^- 中哪种离子过量。

例如，在稀的 KI 溶液中，缓慢地滴加少量的 $AgNO_3$ 稀溶液，过剩的 KI 起到稳定剂的作用，反应生成的 AgI 微粒表面将吸附 I^-，胶核表面则带负电荷，K^+ 为反离子，生成 AgI 的负溶胶，胶团结构如图 14-1 所示。

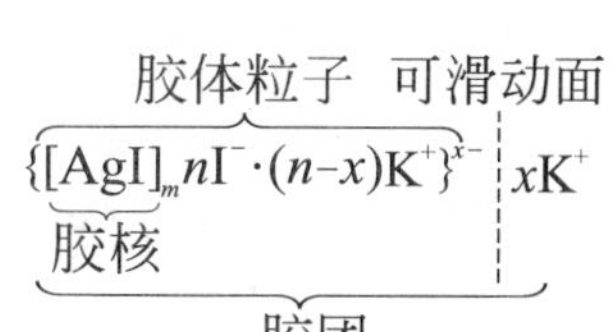

图 14-1 负电性 AgI 胶团结构

其中 m 表示胶核中所含 AgI 的分子数，通常是一个很大的数值(约在 10^3 左右)。n 表示胶核所吸附的 I^- 离子数，n 的数值比 m 的数值要小得多。留在溶液中的 K^+，因受 I^- 的吸引又可以围绕在其周围。但离子本身又有热运动，只可能有一部分 K^+ 紧紧地吸引于胶核近旁，并与被吸附的 I^- 一起组成“吸附层”，$(n-x)$为吸附层中的带相反电荷的

$$\underbrace{\{\overbrace{\underbrace{[AgI]_m nAg^+}_{\text{胶核}}\cdot(n-x)NO_3^-}^{\text{胶体粒子}}\}^{x+}\ \overset{\text{可滑动面}}{\vdots}\ xNO_3^-}_{\text{胶团}}$$

图 14-2　正电性 AgI 胶团结构

离子数(此处为 K^+)。而另一部分 K^+ 则扩散到较远的介质中去，形成“扩散层”，x 是扩散层中的反号离子数，胶核连同吸附在其上面的离子，包括吸附层中的相反电荷离子，称为胶粒(colloidal particle)。胶粒连同周围介质中的相反电荷离子则构成胶团(也称为胶束，micelle)。在吸附层和扩散层之间存在一滑动面，即当胶粒在运动时，不只是固相在运动，它还带着一层液体一起运动。这层可动液体的边界叫滑动面。

在同一个溶胶中，每个固体微粒所含的分子个数 m 可以大小不等，其表面上所吸附的离子的个数 n 也不尽相等。在滑动面两侧，过剩的反离子所带的电荷量应与固体微粒表面所带的电荷量大小相等而符号相反。即 $(n-x)+x=n$。

同样道理，若在稀的 $AgNO_3$ 溶液中，缓慢地滴加少量的 KI 稀溶液，过剩的 $AgNO_3$ 起到稳定剂的作用，反应生成的 AgI 微粒表面将吸附 Ag^+，胶核表面则带正电荷，NO_3^- 为反离子，生成 AgI 的正溶胶，这时胶团结构如图 14-2 所示。

以 $AgNO_3$ 为稳定剂的 AgI 溶胶的胶团剖面图如图 14-3 所示。图中的小圆圈表示 AgI 微粒；AgI 微粒连同其表面上的 Ag^+ 则称为胶核。第二个圆圈表示胶核和吸附层所组成的胶粒，最外面的圆圈表示扩散层的范围与整个胶团。

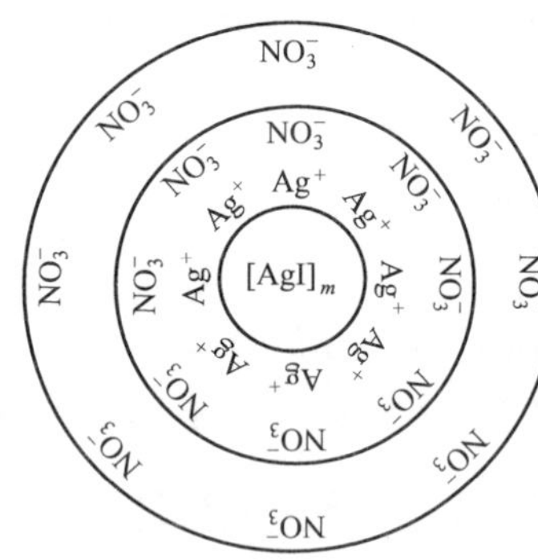

图 14-3　正电性 AgI 胶团剖面图

此外，在化工生产和实验室中常遇到二氧化硅溶胶。这种溶胶粒子的电荷不是由于吸附离子而产生，而是来源于胶核本身的表面层分子的电离。当 SiO_2 与水分子接触时，先生成 H_2SiO_3，它是弱电解质，可电离出 H^+ 和 SiO_3^{2-}，其中 SiO_3^{2-} 不是全扩散到溶液中去，而是有一部分仍然固定在 SiO_2 微粒的表面上，形成带负电荷的胶核，H^+ 则为反离子。该反应过程可表示为

$$SiO_2+H_2O \longrightarrow H_2SiO_3 \rightleftharpoons 2H^+ + SiO_3^{2-}$$

SiO_2 溶胶的胶团结构可表示为：

$$\underbrace{\{\overbrace{\underbrace{[SiO_2]_m nSiO_3^{2-}}_{\text{胶核}}\cdot 2(n-x)H^+}^{\text{胶体粒子}}\}^{2x-}\ 2xH^+}_{\text{胶团}}$$

其中，胶核由 m 个 SiO_2 分子组成，吸附层内层为 SiO_3^{2-}；外层为反离子 H^+。如果 SiO_2 表面水解生成的 H_2SiO_3 为 n 个，则反离子 H^+ 的总数为 $2n$ 个，其中 $2(n-x)$ 个在吸附层内，其余的 $2x$ 个分布在扩散层中。

在书写上述胶团结构时，应注意电量平衡，即整个胶团中反离子所带的正(负)电荷数应等于胶核表面上的负(正)电荷数，也就是说整个胶团是电中性的。

大分子物质(如蛋白质、石花菜、淀粉、藻酸等)质点上的电荷大多是表面基团电离的结果。比如土壤胶体中的腐殖质多以胶态形式存在，它们不仅成分复杂(有时就是混合物)，构

造也很复杂。这些质点表面上的电荷，既有吸附因素也有电离因素。因此，对于这类物质的胶团结构，只能用其主要成分之结构单位表示，或者画出示意图来表示。

黏土胶粒表面上的电荷主要起因于晶格取代(当然也有电离)。例如，仅由晶格取代引起带电的钠微晶高岭土的胶团可表示为：

$$\{m[(Al_{3.34}Mg_{0.66})(Si_8O_{20})(OH)_4]^{0.66m}\cdot(0.66m-x)Na^+\}^{x-}\ xNa^+$$

在石油中，胶质和沥青质相互结合成胶团，它们的基本单元结构都是以稠合芳环为核心、兼含非烃化合物的复杂混合物，难于用胶团结构式表示。

由于离子的溶剂化，因此胶粒和胶团也是溶剂化的。在溶胶中胶粒是独立运动单位。通常所说溶胶带正电或负电系指胶粒而言，整个胶团总是电中性的。胶团没有固定的直径和质量，同一种溶胶的 m 值也不是一个固定的数值。不同溶胶的胶团可有各种不同的形状，例如聚苯乙烯溶胶的胶团接近球状，而 $Fe(OH)_3$ 溶胶为针状，V_2O_5 溶胶为带状等。在讨论溶胶特性时除注意其高度分散性外，还应该注意到结构上的这种复杂性。由于胶粒比分散介质的分子大得多，而且由难溶物构成的胶核又保持其原有的结构(从 X 射线分析可以证明大多数憎液溶胶的离子确具有晶体的结构)，所以尽管表面看到溶胶是貌似均匀的溶液，而实际上粒子和介质之间存在着明显的物理分界面，是超微不均匀的系统。由于高度分散而又系多相，所以从热力学的角度来看是不稳定系统。胶核粒子有互相聚结而降低其表面积的趋势，即具有易聚结的不稳定性，这就是形成溶胶时必须有稳定剂(stabilizing agent)存在的原因(有时不需外加稳定剂，溶胶也可以很稳定，参看下节中凝聚法制备溶胶)。

14.2 溶胶的制备、净化与破坏

14.2.1 溶胶的制备

从分散度的大小来看，胶体系统的分散度大于粗分散系统，而小于一般的真溶液，同时体系中应有适当的稳定剂存在才能具有足够的稳定性。制备方法大致可以分为两类：即分散法(dispersed method)与凝聚法(condensed method)，前者是直接将大块物质粉碎为小颗粒，并使之分散于介质中，后者是使分子或离子聚结成胶粒。制备过程可简单表示为：

$$\boxed{\text{粗分散系统}}\xrightarrow[\text{大变小}]{\text{分散法}}\boxed{\text{胶体系统}}\xleftarrow[\text{小变大}]{\text{凝聚法}}\boxed{\text{分子分散系统}}$$

$$d>1000\text{nm}\qquad 1000\text{nm}>d>1\text{nm}\qquad d<1\text{nm}$$

由分散法或凝聚法直接制成的粒子称为原级粒子(primary particle)，视具体条件不同，这些粒子常又可以聚集成一些较大的次级粒子(secondary particle)。通常所制备的溶胶中粒子的大小常是不均一的，而是多级的分散系统。为了得到稳定的胶体，还必须注意以下三点：①分散相在分散介质中的溶解度很小，因为介质中高浓度的带电粒子将造成溶胶聚沉；②新制备的胶体，一般含有过量的电解质或杂质，应将其除去；③应加适量的稳定剂。

下面主要介绍溶胶的制备方法。

(1) 分散法

这种方法是用适当方法使大块物质在有稳定剂存在的情况下分散成胶体粒子的大小。常用的有以下几种方法。

① 研磨法　即机械粉碎的方法，这种方法通常适用于脆而易碎的物质，对于柔韧性的物质必须先硬化后(例如用液态空气处理)再分散。分散过程所消耗的机械功或电功，远大于

系统的表面吉布斯函数变，大部分以热的形式传给环境。常用的研磨设备有球磨机和胶体磨(colloidal mill)。

胶体磨是由两片靠得很近的坚硬耐磨的合金或金刚砂制成的磨盘，磨盘的周边与外壳之间的距离可调节到 5×10^{-6}m 左右的微小距离。当上下磨盘以约 10000r/min 的转速反向转动时，粗粒子就被磨细。研磨又有湿法与干法之分，一般说来，湿法操作的粉碎程度更高。由于颗粒磨得越细越容易聚结，所以常加入单宁或明胶等物质作稳定剂，以防止分散相的微粒聚集成块。湿法的磨细粒度约为 10^{-7}m。胶体磨已广泛应用于工业生产，它可以用来研磨颜料、药物、干血浆、大豆等。例如，铂重整催化剂载体 Al_2O_3 在造粒前必须将它的滤饼磨成胶浆。如果是较脆性的材料，如活性炭等，利用球磨机，就可获得 100nm 以下的超细粒子。

② 胶溶法(colloidizing method) 亦称解胶法。它不是使粗粒分散成溶胶，而只是使暂时凝聚起来的分散相又重新分散。例如刚生成不久的沉淀，$Al(OH)_3$、$Fe(OH)_3$ 等，产生沉淀的原因是由于缺少稳定剂，这些沉淀实际上是刚刚聚沉的溶胶，沉淀颗粒是胶粒的聚合体。此时若洗涤除去过多的电解质，再加入少量稳定剂(此处又称胶溶剂，要看胶核表面所能吸附的离子而决定如何选用胶溶剂)，胶粒便因吸附离子而趋于稳定，在适当搅拌下沉淀便重新分散成溶胶，这种将沉淀转化为溶胶的作用称为胶溶作用(peptizing)，例如

$$Fe(OH)_3\text{(新鲜沉淀)}\xrightarrow{\text{加 }FeCl_3}Fe(OH)_3\text{(溶胶)}$$

$$AgCl\text{(新鲜沉淀)}\xrightarrow{\text{加 }AgNO_3\text{或 }KCl}AgCl\text{(溶胶)}$$

$$SnCl_4\xrightarrow{\text{水解}}SnO_2\text{(新鲜沉淀)}\xrightarrow{\text{加 }K_2Sn(OH)_6}SnO_2\text{(溶胶)}$$

一般情况下，胶溶法制取溶胶，只适用于新形成的沉淀，若沉淀放置时间较长，便会老化(ageing)，老化生成的大粒子不可用胶溶法重新将其分散。

③ 电弧法(electric arc method) 主要用于制备金、银、铂、钯等贵金属的水溶胶。该法是将欲分散的金属作为电极，浸入水中，外加 20～100V 的直流电源，调节两电极间的距离，使其产生强电弧。在电弧作用下，电极表面上的金属原子蒸发，但立即被水冷却而凝聚成胶体粒子。在制备时，如果先加入少量的碱作为稳定剂，可得到较为稳定的水溶胶。此法实际上包括了分散与凝聚两个过程。

④ 超声波分散法(ultrasonic dispersing method) 用超声波(频率大于 16000Hz)所产生的能量来进行分散作用。目前多用于制备乳状液。图 14-4 是超声波分散法装置的示意图。把 106Hz 的高频电流通过两个电极，石英片可以发生相同频率的机械振荡，产生高频的机械波传入试管，使分散相均匀分散而形成溶胶或乳状液。

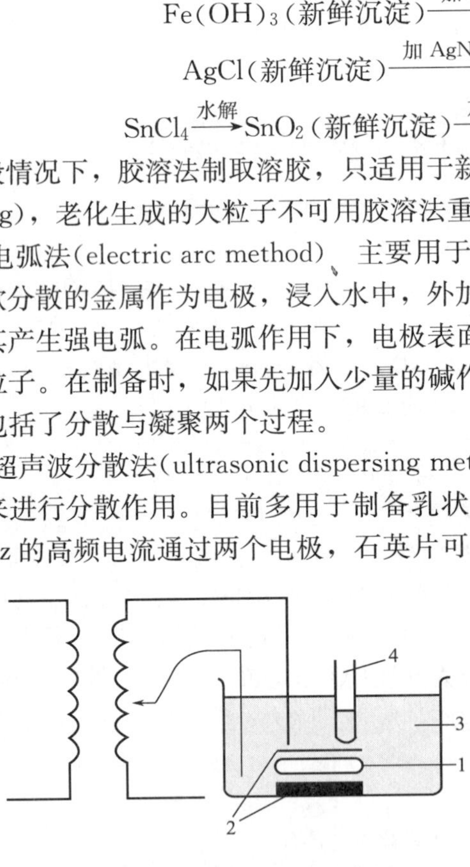

图 14-4 超声波分散法示意图
1—石英片；2—电极；
3—变压器油；4—盛试样的试管

⑤ 气相沉积法(gas phase deposition) 在惰性气氛中，用电加热、高频感应、电子束或激光灯热源，将要制备成纳米级粒子的材料汽化，处于气态的分子或原子，按照一定规律共聚或发生化学反应，形成纳米级粒子，再将它用稳定剂保护(此法是先分散再聚合，故也可归入凝

聚法）。

（2）凝聚法

与分散法相反，凝聚法是将分子（或原子、离子）分散状态凝聚为胶体分散状态的一种方法。通常根据凝聚过程所发生的变化类型分为物理凝聚法和化学凝聚法。

① 物理凝聚法　将蒸气状态的物质或溶解状态的物质凝聚为胶体状态的方法。

a. 蒸气凝聚法　罗金斯基（Ротинский）和沙利尼科夫（Шальников）用蒸气凝聚法获得碱金属的有机溶胶，其装置如图 14-5 所示。

以制备钠的苯溶胶为例，先在 4 和 2 两管中分别盛放需要加以分散的物质金属钠和作为分散介质用的液体苯，将整个容器放在液态空气中，将系统抽成真空后取出，在 5 中放液态空气，再适当对 2 和 4 加热，使苯和钠的蒸气一起在 5 的管壁上凝聚成含有胶体钠的固态苯。然后再除去 5 中的液态空气，温度升高后使冻结物熔化为液体流入支管 3 中，而形成钠在苯中的溶胶。两种物质的蒸气同时在器壁上经受剧烈冷却，是这种方法的重要特点。用这种方法制得的溶胶似乎没有加入任何稳定剂，实际上此处作为稳定剂的组分可能是金属的离子或其氧化物。

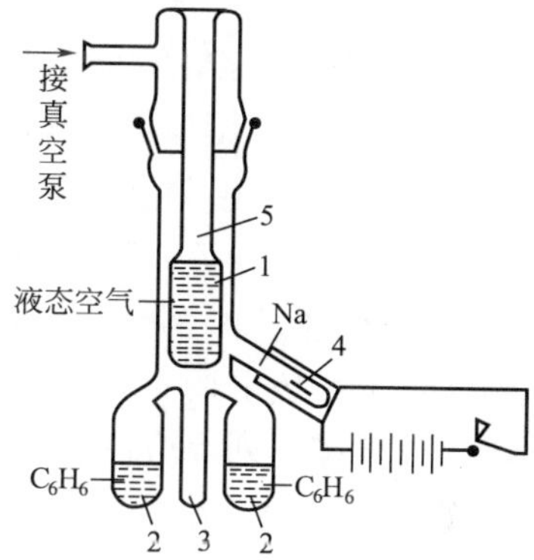

图 14-5　罗金斯基和沙利尼科夫所用仪器示意图
1—被抽空容器；2，4—盛有溶剂和需要分散的物质容器；
3—盛溶胶的容器；5—液态空气冷凝器

b. 过饱和法　改变溶剂或降低温度均可使溶质的溶解度降低。在过饱和条件下，溶质可自动凝聚成溶胶。例如，将少量的硫溶于乙醇中，再将此溶液在搅拌的情况下倒入水中，硫在水中的溶解度很低，以胶粒大小析出，形成白色浑浊的硫的水溶胶。这种方法是利用一种物质在不同溶剂中溶解度相差悬殊的特性来制备溶胶。用此法可制得难溶于水的树脂、脂肪等水溶胶，也可制备难溶于有机溶剂的物质的有机溶胶。

用液态空气急骤冷却苯的饱和水溶液，可制得苯的水溶胶。

② 化学凝聚法　利用各种化学反应生成不溶性产物，在不溶性产物从溶液中析出时，使之停留在胶粒大小。因为胶体粒子的成长决定于两个因素：晶核生成速度和晶体生长速度。一般采用较大的过饱和浓度、较低的操作温度，以利于晶核的大量形成而减缓晶体长大的速率，防止发生聚沉，即可得到溶胶。可利用的化学反应有氧化还原、水解、复分解等反应。例如：

a. 氧化还原反应　贵金属的溶胶可以通过还原反应来制备。例如用甲醛还原金属盐可制得红褐色的金溶胶：

$$2HAuCl_4(\text{稀溶液})+3HCHO+11KOH \longrightarrow 2Au\downarrow+3HCOOK+8KCl+8H_2O$$

得到的金粒子吸附稳定剂 AuO_2^- 而成为稳定负电性金溶胶，金粒子直径和颜色随着制备条件变化而改变。

硫溶胶可以通过一些氧化还原反应来制备，例如

$$2H_2S+SO_2 = 2H_2O+3S(\text{溶胶})$$

$$Na_2S_2O_3+2HCl = 2NaCl+H_2O+SO_2+S(\text{溶胶})$$

b. 水解反应　铁、铝、铬、铜、钒等金属的氢氧化物溶胶，可以通过其盐类的水解而

制得。

三氯化铁的水解制备氢氧化铁溶胶，反应为

$$FeCl_3(\text{稀溶液}) + H_2O(\text{沸水}) \longrightarrow Fe(OH)_3(\text{红棕色溶胶}) + 3HCl$$

在不断搅拌下，将 $FeCl_3$ 稀溶液滴入沸腾的水中即可生成棕红色、透明的 $Fe(OH)_3$ 溶胶。过量的 $FeCl_3$ 起到稳定剂的作用。$Fe(OH)_3$ 微粒选择性地吸附 Fe^{3+} 而形成带正电荷的胶体粒子。

烷氧基铝水解制备氢氧化铝溶胶，反应为

$$Al(OR)_3 + H_2O \longrightarrow Al(OR)_2(OH) + ROH$$

$$2Al(OR)_2(OH) + 2H_2O \longrightarrow 2AlOOH + 4ROH$$

$$Al(OR)_2(OH) + 2H_2O \longrightarrow Al(OH)_3 + 2ROH$$

c. 复分解反应　利用 As_2O_3 的复分解反应可制备硫化砷溶胶，反应为

$$As_2O_3 + 3H_2S \longrightarrow As_2S_3(\text{溶胶}) + 3H_2O$$

在 As_2O_3 的过饱和水溶液中，缓慢通入 H_2S 气体，即可生成淡黄色的 As_2S_3 溶胶。HS^- 为稳定剂，胶体粒子带负电荷。

碘化银溶胶可按下列反应制得

$$AgNO_3(\text{稀溶液}) + KI(\text{稀溶液}) \longrightarrow AgI(\text{黄色溶胶}) + KNO_3$$

为了在 AgI 表面形成双电层而使溶胶稳定，制备中 $AgNO_3$ 或 KI 须过量。

以上这些制备溶胶的例子中，都没有外加稳定剂。事实上，胶粒的表面吸附了过量的具有溶剂化层的反应物离子，因而使得溶胶稳定。离子的浓度对溶胶的稳定性有直接的影响，电解质浓度太大，反而会引起胶粒聚沉。例如，如果将 H_2S 通入 $CdCl_2$ 溶液中，CdS 成沉淀析出而并不形成溶胶(这是由于反应中生成的 HCl 是强电解质，它破坏了 CdS 溶胶的稳定性)。在定量分析中，为了防止形成溶胶，可以采用加入电解质或加热的方法使溶胶聚沉并使生成颗粒较大的沉淀。

14.2.2　溶胶的净化

不论用分散法还是凝聚法制备的溶胶，往往含有过量电解质或其他杂质，除形成胶团所需要的电解质以外，过多的电解质存在会破坏溶胶的稳定性。为了提高溶胶稳定性，需进行净化处理。常用的方法有以下几种。

(1) 渗析法

渗析法(dialysis method)是利用胶体粒子不能通过半透膜，而离子或小分子能通过半透膜的原理。首先利用火棉胶(collodion，其化学成分为硝化纤维素)、醋酸纤维膜、动物膜、羊皮纸等制成半透膜，将待净化的溶胶装入半透膜制成的容器内，然后将膜袋浸在纯溶剂中。由于膜内外杂质浓度的差别，溶胶中的电解质和小分子杂质便会透过半透膜进入溶剂中。若不断更换膜外溶剂，可逐渐降低溶胶中的电解质或杂质的浓度，从而达到净化的目的，这种方法称为渗析法，如图 14-6(a)所示，搅拌溶胶或适当加热(要注意加热对该溶胶的稳定性有无影响)可加快渗析。渗析在许多方面有重要的应用价值。

目前，医院为治疗肾衰竭患者的血液透析仪(即人工肾)，就是使血液在体外经过循环渗析除去血液中的代谢废物(如尿毒、尿酸或其他有害的小分子)，然后再输入体内。图 14-6(b)是血液渗析仪的示意图。此处常用的半透膜有铜氨膜、醋酸纤维素膜等。临床上除考虑膜孔大小外，还要注意膜的稳定性和与血液的相容性等问题。

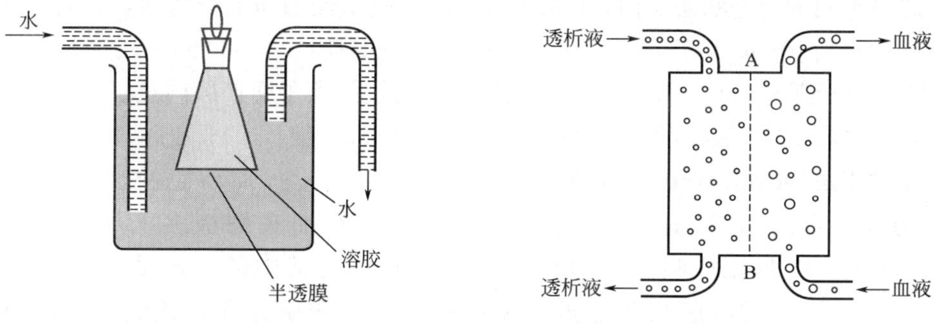

(a) 溶胶的渗析　　(b) 血液渗析仪示意图(AB为半透膜)

图 14-6　渗析法

在工业上以及许多实验室中，为了加快渗析速度，可以增加半透膜的面积或使膜两边的液体有很高的浓度梯度，或者在较高的温度下渗析(但是由于高温会破坏溶胶的稳定性，因此升高的温度应有一定限制)。若在外加电场下进行渗析可以增加粒子迁移的速率，通常称为电渗析法(electrodialysis)。

电渗析的装置如图 14-7 所示，当电极与直流电源接通以后，在电场作用下，溶胶中的

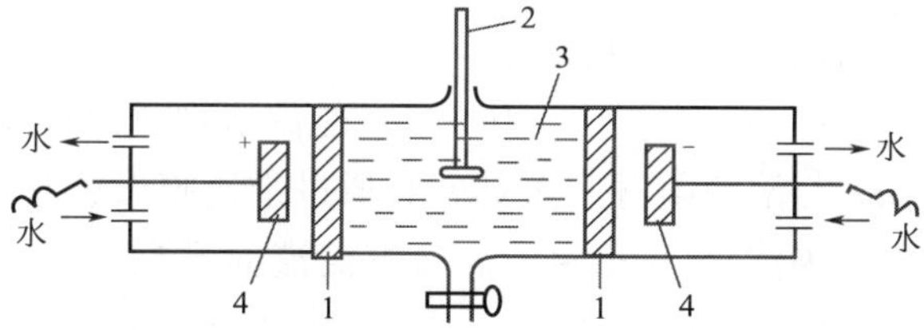

图 14-7　电渗析示意图

1—半透膜；2—搅拌器；3—溶胶；4—铂电极

电解质离子分别向带异性电荷的电极移动，因此能较快地除去溶胶中过多的电解质。此法特别适用于用普通渗析法难以除去的少量电解质。使用时所用的电流密度不宜太高，以免因受热而使溶胶变质。实验室中常用的半透膜为火棉胶等。

若将离子交换膜用于电渗析中，则可用于制备高纯水、处理含盐废水和海水淡化等方面。咸水淡化常用的电渗析半透膜有醋酸纤维膜、聚乙烯醇异相膜等。异相膜是由磨碎的离子交换树脂颗粒与黏合剂(如聚乙烯)混合，经挤压而成。用电渗析对咸水淡化的装置如图 14-8 所示。在此装置中，将阳离子和阴离子选择性交换膜交替地排列着，这样可组成多室电渗析池。

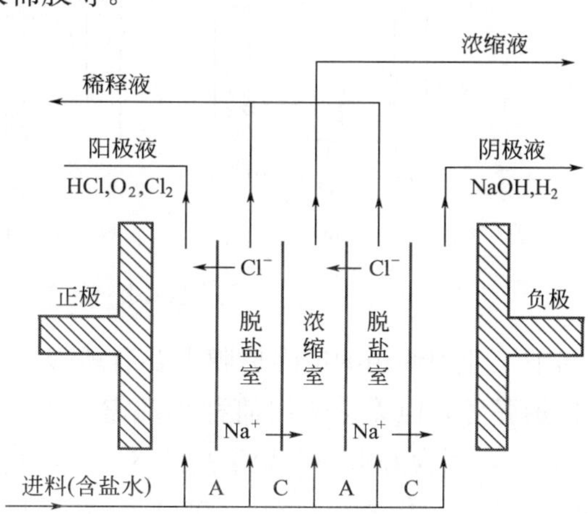

图 14-8　咸水淡化装置示意图

A—阴离子选择性交换膜；C—阳离子选择性交换膜

电渗析技术当前已扩展到化工、食品、医药、废水处理等各个领域。例如氨基酸是典型的两性电解质，控制溶液 pH

值，可使之呈不同的荷电状态。pH 值在等电点时，氨基酸的净电荷为零，在直流电场作用下几乎不移动；当 pH 值大于等电点时，氨基酸带负电荷，可通过阴离子交换膜向正极移动；当 pH 值小于等电点时，氨基酸带正电荷，可通过阳离子交换膜向负极移动。基于此种特点，故可用电渗析与等电聚焦技术分离与纯化氨基酸。

（2）超过滤法（ultrafiltration method）

净化溶胶也可用超过滤法，超过滤是用孔径极小而孔数极多的半透膜（约 10～300nm）作滤膜，在加压或吸滤的情况下，让介质连同其中的电解质或低分子杂质透过滤膜成为滤液，从而将胶粒与介质分开，达到净化的目的，这种方法为超过滤法。可溶性杂质能透过滤板而被除去，有时可将第一次超过滤得到的胶粒再加到纯的分散介质中，再加压过滤。如此反复进行，也可以达到净化的目的。净化后得到的胶粒，应立即分散在新的分散介质中，以免聚结成块。如果超过滤时在半透膜的两边安放电极，加上一定的电压，则称为电超过滤法。即电渗析和超过滤两种方法合并使用，这样可以降低超过滤的压力，而且可以较快地除去溶胶中的多余电解质。图 14-9 是一种电超过滤仪器的示意图。

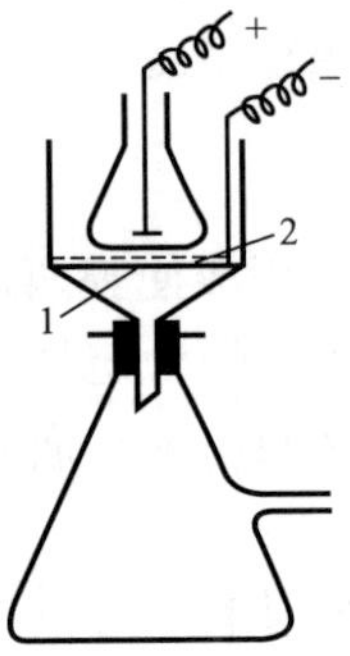

图 14-9　电超过滤仪器
1—负极；2—半透膜

（3）渗透和反渗透

在一定温度下，用一个只能使溶剂透过而不能使溶质或胶体离子透过的半透膜把溶剂（如水）与溶液隔开，溶剂就会通过半透膜渗透到溶液中使溶液液面上升［见图 14-10（a）］，此现象称为渗透（osmosis）。当溶液液面升到一定高度达到平衡状态，渗透才停止并产生一定的渗透压 Π［见图 14-10（b）］。这种对于溶剂的膜平衡，叫作渗透平衡。若渗透平衡时在溶液一侧施加外压 p（且 $p>\Pi$），则溶液中的溶剂分子将向溶剂相迁移［见图 14-10（c）］，故称反渗透（reverse osmosis）。

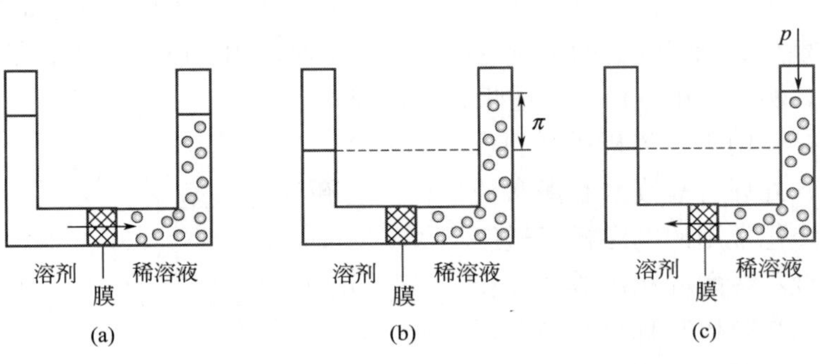

图 14-10　渗透与反渗透过程示意图

目前工业中使用的反渗透膜主要有醋酸纤维膜、芳香聚酰胺膜或具有皮层和支撑层的复合反渗透膜等，但无论使用何种膜都需施加外压。例如，海水淡化工艺中的操作压力常在 5GPa 以上，因为海水的含盐量高达 3.5%，其渗透压高达 2.5GPa；而苦咸水脱盐可在低压下操作，操作压力约为 1.4～2.0MPa。在我国，反渗透工艺已用于电子、电力、食品、饮料和化工等领域的纯水和超纯水的制备，它能有效地除去微生物、细菌和有机污染物，但值得注意的是它同时能除去水中 Ca、Mg、Zn、Si 等人体所需要的元素，所以饮用纯净水要适度。

14.3 溶胶的光学性质

溶胶的光学性质(optical properties)是其高度分散性和不均匀性的反映。通过光学性质的研究，不仅可以解释溶胶系统的一些光学现象，而且在观察胶体离子的运动时，对确定溶胶的大小和形状具有重要意义。

当光线射入分散体系时，只有一部分光线能自由通过，另一部分被吸收、散射或反射。对光的吸收主要取决于体系的化学组成，而散射和反射的强弱则与质点大小有关。低分子真溶液的散射极弱；当质点大小在胶体范围内，则发生明显的散射现象(即通常所说的光散射，light scattering)；当质点直径远大于入射光波长时(如悬浮液中的粒子)，则主要发生反射，体系呈现浑浊。

14.3.1 丁铎尔效应与瑞利公式

(1) 丁铎尔效应

英国的物理学家丁铎尔(Tyndall)于 1869 年发现，在暗室中将一束光线透过溶胶，则从侧面(即与光束前进方向垂直的方向)观察，可以在光透过溶胶的途径上看到一个发光的圆锥体，如图 14-11(a)所示，光线越强，则光的路程也就越清楚。这种现象称为丁铎尔效应，也称作乳光效应。而用纯水或真溶液做实验，用肉眼几乎观察不到此种现象[如图 14-11(b)所示]，因此丁铎尔效应实际上就成为判别溶胶与真溶液的最简便的方法。丁铎尔现象在日常生活中能经常见到。例如，夜晚的探照灯或由电影机所射出的光线在通过空气中的灰尘微粒时，就会产生丁铎尔现象。丁铎尔效应的另一特点就是当光通过分散系统时，在不同的方向观察光柱有不同的颜色，例如 AgCl、AgBr 的溶胶，在光透过的方向观察，呈浅红色；而在与光垂直的方向观测时，则呈淡蓝色(有时称为 Tyndall 蓝)。

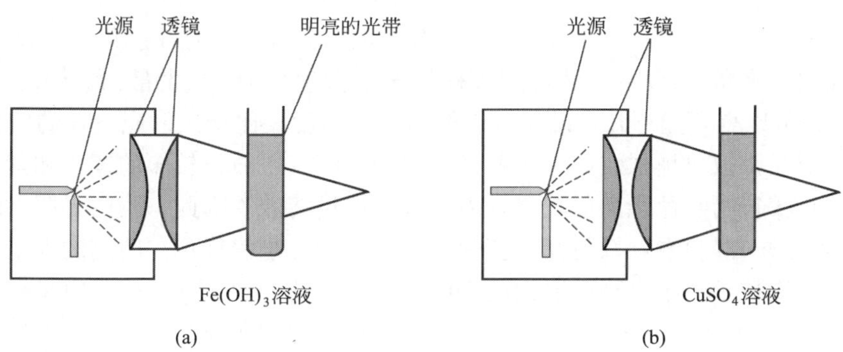

图 14-11 丁铎尔效应

根据光的电磁理论，丁铎尔效应产生的实质是光的散射。当光线射入分散系统时可能发生三种情况。

① 若分散相的微粒尺寸与入射光的波长相近时，则发生光的衍射。

② 若分散相的微粒尺寸大于入射光的波长时，则主要发生光的反射或折射现象，粗分

散系统就属于这种情况。可见光的波长在 400～700nm 的范围内，粗分散系统中的粒子直径可高达 1000～5000nm，比可见光的波长大得多，因此在光的照射下发生反射光。例如乳状液，看到的就是呈混浊状的乳光。

③ 若分散相的微粒尺寸小于入射光的波长时，则主要发生光的散射，即光在绕过微粒前进的同时，又会从粒子的各个方向散射，散射出来的光叫乳光。溶胶粒子的大小在 1～100nm 之间，小于可见光的波长。光本质上是一种电磁波，其振动的频率高达 10^{15} Hz 的数量级，当可见光照射到小于光波波长的胶粒粒子上时，相当于外加电磁波作用于胶粒，使围绕分子或原子运动的电子产生被迫振动(而质量远大于电子的原子核则无法跟上振动)，这样被光照射的微小晶体上的每个分子，便以一个次级光源的形式，向四面八方辐射出与入射光有相同频率的次级光波，这就是散射光波，由此可知，产生丁铎尔效应的实质是光的散射。在正对着入射光的方向上我们看不到散射光，这是因为背景太亮，就像我们白天看不到星光一样，因此，丁铎尔效应可以认为是胶粒对光的散射作用的宏观表现。若被照射系统是完全均匀的，则所有散射光波因互相干涉而完全抵消，结果就观测不到散射光；如果被照射系统的光学均匀性遭到破坏，辐射出来的次级波不会抵消，就可以观测到散射光。

由于溶胶的高分散度和多相性，入射光照射在溶胶粒子上，必然会产生散射光。当然．由于分子热运动引起密度或浓度涨落，也会造成光学的不均匀性，产生光的散射。散射光的强度可用瑞利公式来计算。

（2）瑞利公式

1871 年，英国科学家瑞利(Rayleigh)假设：分散相粒子的尺寸远小于入射光的波长时，可把粒子视为点光源；粒子间的距离较远，可不考虑各个粒子散射光之间的相互干涉；粒子不导电，不吸收光。基于这些假设，利用电磁场理论，首先导出了稀薄气溶胶散射光强度的计算式，后经其他学者推广应用于稀溶胶系统。当入射光是非偏振光时，单位体积分散系统的散射光强度 $I(R,\theta)$随散射角 θ 和距离 R 的变化关系可用下式计算，并参见图 14-12。

$$I(R,\theta)=I_0\frac{9\pi^2 c_n V^2}{2\lambda^4 R^2}\left(\frac{n_2^2-n_1^2}{n_2^2+n_1^2}\right)^2(1+\cos^2\theta) \tag{14-1}$$

式中，I_0 为入射光强度；λ 为光波长；c_n 为粒子的数浓度(单位体积中的粒子数)；V 为单个粒子的体积；n_1 为分散介质折射率；n_2 为分散相的折射率；θ 为散射角，即观测方向与入射光传播方向间的夹角；$I(R,\theta)$为在距离样品 R 且散射角为 θ 处的散射光强度。

由式(14-1)可以得到如下几点结论：①散射光的强度反比于入射光波长的四次方。因此波长越短的入射光，散射越强。如果入射光为白光，则其中波长较短的蓝色和紫色光散射作用最强，而波长较长的红色光散射较弱，大部分将透过溶胶。因此，当白光照射溶胶时，从侧面(垂直于入射光方向)看，散射光呈蓝紫色，而透过光呈橙红色。晴朗的天空呈现蓝色是由于空气中的尘埃粒子和小水滴散射太阳光(白光)引起的，而日出日落天空呈橙红色，是由于透射光引起的。由此可以预测，若要观察散射光，光源的波长以短者为宜；而观察透过光时，则以较长的波长为宜。例如在测定多糖、蛋白质之类物质的旋光度时多采用钠光，其原因之一就是由于黄色光的散射作用较弱。②散射光的强度与分散相和分散介质的折射率有关。

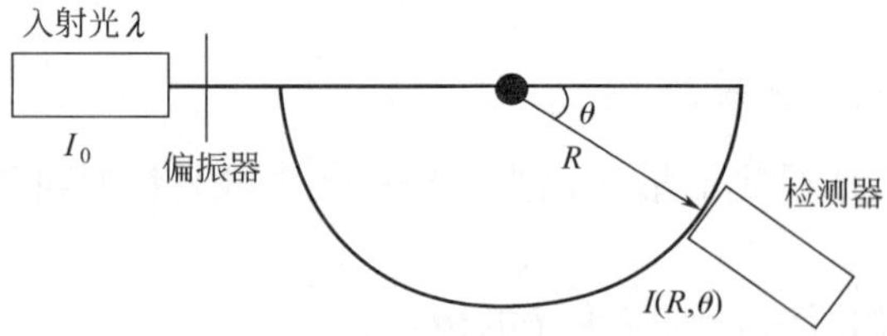

图 14-12　光散射原理

分散相与分散介质之间折射率相差越大，散射光越强，反之则越弱。溶胶具有明显的丁铎尔效应，而高分子溶液中分散相与分散介质之间具有极强的结合力，二者的折射率极为接近，所以丁铎尔效应很弱。因此，可用丁铎尔效应来区分溶胶和高分子溶液。③散射光强度与粒子的数浓度成正比。对于物质种类相同，仅粒子数浓度不同的溶胶，若测量条件相同，两溶胶的散射光强度之比应等于其粒子的数浓度之比，即 $I_1/I_2=c_{n,1}/c_{n,2}$。因此，若已知其中一个溶胶的浓度，即可求出另一溶胶的浓度。用于这类测定的仪器称为乳光计，其原理与比色计相似，所不同者在于乳光计中光源是从侧面照射溶胶，因此观察到的是散射光的强度。

高度分散的憎液溶胶从外观上看是完全透明的，一般显微镜也看不到胶体粒子的存在。超显微镜，特别是电子显微镜的应用，给研究溶胶带来了极大的方便。电子显微镜可将物像放大 10 万～50 万倍，能直接观察到粒子形状及测定某些胶核的大小。

14.3.2 超显微镜与粒子大小的测定

(1) 普通显微镜

我们首先熟悉一下普通显微镜的分辨率(resolving power)。根据 Abbe 理论，分辨率 A 为

$$A=\frac{\lambda}{2n\sin\alpha} \tag{14-2}$$

式中，λ 为入射光波长；n 为物体和接物镜间介质的折射率；α 为被观测物体轴点发出的光与射于接物镜上边缘线间的夹角(常称为孔径角)，在一般估算中近似按 90°计算。例如，当使用 500nm 的入射光时，有

$$\text{在空气中}(n=1)\quad A=\frac{500}{2\times1\times1}=250\text{nm}$$

$$\text{在水中}(n=1.333)\quad A=\frac{500}{2\times1.333\times1}=188\text{nm}$$

$$\text{在油中}(n=1.575)\quad A=\frac{500}{2\times1.575\times1}=159\text{nm}$$

使用波长为 350nm 的紫外光 $A=\frac{350}{2\times1.575\times1}=110\text{nm}$

可见，普通显微镜的分辨率约为 200nm，在极端条件下也只能看到 110nm 大小的粒子，因而不能直接用来观察胶体颗粒。

(2) 超显微镜

超显微镜(ultramicroscope)是在普通光学显微镜的基础上，采用了特殊的聚光器，使光线不直接进入物镜，背景是黑的。这样，我们便可在黑暗的背景上看到胶粒因光散射而呈现的闪烁亮点，这恰似黑夜观天可见满天星斗闪烁。尽管超显微镜实质上没有提高显微镜的分辨率，但由于胶粒发出强烈的散射光信号，所以即使小至 5～10nm 的胶粒亦可被观察到。但是应当指出，在超显微镜下看到的并非粒子本身的大小，而是其散射光，而散射光的影像要比胶粒的投影大数倍之多。

超显微镜通常有两种类型，即狭缝式超显微镜和具有心形聚光器或抛面镜聚光镜的超显微镜。在狭缝式超显微镜中，电弧光源经过透镜和可调节的狭缝(光阑)使细小的光束从侧面照射溶胶[如图 14-13(a)所示]。

心形聚光器也必须和普通显微镜配合使用，通常将聚光器放在显微镜的普通聚光器位置

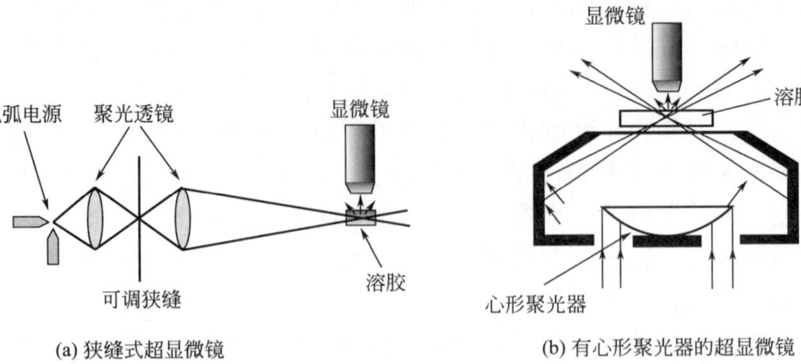

图 14-13　超显微镜示意图

上，由反光镜来的光在其中改变方向后汇聚于一点(此处放置溶胶)，从而可在黑暗的背景上通过显微镜观察到胶粒的布朗运动[如图 14-13(b)所示]。

超显微镜在胶体化学的发展历史上曾起了很大的作用。尽管无法在超显微镜下直接看到胶粒的大小和形状，但结合其他数据仍可计算出粒子的平均大小并推断出胶粒的形状。超显微镜的发明更重要的意义在于对胶体粒子动力性质的研究，使所有分散系统都统一在分子运动论的学说之中。超显微镜的具体应用有如下几方面。

① 测定胶粒平均半径 r。通过测量光束的高度、宽度及样品厚度，可以得到实际发出散射光的溶胶体积。在超显微镜的视野中数出胶粒的数目，即可算出溶胶的数浓度 c_n。这样单位体积溶胶中胶粒的总质量为

$$M=c_n\rho V \tag{14-3}$$

式中，ρ 为胶体粒子的密度；V 为胶粒的体积。

单个胶体粒子的质量 $m=M/c_n$，对于半径为 r 的球形粒子

$$V=\frac{4}{3}\pi r^3=\frac{m}{c_n\rho} \tag{14-4}$$

即可求得溶胶粒子的半径 r

$$r=\left(\frac{3m}{4\pi c_n\rho}\right)^{1/3} \tag{14-5}$$

② 根据超显微镜视野中粒子闪光情况推测粒子的形状。在超显微镜下，如果粒子形状不对称，当大的一面向光时，光点就亮，当小的一面向光时，光点变暗，这就是闪光现象(flash phenomenon)。如果粒子为对称的球形、正四面体、正八面体等形状(如 Ag、Pt 等胶粒)，则无闪光现象。如果粒子为不对称的棒状结构(如 V_2O_5 等)，则在静止时看到闪光现象，流动时无闪光现象；如果粒子为片形结构(如蓝色的金溶胶等)，则无论是在静止或流动时都有闪光现象。

③ 估计溶胶分散度。在超显微镜的视野中，如果发出的所有光点的亮度差不多，那么就是均匀分散系统，如果相差很大，说明粒子大小相差也很大。因为较大的粒子能散射较多的光。

④ 对聚沉、沉降、电泳等现象的研究。通过光点合并，可以观察到胶粒的凝聚过程，还可观察到布朗运动、沉降及电泳等情况。

超显微镜虽然只能看到粒子的光点，但由于设备简单、方法简便，在普通实验室内都能进行。如果要真正了解溶胶粒子的形状和大小，则需借助于电子显微镜(electron microscope)，但其设备就要复杂多了。

电子显微镜是利用高速运动的电子束代替普通光源而制成的一种显微镜。一般光学显微镜不能分辨小于其照明光源波长一半的微细结构。由于电子束具有波动特性，而其波长仅为可见光波长的十万分之一，即 0.5nm，故极大地提高了显微镜的分辨率。它的基本原理是在一个高真空系统中，由电子枪发射电子束，穿过被研究的试样，再经电子透镜聚焦放大，在荧光屏上显示出一个放大的图像，这就是一般通用式的电子显微镜。如果用电子束在试样上逐点扫描，然后用电视原理进行放大成像，显示在电视显像管上，这种设施称为扫描式电子显微镜。由于电子显微镜测量一般需要在高真空下进行，故不能直接用于测定分散系统的样品。

14.4 溶胶的动力学性质

溶胶是一种高度分散的多相系统，具有很大的比表面和表面吉布斯函数，粒子间有互相聚结而降低其表面吉布斯函数的趋势，即溶胶会自动聚集为大粒子，以至成为悬浮体，使整个胶体系统遭到破坏。所以，溶胶易受外界干扰，长时间放置会发生聚沉。但是有一些溶胶，如制备得当，却又很稳定，其原因之一是由于胶体粒子的高度分散性而引起的动力学性质。这里主要介绍溶胶粒子的布朗运动以及与之有关的扩散、沉降与沉降平衡等。

14.4.1 布朗运动

英国植物学家布朗(Brown)在 1827 年用显微镜观察水中悬浮的花粉颗粒时发现，花粉颗粒在不停息地进行无规则的折线运动(zigzag motion)，后来又发现许多其他物质如煤、化石、金属等的粉末也都有类似的现象，人们把微粒的这种运动称为布朗运动(Brownian motion)。但是在很长一段时间中，人们都无法解释这种现象的本质。

直到 1903 年，随着超显微镜的出现，人们用超显微镜观察到溶胶粒子不断地做不规则的“之”字形的连续运动，如图 14-14 所示。由于能够清楚地看到粒子走过的路径，因此能够测出在一定时间内粒子的平均位移。超显微镜为研究布朗运动提供了物质条件。Zsigmongy 观察了一系列溶胶后得出结论，粒子的运动强度随粒子粒度的减小和温度升高而增加，但不随时间而改变。

关于布朗运动的起因，经过几十年的研究，才在分子运动学说的基础上做出了正确的解释。在分散系统中，分散介质的分子皆处于无规则的热运动状态，它们从四面八方连续不断

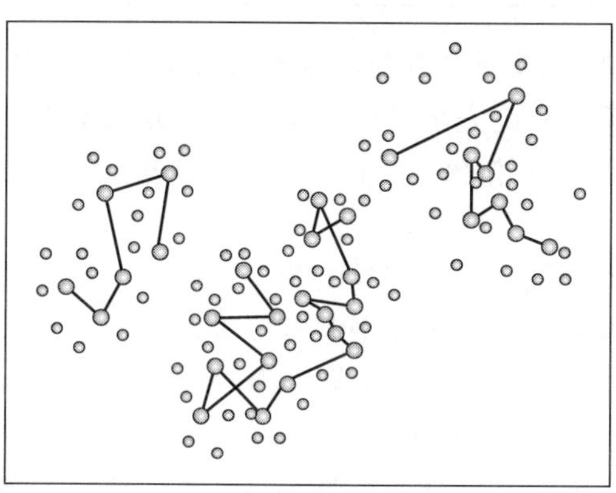

图 14-14 布朗运动

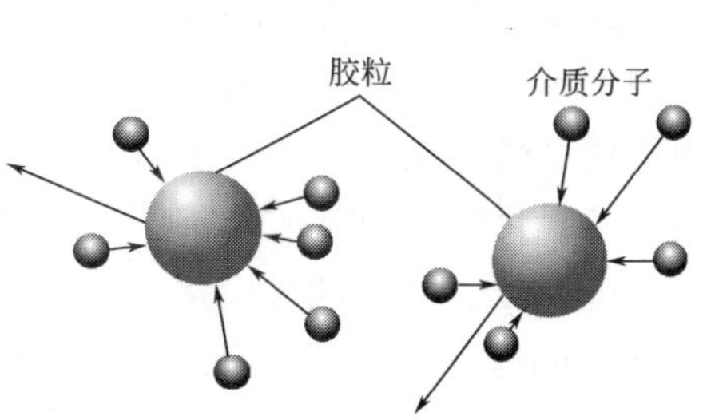

图 14-15 介质分子对胶粒的撞击

地撞击分散相的粒子。对于粗分散的粒子来说，在某一瞬间可能被数以千万计的介质分子撞击，从统计的观点来看，各个方向上所受撞击的概率应当相等，合力为零，所以不能发生位移。即使是在某一方向上遭到多次的撞击，因其质量太大，难以发生位移，而无布朗运动。对于接近或达到溶胶大小的粒子，与粗分散的粒子相比较，它们所受到的撞击次数要少得多。在各个方向上所遭受的撞击力，完全相互抵消的概率甚小。某一瞬间，粒子从某一方向得到冲量便可以发生位移，即产生布朗运动，如图 14-15 所示。图 14-14 是每隔相等的时间间隔在超显微镜下观察得到的粒子位置的变化在平面上的投影图，可近似地描绘胶粒的无序运动。由此可见，布朗运动是分子热运动的必然结果，是胶粒的热运动。但是粒子真实的运动状况远比该图复杂得多，并且实际上也不能直接观察出来(因为胶粒的振动周期为 10^{-8}s，而肉眼分辨的振动周期不能小于 0.1s)。尽管布朗运动看起来复杂而无规则，但在一定条件下，在一定时间内粒子所移动的平均位移却具有一定的数值。

1905 年，爱因斯坦(Einstein)用概率的概念和分子运动论的观点，并假设胶体粒子是球形的，创立了布朗运动的理论，推导出了爱因斯坦-布朗(Einstein-Brown)平均位移公式

$$\bar{x}=\sqrt{\frac{RTt}{3\pi L\eta r}} \tag{14-6}$$

式中，$\bar{x}$为观察时间 t 内粒子沿 x 轴方向的平均位移；r 为粒子的半径；η 为介质的黏度；L 为阿伏加德罗常数。

这个公式把粒子的位移与粒子的大小、介质的黏度、温度以及观察的时间等联系起来。许多实验都验证了爱因斯坦-布朗公式的正确性，特别是斯维德伯格(Svedberg)用超显微镜，把直径分别为 54nm 和 104nm 的金溶胶摄影在感光胶片上，然后再测定不同的曝光时间间隔 t 时的位移平均值$\bar{x}$，其实验测量值与理论计算值如表 14-3 所示。

表 14-3　爱因斯坦-布朗平均位移公式的验证

时间间隔 t/s	平均位移$\bar{x}$/μm			
	d=54nm		d=104nm	
	测量值	计算值	测量值	计算值
1.48	3.1	3.2	1.4	1.7
2.96	4.5	4.4	2.3	2.4
4.44	5.3	5.4	2.9	2.9
5.92	6.4	6.2	3.6	3.4
7.40	7.0	6.9	4.0	3.8
8.80	7.8	7.6	4.5	4.2

表 14-3 中数据表明，理论计算值与实验测量的结果相当符合，这不仅表明爱因斯坦-布朗平均位移公式是准确的，而且有力地证明了分子运动论完全可以适用于溶胶分散系统。可见，就质点运动而言，溶胶分散系统和分子分散系统(真溶液)并无本质区别，溶胶粒子的布朗运动和真溶液中的分子热运动都符合分子运动规律。

当用超显微镜观察溶胶粒子的运动时，还可以发现另一个有趣的现象：在一个较大的体积范围内，观察溶胶的粒子分布是均匀的，而在有限的小体积元中观察发现，由于粒子的布朗运动，溶胶粒子的数目时而多，时而少，这种粒子数的变动现象称为涨落现象(fluctuation)。溶胶的涨落现象是研究溶胶的光散射等现象以及大分子溶液的某些物理化学性质的基础。其实在真溶液中的小分子、离子、甚至大气中的空气分子，都存在涨落现象。天空和海洋是蔚蓝色的，这是由于分子运动而引起的局部涨落，产生光散射的结果。

14.4.2 扩散作用

对于真溶液，当存在浓度梯度时，溶质、溶剂分子会因分子热运动而发生定向迁移从而趋于浓度均一的扩散过程。同理，对存在浓度梯度的溶胶分散系统，尽管从微观上每个溶胶粒子的布朗运动是无序的，向各个方向运动的概率都相等，但从宏观上来讲，由于较高浓度区域内单位体积溶胶所含溶胶粒子质点数多，而较低浓度区域内单位体积溶胶所含溶胶粒子质点数少，则当认为划定任一垂直于浓度梯度方向的截面时，虽然较高浓度和较低浓度一侧均有溶胶粒子因无序的布朗运动通过此截面，但由较高浓度一侧通过截面进入较低浓度一侧的溶胶粒子质点数会更多，总的净结果是溶胶粒子发生了由高浓度向低浓度的定向迁移过程，这种过程即为溶胶粒子的扩散(diffusion)。可见，扩散的推动力是浓度梯度。即胶粒从高浓度处向低浓度处扩散是自发的，系统总是要向着均匀分布的方向变化。

胶体分散系统的扩散也遵循菲克第一定律(Fick's first law)

$$\frac{\mathrm{d}n}{\mathrm{d}t}=-DA_s\frac{\mathrm{d}c}{\mathrm{d}x} \tag{14-7}$$

上式表明单位时间内通过某截面的物质的量 $\mathrm{d}n/\mathrm{d}t$ 与该处的浓度梯度 $\mathrm{d}c/\mathrm{d}x$ 及截面积 A_s 成正比，其比例系数 D 称为扩散系数(diffusion coefficient)，其物理意义是在单位浓度梯度下，单位时间内通过单位截面积的物质的量。D 的单位为 $\mathrm{m^2 \cdot s^{-1}}$。式中负号是因为扩散方向与浓度梯度方向相反，表示扩散朝向浓度降低的方向进行。

通常以扩散系数的大小来衡量物质扩散能力的大小。表 14-4 给出了不同半径的金溶胶的扩散系数 D，可以看出，扩散系数越大，粒子的扩散能力也越强。胶粒与真溶液相比，粒子要大得多，所以胶粒的扩散速率一般要比真溶液小约几百倍。

表 14-4 18℃时金溶液的扩散系数

粒子半径 r/nm	$D/10^{-9}\mathrm{m^2 \cdot s^{-1}}$
1	0.213
10	0.0213
100	0.00213

假定粒子为球形，扩散系数 D 可由爱因斯坦-斯托克斯方程计算：

$$D=\frac{RT}{6\pi\eta Lr} \tag{14-8}$$

可见系统温度越高，分散介质黏度越小，粒子的半径越小，则 D 越大，粒子扩散越快。

又由爱因斯坦-布朗平均位移公式可得

$$\bar{x}^2=\frac{RTt}{3\pi Lr\eta}=\frac{RT}{6\pi Lr\eta}\times 2t=2Dt$$

所以

$$D=\frac{\bar{x}^2}{2t} \tag{14-9}$$

上式给出了一种测定扩散系数 D 的方法，即观测一定时间间隔 t 内粒子的平均位移 $\bar{x}$，就可求出 D 值。如再测得系统黏度 η，已知胶体粒子的密度 ρ、单个粒子质量 m，则可得到胶体粒子的半径 r 及胶体粒子的摩尔质量(胶团量)M 为

$$r=\frac{RT}{6\pi L\eta D} \tag{14-10}$$

$$M=mL=\frac{\rho}{162(\pi L)^2}\left(\frac{RT}{\eta D}\right)^3 \tag{14-11}$$

14.4.3　沉降与沉降平衡

多相分散系统中的分散相粒子在自身重力作用下而下沉的过程，称之为沉降（sedimentation）。分散相粒子受到两种作用的影响：一是重力场的作用，它力图把粒子拉向容器底部，使之发生沉降；另一方面则是由布朗运动所引起的扩散作用，当沉降作用使底部粒子的浓度高于上部时，由浓度差引起的扩散作用则使粒子趋于均匀分布。沉降和扩散是两个相反的作用。对于一般真溶液，粒子由于激烈的布朗运动，扩散作用占绝对优势，克服了地球对它的引力，因而能够自由地在分散介质中活动。对于粗分散系统（如浑浊的泥沙），粒子的布朗运动非常微弱，以致无法克服自己重力的影响，粒子向下沉降，静置一段时间可以变澄清。当溶胶中分散相粒子的大小介于这两种系统之间，扩散与沉降综合作用的结果，形成了下部浓、上部稀的浓度梯度，若扩散速率等于沉降速率，则系统达到动态沉降平衡（sedimentation equilibrium）。此时，粒子可以上下移动，但粒子分布的浓度梯度仍然不变，如图 14-16 所示，粒子在底部的数密度较高，上部数密度较低，一些胶体系统在适当条件下会出现沉降平衡。

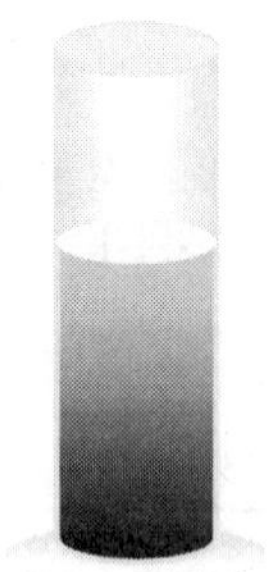

图 14-16　沉降平衡

贝林（Perrin）推导出在重力场下，达到沉降平衡时，粒子浓度随高度的分布为

$$\ln\frac{C_2}{C_1}=-\frac{Mg}{RT}\left(1-\frac{\rho_0}{\rho}\right)(h_2-h_1) \tag{14-12}$$

式中，C_2 为高度 h_2 截面上粒子的数浓度；C_1 为高度 h_1 截面上粒子的数浓度；ρ 为分散相（粒子）密度；ρ_0 为分散介质密度；M 为粒子相对摩尔质量；g 为重力加速度。

式（14-12）不受粒子形状的限制，但要求粒子大小相等。从式（14-12）可知，粒子的质量越大，其平衡浓度随高度的降低也越大。表 14-5 列出一些不同分散系统中粒子浓度降低一半时所需高度的数据。从表 14-5 可知，粒子分散程度属于同一数量级（1.86×10^{-7} m 和 2.30×10^{-7} m）的金溶胶和藤黄溶胶，分布高度相差可达 150 倍，这是由于金和藤黄的密度相差悬殊所致。应该指出，式（14-12）所表示的是分布已经达到平衡后的情况，对于粒子不太小的系统通常沉降较快，可以很快达到平衡。而高度分散的系统中的粒子沉降缓慢，往往需要较长时间才能达到平衡。对于高度分散的金溶胶，减少一半的高度达 2m 多，在实验室的烧杯中，将不能察觉浓度分布，可看作是上下均匀的系统。

表 14-5　不同大小粒子的高度分布

分散系统	粒子直径/m	粒子浓度降低一半时的高度/m
藤黄的悬浮体	2.30×10^{-7}	3×10^{-5}
粗分散金溶胶	1.86×10^{-7}	2×10^{-7}
超微金溶胶	8.35×10^{-9}	2×10^{-2}
高度分散的金溶胶	1.86×10^{-9}	2.15
氧气	2.70×10^{-10}	5×10^{3}

对于颗粒较大的胶体分散系统，或粗分散系统，当偏离沉降平衡很远时（施以均匀搅拌），颗粒以一定速率沉降。在重力场中，球形粒子沉降速率

$$v=\frac{2}{9}r^2(\rho-\rho_0)\frac{g}{\eta} \tag{14-13}$$

式中，v 为沉降速率；r 为分散相粒子半径；ρ 为分散相密度；ρ_0 为分散介质密度；η 为分散介质的黏度；g 为重力加速度。

根据式(14-13)，若已知密度和黏度，可以从测定粒子的沉降速率来计算粒子的半径。反之，若已知粒子的大小，则可以从测定一定时间内下降的距离来计算溶液的黏度，落球式黏度计就是根据这个原理而设计的。

对于胶体分散系统由于分散相的粒子很小，在重力场中的沉降速率极为缓慢，有时无法测定其沉降速率。利用超离心机(其离心力可达地心引力的 10^6 倍以上)可加快沉降速率，则大大扩大了沉降速率的范围，特别是在高分子溶液沉降研究中具有重要意义。

另外，式(14-12)也适用于在重力场作用下地球表面上大气分子的浓度随距离地面高度变化的计算。因气体压力不大，可近似看作理想气体，若不考虑大气温度随高度的变化，则不同高度处 $p_2/p_1=C_2/C_1$。对于大气中的气体分子，因不存在浮力，不必进行浮力校正，即 $1-(\rho_0/\rho)=1$，于是式(14-12)变为

$$\ln\frac{p_2}{p_1}=-\frac{Mg}{RT}(h_2-h_1) \tag{14-14}$$

式中，M 为气体的摩尔质量。对于空气中任一种气体，则 p 为其分压力。如对于 O_2，可以算出在 25℃，高度每增加 5.473km，其浓度或分压要降低一半。

从式(14-14)可以看出，越接近地面，空气中 CO_2、NO_2 等分子量大的气体含量越高。

【例 14-1】 试计算离地面 137km 高处的大气压力为多少(设温度为−70℃，空气的平均分子量为 29)?

解 根据题意可将式(14-14)改写为

$$\ln\frac{p_h}{p_0}=-\frac{Mgh}{RT}$$

已知 $M=0.029\text{kg}\cdot\text{mol}^{-1}$，$g=9.8\text{m}\cdot\text{s}^{-2}$，$h=137\times10^3\text{m}$，将数据带入上式，得

$$\ln\frac{p_h}{1.01\times10^5}=-\frac{0.029\times9.8\times137\times10^3}{8.314\times203}$$

所以

$$p_h=9.67\times10^{-6}\text{Pa}$$

有关分散系统中粒子沉降速率的测定以及沉降平衡原理，在生产及科学研究中均有重要作用，如化工过程中的过滤操作，河水泥沙的沉降分析等。沉降速率和沉降平衡的测定也可以用于粒度和高分子摩尔质量分析，具体见高分子溶液一节。

14.5 溶胶的电学性质

在液-固界面处，固体表面上与其附近的液体内通常会分别带有电性相反、电荷量相同的两层离子，从而形成双电层。在固体表面的带电离子称为定位离子(localized ion)，在固体表面附着的液体中，存在与定位离子电荷相反的离子称为反离子。固体表面上产生定位离子的原因，可归纳为如下几个方面。

① 电离　黏土颗粒、玻璃等皆属硅酸盐，在水中能电离，故其表面带负电荷，而与其接触的液相带正电荷。硅溶胶在弱酸性和碱性介质中带负电荷，也是因为质点表面上硅酸电离的结果。高分子电解质和缔合胶体的电荷，均因电离而引起。例如，蛋白质分子，当它的羧基或氨基在水中解离成$-COO^-$或$-NH_3^+$时，整个大分子就带负电或正电荷。当介质的pH 较低时，蛋白质分子一般带正电荷，当 pH 较高时，则带负电荷。当蛋白质分子所带的净电荷为零时，这时介质的 pH 称为蛋白质的等电点(isoelectric point)。在等电点时蛋白质分子的移动已不受电场影响，它不稳定且易发生凝聚。对于血浆蛋白，在 pH=4.72 或更大些时，移向正极；在 pH=4.68 或更小些时，移向负极，因此它的等电点在 4.68～4.72 之间。在等电点上，蛋白质溶液的很多性质如膨胀、黏度、渗透压等皆有最小值。

肥皂属缔合胶体(亦称胶体电解质)，在水溶液中它是由许多可电离的小分子 RCOONa 缔合而成的，由于 RCOONa 可以电离，故质点表面可以带电荷。

② 离子吸附　有些物质(例如石墨、纤维、油珠等)在水中不能电离，但可以从水或水溶胶中吸附H^+、OH^-或其他离子，从而使质点带电，许多溶胶的电荷来源属于此类。凡经化学凝聚法制得的溶胶，其电荷皆来源于离子选择吸附。例如，当用 $AgNO_3$ 和 KI 制备 AgI 溶胶时，若 $AgNO_3$ 过量，则所得胶粒表面由于吸附了过量的 Ag^+ 而带正电荷。若 KI 过量，则胶粒由于吸附了过量的 I^- 而带负电荷。实验表明，凡是与溶胶粒子中某一组成相同的离子则优先被吸附。在没有与溶胶粒子组成相同的离子存在时，则胶粒一般先吸附水化能力较弱的阴离子，而使水化能力较强的阳离子留在溶液中，所以通常带负电荷的胶粒居多。

③ 同晶置换　黏土矿物中如高岭土，主要由铝氧四面体和硅氧四面体组成，而 Al^{3+} 与周围 4 个氧的电荷不平衡，要由 H^+ 或 Na^+ 等正离子来平衡电荷。这些正离子在介质中会电离并不扩散，所以使黏土微粒带负电。如果 Al^{3+} 被 Mg^{2+} 或 Ca^{2+} 同晶置换，则黏度微粒带的负电更多。

在水溶液中质点带电荷的原因大致有上述 3 方面。

④ 非水介质中质点带电荷的原因　在非水介质中质点带电荷的原因研究得比较少。科恩(Coehn)曾研究过非水介质中质点的带电规律，他认为，当两种不同的物体接触时，相对介电常数(dielectric constant)D 较大的一相带正电，另一相带负电。例如，玻璃(D=5～6)在水(D=81)中或丙酮(D=21)中带负电荷，在苯(D=2)中带正电荷。这个规则常称为 Coehn 规则。但玻璃在二氧杂环己烷(二氧六环，dioxane，D=2.2)中带负电荷，不符合 Coehn 规则。因此，Coehn 规则并没有得到公认。

目前有许多人认为，非水介质中质点的电荷也起源于粒子选择吸附。体系中离子的来源，有可能是某些有机液体本身或多或少地有些解离，也可能是含有某些微量杂质(如微量水所产生的解离吸附而产生的界面电荷)造成的。

分散系统中分散相质点由于上述原因而带有某种电荷，在外电场作用下带电粒子将发生运动，这就是分散系统的电动现象(electrokinetic phenomena)。电动现象是研究胶体稳定性理论发展的基础。

电泳、电渗、流动电势和沉降电势均属于电动现象。

14.5.1　电泳

在外电场的作用下，带有电荷的胶体粒子在分散介质中定向移动的现象称为电泳(electrophoresis)。这和电解质溶液中带电的离子，在外电场作用下的定向迁移本质上是一样的。

图 14-17 是测定电泳最简单的装置。如图所示，实验开始时先在 U 形管中装入适量的 NaCl 溶液，再通过 U 形管底部的支管从 NaCl 溶液的下面缓慢地压入棕红色的 $Fe(OH)_3$ 溶胶，使其与 NaCl 溶液之间有清楚的界面存在，将两电极插入 NaCl 溶液层中并通以直流电，观测 $Fe(OH)_3$ 溶胶与 NaCl 溶液间界面的移动方向和相对速度，可以确定分散系统中质点所带电荷的符号和电泳速度。一段时间后发现，电泳管中阴极端棕红色界面上升，而阳极一端界面下降，$Fe(OH)_3$ 溶胶向阴极方向移动，这说明 $Fe(OH)_3$ 溶胶带正电。

可见，若被测系统是有色溶胶时，则可直接观测到界面的移动。若试样是无色溶胶，则可在仪器的侧面用光照射，通过所产生的丁铎尔现象加以判断溶胶的移动方向。实验证明，$Fe(OH)_3$、$Al(OH)_3$ 溶胶以及亚甲基蓝等碱性染料带正电荷，而金、银、铝、As_2S_3、硅酸等溶胶以及淀粉颗粒、微生物等带负电荷。还要注意介质的 pH 值以及溶胶的制备条件，这些常常会影响溶胶所带电荷的正负号。例如，蛋白质含有许多羧基和氨基，当介质的 pH 值大于其等电点时带负电荷，小于其等电点时带正电荷。

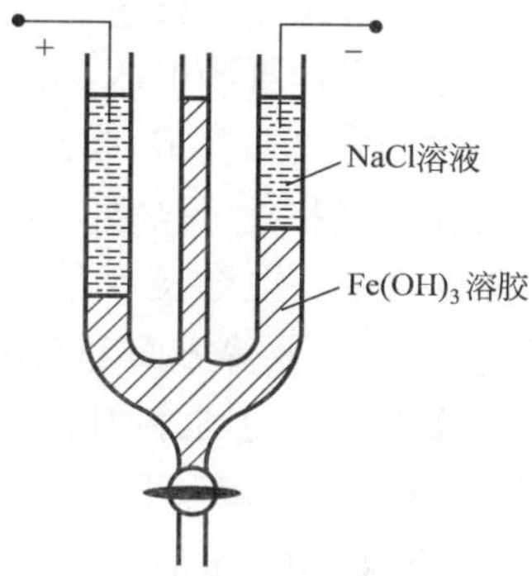

图 14-17 电泳装置

测出一定时间内界面移动的距离，即可求得粒子的电泳速度。胶粒的电泳速度受多种因素的影响，电场越强，粒子带电愈多，粒子的体积越小，则电泳速度越快；介质的黏度越大，电泳速度则越慢。此外，若在溶胶中加入电解质，则会对电泳有显著影响。随溶胶中外加电解质的增加，电泳速度常会降至零，甚至改变胶粒的电泳方向，这实际上是电解质的加入影响了双电层结构，改变了电动电势。

电泳的应用相当广泛，生物化学中常用电泳来分离各种氨基酸和蛋白质等，医学中利用血清的“纸上电泳”作为协助诊断患者是否患病的依据。所谓纸上电泳，是按图 14-18 所示装置，先将滤纸用缓冲溶液润湿，然后滴一滴待测的样品(如血清等)在湿润的滤纸上，并将滤纸的两端各浸在含有缓冲溶液和电极的容器中，通电后，血清开始做定向移动。血清中带负电荷的清蛋白以及 α、β、γ 三种球蛋白，由于其分子量和所带电荷不同，向正极移动的速度不同，所以通电一段时间后，各组分将呈谱带的形式而分开。然后，将滤纸干燥后再浸入染料溶液中着色，由于不同组分的选择吸附不同，因而显出不同的颜色，如图 14-19 显示了健康人和肝硬化患者的血清蛋白的电泳图。

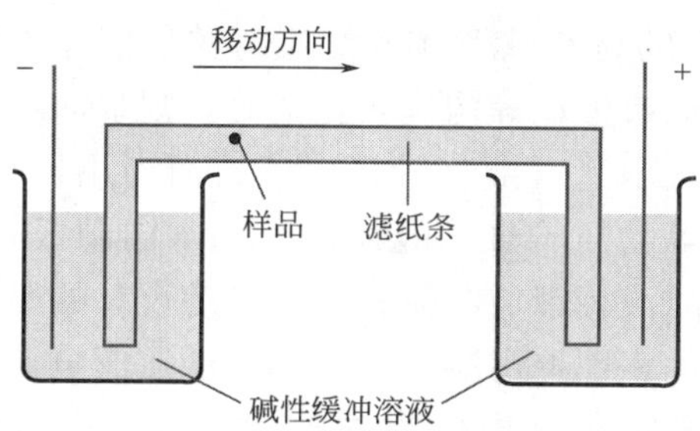

图 14-18 电泳装置

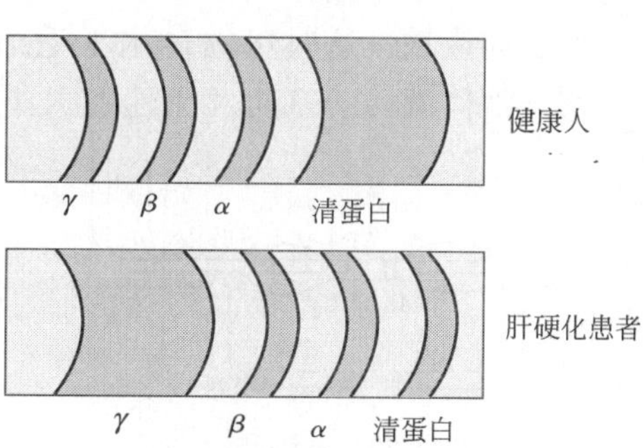

图 14-19 血清蛋白电泳图谱

显然，纸上电泳是用惰性的滤纸作胶体泳动时的支持体，实验时不仅样品用量少(微量)，而且可以避免电泳时扩散和对流的干扰，因此特别适合于混合物的分离和组分含量的测定。但是最初使用的纸上电泳，对人体血清只能区分 6～7 个组分。近年来已用醋酸纤维膜、淀粉纤维、聚丙烯酰胺凝胶和琼脂多糖等代替滤纸，以提高分辨能力。特别是利用凝胶作支持体，由于凝胶具有三维空间的多孔性网状结构，故混合物中因分子大小和形状不同被分离时除有“电泳”作用外，还有“筛分”作用，因而具有很高的分辨能力。用淀粉凝胶对人体血清能分离出 20～30 个组分。目前，“凝胶电泳”在医学和生物化学中被广泛应用。例如，临床上用醋酸纤维薄膜代替纸上电泳，不仅对蛋白质的吸附作用小，且能消除纸上电泳中的“拖尾”现象，染色后背景清晰，分离速度也快，微量的异常蛋白质等物质也可被检测。而琼脂多糖凝胶电泳，目前在许多医院中不仅可用来分离、检测血清蛋白，在生物化学中还可用于分离、鉴定和纯化 DNA(脱氧核糖核酸)片段，它对核酸的分离作用主要依赖于核酸的分子量和分子构型。

除此之外，电泳技术在农业(如基因分析、遗传育种、种子纯度等)、法医(如亲子鉴定、指纹分析)和工业等方面都有重要的应用。

目前工业上的“静电除尘”实际上就是烟雾气溶胶的电泳现象。带有尘粒的气流在高压直流电场(30～60kV)下因电极放电而使气体电离，尘粒吸附阴离子而带负电荷并迅速向正极(集尘极)移动，最后也因放电而下落。静电除尘的效率可达 99%，但成本较高。

陶瓷工业中利用电泳使黏土与杂质分离，可得到很纯的黏土，用以制造高质量瓷器。

电泳电镀在工业上也有广泛的应用。例如，电泳镀漆就是将油漆配成稀乳状液体，以欲镀之金属部件为一电极，通电后，油漆质点因电泳而均匀地沉积在镀件上。天然橡胶、胶乳电镀也有很好的效果。

14.5.2　电渗

在外加电场下，可以观察到分散介质会通过多孔性物质(如素瓷片或固体粉末压制成的多孔塞)而移动，即固相不动而液相移动，这种现象称为电渗(electro-osmosis)。

若没有溶胶存在，液体(如水)与多孔性固体物质或毛细管接触后，固、液两相多会带上符号相反的电荷，此时，若在多孔材料或毛细管两端施加一定电压，液体也将通过多孔材料或毛细管而定向流动，这也是一种电渗。

用图 14-20 的仪器可以直接观察到电渗现象。图中 L_1、L_2 为导线管，其中装有与电极 E_1 及 E_2 相连的导线。实验时先在多孔塞 M 及毛细管 C 之间的循环管路中装满水(或其他溶液)，再由 T 管吹入气体，使其在毛细管中形成一个气泡。通电后，水(或其他溶液)将通过多孔塞而定向流动。这时可通过水平毛细管 C 中小气泡的移动，来观察循环流动的方向。实验表明，液体流动的方向及流速的大小与多孔塞的材料及流体的性质有关。例如当用滤纸、玻璃或棉花等构成多孔塞时，则水向阴极移动，这表示此时液相带正电荷；而当用氧化铝、碳酸钡等物质构成多孔塞时，则水向阳极移动，显然此时液相带负电荷。产生电渗现象的原因是多孔塞的表面上水溶液带着不同性质的电荷。和电泳一样，外加电解质对电渗速度的影响很显著，随电解质浓度的增加电渗速度降低，甚至会改变液体流动的方向。

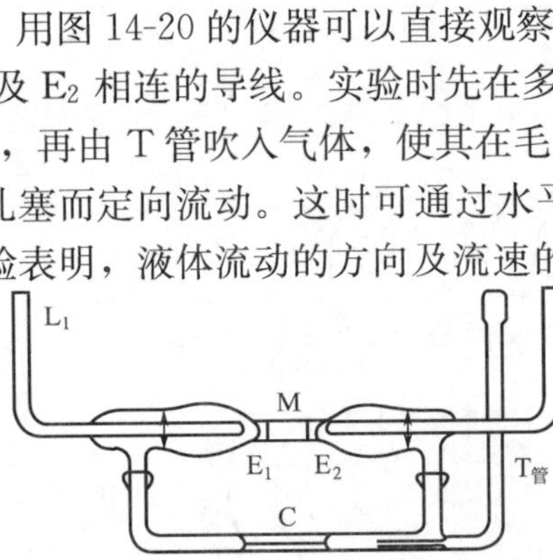

图 14-20　电渗装置

L_1,L_2—导线管；M—多孔塞；

E_1,E_2—电极；C—毛细管

14.5.3 流动电势和沉降电势

在外力的作用下，迫使液体通过多孔隔膜(或毛细管)定向流动，多孔隔膜两端所产生的电势差，称为流动电势(streaming potential)，它是电渗作用的逆过程。测定流动电势的实验装置如图 14-21 所示，图中 V_1 及 V_2 为液槽；N_2 为加压气体；E_1 及 E_2 为紧靠多孔塞 M 上下两端的电极；P 为电势差计。用泵输送碳氢化合物，在流动过程中会产生流动电势，高压下容易产生火花。由于此类液体易燃，故应采取相应的防护措施，如将油管接地或加入油溶性电解质，增加介质的电导，减小流动电势。

在电场作用下，带电的分散相粒子在分散介质中迅速沉降，则在液体介质的表面层与其内层之间会产生电势差，称之为沉降电势(sedimentation potential)，它是电泳作用的逆过程。电泳是带电胶粒在电场作用下作定向移动，是因电而动，而沉降电势是在胶粒沉降时产生的电动势，是因动而电。如储油罐的油内常含有水滴，水滴的沉降常形成很高的沉降电势，甚至达到很危险的程度，必须加以消除。通常解决的方法是加入有机电解质，以增加介质的电导。

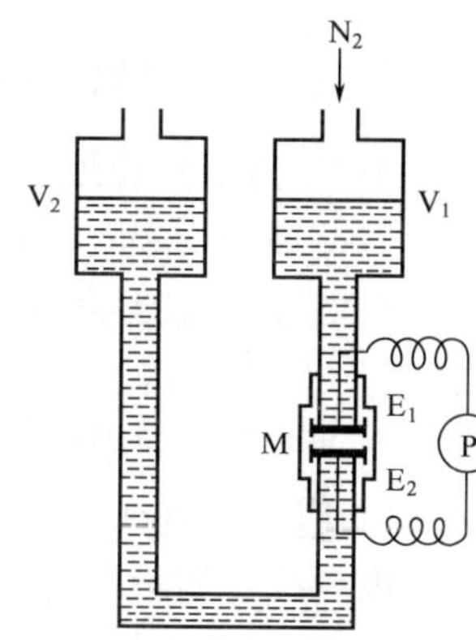

图 14-21 流动电势测量装置示意图

上述的电泳、电渗以及流动电势、沉降电势四种电动现象均说明，溶胶粒子和分散介质带有不同性质的电荷。但溶胶粒子为什么带电？溶胶粒子周围的分散介质中，反离子(与胶粒所带电荷符号相反的离子)是如何分布的？电解质是如何影响电动现象的？有关这类问题，直至双电层理论建立之后，才得到令人满意的解释。

14.5.4 扩散双电层理论

处在溶液中的带电固体表面，由于静电吸引力的存在，同时也是维持整体电中性的要求，必然要吸引等量的、与固体表面带有相反电荷的离子(简称反离子或异电离子)环绕在固体粒子的周围，这样便在固液两相界面上形成双电层，并产生电势差。下面简单介绍几个有代表性的双电层模型。

(1) 亥姆霍兹模型

1879 年，亥姆霍兹(Helmholtz)首先提出在固液两相之间的界面上形成双电层的概念。他认为带电质点的表面电荷(即固体表面电荷)和带相反电荷的离子(也成为反离子)构成平行的两层，称为双电层(electric double layer)，如图 14-22 所示。双电层的厚度约等于离子半径，正、负电荷分布的情况就如同平行板电容器那样，故称为平板电容器模型。表面与液体内部的电势差称为质点的表面电势 φ_0(即热力学电势)，在双电层中电势 φ 呈直线下降(如图 14-22 所示，图中 δ 是双电层的厚度)。在外加电场作用下，带电质点和溶液中的反离子分别向相反的方向运动，产生电动现象。

这种模型虽然对电动现象给予了说明，但比较简单，其关键问题是忽略了离子的热运动。离子在溶液中的分布，不仅决定于固体表面上定位离子的静电吸引，同时也决定于力图使离子均匀分布的热运动，这两种相反的作用力，使离子在固液界面附近建立一定的分布平衡，因而它不可能形成完整的平板式的电容器。

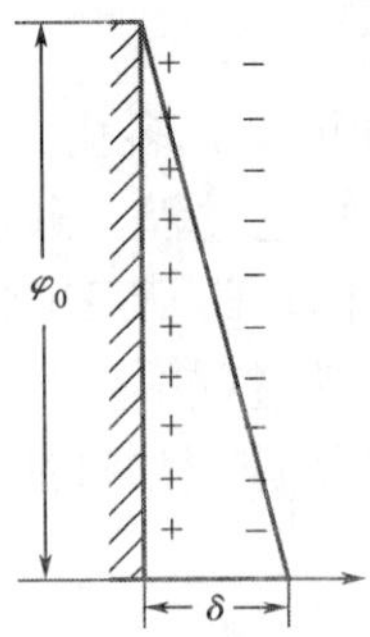

图 14-22　亥姆霍兹双电层

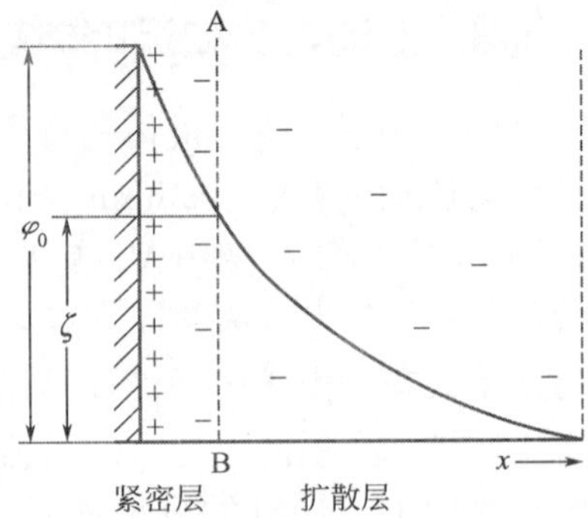

图 14-23　古依-查普曼双电层

(2) 古依-查普曼模型

1913 年，古依(Gouy)和查普曼(Chapman)修正了上述模型，提出了扩散双电层的模型。他们认为在溶液中与固体表面离子电荷相反的离子(反离子)只有一部分紧密地排列在固体表面上(距离约为 1～2 个离子的厚度)，另一部分反离子是呈扩散状态分布在溶液中。这是因为反离子同时受到两个方向相反的作用：静电吸引力使其趋于靠近固体表面，而热运动又使其趋于均匀分布。这两种相反的作用达到平衡后，反离子呈扩散状态分布于溶液中，越靠近固体表面反离子浓度越高，随距离的增加，反离子浓度下降，形成一个反离子的扩散层，其模型如图 14-23 所示，因此双电层实际上包括了紧密层和扩散层两部分。在扩散层中离子的分布可用玻尔兹曼(Boltzmann)分布公式表示。当在电场作用下，固液之间发生电动现象时，移动的切动面(或称为滑动面)为 AB 面(如图 14-23)，滑动面与溶液本体之间的电势差则称为电动电势(electro-kinetic potential)或称为 ζ 电势(zeta-potential)。显然，表面电势 φ_0 与 ζ 电势是不同的。随着电解质浓度的增加，或电解质价型增加，双电层厚度减小，ζ 电势也减小。

古依和查普曼的模型虽然克服了亥姆霍兹模型的缺陷，但也有许多不能解释的实验事实。例如，虽然他们提出了扩散层的概念，提出了 φ_0 与 ζ 电势的不同，但对 ζ 电势并未赋予更明确的物理意义。根据古依-查普曼模型，ζ 电势随离子浓度的增加而减少，但永远与表面电势同号，其极限值为零。但实验中发现有时 ζ 电势会随离子浓度的增加而增加，甚至有时可与 φ_0 反号等等，古依-查普曼模型对此都无法给出解释。

(3) 斯特恩模型

1924 年，斯特恩(Stern)对古依-查普曼的扩散双电层理论进行了修正，并提出了一种更加接近实际的双电层模型。他认为离子是有一定大小的，而且离子与质点表面除了静电作用外，还有范德华吸引力。所以在靠近表面 1～2 个分子厚的区域内，反离子由于受到强烈的吸引，会牢固地结合在表面，形成一个紧密的吸附层，称为紧密层或斯特恩层，这种吸附称为特性吸附(specific adsorption)，它相当于 Langmuir 的单分子吸附层。其余反离子扩散地分布在溶液中，构成双电层的扩散部分，如图 14-24(a)所示。在斯特恩层中，除了反离子外，还有一部分溶剂分子同时被吸附。反离子的电性中心所形成的假想面，称为斯特恩面。在斯特恩面内，电势变化与亥姆霍兹平板模型相似，电势呈直线下降，由表面的 φ_0 直线下降到斯特恩面的 φ_δ。φ_δ 称为斯特恩电势，在扩散层中，电势由 φ_0 降至零，其变化情况与古依-查普曼的扩散双电层模型完全一致。所以说斯特恩模型是亥姆霍兹平板模型和古依-查普曼扩散双电层模型的结合。

当固、液两相发生相对移动时，紧密层中吸附在固体表面的反离子和溶剂分子与质点作为一个整体一起运动，因此滑动面的位置略比斯特恩面靠右一些。由图 14-24(b)可以看出，ζ 电势也相应略低于 φ_δ 电势(如果离子浓度不太高，则可以认为两者是相等的，一般不会引起很大的误差)。

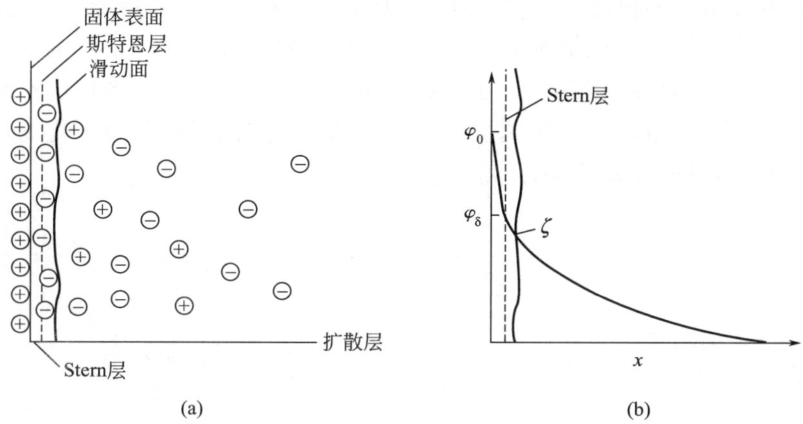

图 14-24 斯特恩扩散双电层示意图

当某些高价反离子或大的反离子(如表面活性离子)由于具有较高的吸附能而大量进入紧密层时，则可能使 φ_δ 反号。若同号大离子因强烈的范德华引力可能克服静电排斥而进入紧密层时，可使 φ_δ 电势高于 φ_0。

应当指出，只有在固液两相发生相对移动时，才能呈现出 ζ 电势。ζ 电势的测定常采用电泳法和流动电势法。ζ 电势与热力学电势 φ_0 不同，φ_0 的数值主要取决于总体上溶液中与固体成平衡的离子浓度。而 ζ 电势则随着溶剂化层中离子的浓度而改变，少量外加电解质对 ζ 电势的数值会有显著的影响。随着电解质浓度的增加，ζ 电势的数值降低，甚至可以改变符号。图 14-25 绘出了 ζ 电势随外加电解质浓度的增加而变化的情形。

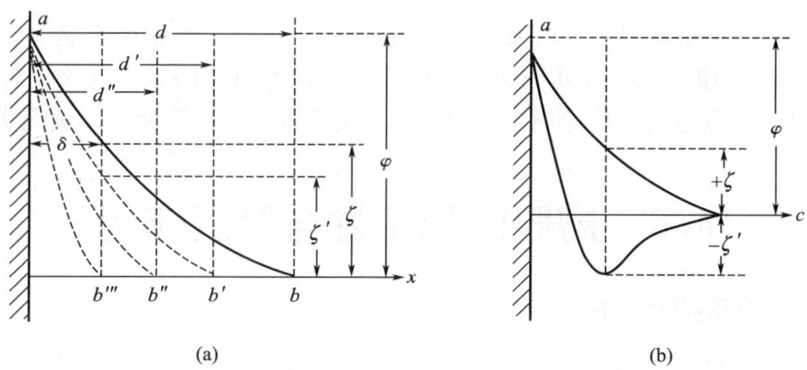

图 14-25 外加电解质对 ζ 电势的影响

在图 14-25(a)中，δ 为固体表面所束缚的溶剂化层的厚度。d 为没有外加电解质时扩散双电层的厚度，其大小与电解质的浓度、价数及温度均有关系。随着外加电解质浓度的增加，有更多与固体表面离子符号相反的离子进入溶剂化层，同时双电层的厚度变薄(从 d 变成 d'，…)，ζ 电势下降(从 ζ 变成了 ζ'，…)。当电解质浓度足够大，双电层被压缩到与溶剂化层叠合时，ζ 电势可降到以零为极限。此时相应的状态称为等电态。处于等电态的溶胶质点不带电，因此不会发生电动现象，电泳、电渗速度也必然为零，这时的溶胶非常容易聚沉。如果外加电解质中异电性离子的价数很高，或者其吸附能力特别强，则在溶剂化层内可能吸附了过多的异电性离子，这样就使 ζ 电势改变符号。图 14-25(b)表示 ζ 电势变号前后双电层中电势分布的情况。不过，少量外加电解质对热力学电势 φ 却并不产生显著的影响。

利用双电层和 ζ 电势的概念，可以说明电动现象。以电渗作用为例。研究电渗作用时，所用的多孔塞实际上是许多半径极细的毛细管的集合。对于其中每一根毛细管而言，固液界面上都有如上所述的双电层结构存在，在外加电场下固体及其表面溶剂化层不动，而扩散层中其他与固体表面带相反电荷的离子则可以发生移动。这些离子都是溶剂化的，因此就观察到分散介质的移动，如图 14-26 所示。

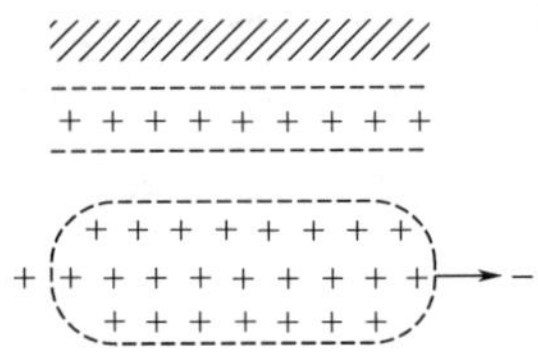

图 14-26 流动电势示意图

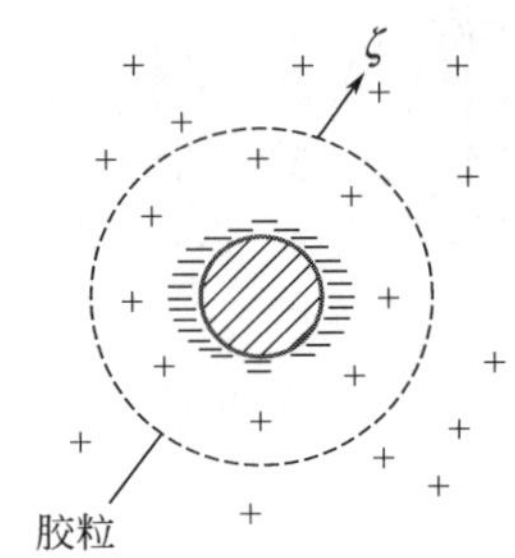

图 14-27 胶粒表面双电层结构示意图

同样，利用双电层和 ζ 电势的概念也可以说明电泳作用。以上所讨论的双电层结构在胶体粒子表面上也完全适用，溶胶中的独立运动单位是胶粒，它实际上就是固相连同其溶剂化层所构成的，胶粒与其余的处于扩散层中的导电性离子之间的电位降即为 ζ 电势(图 14-27)。因此在外加电场之下胶粒与扩散层中的其余异电性离子彼此向相反方向移动，而发生电泳作用。显然，在电泳时胶粒移动的速度 v 与胶粒本身的大小、形状及所带的电荷有关，也与外加电场的电场强度 E、ζ 电势、介质的介电常数 ε 和黏度 η 等因素有关。

斯特恩模型虽能解释一些事实，但在理论处理上遇到了一些困难，于是又有人对斯特恩模型中所提出的斯特恩层的结构作了更为详尽的描述。有代表性的理论是由 Bockers、Devana 和 Muller 提出的被称为 BDM 理论。主要是对斯特恩模型的紧密层作了补充。尽管如此，目前的各种关于双电层的理论尚未达到尽善尽美的程度，仍需要不断地充实和补充。

14.6 溶胶的稳定性与聚沉作用

14.6.1 溶胶的稳定性

溶胶是一个高分散的多相热力学的不稳定系统，粒子间有相互聚结而降低其表面能的趋势，即具有易于聚沉的不稳定性，因此在制备溶胶时必须有稳定剂存在。另一方面由于溶胶的粒子小，布朗运动剧烈，因此在重力场中不易沉降，即具有动力稳定性。稳定的溶胶必须同时兼备不易聚沉的稳定性和动力稳定性。但其中以不易聚沉的稳定性更为重要，因为布朗运动固然使溶胶具有动力稳定性，但也促使粒子之间不断地相互碰撞，如果粒子一旦失去抗聚沉的稳定性，则互碰后就会引起聚结，其结果是粒子增大，布朗运动速度降低，最终也会成为动力不稳定的系统。粒子聚集由小变大的过程称为聚集过程(aggregation)，由胶体粒子聚集而成为的大粒子称为聚集体(aggregated)，如果聚集的最终结果导致粒子从溶液中沉淀析出，则称为聚沉过程(coagulation)。为了加速聚沉，可以外加其他物质作为聚沉剂(coagulant)，如电解质等。此外，某些物理因素也有可能促使溶胶聚沉，例如光、电、热等效应。

但是，某些溶胶都能在相当长的时间范围内稳定存在。例如法拉第所制成的红色金溶胶，静置数十年以后才聚沉于管壁上。溶胶能够相对稳定地存在，主要是由于胶体带电和胶粒的溶剂化作用引起的聚结稳定性，以及出于胶粒的布朗运动引起的动力稳定性。胶体稳定性理论主要有 DLVO 理论、空间稳定理论和空位稳定理论。

14.6.2 溶胶稳定性的 DLVO 理论

(1) DLVO 理论

1941 年由德里亚金(Derjaguin)和朗道(Landau)以及 1948 年由维韦(Verwey)和奥弗比克(Overbeek)分别提出了胶粒带电引起的聚结稳定性理论，简称 DLVO 理论，其理论要点如下。

① 胶团之间存在着斥力势能和吸力势能。斥力势能是由于胶团间的排斥力引起的，当胶团间的距离较大时，其双电层未重叠，没有排斥力。当胶团靠近使双电层部分重叠时，出于重叠部分中反离子浓度比未重叠部分浓度大，反离子将从高浓度向低浓度处扩散，由此产生渗透排斥力，同时，两胶团之间也产生静电斥力。吸力势能是由于胶团之间存在吸引力引起的，这种吸引力在本质上和分子间的范德华引力相似。但它是一种远程范德华力，它所产生的吸力势能与粒子间距离的一次方或二次方成反比，也可能是其他更为复杂的关系。

② 系统的总势能 E 是斥力势能 E_R 和吸力势能 E_A 的加和，即 $E=E_R+E_A$。胶体系统的相对稳定或聚沉取决于 E_R 与 E_A 的相对大小，当粒子间的斥力势能 E_R 在数值上大于吸力势能 E_A，而且足以阻止由于布朗运动使粒子相互碰撞而聚结时，则胶体处于相对稳定的状态。当粒子间的吸力势能 E_A 在数值上大于斥力势能 E_R，粒子将相互靠拢而发生聚沉。调整斥力势能和吸力势能的相对大小，可以改变胶体系统的稳定性。

③ E、E_R、E_A 均随胶粒间距离而改变，如图 14-28 所示。虚线 E_A 和 E_R 分别为吸力势能曲线和斥力势能曲线。当距离较远时，E_A 和 E_R 皆趋于零；当距离 x 趋于零时，E_R 和 E_A 分别趋于正无穷大和负无穷大。当两个粒子从远处逐渐接近时，首先起作用的是吸力势能，即在 a 点以前 E_A 起主导作用；在 a 与 b 之间斥力势能 E_R 起主导作用，且使总势能曲线(实线)出现极大值 E_{max}。此后，吸力势能 E_A 在数值上迅速增加，并形成第一最小值。若两粒子再进一步靠近，由于两带电胶粒之间产生强大的静电斥力而使总势能急剧加大。图中 E_{max} 为胶体粒子间净的斥力势能的数值。它代表溶胶发生聚沉时必须克服的“势垒”。当迎面相碰的一对胶体粒子所具有的动能足以克服这一势垒，它们才能进一步靠拢而发生聚沉。

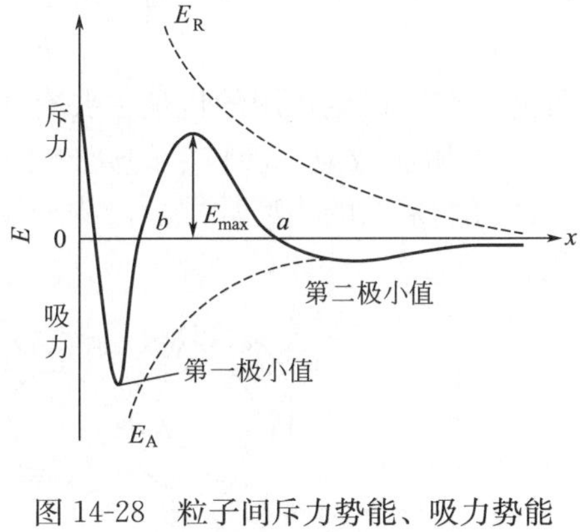

图 14-28 粒子间斥力势能、吸力势能及总势能曲线图

在总的势能曲线上出现两个最小值，较深的第一最小值如同一陷阱，落入此陷阱的粒子

则形成结构紧密而又稳定的聚沉物，所以称其为不可逆聚沉或永久性聚沉；很浅的第二最小值，粒子落入此处可形成疏松的沉积物，但不稳定，外界条件稍有变动，沉积物可重新分离而成溶胶，这种沉积过程叫絮凝(flocculation)。

④ 电解质的加入对吸力势能影响不大，但对斥力势能的影响却十分明显。所以电解质的加入会导致系统的总势能发生很大的变化。适当调整电解质的浓度，可以得到相对稳定的胶体。

胶体的溶剂化作用引起的聚结稳定性，也是使溶胶稳定的重要原因。若水为分散介质，构成胶团双电层结构的全部离子都应当是水化的，在分散相粒子的周围，形成一个具有一定弹性的水化外壳。因布朗运动使胶团互相靠近，水化外壳因受挤压而变形，但每个胶团都力图恢复其原来的形状而又被弹开，所以，水化外壳的存在势必增加溶胶聚合的机械阻力，有利于溶胶的稳定性。

最后，胶粒由于布朗运动能够克服重力场的影响而不下沉，溶胶的这种性质称为动力稳定性，这是引起溶胶稳定的又一原因。一般说来，分散相与分散介质的密度差愈小，分散介质的粒度越小，分散相的颗粒愈小，布朗运动愈强烈，溶胶的动力稳定就越强。

综上所述，分散相粒子的带电、溶剂化作用以及布朗运动是溶胶三个重要的稳定因素。可想而知，中和分散相粒子所带电荷、降低溶剂化作用，皆可使溶胶聚沉。

(2) 空间稳定理论

很早以前，人们就发现高分子物质对溶胶具有稳定作用。如我国古代制造墨汁就掺进树胶，以保持炭粉的均匀分散状态。现代工业上制造油漆、油墨等均利用高分子作稳定剂。关于稳定机理，直至近年才有比较深刻的认识。总的来说是因高分子在胶粒上的吸附引起的，主要有以下几个方面的原因。

① 带电高分子的吸附可以增加胶粒间的静电斥力势能 E_R。

② 高分子吸附层可以降低粒子间的范德华吸力势能 E_A。

③ 带有高分子吸附层的胶粒相互接近时，吸附层的重叠会产生一种新的斥力势能阻止粒子聚集，这种稳定作用称为空间稳定作用，产生的斥力势能称为空间斥力势能，用 E_S 表示。这样，空间稳定作用存在时，粒子间的总相互作用势能应写为

$$E=E_R+E_A+E_S \tag{14-15}$$

目前，空间稳定作用的机理主要有两个：

① 体积限制效应　两粒子的高分子吸附层相互接触时被压缩，见图 14-29(a)。压缩后高分子链可能采取的构型数减少，构型熵降低，熵的降低引起吉布斯函数增加，从而产生斥力势能。

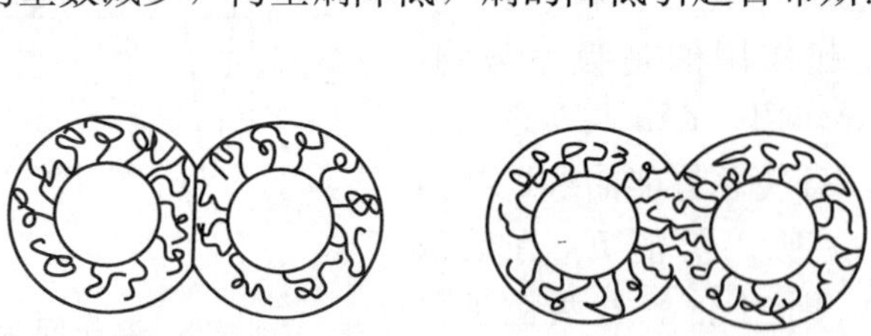

(a) 吸附层被压缩　　(b) 吸附层相互渗透

图 14-29　带有高分子吸附层粒子间相互作用情况

② 渗透压效应　当两高分子吸附层重叠时可以相互穿透，见图 14-29(b)。重叠区高分子浓度增高，当溶剂为良溶剂时，因有渗透压而产生斥力势能。当溶剂为不良溶剂时，可产

生吸力势能。

影响空间稳定作用的因素主要有：

① 高分子的结构 能有效稳定胶体的高分子是嵌段共聚物或接枝共聚物，其分子结构中有两种基团，一种基团能牢固地吸附在胶粒表面上，另一种基团与溶剂有良好的亲和力，能充分伸展形成厚的吸附层，产生较高的斥力势能。

② 高分子的摩尔质量和浓度 一般摩尔质量越高，形成的吸附层越厚，稳定效果越好。许多高分子有一临界摩尔质量，低于此摩尔质量时无稳定作用。高分子浓度的影响比较复杂，一般浓度较高时，在胶粒表面形成吸附层就起稳定作用。浓度再大，过多的高分子也不能进一步增加稳定性。但浓度太小时，形不成吸附层，反而会降低胶体的稳定性。

③ 溶剂 在良溶剂中，高分子伸展，吸附层厚，其稳定作用强。而在不良溶剂中，高分子的稳定作用变差，容易聚沉。温度可以改变高分子与溶剂的亲和性，因而用高分子稳定的系统，其稳定性常随温度而变化。

实际上，如果高分子物质能在粒子表面形成合适的包覆层，再加上高分子链与分散介质的强相互作用，有可能使聚集过程的 $\Delta G>0$，那么这时的溶胶系统应该成为与高分子溶液和缔合胶体类似的热力学稳定系统了。

(3) 空缺稳定理论

向溶胶中加入高聚物，胶粒对聚合物分子可能产生负吸附，即胶粒表面层聚合物浓度低于溶液本体中的高聚物浓度，导致胶粒表面形成“空缺层”。在空缺层重叠时会发生排斥作用，使溶胶稳定。这是空缺稳定理论的基本思想。若溶剂对高聚物的溶解性能较好，则胶粒表面易形成空缺层。

14.6.3 溶胶的聚沉

由图 14-28 所示的总势能曲线可知，当颗粒间距处于第二极小值时，能发生絮凝形成颗粒缔合体，但由于能量降低很少，缔合很弱，一般热运动或略加搅动即可拆散。当颗粒间距处于第一极小值时，形成稳定的缔合体，如果缔合体大量生成，便产生聚沉，溶胶即被破坏。为了使溶胶聚沉，可通过加热、加入电解质或适量的高分子化合物等方法。

(1) 小分子电解质的聚沉作用

溶胶受电解质的影响非常敏感，通常用聚沉值(coagulation value)来表示电解质聚沉能力。所谓聚沉值是使一定量的溶胶在一定时间内完全聚沉所需电解质的最小浓度，又称为临界聚沉浓度，而聚沉率则是聚沉值的倒数。某电解质的聚沉值愈小，表明其聚沉能力愈强。

电解质对溶胶的聚沉作用与所加电解质的性质、浓度有关，而且还与溶胶本身所吸附物质的电性有关。表 14-6 是不同电解质对一些溶胶的聚沉值。

从一系列聚沉实验结果，可以得到以下几条规律：

① 电解质中能使溶胶发生聚沉的离子，是与胶粒带电符号相反的离子(即反离子)，因此，电解质负离子对带正电的溶胶起主要聚沉作用，正离子对负电性溶胶起主要聚沉作用，而聚沉能力随反离子价数的增加而显著增加，这个规律称舒尔茨-哈迪(Schulze-Hardy)价数规则。例如，对于带负电荷的 As_2S_3 溶胶，起聚沉作用的是电解质中的阳离子。KCl、$MgCl_2$、$AlCl_3$ 的聚沉值分别为 $49.5\text{mol}\cdot\text{m}^{-3}$，$0.72\text{mol}\cdot\text{m}^{-3}$，$0.093\text{mol}\cdot\text{m}^{-3}$；若以 K^+ 为标准，不同价数阳离子的聚沉能力有如下关系：

表 14-6　不同电解质对溶胶的聚沉值

As_2S_3(负溶胶)		AgI(负溶胶)		Al_2O_3(正溶胶)	
电解质溶液	聚沉值/mol·m^{-3}	电解质溶液	聚沉值/mol·m^{-3}	电解质溶液	聚沉值/mol·m^{-3}
LiCl	58	$LiNO_3$	165	NaCl	43.5
NaCl	51	$NaNO_3$	140	KCl	46
KCl	49.5	KNO_3	136	KNO_3	50
KNO_3	50	$RbNO_3$	126		
KAc	110	$AgNO_3$	0.01		
$CaCl_2$	0.65	$Ca(NO_3)_2$	2.40	K_2SO_4	0.30
$MgCl_2$	0.72	$Mg(NO_3)_2$	2.60	$K_2Cr_2O_7$	0.63
$MgSO_4$	0.81	$Rb(NO_3)_2$	2.43	$K_2C_2O_4$	0.69
$AlCl_3$	0.093	$Al(NO_3)_3$	0.067	$K_3[Fe(CN)_6]$	0.08
$Al_2(SO_4)_3$	0.096	$La(NO_3)_3$	0.069		
$Al(NO_3)_3$	0.095	$Ce(NO_3)_3$	0.069		

$$Me^{+} : Me^{2+} : Me^{3+} = 1 : 70.7 : 532$$

一般可以近似地表示为反离子价数的 6 次方之比，即

$$Me^{+} : Me^{2+} : Me^{3+} = 1^6 : 2^6 : 3^6 = 1 : 64 : 729$$

上述关系是在其他因素完全相同的条件下导出的。它表明同号离子的价数愈高，聚沉能力愈强。但是也有反常现象，如 H^+ 虽为一价，却有很强的聚沉能力。应当指出，上述比例关系仅可作为一种粗略的估计，而不能作为严格的定量计算的依据。

② 对于同价离子来说，聚沉能力也各不相同。例如，同价的正离子(如碱金属或碱土金属)对负电胶体的聚沉能力，是随着离子半径减少而增加。如碱金属离子对负电胶体的聚沉能力为

$$Li^+ < Na^+ < K^+ < Rb^+ < Cs^+$$

这是因为正离子的水化能力很强，而且离子半径越小，水化能力越强，水化层越厚，被吸附的能力越小，其进入斯特恩层的数量减少，而使聚沉能力减弱。

对于同价的负离子，由于负离子的水化能力很弱，所以负离子的半径越小，吸附能力越强，聚沉能力越强。根据上述原则，价数为一的负离子，聚沉能力为

$$OH^- < SCN^- < I^- < NO_3^- < Br^- < Cl^- < F^-$$

这种把带有相同电荷的离子，按聚沉能力大小排列的顺序，称为感胶离子序(lyotropic series)。

③ 有机化合物的粒子都具有很强的聚沉能力，这可能是与其具有很强的吸附能力有关。表 14-7 给出了不同的一价阳离子所形成的氯化物对带负电的 As_2S_3 溶胶的聚沉值。

表 14-7　氯化物对溶胶的聚沉值

电解质	聚沉值/mol·m^{-3}	电解质	聚沉值/mol·m^{-3}
KCl	49.5	$(C_2H_5)_2NH_2^+Cl^-$	9.96
氯化苯胺	2.5	$(C_2H_5)_3NH^+Cl^-$	2.79
氯化吗啡	0.4	$(C_2H_5)_4N^+Cl^-$	0.89
$(C_2H_5)NH_3^+Cl^-$	18.2		

④ 电解质的聚沉作用是正负离子作用的总和。有时与胶粒具有相同电荷离子(也称同号离子)也有显著影响，通常相同电性离子的价数越高，则该电解质的聚沉能力越低，这可能与这些相同电性离子的吸附作用有关。表 14-8 给出了不同负离子所形成的钾盐对负电性的

亚铁氰化铜溶胶的聚沉值。

表 14-8 不同钾盐对亚铁氰化铜溶胶的聚沉值

电解质	聚沉值/mol·m^{-3}	电解质	聚沉值/mol·m^{-3}
KBr	27.5	K_2CrO_4	80.0
KNO_3	28.7	$K_2C_4H_4O_6$	95.0
K_2SO_4	47.5	$K_4[Fe(CN)_6]$	260.0

因此，只有在与溶胶同电性离子的吸附作用极弱的情况下，才能近似地认为溶胶的聚沉作用是异电性离子单独作用的结果。

⑤ 不规则聚沉。在溶胶中加入少量的电解质可以使溶胶聚沉，电解质浓度稍高，沉淀又重新分散而成溶胶，并使胶粒所带电荷改变符号。如果电解质的浓度再升高，可以使新生成的溶胶再次沉淀，这种现象称为不规则聚沉(irregular coagulation)。不规则聚沉是胶体粒子对高价异电离子强烈吸附的结果，少量电解质可以使胶体聚沉，但吸附过多的异号高价离子，使溶胶粒子又重新带异号离子的电荷，于是溶胶又重新稳定，所带电荷与原胶粒相反。再加入电解质后，由于电解质离子的作用(如离子强度和扩散层厚度的变化)，又使溶胶聚沉。此时电解质的浓度已经很高，再增加电解质也不能使沉淀分散。

从上述讨论可以看出，电解质对溶胶的聚沉作用的影响是相当复杂的。其共同点是不论何种电解质，只要浓度达到某一定数值，都会引起聚沉作用。

利用电解质使胶体聚沉的实例很多，在豆浆中加入卤水做豆腐就是一例。豆浆是带负电荷的大豆蛋白胶体，卤水中含有 Ca^{2+}、Mg^{2+}、Na^{+} 等离子，故能使带负电荷的胶体聚沉。又如江海接界处，常有清水和浑水的分界面，这实际上是海水中的盐类对江河中带负电荷的土壤胶体的聚沉的结果，而小岛和沙洲的形成正是土壤胶体聚沉后的产物。

(2) 高分子化合物的聚沉作用

在溶胶中加入极少量的可溶性高分子化合物，可导致溶胶迅速沉淀，沉淀呈疏松的棉絮状，这类沉淀称为絮凝物，这种现象称为絮凝作用，产生絮凝作用的高分子称为絮凝剂。

絮凝作用与聚沉作用机理不同。电解质的聚沉作用是因为压缩双电层，降低胶粒间静电斥力而致。聚沉过程比较缓慢，沉淀颗粒紧密，体积小。絮凝作用速度快，效率高，絮凝剂用量少(有些系统仅为百万分之几)，沉淀疏松。在溶胶中加入高分子化合物溶液，既可使溶胶稳定，也可能使溶胶聚沉。好的聚沉剂应当是分子量很大的线型聚合物。例如，聚丙烯酰胺及其衍生物就是一种良好的聚沉剂。聚沉剂可以是离子型的，也可以是非离子型的。高分子化合物主要通过以下三个方面来对溶胶起聚沉作用。

① 搭桥效应 长链的高分子化合物，可以同时吸附在多个分散相的微粒上，起到搭桥的作用，把多个胶体粒子拉在一起，形成较大的聚集体而导致絮凝，如图 14-30(a)所示。

② 脱水效应 某些高分子化合物对水有更强的亲和力，由于高分子化合物的水化作用，使胶体粒子脱水，水化外壳遭到破坏而聚沉。

③ 电中和效应 离子型的高分子化合物吸附在带电的胶体粒子上，可以中和分散相粒子的表面电荷，使粒子间的斥力势能降低，从而使溶胶聚沉。

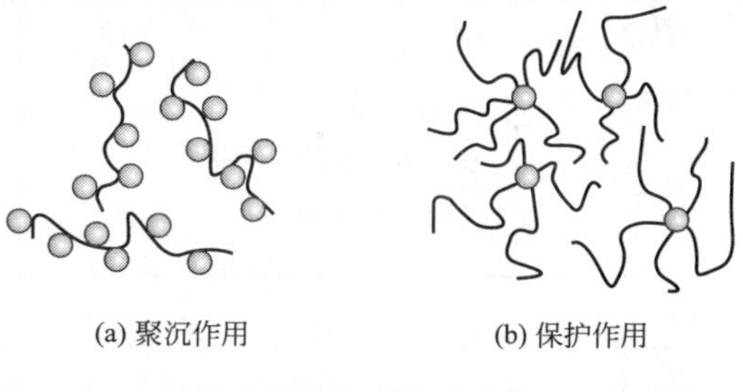

(a) 聚沉作用 (b) 保护作用

图 14-30 高分子化合物对溶胶的聚沉和保护作用

影响絮凝作用的因素主要有以下几个方面。

① 絮凝剂的分子结构。絮凝效果好的高分子一般具有链状结构，具有交联或支链结构的絮凝效果就差。另外，分子中应有水化基团和能在胶粒表面吸附的基团，以便有良好的溶解性和架桥能力。常见的基团有—COONa，—$CONH_2$，—OH 和—SO_3Na 等。对于高分子电解质，其带电状态也有影响。一般离解度越大，荷电越多，分子越伸展，有利于架桥；但若高分子所带电荷符号与胶粒相同时，高分子带电越多，因静电排斥作用越不利于在胶粒上的吸附，这对架桥不利。因此常存在一最佳离解度，此时絮凝效果最好。如常用的部分水解聚丙烯酰胺絮凝剂，水解度在 30%时絮凝效果最好。

② 絮凝剂的分子量。一般分子量越大，桥联越有利，絮凝效率越高。具有絮凝能力的高分子分子量一般至少在 10^6 左右。但分子量也不能太大，否则溶解困难，且吸附的胶粒间距离太远，不易聚集，絮凝效果将变差。

③ 絮凝剂的浓度存在一最佳值，此时絮凝效果最好，超过此量效果反而变差。这是因为产生桥联作用的必要条件是胶粒表面存在空白点，若高分子浓度太大时，胶粒表面完全被高分子覆盖，无法通过桥联而发生絮凝，反而会起保护作用，见图 14-30(b)。据研究分析，最佳浓度值大约为胶粒表面高分子吸附量为饱和吸附量的一半时的浓度，这时相当于胶粒表面一半被高分子所覆盖，架桥机遇最大。

④ 搅拌要均匀，但不可太剧烈，以免打散絮凝物而成稳定溶胶。

⑤ pH 和盐类对絮凝效果影响很大，往往是絮凝效率高低的关键。

在工业生产中就利用上述作用，例如，对 SiO_2 进行重量分析时，在 SiO_2 的溶胶中加入少量明胶，使 SiO_2 的胶粒黏附在明胶上，便于聚沉后过滤，减少损失，使分析更准确。氧化铝球磨料在酸洗除铁杂质时，为防止 Al_2O_3 细颗粒成胶粒流失，就加入 0.21%～0.23%阿拉伯树胶，促使 Al_2O_3 粒子快速聚沉；而在注浆成型时，又加入 1.0%～1.5%的阿拉伯树胶，以提高料浆的流动性和稳定性。高分子化合物的这种保护作用应用很广，例如血液中所含的难溶盐类物质，如碳酸钙、磷酸钙等就是靠血液中蛋白质保护而存在。医学上滴眼用的蛋白银就是蛋白质所保护的银溶胶。

(3) 溶胶的相互聚沉

将两种电性不同的溶胶混合，可以发生相互聚沉作用。但仅在这两种溶胶的数量达到某一比例时才发生完全聚沉，否则可能不发生聚沉或聚沉不完全。表 14-9 是带正电的 $Fe(OH)_3$ 溶胶(浓度为 $3.036g·L^{-1}$)和带负电的 As_2S_3 溶胶(浓度为 $2.07g·L^{-1}$)以不同比例混合时所得到的结果。产生相互聚沉现象的原因是：可以把溶胶粒子看成是一个巨大的粒子，所以溶胶的混合类似于加入电解质的一种特殊情况。

表 14-9　溶胶的相互聚沉

混合物/mL		现象	混合后粒子的电荷	混合物/mL		现象	混合后粒子的电荷
$Fe(OH)_3$	As_2S_3			$Fe(OH)_3$	As_2S_3		
9	1	无变化	+	3	7	完全聚沉	不带电
8	2	长时间后微浑	+	2	8	发生聚沉	—
7	3	立即发生聚沉	+	1	9	发生聚沉	—
5	5	立即发生聚沉	+	0.2	9.8	浑浊但不聚沉	—

溶胶的相互聚沉在日常生活中经常见到。例如，明矾的净水作用就是利用明矾[$KAl(SO_4)_2·12H_2O$]在水中水解生成荷正电的 $Al(OH)_3$。溶胶使荷负电的胶体污物(主要

是土壤胶体)聚沉，在聚沉时生成的絮状沉淀物又能夹带一些机械杂质，使水获得净化。不同牌号的墨水相混可能产生沉淀、医院里利用血液的能否相互凝结来判明血型，这些都与胶体的相互聚沉有关。

(4) 微波对溶胶稳定性的影响

微波是一种高频电磁波(频率为 2450MHz)。众所周知，微波可用来加热，有热效应。微波也能有效地加快化学反应速率，这已为实验所证实。但微波对一个过程(物理或化学的)的影响比较复杂。例如，经典的 AgI、AgBr、磷酸铁等溶胶经加热，或在微波场中处理，均可使其破坏，产生沉淀，而 $Fe(OH)_3$ 胶体经加热不被破坏，但在微波场中处理，特别是在提高功率的情况下，则吸光度增加，并有少量沉淀产生。这些现象说明，微波对胶体稳定性的影响，除有热效应外，还有“非热效应”现象。$Fe(OH)_3$ 溶胶的例子充分说明了这个问题。

关于“非热效应”的机理还有待深入研究。但从结果来看，它能改变由 DLVO 理论建立的平衡并使其更易被打破，相似于降低了化学反应体系的活性能，在此处是降低了体系的总位能曲线的能峰高度，故易于聚结沉降。

14.7 溶胶的流变性质

流变性质(rheologic properties)是指物质(液体或固体)在外力作用下流动(flow)与变形(deformation)的性质。研究流变性质的科学称为流变学(rheology)，流变学本身是一门涉及物理、化学、生物等诸多学科的边缘科学。胶体分散系统的流变性质不仅是单个粒子性质的反映，也是粒子与粒子之间以及粒子与溶剂之间相互作用的结果。因此研究溶胶的流变性质，首先要明确胶体系统各种流变学性质的概念。

14.7.1 切变速率、切应力和黏度

最熟悉的流变性质是黏度(viscosity)。所谓黏度，定性地说就是物质黏稠的程度，它表示物质在流动时内摩擦力的大小。为了给黏度一个确切的定义，下面首先分析一下液体的流动状况。

大家都有这样的经验，在流速较慢的河里，河道各处的水流方向虽然一致，但速度很不相同，中心处的水流最快，越靠河岸，水流越慢。一般在流速不太快情况下，可以把流动着的液体看作是许多相互平行移动的液层，各层的流速存在速度梯度，这是流动的基本特征。

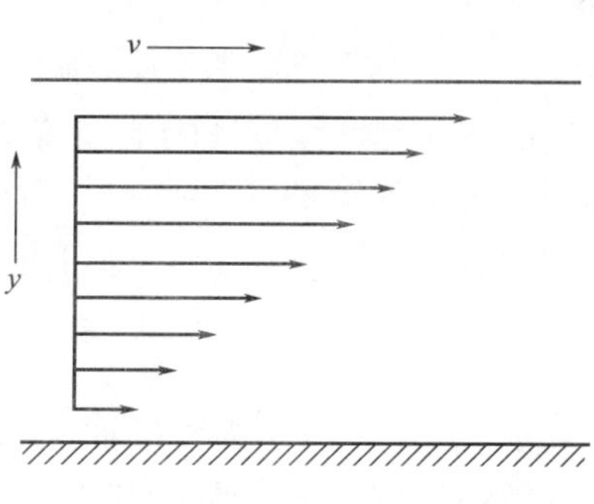

图 14-31 平行板间黏性流动的速度分布

假设在两平行板间盛以某种液体，一块板是静止的，另一块板以速度 v 向 x 方向作匀速运动。如果将液体沿 y 方向分成许多薄层，则各液层沿 x 方向的流速随 y 值而变。如图 14-31，用长短不等带有箭头且相互平行的线段表示各液层的流速，这些线段称为流线，流体的这种形变称为切变(shearing)。液体流动时有速度梯度 dv/dy 存在，运动较慢的液层阻滞较快层的运动，因此产生流动阻力。为了维

持稳定的流动，保持速度梯度不变，则要对上面的平板施加恒定的力 F，此力称为切应力(shearing force)，简称切力。若平板的面积是 A，单位面积上的切力用 τ 表示，则 $\tau=F/A$，单位为 $N \cdot m^{-2}$。速度梯度也称切变速度，简称切速，常用 D 表示，$D=dv/dy$，单位为 s^{-1}。切应力与切变速度是表征体系流变性质的两个基本参数。

因为流动时在液体内部形成速度梯度，故产生流动阻力。反映此阻力大小的切力 τ 和切变速度 D 有关。实验证明，纯液体和大多数低分子溶液在层流条件下的切应力和切变速率成正比

$$\tau=\frac{F}{A}=\eta\frac{dv}{dy}=\eta D \tag{14-16}$$

这就是牛顿(Newton)黏度公式，式中比例系数 η 即为液体的黏度，它反映液体流动时所受到的黏性阻力，单位为 $N \cdot m^{-2} \cdot s$ 或 $Pa \cdot s$。液体的黏度标准是这样规定的：将两块面积为 $1m^2$ 的板浸于液体中，两板距离为 1m，若加一个 1N 的切应力，能使两板之间的相对速率为 $1m \cdot s^{-1}$，则此液体的黏度为 $1Pa \cdot s$。

服从牛顿黏度公式的流体称为牛顿流体(Newtonian fluids)，其特点是 η 只与温度有关，温度升高，η 下降。对于给定的液体，在定温下 η 有定值，不因 τ 值或 D 值的不同而改变。不服从牛顿黏度公式的流体称为非牛顿流体(non-Newtonian fluids)，溶胶仅在分散相浓度很稀时，才符合牛顿黏度公式。非牛顿流体的切应力与切速之间无正比关系，比值 τ/D 不再是常数，而是切速的函数。常用 η_a 表示此时的 τ/D，称为表观黏度(apparent viscosity)。

测定黏度的方法主要有毛细管法、转筒法和落球法。下面简单介绍这三种测定方法。

(1) 毛细管法

实验室中测定液体、溶液或胶体溶液的黏度时，用毛细管黏度计最方便。毛细管黏度计有乌氏黏度计和奥氏黏度计两种(见图 14-32)。这两种黏度计比较精确，使用方便，适合于测定液体黏度和高聚物分子量。

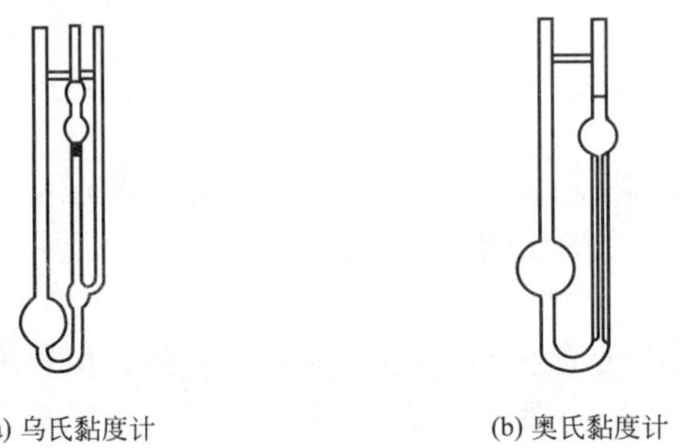

(a) 乌氏黏度计　　(b) 奥氏黏度计

图 14-32　黏度计示意图

按照泊肃叶(Poiseuille)定律，溶液经过毛细管黏度计流出的黏度 η 可表达如下

$$\eta=\frac{\pi p r^4 t}{8lV} \tag{14-17}$$

式中，p 为液体本身重力产生的压力；r 为毛细管半径；l 为毛细管长度；t 为溶液流过毛细管的时间；V 为流经毛细管的液体体积。

根据此公式可以测出液体的黏度。但液体黏度的绝对值不易测定，一般都用已知黏度的液体测出黏度计的毛细管常数，然后令待测液体在相同条件下流过同一支毛细管。因为同一毛细管的 r、l、V 一定，故液体在毛细管中的流动仅受压力差 p 的影响，在此处压力差即为重力，即 $p=h\rho g$，则可据下式求出待测液体的黏度

$$\frac{\eta}{\eta_0}=\frac{\rho t}{\rho_0 t_0} \tag{14-18}$$

式中，η_0、ρ_0、t_0 分别为标准液体(如纯水、纯苯等，其黏度已知)的黏度、密度和使一定体积标准液体流过毛细管所需的时间；η、ρ、t 为待测液体的黏度、密度和使同一体积待测液体流过毛细管所需的时间。若溶液很稀，则 $\rho \approx \rho_0$，这时

$$\eta=\frac{t}{t_0}\times\eta_0 \tag{14-19}$$

所以，只要测出相同体积的标准液体(η_0 已知)和待测液体流经同一毛细管的时间，便可根据式(14-19)算出待测液体的黏度。

常常用作标准液体的水和苯在20℃时的黏度分别为1.009×10^{-3}Pa•s和6.47×10^{-4}Pa•s。

(2) 转筒式黏度计

转筒式黏度计特别适用于非牛顿型液体黏度的测定，在实际工作中主要用它来确定流体的流型。

转筒式黏度计由两个同心筒组成，两筒间保持一定的间隙(例如1～3mm左右)，此间隙为待测样品所充满。两筒中一筒转动，另一筒固定，这样在样品液体内部存在速度梯度，并产生流动阻力。作用于单位面积上的阻力亦即切应力的大小，可用下面的方法测定：若外筒不动，靠外加重量(砝码)使内筒转动(如图14-33所示)，则可由砝码重量、力臂长度、筒侧面积求出切应力值。

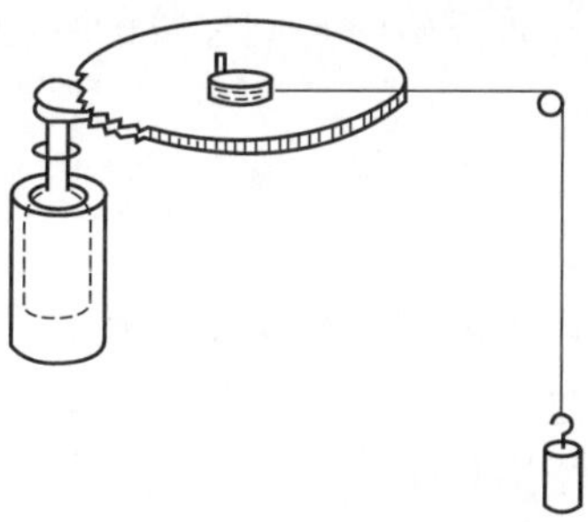

图14-33 转筒式黏度计示意图

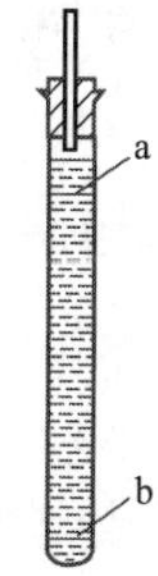

图14-34 落球式黏度计

转筒式黏度计的类型较多，较常用的是的Stormer黏度计。无论哪种类型，体系黏度、筒的转速和所加重量W(有些仪器是根据弹簧丝的偏转角θ)之间的关系为

$$\eta=K\frac{W}{\Omega} \tag{14-20}$$

式中，K为仪器常数，与转筒的半径、高度以及两筒间间隙等有关。用已知黏度的牛顿液体(通常用甘油)进行测量，以W对转速Ω($\mathrm{r\cdot min^{-1}}$)作图，便可从直线的斜率求出仪器常数K。对同一台仪器测量不同转速下所需外加的重量，便可画出流变曲线，并可据此确定体系的流型。

(3) 落球式黏度计

落球式黏度计是借助于固体球在液体中运动受到黏性阻力，测出球在液体中落下一定距离所需的时间(如图14-34中a到b的距离)。这种黏度计特别适用于测定具有中等黏度的透明液体。

根据斯托克斯(Stokes)方程式，液体的黏度η可表达如下

$$\eta=\frac{2gr^2t(\rho_s-\rho)}{9h} \tag{14-21}$$

式中，r为球体半径；h为球体下落的高度；t为球在液体中落下h距离所需的时间；ρ_s为球体密度；ρ为液体密度；g为重力加速度。当h和r为定值时，则

$$\eta=Kt(\rho_s-\rho) \tag{14-22}$$

式中，K为仪器的常数。

根据此公式可以测出液体的黏度。但液体黏度的绝对值不易测定，一般都用已知黏度的液体测出仪器的常数，然后在同一个仪器中让相同的球在待测液体中落下相同的距离。因为同一仪器常数一定，故可据下式求出待测液体的黏度

$$\frac{\eta}{\eta_0}=\frac{(\rho_s-\rho)t}{(\rho_s-\rho_0)t_0} \tag{14-23}$$

式中，η_0、ρ_0、t_0 分别为标准液体的黏度、密度和球在标准液体中落下所需的时间；η、ρ、t 为待测液体的黏度、密度和相同的球在待测液体中落下所需的时间。若溶液很稀，则 $\rho\approx\rho_0$，这时式(14-23)又还原为式(14-19)，即

$$\eta=\frac{t}{t_0}\times\eta_0$$

所以，只要测出球在标准液体(η_0 已知)和待测液体的下落的时间，便可根据式(14-19)算出待测液体的黏度。

落球式黏度计测量范围较宽，用途广泛，尤其适合于测定较高透明度的液体。但对固体球的要求较高，要求球体光滑而圆，另外要防止球从圆柱管下落时与圆柱管的壁相碰，造成测量误差。

14.7.2　层流与湍流

只有在层流条件下牛顿公式才成立。层流的特点是体系的流动处于稳恒状态，体系中任何一点的流速(大小和方向)不随时间而改变。当流速超过某一极限时，层流就变成湍流，有不规则的或随时间而改变的漩涡生成，这时牛顿公式就不适用了。

流体的流动状况可以用一个无量纲的数来表示，这就是雷诺数(Reynolds number，通常以 Re 表示)。Re 超过某一临界值时，层流就变成湍流。对于在管中流动的液体，Re 可用下式表示

$$Re=\frac{vd\rho}{\eta} \tag{14-24}$$

式中，v 为流速；d 为管直径；ρ 为液体的密度。临界 Re 约为 1400～2000。

14.7.3　稀分散系统的黏度

液体流动时，为克服内摩擦阻力需消耗一定的能量。倘若液体中存在粒子，则流体的流线在粒子附近受到干扰，这就要消耗额外的能量，所以分散系统的黏度均高于纯溶剂的黏度。通常将溶胶黏度 η 与纯溶剂黏度 η_0 之比称为相对黏度 η_r。η_r 的大小与粒子的大小、形状、浓度、粒子与介质的相互作用以及它在流场中的定向程度等因素有关，情形相当复杂。这里先讨论比较简单的稀分散系统的黏度。

(1) 分散相浓度的影响

1906 年，爱因斯坦根据流体力学理论推导出稀分散系统的黏度方程：

$$\eta_r=\eta/\eta_0=1+2.5\varphi \tag{14-25}$$

式中，φ 为系统中分散相的体积分数。

在推导此式时作了如下假设：①粒子是远大于介质分子的圆球；②粒子是刚体，且与介质无相互作用；③分散相很稀，液体经过粒子时，各层流所受到的干扰不相互影响；④层流流动，无湍流。

研究证明，对于浓度不大于3%(体积分数)的球形粒子，η_r 与 φ 间确有线性关系，但式(14-25)中常数往往大于2.5。这可能是由于质点溶剂化，从而使实际的体积分数变大的缘故。

倘若浓度较大，由于质点间的相互干扰，体系的浓度将急剧增加，爱因斯坦公式就不再适用了。

(2) 粒子形状和大小的影响

早期研究发现，像 V_2O_5、硝化纤维等胶体即使是浓度很稀时，溶胶的黏度也比爱因斯坦公式所预期的高得多。这些体系的共同特点是质点具有不对称的形状。当分散系统流动时，固体粒子既有平移运动，也有旋转运动。当粒子形状不同时，对运动所产生的阻力有很大差异。在体积分数相同的情况下，非球形粒子具有更大的“有效水力体积”(见图14-35)，因而阻力更大，分散系统的黏度更大。对于粒子为任意形状的稀悬浮体，黏度方程可写为

$$\eta_r = 1 + K\varphi \tag{14-26}$$

式中，K 是形状系数。粒子越不对称，K 值越大。粒子越小，体积分数相同的情况下黏度越大，偏离爱因斯坦方程越远。这是因为：①粒子越小，粒子数越多，粒子间距离越近，相互干扰的机遇越大；②粒子越小，溶剂化后有效体积越大；③粒子越小，溶剂化所需溶剂量越多，自由溶剂量越少，粒子移动阻力越大，因而黏度越高。

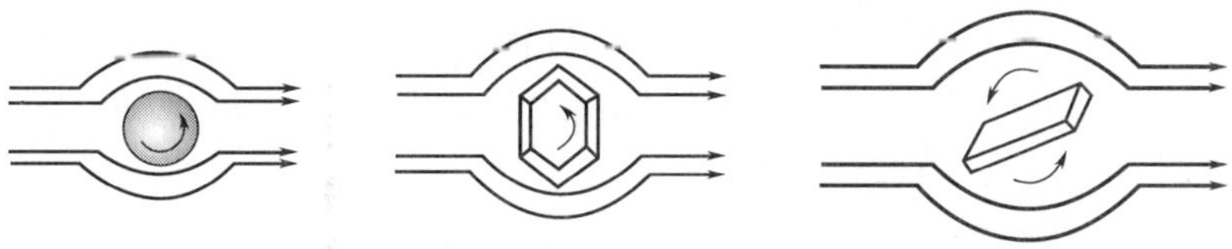

(a) 球粒　(b) 薄片状粒子　(c) 棒片状粒子

图 14-35 粒子形状对有效水力体积的影响

(3) 温度的影响

温度升高，液体分子间的相互作用减弱，因此，液体的黏度随温度升高而降低(如表14-10所示)。因此，测量液体的黏度必须注意控制温度。

溶胶的黏度也随温度升高而降低，由于溶剂的黏度也相应降低，故 η_r 随温度的变化往往不大。但对于较浓的胶体系统，由于在低温时粒子间常形成结构，甚至胶凝，而在高温时结构又常被破坏，故黏度随温度变化的幅度要大得多。

表 14-10 液体黏度随温度的变化 单位：Pa·s

液体	温度/℃			
	0	20	50	100
甲醇	8.08×10^{-4}	5.93×10^{-4}	3.95×10^{-4}	—
水	1.794×10^{-3}	1.008×10^{-3}	5.49×10^{-4}	2.84×10^{-4}
甘油	12.04	1.45	0.176	0.01

(4) 电荷对黏度的影响

若粒子带电，则溶液的黏度增加，这种额外的黏度通常称为电黏滞效应(electroviscous effects)。Смолуховский 曾导出了溶液黏度 η 和粒子半径 r 以及 ζ 电位之间的关系式

$$\frac{\eta-\eta_0}{\eta_0} = 2.5\varphi\left[1+\frac{1}{\eta_0 r^2 \kappa}\left(\frac{\varepsilon\zeta}{2\pi}\right)^2\right] \tag{14-27}$$

式中，κ 为电导率；ε 为介电常数；ζ 为 zeta 电位；其他符号的意义均同前。显然，当粒子带电时，粒子大小直接影响溶液的黏度。当 ζ 电位为零时，则式(14-27)又转变为爱因斯坦

公式。这也说明电黏滞效应与 ζ 电位共存。例如在两性的蛋白质或白明胶溶液中，调节介质的 pH 值使质点处于等电点，此时溶液的黏度最小。图 14-36 为白明胶溶液黏度和 pH 的关系(白明胶的等电点 pH 为 4.7)。两性质点在等电点 pH 的两侧均荷电，会造成某些附加的溶剂化作用(使 Φ 增大)，同时也可能增加溶胶在流动时粒子运动的不规则程度。

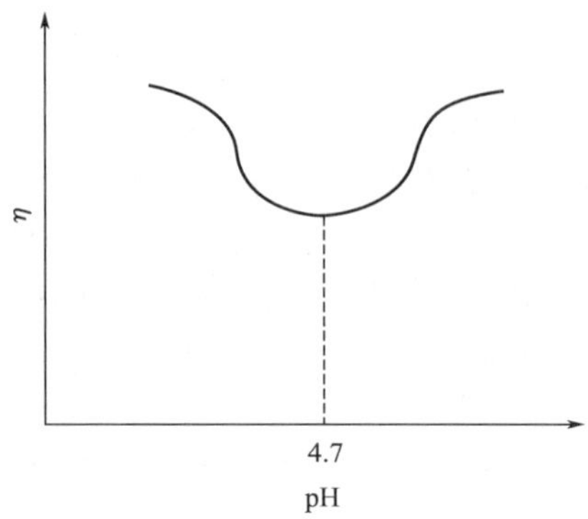

图 14-36 pH 对白明胶溶液黏度的影响

14.7.4 浓分散系统的流变性

以上讨论的是较稀的溶胶系统，其性质比较接近牛顿流体，只用黏度就可基本表征其流变性。然而实际使用的大多是浓分散系统，多属非牛顿体，其 τ 与 D 不呈简单的正比关系，η 随 D 而变化。如果某一流体的黏度随外加切力的改变而变化，称这种流体为非牛顿流体。有些系统的黏度随切力的增加而变大，这种现象称为切稠(shear thickening)，有些系统的黏度随切力的增加而变小，称为切稀(shear thinning)。流变学中把切变速率 D 与切应力的关系图称为流变曲线，流变曲线常见类型见图 14-37。根据流变曲线特性，可将系统分为四种基本流型：牛顿体型、塑性体型、假塑性体型和胀性体型。曲线上任何一点的黏度是这一点上的切力与切速率的比值，这种黏度称为表观黏度 η_a。下面简单介绍由四种基本流型引申出的 6 种常见的流型。

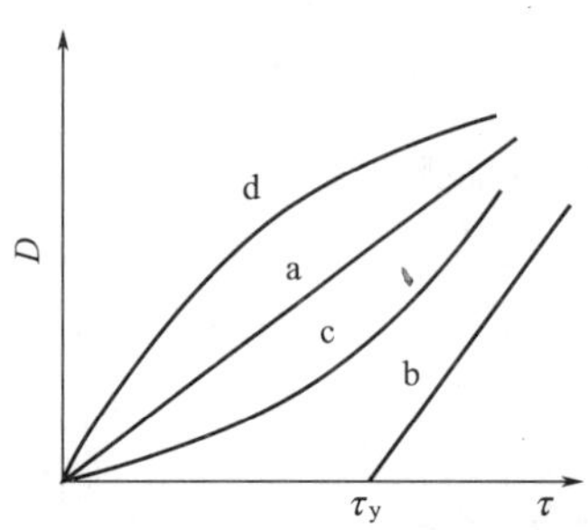

图 14-37 流变曲线类型

a—牛顿体型；b—塑性体型；c—假塑性体型；d—胀性体型

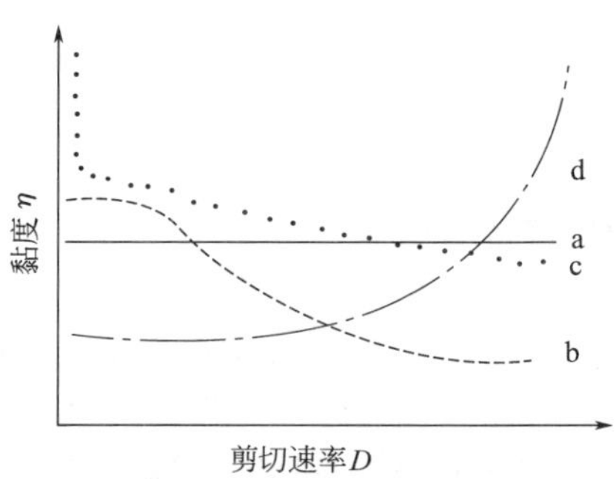

图 14-38 流体的黏度曲线

a—牛顿体型；b—塑性体型；c—假塑性体型；d—胀性体型

(1) 牛顿体

牛顿体流变曲线如图 14-37 中曲线 a 所示，D-τ 关系为直线，且通过原点。即在任意小的外力作用下，液体就能发生流动。对于牛顿液体单用黏度就足以表征其流变特性。另外，从 D-τ 直线关系可见，直线的斜率越小，液体的黏度越大。大多数纯液体(如水、低黏度油以及许多低分子化合物溶液和稀的溶胶)都是牛顿液体。牛顿型液体常称为真液体。

由流变曲线可以推导出流体的黏度与剪切速率的关系曲线，一般称为黏度曲线。典型的牛顿流体的黏度曲线为图 14-38 中所示的水平直线，由此可知，牛顿流体的黏度是一常数。其他非牛顿流体的黏度曲线如图 14-38 所示。

(2) 塑性体

塑性体(plastic fluid)也称为 Bingham 体。塑性体流变曲线如图 14-37 中曲线 b 所示，其流变曲线不经过原点，当流体所受的切应力小于某一固定值 τ_y 之前，该流体的切速率为零，也就是说流体不发生流动，其性质类似于固体的性质。当流体受到的切力大于这一固定值后，流体便开始流动，而且其特性类似于牛顿流体的特性。其流动行为可用下式描述

$$\tau-\tau_y=\eta_{pl}D \tag{14-28}$$

式中，η_{pl}称为塑性黏度(又称为结构黏度)；τ_y 为开始流动时的临界切力，称为屈服值(yield value)。η_{pl}和 τ_y 是塑性体的两个重要流变参数。

常见的典型的塑性体有牙膏、唇膏、油脂及钻头润滑油等。我们在挤牙膏时若用力很轻，牙膏并不流出，只是膏面由平变凸，一松手又变平；但用力稍大时牙膏就会从管中流出，再也不能缩回。也就是说，像牙膏这类流体，当外加切应力较小时它不流动，只发生弹性变形；而一旦切应力超过某一限度时，体系的变形就是永久的，表现出可塑性，故称其为塑性体。

对于塑性体流变曲线的解释是，当悬浮液浓到质点相互接触时，就形成三维空间结构(见图 14-39)，τ_y 就是此结构强弱的反映。只有当外加切应力超过 τ_y 后，才能拆散结构使体系流动。所以 τ_y 相当于使液体开始流动所必须多消耗的力。由于结构的拆散和重新形成总是同时发生的，所以在流动中，可以达到拆散速度等于恢复速度的平衡态，即总的来看结构拆散的平均程度保持不变，因此体系有一个近似稳定的塑性黏度 η_{pl}。

石油工业中钻井用泥浆是一种典型的塑性流体。由于黏土颗粒的不规则形状和表面的不均匀性，极易形成结构。泥浆在高速循环时结构被拆散，流动阻力减小；而在停止循环时(例如停钻)又重新形成结构。这时泥浆的屈服值 τ_y 保证了它能悬浮钻屑(如细石块等)，不致使其沉入井底而引起卡钻，同时也可防止泥浆渗入地层，造成漏失。因此泥浆的塑性流动特点在钻井中起着十分重要的作用。

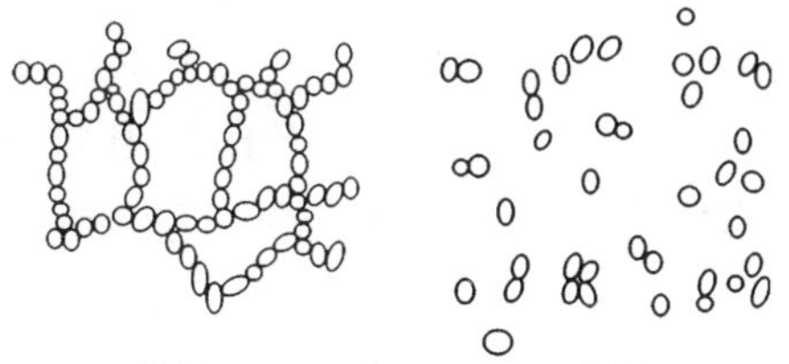

图 14-39 塑性体的解释

(3) 假塑性流体

流变曲线通过坐标原点且曲线形状向上凹的流体常称之为假塑性流体(pseudoplastic fluid)。流变曲线向上凹实际上意味着该系统的表观黏度随着剪切速率的增加而下降，即搅得越快，显得越稀，也就是所谓的切稀作用。假塑性流体的流变曲线和黏度曲线如图 14-37 和图 14-38 的曲线 c。可见，假塑性流体具有两个主要的特征：①流变曲线经过原点，即系统没有屈服值；②表现黏度不是一个固定不变的常数，它随剪切速率的增加而下降。这种现象可解释为：如羧甲基纤维素这一类大分子都是不对称的粒子，液体在静止时可以有各种取向，当切速 D 增加时，粒子将其长轴转向流动方向，切速越大，这种转向也越彻底，流动阻力也随之而降低，黏度下降，最终就完全定向排列，黏度就不再变化，D 与 τ 之间又呈直线关系。此外，粒子的溶剂化也有影响，在切速作用下，粒子的溶剂化层会发生变形，减少了阻力。

假塑体也是一种非牛顿流体，常见的假塑性流体有：各种浓度不高的浆体(如超精细水煤浆、钻井泥浆与压裂液等)、悬浮液或各类高分子聚合物溶液(如羧甲基纤维素、淀粉、橡胶等)、乳胶溶液等。此类流体的流动行为常可用指数公式描述

$$\tau = KD^n \quad (0<n<1) \tag{14-29}$$

式中，K 和 n 是与液体性质有关的经验常数。K 是液体稠度的量度，K 越大，液体越黏稠。n 值小于 1，所以黏度随切力 D 的增加而减小。当 $n=1$ 时，则为牛顿流体，通常用 n 与 1 的偏差程度表示非牛顿性的量度，n 与 1 相差越多，则非牛顿行为越显著。按式(14-29)若以 $\lg\tau$ 对 $\lg D$ 作图，应有直线关系，据此可求出 K 和 n。

假塑体的形成原因主要有二个：其一，这类体系倘若有结构也必然很弱，故 τ_y 几乎为零，在流动中结构不易恢复，故表观黏度 η_a 总是随切速增加而减小；其二，这类体系也可能无结构，η_a 的减小是不对称质点在速度梯度场中定向的结果。

流体的假塑性质在生产中有很多应用。例如油井进行压裂处理时，为使压裂液具有较强的携砂能力和产生较大的压裂应力，希望压裂液在地层中具有较高的黏度；但压裂液在管道中高速流动时又希望其黏度要小，以减少能量消耗，假塑体的流动特性正符合这些要求。生产中使用的压裂液有聚丙烯酰胺稠化水压裂液以及稠化的水包油压裂液等。

血液在高切速时是牛顿流体，但在低切速时则表现为假塑体。血液流变学的研究对许多疾病的诊断和治疗具有重要意义。

(4) 胀塑性流体

Reynold 发现有些固体粉末的高浓度浆状体在搅动时，其体积和刚性都有增加，故称为胀塑性流体(dilatant fluid)。胀塑性流体是一种特性与假塑性流体相反的流体，其流变曲线是一条通过坐标原点且向下凹的曲线(如图 14-37 中曲线 d 所示)。胀塑性流体在有些文献中也称为胀流体，其特点是：①无屈服值；②与假塑体不同，其表观黏度随着剪切速度的增加而增大，也就是说，这类系统搅得越快，显得越黏稠，即所谓切稠。其原因是由于在静止时，系统中的质点是分散的，流动时质点相碰而形成结构，因而黏度增加。此类系统的流变曲线也可用式(14-29)表示，但是 $n>1$。

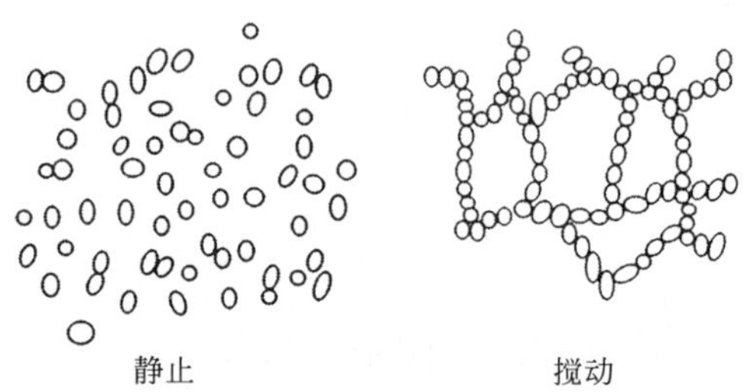

图 14-40　胀流体的产生

胀流体通常需要满足以下两个条件：①分散相浓度需相当大，且应在一狭小的范围内。例如淀粉大约在 40%～50% 的浓度范围内可表现出明显的胀流性。分散相浓度较低时为牛顿体，较高时为塑性体；②颗粒必须是分散的，而不是聚集的。这两个条件不难理解，切力不大时颗粒全是散开的，故黏度较小。切力大时，许多颗粒被搅在一起，虽然此种结合并不稳定，但大大增加了流动阻力，搅得越剧烈结合越多，阻力也越大，也就显得越稠(见图 14-40)。当分散相浓度太小时结构不易形成，当然无胀流现象；浓度太大时颗粒本来已经接触了，搅动时内部变化不多，故胀流现象也不显著。

对胀性流体性质的认识有重要的实际意义。做馒头的面团具有胀流性质，钻井时如遇到胀流性很强的地层，会发生严重的卡钻事故。

(5) 触变性与反触变性流体

上面介绍的几种系统都有一个共同点，即其流变曲线都可用 $\tau=f(D)$ 的函数关系来描述，其中都不包含时间因素，即与流体发生切变的时间长短无关。但某些流体的黏度不仅与切变速度大小有关，而且与切变时间的长短有关，它们是时间依赖性流体。

时间依赖性流体又可分为两类：触变性(thixotropy)流体和震凝性(rheopexy)流体(也称

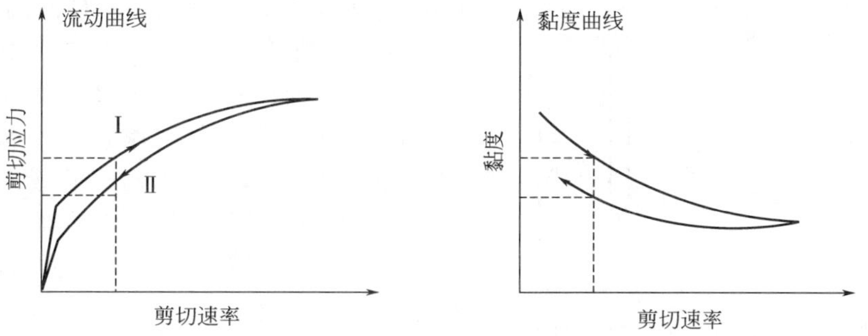

图 14-41 触变性流体的流动曲线

为反触变性流体)。这两种系统都是非牛顿流体，前者维持流体以恒定切变速度流动的切力随时间而减小，后者在一定切变速度下，切力随时间而增加。其流动曲线如图 14-41 所示。

① 触变性流体 触变性流体属于塑性体的体系，大多有一种特点，即触变性(thixotropy)。人们在实验中发现将浓度相当大的 $Fe_2O_3 \cdot xH_2O$ 或 V_2O_5 的水溶胶，或铝皂在苯中的溶胶于试管中静置一些时间，即成半固体的状态，将试管倒置，样品并不流出；若将试管激烈摇动，又可恢复到原来的流体状态，此种现象可任意重复。人们就把这种在搅动时成为易流动的流体，静置一段时间以后又成为凝胶状态的性质称为触变性。触变性的这一定义实际上是基于一些系统在搅拌时出现的物理现象，并不十分严格。比较严格的触变性的定义是：在某一固定的剪切速率下，系统的黏度随着时间的增加而减小的性质。

绝大多数时间依赖性流体是触变性流体。触变性流体内的质点间形成结构，流动时结构被破坏，停止流动时结构恢复，但结构破坏与恢复都不是立即完成的，需要一定的时间，因此系统的流动性质有明显的时间依赖性。可以将触变性看成是系统在恒温下“凝胶-溶胶”之间的相互转换过程的表现。更确切地说，物体在切力作用下产生变形，若黏度暂时性降低，则该物体具有触变性。

在实际生产中有许多触变性问题，例如油漆和油墨的质量常取决于是否有良好的触变性。在刷油漆时，人们希望油漆具有良好的触变性，这样在搅动的时候油漆容易变稀，从而刷时省力，易于涂匀，且可使油漆光滑明亮。但是当油漆刷好后，就要求油漆黏度很快升高，尽快恢复到凝胶或者具有触变结构的状态以防止油漆流下来造成厚薄不匀。又如钻井泥浆也要求有良好的触变性，钻井时希望泥浆黏度低，这样泥浆冲刷力强，泵效率高，有利于提高钻井速度。但是一旦停钻以后，就希望泥浆黏度迅速升高，不然泥浆所携带的矿屑等杂质就要沉到井底而形成卡钻事故。

② 震凝性流体 震凝性流体的特性恰好与触变性流体的相反，即在外切力的作用下，系统的黏度迅速上升，静止后又恢复原状，它是具有时间因素的切稠现象。也就是说震凝性流体是指在固定剪切速率(不等于零)的条件下，黏度随着时间的增加而增加的流体。这种流体在工业中不常见。

(6) 黏弹性流体

前面我们所讲的流体都是黏性流体，流体不具有弹性。不过，许多实际的流体除了具有黏性外还具有像弹簧那样的弹性，这就是黏弹性流体(visco-elastic fluid)。对于有些物体甚至很难区分是液体还是固体，有时看起来像固体的东西，当施以较大的剪切应力之后再仔细观察，就会发现该物体产生了形变流动，显示出了液体的性质。而有些看上去像液体的东西，又能显示出固体那样的弹性。另外一些物质的特性还与剪切应力施加的方式有关，例如硅橡胶，当把一个捏成圆球状的硅橡胶快速扔向地板时，它能像皮球一样反弹回来。但是，当你把它放置在桌

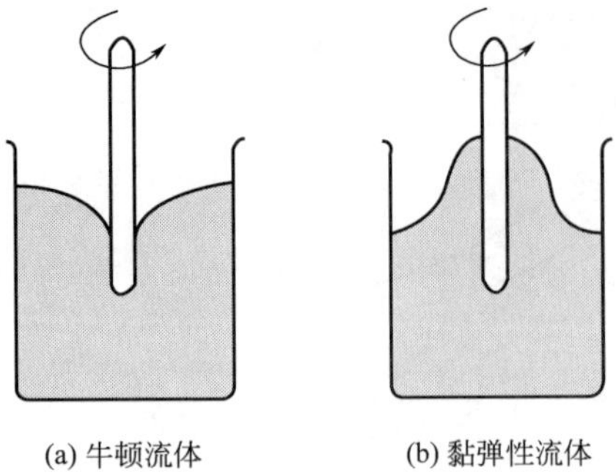

图 14-42　韦森伯格效应

上几个小时，它就会像流体那样向四周流动。

黏弹性流体的另一个重要特性就是韦森伯格(Weissenbarg)效应。在日常生活中，人们经常会观察到这样一个现象，用一搅拌棒搅动水(或其他牛顿流体)，水就跟着搅拌棒旋转，在靠近搅拌棒处液面下降，而在容器壁附近液面上升，上升和下降的高度决定于搅拌棒的旋转速度，如图 14-42(a)所示。如果搅拌棒在黏弹性流体中搅动，则液体会沿着搅拌棒上升，上升高度取决于液体的黏弹性和搅拌棒的旋转速度，如图 14-42(b)所示。这种能克服地心引力和本身旋转离心力而又与切力方向无关的液体上升现象就叫做韦森伯格效应。它来源于这种液体的弹性，正如拉紧的橡皮一样，拉得越紧，张力越大。在流体中间，其中心切速最大，张力也最大，从而迫使液体的中心移动，因此液体就有“爬杆”现象。

14.8　高分子溶液

一般的有机化合物的相对分子质量（以下简称分子量）约在 500 以下，可是有些有机化合物如橡胶、蛋白质、纤维素等的分子量很大，有的甚至达到几百万。斯陶丁格(Staudinger)将分子量 $M>10^4$ 的物质称为高分子化合物。根据来源的不同，可分为天然高分子化合物(如蛋白质、淀粉、核酸、纤维素等)及合成高分子化合物。高聚物分子在适当的溶剂中可自动地分散成溶液，称为高分子溶液。由于高分子溶液中的分散相的线尺寸在胶体范围内，具有不能透过半透膜等与溶胶相似的性质，但它又属于以单个分子分散的真溶液，是均相的热力学稳定系统。它同时又有小分子溶液的一些性质，如产生渗透压、丁铎尔效应微弱等等。所以高分子溶液的主要特征可归纳为：高度分散的(分散相即高分子的线尺寸在 1～100nm 之间)、均相的、热力学稳定系统，又叫亲液溶胶。为了便于比较，现将高分子溶液、溶胶、小分子溶液的某些异同点列于表 14-11。

表 14-11　高分子溶液、溶胶、小分子溶液的性质比较

性质	溶胶	高分子溶液	小分子溶液
粒子大小	1～1000nm	1～1000mm	小于 1nm
分散相存在的形式	若干分子形成的胶粒	单个分子	单个分子
能否透过半透膜	不能	不能	能
扩散快慢	慢	慢	快
热力学稳定性	不稳定	稳定	稳定
均相系统还是多相系统	多相	均相	均相
丁铎尔效应	强	微弱	微弱
黏度大小	小(与介质黏度相似)	大	小
对电解质的敏感性	敏感(少量电解质稳定,大量电解质聚沉)	不敏感(加入大量电解质才产生盐析现象)	不敏感
聚结是否可逆	不可逆	可逆	—

14.8.1　高分子的平均分子量与测定

与小分子化合物不同，高分子化合物的分子量不仅远大于小分子化合物，且同一高分子化合物所包含的高分子大小不等，分子量并不均一，即使是比较纯的高分子化合物，通常也只是不同聚合度分子的混合体。因此，高分子化合物的分子量是其统计平均值。对于高分子化合物的研制和生产过程都要了解其平均分子量及其分布情况，例如从平均分子量的分布情况可以研究聚合和解聚过程的机理和动力学。在研究高分子化合物的性能和结构的关系时也需要知道其平均分子量及其分布情况的数据，如纤维素若是短链分子多就不适宜做纺织原料，又如天然橡胶若含低分子量的物质多，生胶的硫化效果也就不好。

准确测定高分子分子量的分布，是一件极其复杂的工作(因为分级困难)，因此常采用高分子的平均分子量来反映高分子的某些特性。可是平均分子量又随所用测定方法的不同而不同，所得到平均值的涵义也有所差异。

(1) 高分子化合物的平均分子量

设某高分子化合物样品的总质量为 m，分子总数为 N。其中相对分子量为 M_B 级分的分子数为 N_B，其质量为 m_B，则该级分摩尔分数，$x_B=N_B/N$；其质量分数 $w_B=m_B/m$，$N=\sum_B N_B, m=\sum_B m_B$，据此，几种常用的平均分子量可表示如下。

① 数均分子量$\overline{M}_n$

$$\overline{M}_n=\frac{\sum_B N_B M_B}{N}=\sum_B x_B M_B \tag{14-30}$$

用端基分析法及渗透压、凝固点降低等依数性测定方法测定的是数均分子量$\overline{M}_n$。

② 质均分子量$\overline{M}_w$

$$\overline{M}_w=\frac{\sum_B m_B M_B}{m}=\sum_B w_B M_B \tag{14-31}$$

用光散射法测出的是质均分子量$\overline{M}_w$。

③ 黏均分子量$\overline{M}_\eta$

$$\overline{M}_\eta=\left[\frac{\sum_B m_B M_B^\alpha}{\sum_B m_B}\right]^{1/\alpha}=\left[\sum_B w_B M_B^\alpha\right]^{1/\alpha} \tag{14-32}$$

式中，α 是指$[\eta]=KM^\alpha$ 公式中的指数。用黏度法测出的是黏均分子量$\overline{M}_\eta$。

④ z 均分子量$\overline{M}_z$

$$\overline{M}_z=\frac{\sum_B w_B M_B^2}{\sum_B w_B M_B}=\frac{\sum_B x_B M_B^3}{\sum_B x_B M_B^2} \tag{14-33}$$

用超速离心沉降平衡法测得的是 z 均分子量$\overline{M}_z$。

数均分子量$\overline{M}_n$对高分子化合物中分子量较低的部分比较敏感，而质均分子量$\overline{M}_w$和 z 均分子量$\overline{M}_z$则对分子量较高的部分比较敏感。假如样品的分子大小是均匀的(单分散系统)，则各种平均方法都一样，$\overline{M}_n=\overline{M}_w=\overline{M}_z$，而一般大分子化合物的分子大小是不平均的，这三种平均值的大小为$\overline{M}_n<\overline{M}_w<\overline{M}_z$。分子越不均匀，这三种平均值的差别就越大。

(2) 高分子化合物的平均分子量分布

既然高分子化合物的分子量是不均一的，那么就需要知道其分布情况，这会对高分子物质的很多性质产生影响。高分子化合物的分子量分布情况可用分布宽度指数 D 来描述。

$$D=\overline{M}_w/\overline{M}_n \tag{14-34}$$

对单分散的高分子化合物，$\overline{M}_w=\overline{M}_n$，$D=1$；对多分散的高分子化合物，分别测得$\overline{M}_w$和$\overline{M}_n$由式(14-34)可求得其 D 值。

样品的分子量分布愈宽，其 D 值愈大，故可用 D 值来衡量多分散样品的分子量分布情况。值得注意的是，若采用不同实验方法测得$\overline{M}_w$和$\overline{M}_n$，由此计算的 D 值往往误差较大。利用凝胶渗透色谱(GPC)技术可在同一次实验中测得$\overline{M}_w$和$\overline{M}_n$，所求得的 D 值准确度较高。

(3) 高分子化合物分子量的测定方法

测定高分子化合物平均分子量的实验方法很多，表 14-12 列出几种常用实验测定方法的适用范围及所测平均分子量的类型。下面简单介绍几种测定方法。

表 14-12 高分子化合物平均分子量的测定

测定方法	适用的分子量测定范围	平均分子量的类型
渗透压法	$3\times10^4\sim10^6$	$\overline{M}_n$
沸点升高法	$<3\times10^4$	$\overline{M}_n$
端基分析法	$<3\times10^4$	$\overline{M}_n$
凝固点降低法	$<3\times10^4$	$\overline{M}_n$
蒸气压下降法	$<3\times10^4$	$\overline{M}_n$
光散射法	$10^4\sim10^6$	$\overline{M}_w$
超速离心沉降法及扩散速度法	$10^4\sim10^7$	$\overline{M}_w$或$\overline{M}_z$
黏度法	$10^4\sim10^7$	$\overline{M}_\eta$
凝胶渗透色谱法	$<10^6$	各种平均分子量

① 端基分析法　如果高分子化合物的化学结构已知，了解分子链末端所带的是何种基团，则用化学分析方法，测定一定质量样品中所含端基的数目，即可计算其平均分子量，所得到的是数均分子量。例如聚己内酰胺的化学结构为

$$H_2N(CH_2)_5CO\!\left[NH(CH_2)_5CO\right]_nNH(CH_2)_5COOH$$

可用酸碱滴定法来滴定羧基或氨基的量，则

$$\overline{M}_n=\frac{m}{n_B/x} \tag{14-35}$$

式中，m 为试样的质量；n_B 为被分析端基的物质的量；x 为每个分子中可分析的端基数；$\overline{M}_n$为数均分子量。

② 渗透压法　利用溶液的一些依数性质如沸点升高、凝固点降低、蒸气压降低和渗透压等都可以测定溶质的分子量。由于这些性质主要是与溶质的分子数目而不是与溶质的性质有关，所以测定出来的是数均分子量。再由于高分子溶液的浓度一般很小，溶液中溶质的分子数不多，所以高分子溶液的依数性效应也很小，这就是为什么测定$\overline{M}_n$的方法只能测定分子量小于 10^5 的原因。有人曾计算过，当试样的分子量为 5×10^4，溶液中溶质的质量分数为 0.01 时，蒸气压降低约为 0.04Pa，凝固点降低约为 0.001K，沸点上升约为 5×10^{-4}K，溶剂的渗透压约为 98Pa。在依数性质中采用渗透压法是比较好的测数均分子量的方法。

对于普通高分子稀溶液，其渗透压与溶液浓度和溶质分子量之间的关系式为

$$\frac{\Pi}{c}=\frac{RT}{\overline{M}_n}+A_2c \tag{14-36}$$

即以$\dfrac{\Pi}{c}$对 c 作图，在低浓度范围内为一直线，外推到 $c=0$ 处可得$\dfrac{RT}{\overline{M}_n}$，从而可求得数均分子量$\overline{M}_n$。

③ 黏度法　液体的黏度随着聚合物分子的大小及性质、温度、溶剂的性质、浓度等不

同而不同。在温度、聚合物-溶剂系统选定后，溶液黏度仅与浓度和聚合物分子的大小有关。

黏度法测定聚合物的分子量是目前最常用的方法，原因在于设备简单、操作便利、耗时较少、精确度较高等。此外，黏度法与其他方法配合，还可以研究聚合物分子在溶液中的形态、尺寸及高分子化合物与溶剂分子的相互作用等。只要将高分子无规线团对应于溶胶的胶体粒子，则本章第六节中介绍的测定黏度的基本方法在这里大致都适用。详细方法参看本章第六节。

14.8.2 高分子的黏度与测定

高分子溶液的黏度很大，是高分子溶液的重要特性之一。高分子溶液具有高黏性的主要原因有：①溶液中高分子的柔性使得无规线团状的高分子在溶液中所占体积很大，对介质的流动形成阻碍。②高分子的溶剂化作用，使大量溶剂束缚于高分子无规线团中，流动性变差。③高分子溶液中不同高分子链段间因相互作用而形成一定结构，流动阻力增大，导致黏度升高。这种由于在溶液中形成某种结构而产生的黏度称为结构黏度。高分子溶液形成结构的倾向与高分子自身的结构形状有关：一般体型高分子溶液(如球蛋白溶液)的黏度要比线型高分子溶液(如 DNA 溶液)小得多；体型高分子溶液黏度随浓度变化甚微，而线型高分子溶液浓度升高时，其黏度剧增。这可能与线型高分子溶液浓度增大时，溶液内部的高分子易于形成结构所致。当对溶液施以外加切力时，会引起溶液中结构变化，导致结构黏度改变。因此，高分子溶液的流变行为一般不服从牛顿黏性定律。

高分子溶液的黏度是一个非常有实用意义的参数。通过黏度测定不仅可知道高聚物的分子量，而且可了解分子链在溶液中的形状以及支化程度等。因此高分子溶液黏度的测定是科研和生产中不可缺少的手段之一。

通常用相对黏度 η_r 来度量高分子进入溶液后所引起的黏度变化。对于高分子稀溶液，如果溶液与溶剂间的密度差可忽略不计，那么，η_r 可用同一支黏度计测定的溶液流出时间 t 和纯溶剂流出时间 t_0 之比值表示：

$$\eta_r = \frac{\eta}{\eta_0} = \frac{t}{t_0} \tag{14-37}$$

高分子溶液黏度大于溶剂黏度，其相对增量，即增比黏度 η_{sp} 表达如下：

$$\eta_{sp} = \frac{\eta - \eta_0}{\eta_0} = \eta_r - 1 \tag{14-38}$$

由不同浓度高分子溶液的比浓黏度 η_{sp}/c 按以下公式作图，并外推到 $c=0$ 求取特性黏度$[\eta]$：

$$\frac{\eta_{sp}}{c} = [\eta] + k[\eta]^2 c \tag{14-39}$$

特性黏度是几种黏度中最能反映溶质分子本性的一种物理量，由于它是外推到无限稀释时溶液的性质，已消除了高分子之间相互作用的影响，反映了单个高分子与溶剂分子间的内摩擦情况。对一定的高分子-溶剂系统，在一定温度下，$[\eta]$有定值。

(1) 黏度与分子量关系

描述高分子溶液的特性黏度$[\eta]$与高分子化合物的分子量关系的常用经验式为马克-霍温克(Mark-Houwink)方程

$$[\eta] = KM^{\alpha} \tag{14-40}$$

式中，K 为系统的特征参数，它们的大小取决于溶质及溶剂的性质；α 为系统的特征参数。

α 与溶液中高分子形态有关。若高分子卷曲成线团状，$\alpha<1$ 而近于 0.5；当线团松解成

弯弯曲曲的线状时 $\alpha=1$；若高分子链伸直成棒状 $\alpha=2$。质量浓度增加也会使高分子链卷曲的倾向加大，而且容易发生缔合，从而引起 α 值减小。表 14-13 给出了一些高分子溶液的 α 及 K 值。

对某高分子-溶剂系统，若已知 α、K，测得 $[\eta]$ 便可由马克-霍温克方程得到高分子溶质的黏均分子量。黏度法是测定高聚物分子量的相对方法，但十分简便、快速。

表 14-13　某些高分子-溶剂系统的 K 和 α 值

高分子化合物	溶剂	t/℃	分子量的范围	$K/10^{-4}\mathrm{m^3\cdot kg^{-1}}$	α
聚苯乙烯	苯	25	32000～1300000	1.03	0.74
聚苯乙烯	丙酮	25	2500～1700000	3.9	0.58
聚异丁烯	环乙烷	30	600～3150000	2.6	0.70
聚异丁烯	苯	24	100～3150000	8.3	0.50
醋酸纤维素	丙酮	25	11000～13000	0.19	1.03
天然橡胶	甲苯	25	40000～1500000	5.0	0.67

(2) 黏度与浓度关系

当线性聚合物溶于其良性溶剂中时，根据增比黏度和浓度的关系可把溶液分为稀溶液区、半稀非缠结区、半稀缠结区和浓溶液区。根据理论计算，增比黏度和浓度在不同浓度区域大致存在如下关系：在稀溶液区，$\eta_{sp}\sim c^{1.0}$；在半稀非缠结浓度区域，$\eta_{sp}\sim c^{1.25}$；在半稀缠结浓度区域，$\eta_{sp}\sim c^{4.8}$；在浓区域，$\eta_{sp}\sim c^{3.6}$。对于某些特殊溶液系统，这一结论在半稀缠结浓度区和浓溶液区与实验结果有较大差别，见图 14-43。链缠结浓度 c_e 是半稀非缠结和半稀缠结区域的交界点，在该浓度以上时聚合物链开始穿越交叠，使溶液形成各处链段大致均匀的缠结网。

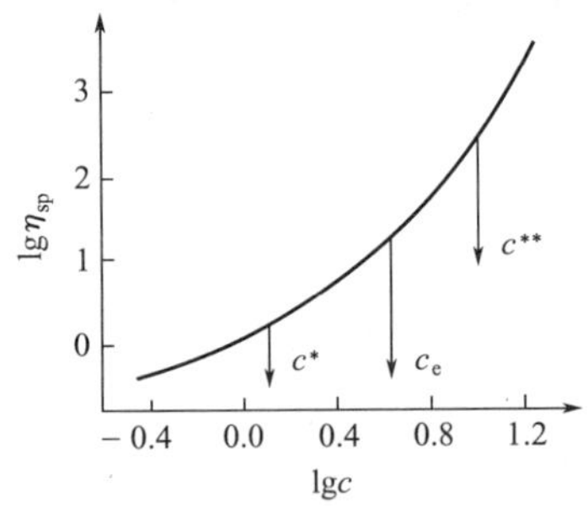

图 14-43　偏氟乙烯-六氟丙烯共聚物增比黏度和浓度的依赖关系

高分子电解质溶液黏度与浓度的关系，表现出与非离子高分子不同的特点。非离子高分子的 η_{sp}/c 随浓度的增加逐渐增加，而高分子电解质的 η_{sp}/c 随着 c 的减小很快地增大，如图 14-44 曲线 1。因此不能由外推法求$[\eta]$。在该种溶液中加入中性盐可抑制这种现象，如图 14-44 曲线 2。这种由于质点上电荷的存在使黏度增加的效应称为电黏效应。对于高分子电解质溶液，主要是因为分子链上基团的电离，链段间带有相同的电荷，彼此排斥，从而使分子伸展，溶液的黏度增大。当溶液的浓度减小时，电离程度增大，这种效应也大。加入足量的中性盐，对高分子电解质的电荷起屏蔽作用，压缩双电层，减小链段间的斥力作用，分子卷曲，黏度降低。

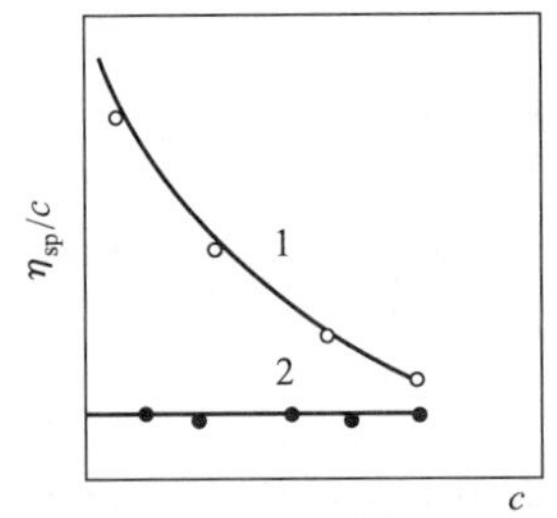

图 14-44　η_{sp}/c 与 C 的关系

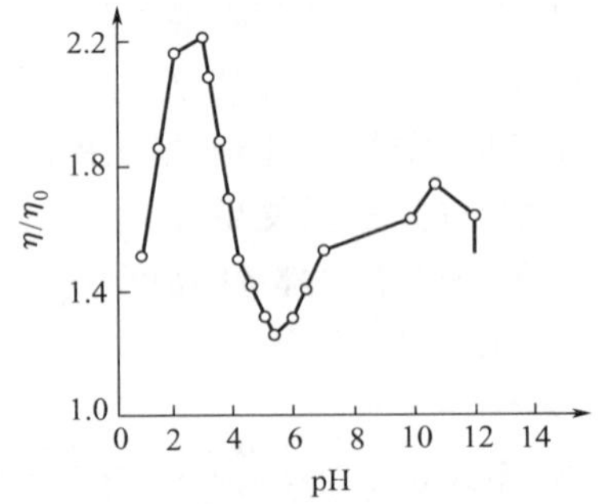

图 14-45　动物胶水溶液黏度与溶液 pH 关系

(3) 黏度与 pH 关系

蛋白质溶液的黏度也与溶液 pH 有关，而 pH 的作用只是改变高分子电解质的带电情况。所以根本原因还是电黏效应。在等电 pH 下，蛋白质溶液的黏度最小。溶液 pH 偏离等电 pH 时，动物胶溶液的黏度明显增大，如图 14-45 所示。蛋白质溶液黏度随 pH 的这种变化还可用于蛋白质等电 pH 的测定。在 pH 很小或很大时，有时会出现其溶液黏度减小的现象，这可能是因为此时过量反离子的存在，使蛋白质的电离受到抑制，其有效电荷减少，分子卷曲，黏度降低。图 14-46 为溶液 pH 对线性蛋白质分子溶液中形态影响的示意图。

(a) 等电pH　　(b) 偏离等电pH

图 14-46　溶液 pH 对线性蛋白质分子溶液中形态影响

14.8.3 高分子溶液的渗透压与唐南平衡

(1) 非电解质高分子溶液的渗透压

在高分子溶液中，由于其溶质分子的柔性和溶剂化，其渗透压要比相同浓度的小分子溶液大。可以用渗透压法来测定高分子的数均分子量，与沸点升高、凝固点下降等依数性的其他方法相比，渗透压测定值的准确度很高。不仅如此，由于半透膜对低分子杂质是可透过的，样品中的杂质影响可设法消除，而其他依数性方法则不能。因此渗透压法更适于测量高分子化合物的分子量。

高分子溶液中分散相与分散介质之间存在较强作用，有明显的溶剂化现象，这就使得溶液渗透压与理想稀溶液产生较大偏差，一般需用维里方程来表达

$$\Pi=(\frac{c}{M_n}+A_2c+A_3c^2+\cdots) \tag{14-41}$$

稀溶液可以简化为式(14-36)，即

$$\frac{\Pi}{c}=\frac{RT}{M_n}+A_2c$$

式中，A_2 为第二维里系数，其值与溶液中高分子的形态及高分子与溶剂间的相互作用有关。A_2 一般为正值，溶剂越优良，A_2 值越大。在一定温度下，测得不同浓度高分子溶液的渗透压，以 $\frac{\Pi}{c}$ 对 c 作图，通过得到的直线的截距和斜率，可求得高分子化合物的数均分子量 $\overline{M}_n$ 及 A_2 值。

(2) 高分子电解质溶液的渗透压(唐南平衡)

式(14-36)只适用于不能电离的高分子稀溶液。对于蛋白质水溶液，只有在等电状态时才可适用，对于可电离的高分子化合物，需要用唐南(Donnan)离子隔膜平衡理论描述。

以蛋白质的水溶液为例，若以 M_zP 代表蛋白质，其电离反应可以表示为

$$M_zP \longrightarrow zM^+ + P^{z-}$$

当用半透膜将纯水与蛋白质水溶液隔开，H_2O、M^+ 皆可通过，但 P^{z-} 不能通过，为了保持电中性，M^+ 必须和 P^{z-} 留在膜的同一侧，这时达成的渗透平衡称为唐南平衡。

每个蛋白质分子在溶液中可产生$(z+1)$个粒子，所对应的渗透压力可以表示为

$$\Pi=(z+1)cRT \tag{14-42}$$

式中，c为电解质的物质的量浓度；$z+1$为每个分子电离时所产生的离子的个数。

由式(14-42)可知，由测量渗透压Π所测得的分子量，要比实际的小得多。当系统中存在小分子电解质时，情况可能发生变化。如图 14-47 所示，开始时把物质的量浓度为c的蛋白质放于隔膜的左侧，隔膜的右侧则放置物质的量浓度为b的 NaCl 水溶液。隔膜只允许Na^+、Cl^-通过。由于左边没有Cl^-，所以Cl^-从右边通过隔膜向左边扩散，但为了维持电中性，必然有相同数量的Na^+从右边扩散到左边，实际上是Cl^-与Na^+成对地从右边扩散到左边。扩散达平衡时，NaCl 在膜两边的化学势相等，即$\mu_{NaCl,左}=\mu_{NaCl,右}$。

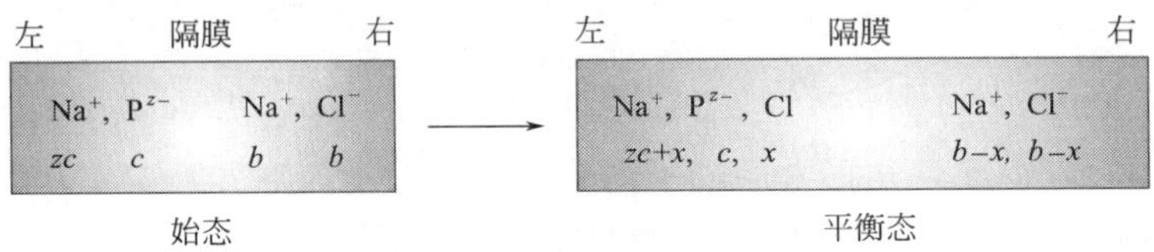

图 14-47　唐南平衡示意图

与起始态相比，设有浓度为x的 NaCl 由右向左扩散，则

$$RT\ln a_{NaCl,左}=RT\ln a_{NaCl,右}$$

或

$$(a_{Na^+}a_{Cl^-})_{左}=(a_{Na^+}a_{Cl^-})_{右}$$

对于稀溶液，设所有的活度系数均为 1，则得到

$$[Na^+]_{左}\cdot[Cl^-]_{左}=[Na^+]_{右}\cdot[Cl^-]_{右}$$

$$(zc+x)x=(b-x)^2$$

$$x=\frac{b^2}{zc+2b} \tag{14-43}$$

由于渗透压是隔膜两边粒子数不同而引起的，所以

$$\Pi=[(zc+x+c+x)-(b-x+b-x)]RT \tag{14-44}$$

将式(14-43)代入式(14-44)可得

$$\Pi=(\frac{zc^2+2bc+z^2c^2}{zc+2b})RT \tag{14-45}$$

若$b\ll zc$，即所加入盐的浓度远小于蛋白质的浓度时，得

$$\Pi=\frac{z^2c^2+zc^2}{zc}RT=(z+1)cRT$$

若$b\gg zc$，即所加入盐的浓度远大于蛋白质的浓度时，得

$$\Pi\approx\frac{2bc}{2b}RT=cRT$$

由上述推导可知，加入足够多的中性盐，可以消除唐南平衡效应对高分子化合物分子量测定的影响。唐南平衡最重要的功能是控制物质的渗透压，这对医学、生物学等研究细胞膜内外的渗透平衡有重要意义。

(3) 膜水解

根据唐南平衡，如果半透膜的一边是高分子电解质Na_zP溶液，另一边是纯水，如图 14-48(a)所示，则大分子电解质的一部分阳离子Na^+要透过半透膜，向外部纯水中扩散，为

了保持溶液电中性，外部纯水中的 H^+ 就要移向膜内。结果膜外 pH 值升高，变为碱性。假若膜内大离子是带正电的，如 PCl_z，则关系颠倒过来：膜内 pH 值升高，膜外 pH 值降低，变为酸性。这种由于膜的存在而引起的水解现象，叫做膜水解，如图 14-48 所示。

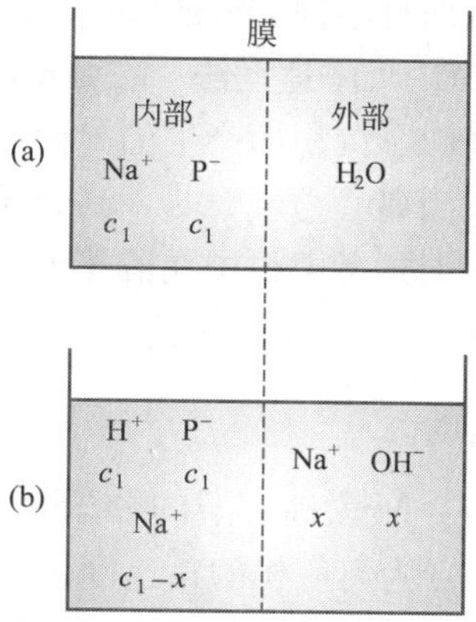

图 14-48　膜水解示意图

据膜平衡条件

$$[Na^+]_{内}\cdot[OH^-]_{内}=[Na^+]_{外}\cdot[OH^-]_{外} \quad (14\text{-}46)$$

设平衡时有 $x\,mol\cdot dm^{-3}\,Na^+$ 从内侧扩散到外侧，则

$$[Na^+]_{内}=c_1-x,$$

$$[OH^-]_{内}=\frac{K_w}{[H^+]_{内}}=\frac{10^{-14}}{x}$$

$$[Na^+]_{外}=[OH^-]_{外}=x$$

将上述关系式代入式(14-46)得

$$(c_1-x)\times\frac{10^{-14}}{x}=x^2$$

$$x=[10^{-14}(c_1-x)]^{1/3} \quad (14\text{-}47)$$

若 $c_1 \gg x$ 时，$c_1-x\approx c_1$，则有

$$x=(10^{-14}c_1)^{1/3}\approx 2.15\times10^{-5}c_1 \quad (14\text{-}48)$$

(4) 膜电势

在图 14-47 中，由 $[Na^+]_{左}\cdot[Cl^-]_{左}=[Na^+]_{右}\cdot[Cl^-]_{右}$ 可知，当 Na_zP 与膜右侧 NaCl 达到平衡时，内外溶液中$[Cl^-]$不同($[Cl^-]_{右}>[Cl^-]_{左}$)。如果用两个对 Cl^- 可逆的电极如 Ag/AgCl 电极，一个插入左侧溶液中，另一个插入右侧溶液中，应该能够测得两极间的浓差电势，而实验结果为这两个电极电势等于零。显然系统必有另外一个恰好与两极间电势差值相等而符号相反的电势与之抵消。这个电势就叫唐南膜电势，简称膜电势。

通常，只要有一种带电物质不能进入系统中所有的相，就会存在相间电势。在膜平衡系统中，膜将系统分为两相。膜内高分子电解质的大离子带电，且不能通过膜到另一侧，因此膜两侧之间存在电势。在这个膜电势作用下，小离子的进一步扩散被阻止，使小离子在膜两侧不均等分布。而当膜电势与小分子电解质离子不均等分布的浓差电势恰好抵消时，也就达到了膜平衡。如果用盐桥代替膜把两溶液隔开，就能测出这两个可逆电极间的电势。

生物膜如细胞膜，在它的两侧溶液间同样也存在膜电势。各种生物细胞都能产生电流，膜电势的存在是这种电流发生的原因之一。

(5) 高分子化合物溶液的超速离心沉降

高分子质点的质量和悬浮液中粒子的质量相比要小得多，在普通重力场作用下不能发生沉降。要使它发生沉降要有很大的作用力。瑞典物理化学家斯韦德贝里(Svedberg)制造了超速离心机，如图 14-49 所示。超速离心机的离心加速度在 $10^4\sim10^6$g。在如此离心力作用下，高分子可以沉降，由此可以将高分子化合物分级，同时可以测定分子量。

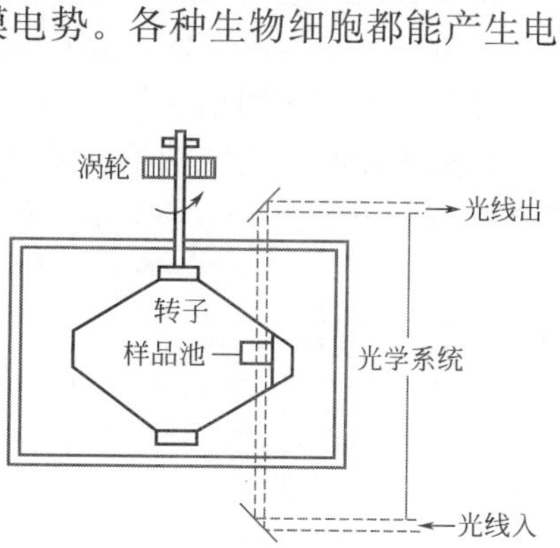

图 14-49　超速离心机示意图

根据离心力大小不同，有沉降速度法和沉降平

衡法两种不同的方法。

① 沉降速度法 在强离心力场作用下，不同大小的粒子沉降速度不同，逐次测定由于胶体粒子沉积而产生的界面位移，谓之沉降速度法。

当离心力较大时，高分子化合物或溶胶的沉降是主要的，反向的扩散作用可以忽略不计，但须考虑粒子在液体中运动所受的阻力。若沉降力与阻力相等，分散相粒子以稳定的速度($\mathrm{d}x/\mathrm{d}t$)沉降，于是有：

$$M\omega^2 x - M\overline{V}\rho_0\omega^2 x = f\frac{\mathrm{d}x}{\mathrm{d}t} \tag{14-49}$$

式中，M 为高分子的分子量；$\overline{V}$为高分子的偏微比容，即单位质量的体积；ρ_0 为溶剂的密度；ω 为离心机的角速度；x 为样品与转轴的距离；f 为阻力系数。

式(14-49)左边是高分子所受的离心力，其中第二项为高分子在介质中所受的浮力；右边是高分子所受到的阻力。假定高分子在溶液中沉降受到溶剂分子的阻力和高分子在溶液中扩散时所受到的阻力相同，根据爱因斯坦公式可以得到阻力系数与扩散系数关系：

$$f = \frac{RT}{LD} \tag{14-50}$$

式中，D 为扩散系数。因此式(14-49)可以改写成

$$M = \frac{RTS}{D(1-\overline{V}\rho_0)} \tag{14-51}$$

式中，$S=\frac{1}{\omega^2 x}\times\frac{\mathrm{d}x}{\mathrm{d}t}$称为沉降常数，其物理意义是在单位离心力场下的沉降速度。在时间间隔小的情况下

$$S = \frac{\ln(x_2/x_1)}{\omega^2(t_2-t_1)}$$

沉降系数是根据实验中观察离心管中高分子界面的移动速度来计算的。沉降系数常取 10^{-13} s 为实用单位，称之为 1 个斯韦德贝里单位，以 S 表示之。例如蛋白质的沉降系数在 $1.0\times10^{-13}\sim200\times10^{-13}$ s 之间，即为 1～200S。

超离心沉降速度法是测定高分子化合物的分子量的相对方法。这个方法的优点不仅在于所需时间短，并且可以测定分子量的分布。

② 沉降平衡法 在较小超离心力(约为 10^4g)的作用下，溶液浓度由均匀的状态会达到有一定浓度梯度的平衡状态。溶液受离心力作用后，高分子逐渐向远离转轴的一端聚集，因此离转轴近的地方浓度变低，离转轴远的地方浓度变高。这种浓度梯度产生后，就有扩散作用。它和离心力的作用相反且相当，使分子从高浓度向低浓度扩散，以求达到浓度均匀。这两种力在达平衡时，离转轴不同距离处的浓度分布有一定值，不随时间而变。根据这种分布可以推算高分子化合物的分子量。设在沉降池中，高分子化合物通过截面 A 的浓度为 c，A 处的浓度梯度为 $\mathrm{d}c/\mathrm{d}x$，若高分子以 $\mathrm{d}x/\mathrm{d}t$ 速度沉降，沉降平衡时，单位时间内的沉降量与反向的扩散量相等，于是

$$cA\frac{\mathrm{d}x}{\mathrm{d}t} = DA\frac{\mathrm{d}c}{\mathrm{d}x}$$

由此关系式可以得到

$$M = \frac{2RT\ln(c_2/c_1)}{\omega^2(1-\overline{V}\rho_0)(x_2^2-x_1^2)} \tag{14-52}$$

式中，c_1 为平衡时距转轴为 x_1 处的浓度；c_2 为平衡时距转轴为 x_2 处的浓度。

用沉降平衡法测高分子化合物的摩尔质量，是测分子量的绝对方法。但达到沉降平衡所需时间较长，要避免测量过程中的对流扰动。

14.8.4 高分子溶液的光学性质——激光光散射

虽然高分子溶液系统的丁铎尔效应很微弱，但是用激光光源和高灵敏的光电检测器可以对该类系统的光散射现象进行研究。高分子溶液散射非常复杂，主要有马埃(Mie)和德拜(Debye)两大散射理论，我们以德拜理论为例作简单介绍。

当分子的大小比光波在介质中的波长小得多，分子间距比较大，没相互作用时，各个分子所产生的散射光波是不相干的，此时介质的散射光强是各个分子散射光强的加和。对于高分子极稀溶液，当溶液中光波长大于分子大小的 20 倍时，1944 年德拜(Debye)推导出高分子溶液的光散射公式

$$\frac{I_\theta}{I_0}=\frac{2\pi^2 n_0^2(\partial n/\partial c)^2(1+\cos^2\theta)}{L\lambda^4\left(\frac{1}{M_w}+2A_2c+3A_3c^2+\cdots\right)r^2} \tag{14-53}$$

式中，$\partial n/\partial c$ 为溶液折射率随浓度的变化率，可用示差折光计测量；r 为光电池到溶液中心的距离；c 为溶液的浓度，$kg \cdot dm^{-3}$；A_2、A_3 为维里系数。

令瑞利比 $R_\theta=\frac{r^2 I_\theta}{I_0(1+\cos^2\theta)}\left(R_{90^\circ}=\frac{r^2 I_\theta}{I_0}\right)$，光学常数 $K=\frac{2\pi^2 n_0^2(\partial n/\partial c)^2}{L\lambda^4}$，浓度很低时略去式(14-53)中的高次项，得

$$\frac{Kc}{R_{90^\circ}}=\frac{1}{M_w}+2A_2c \tag{14-54}$$

这样只需在垂直于入射光方向测定几个不同浓度下的瑞利比值和折射率，又已知入射光的波长和溶剂的折射率，于是就得到 Kc/R_{90°-c 直线图，由直线截距和斜率分别可得质均分子量$\overline{M}_w$和A_2。

光散射法测量高聚物的分子量范围很宽，一般为 $10^3\sim10^8$。该实验的关键技术是高分子溶液必须进行仔细除尘和纯化，以达到清亮透明。溶剂应当预先重蒸纯化。高分子溶液则首先用砂芯漏斗过滤，然后通过适当孔径的商品微孔过滤器直接过滤注入散射池。

现代的光散射技术可以非常准确、快捷地测定不同角度下的散射光强，根据更为复杂的高分子溶液理论研究高分子在溶液中的形态。近年来光散射技术不断发展。例如，动态光散射可提供分散系统中分散相粒子的大小、扩散系数等信息；扩散波谱和互相关光谱可以直接测定高浓度样品等。

14.8.5 高分子溶液的盐析作用与胶凝作用

溶胶对电解质十分敏感，少量电解质的加入就可能使溶胶聚沉。而对高分子溶液来说，加入少量的电解质，其稳定性不会受到影响，以至在等电点也不会聚沉。只有加入大量电解质时，才能发生聚沉，高分子溶液的这种聚沉现象称为盐析作用。盐析作用的发生是因为离子在水溶液中要发生水化作用，当大量电解质加入到高分子溶液中时，由于大量粒子发生水化，致使溶液中的自由水分子减少，原来高度水化的高分子化合物发生去水化作用，所以它们在水中的溶解度减小，以致发生聚沉作用，出现盐析现象。由此可见，发生盐析作用的主要原因是去水化作用。一般电解质离子的盐析能力按以下顺序发生变化。

负离子盐析能力的顺序为

$$柠檬酸根>酒石酸根>SO_4^{2-}>CH_3COO^->Cl^->NO_3^->I^->CN^-$$

正离子盐析能力顺序为

$$Li^+>Na^+>NH_4^+>K^+>Rb^+>Cs^+$$

这个顺序也称为感胶离子序，对不同的高分子溶液，其顺序稍有改变，这种顺序和离子水化程度极为一致。

溶胶或高分子溶液中的分子依靠分子间力、氢键或化学键力发生自身联结，搭起空间网状结构，而将分散介质(液体)包进网状结构中，失去流动性。处于这种状态的物质叫做凝胶。高分子溶液在一定的外界条件下可以转变为凝胶，称为胶凝作用。液体含量较多的凝胶也叫做胶冻。如琼脂、血块、肉冻等含水量有时可达 99%以上。分散质点形状的不对称性、降低温度、加入胶凝剂(如电解质)、提高分散物质的浓度、长时间放置都能促进凝胶的形成。

凝胶中的分散相虽然已经不是分立的，但是其基本单元线度仍然处于胶体分散系统范围内。凝胶可以作为在其中进行各种物理过程和化学反应的介质。例如，由于物质在凝胶中的扩散速度慢，在凝胶中无机械扰动和液体对流等现象，故在凝胶中对结晶特别有利，易于获得大的晶体。例如：以 $Pb(Ac)_2$ 和 KI 在溶液中反应时，只能得到颗粒极细的 PbI_2 沉淀；而在凝胶中反应时，则可得到鳞片状的大结晶。在凝胶内进行化学反应时，由于凝胶内部的液体不能“自由”流动，因而没有对流，所以生成的不溶物呈现出一种特殊现象。例如，在 3.3%的热明胶溶液内，加入少量 $K_2Cr_2O_7$(含量为 0.1%)，在培养皿中胶凝后，于皿的中心处滴几滴浓的 $AgNO_3$ 溶液，几天后可以观察到褐色的 $Ag_2Cr_2O_7$ 沉淀以同心圆环状内外分布[见图 14-50(a)]，这种现象最初是 Liesegang(1896 年)发现的，称为“Liesegang 环”[见图 14-50(b)]。

用过饱和理论可以解释产生这种环的原因：当高浓度的 $AgNO_3$ 由内向外扩散时，低浓度的 $K_2Cr_2O_7$ 也由外向内扩散，二者相遇，要生成 $Ag_2Cr_2O_7$ 沉淀必须达到过饱和程度才行。在最初形成 $Ag_2Cr_2O_7$ 沉淀后，紧靠第一个环的区域中 $K_2Cr_2O_7$ 的浓度就降低了，于是出现空白区。过此区域后，又能满足过饱和条件，从而出现第二、第三个环。胶凝作用与盐析作用相比较，前者所用的胶凝剂一般比后者少，胶凝剂的浓度必须适当。胶凝作用不是凝聚过程的终点，胶凝有时能继续转变而成为盐析，使分散相完全与分散介质分离。

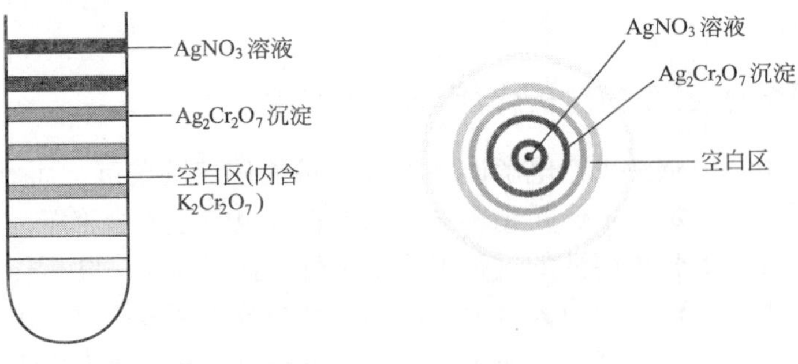

图 14-50　Liesegang 环

14.9 粗分散系统简介

乳状液、粉尘、泡沫、悬浮液皆为粗分散系统，分散相粒子的半径一般在 1μm 以上。它们分散度虽然比典型的溶胶低，但与溶胶有许多相似之处，故把这类系统也纳入胶体化学的研究内容。

14.9.1 乳状液

乳状液是一种多相分散体系，它是一种液体以极小的液滴形式分散在另一种与其不相混溶的液体中所构成的，其分散度比典型的憎液溶胶低得多，分散相粒子大小一般在 0.11～10μm 之间，普通显微镜即可看到，有的甚至用肉眼就可观察到其中的分散相粒子。它们是热力学不稳定的多相分散体系，有一定的动力稳定性，在界面电性质和聚结不稳定性等方面与胶体分散体系极为相似，同样存在巨大的相间界面，所以界面现象对它们的形成和应用起着重要的作用。

在乳状液中，一种液体是水或水溶液，用字母“W”表示，另一种则是与水不相互溶的有机液体，如苯、苯胺、煤油，习惯上皆称为“油”，用字母“O”表示。凡由水和“油”混合生成乳状液的过程，称为乳化(emulsification)。由经验可知，将两种纯的不互溶液体(如苯和水)放在试管里，无论怎样用力振荡，静止后苯与水很快分离。这是因为当液体分散成许多小液滴后，体系内两液相间的界面积增大，界面吉布斯函数增高，系统是热力学不稳定状态，有自发地趋于吉布斯函数降低的倾向，即小液滴互碰后聚结成为大液滴，最后分成两层液体。如果往试管里加入一些表面活性剂(例如肥皂)，再摇荡时就会形成像牛奶一样的乳白液体。仔细观察，此时苯以很小的液珠形式分散在水中，在相当长时间内保持稳定，这就是乳状液。可见，为得到稳定的乳状液，必须有第三种物质存在，它能形成保护膜，并能显著地降低界面吉布斯函数，不让液滴互碰后聚结，这种起稳定作用的物质称为乳化剂。乳化剂使乳状液稳定的作用称为乳化作用。乳化剂对形成稳定的乳状液是非常重要的。常用的乳化剂多为表面活性物质，此外，某些固体粉末和天然物质也可使乳状液稳定，起到乳化剂的作用。

乳状液在工业生产和日常生活中有广泛的用途。油田钻井用的油基泥浆是一种用有机黏土、水和原油构成的乳状液。许多农药，为节省药量、提高药效，常将其制成浓乳状液或乳油，使用时掺水稀释成乳状液。雪花膏以及面霜等也是浓乳状液。油脂在人体内的输送和消化也与形成乳状液有关。但是，有时候根据需要也必须将乳状液破坏，使油水分离，即所谓的破乳(demulsion)，如牛奶脱脂制牛油、原油输送和加工前除去原油中乳化的水、在某些药物的提取过程中要设法防止因乳化所造成的分离效率降低等均需破乳。

因此，乳状液研究主要有两个方面的任务：即乳状液的稳定与破坏。

(1) 乳状液的类型与形成

通常将形成乳状液时被分散的相称为内相(inner phase)，而作为分散介质的相称为外相(outer phase)，显然内相是不连续的，而外相是连续的。根据内相与外相的区别，乳状液可分为两种类型：一类是油分散在水中，称为水包油型乳状液(oil in water emulsion)，用符号油/水(或 O/W)表示，如牛奶、豆浆、生橡胶液等；另一类是水分散在油中，称为油包水乳状液(water in oil emulsion)，用符号水/油(或 W/O)表示，如天然原油、芝麻酱等。如图 14-51 表示。决定和影响乳状液形成的因素很多，其中主要有：油和水相的性质、油与水相的体积比、乳化剂和添加剂的性质以及温度等。不管形成何种类型(O/W 型或 W/O 型)的乳状液，都要有乳化剂存在。

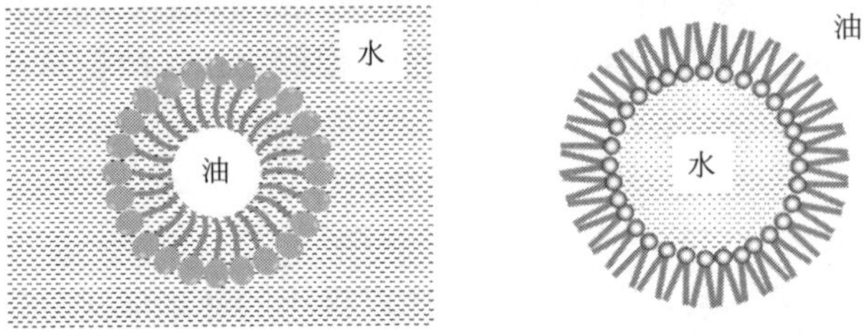

图 14-51　乳状液示意图

O/W 型和 W/O 型这两种不同类型的乳状液，在外观上并无明显的区别，但可以通过稀释、染色、电导测定等方法加以鉴别。

① 稀释法　乳状液可以被外相液体所稀释，所以凡是性质与乳状液外相相同的液体就能稀释乳状液。若加水到 O/W 型乳状液中，乳状液被稀释，不影响其稳定性；若加水到 W/O 型乳状液中，乳状液变稠，甚至被破坏。例如，牛奶能被水稀释，所以牛奶是 O/W 型乳状液。

② 染色法　将少量油溶性染料加到乳状液中，如果整个乳状液都染上了颜色，说明油是外相，乳液状是 W/O 型；如果只有星星点点的液滴带色，则说明油是内相，乳状液是 O/W 型。若采用水溶性染料进行判断，其结果恰好相反。常用的油溶性染料有红色的苏丹红等，水溶性染料有亚甲基蓝等。

③ 电导法　水包油型的乳状液较油包水型的乳状液的电导高，这是因为水溶液的导电能力强于油，因此测定其电导可鉴别其类型。

对于指定的油和水而言，形成的乳状液究竟是水包油还是油包水，一般说来并不决定于两种液体的相对数量，主要决定于形成乳状液时所添加的乳化剂的性质。由此可见，乳化剂不仅使乳状液稳定存在，而且还决定乳状液的类型，乳化剂可以是某些表面活性剂，也可以是某些固体粉末，例如黏土和炭黑等。所有作为乳化剂的物质都能够在油-水界面上形成一层吸附膜，膜的一侧是水，另一侧是油，从而阻止内相液珠在相互碰撞时直接接触，防止内相聚结。若乳化剂是表面活性剂，则在界面处，极性基朝向水相，非极性基朝向油相，形成的吸附膜如图 14-52 所示。基于乳化剂在水、油两相中的溶解度不同，班克罗夫特(Bancroft)在实验基础上提出：在水、油两相中，对乳化剂溶解度大的一相是乳状液的外相。这是因为溶解度大表示乳化剂对该相的亲和力大，相应的界面张力必然较低。如果把膜的两侧分别看作它与水相和它与油相形成的两个界面，则它与外相形成的界面面积定大于它与内相的界面。显然，在这种情况下，只有溶解度较大的一相作外相才符合能量最低原则。若固体粉末作乳化剂则形成乳状液的类型取决于两种液体对固体的润湿程度，润湿程度大的构成外相，形成的吸附膜如图 14-53(a)。这是因为固体颗粒大部分伸向对其润湿程度大的液体，以使系统的总界面能最低，只有该液体作外相时形成的吸附膜才将内相完全包围起来，以保证内相液珠难以相互聚结。反之，若将润湿程度大的液体作内相，如图 14-53(b)，则内相液体仍然会有相当部分未被吸附膜保护起来，因而乳状液不会稳定存在。

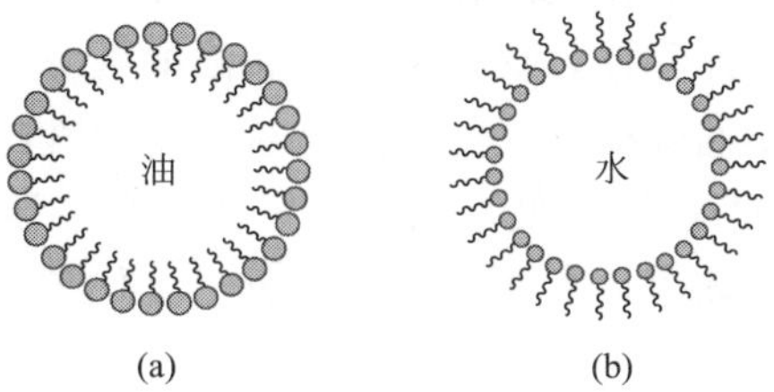

图 14-52　表面活性剂作乳化剂时的界面吸附膜

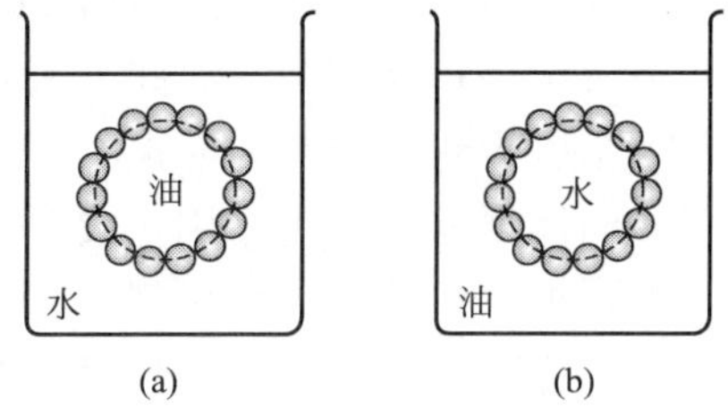

图 14-53　固体粉末作乳化剂时的界面吸附膜

（2）乳状液的性质

常见乳状液的液滴大小大部分在 0.1～10μm 的范围内，大部分乳状液有反射现象而呈乳白色，乳状液就是由此而得。如液滴较小时，则发生散射，这时乳状液呈灰蓝色的半透明液体；如分散相与分散介质的折射率相同，得到的是透明乳状液。

决定乳状液黏度的因素有：外相黏度、内相黏度、内相的体积分数、液滴的大小以及乳化剂的性质等。如果分散相的浓度不太大，则乳状液的黏度主要由外相(分散介质)的黏度所决定。内相含量对乳状液系统黏度的影响，可以粗略地用爱因斯坦公式 $\eta=\eta_0(1+K\varphi)$ 来表示，但有偏差。产生偏差的原因是液滴并不是刚体，当乳状液的内相浓度达 50%左右，此时的乳状液不但不符合爱因斯坦公式，而且与牛顿型流体也相差甚远。

对乳状液的电性质研究最多的是电导率，因为用电导法辨别乳状液的类型比较简便，而且也是研究乳状液破乳和转相过程的重要手段。在为数众多的乳状液中，目前对原油乳状液的电导性质研究得比较透彻，因为世界上早已普遍采用电方法来破坏原油乳状液以达到脱水目的。

（3）乳状液的稳定性、转型和破坏

乳状液是具有巨大界面积的系统，是不稳定的，其稳定性是相对的和暂时的。由于油相与水相的密度不同，在重力作用下液珠将上浮或下沉，结果使乳状液分层，在一层中分散相相对富集，而另一层则相反。例如牛奶分层后是上浓下稀，上层的浓乳状液就是奶油，含乳脂(分散相)约 38%，而下层却只有 8%。分层使得乳状液丧失了均匀性。在分散相富集的一层中，液珠相互碰撞的机会增多，若吸附膜碰撞破裂，则会聚结。

影响乳状液稳定性主要有以下两个因素。

① 界面张力　从热力学角度看，乳状液的不稳定性是由于它有很高的界面自由能 G_A，所以油-水界面张力 γ 的降低会有助于乳状液的稳定。例如石蜡油分散在水中的乳状液，$\gamma=41\text{mN}\cdot\text{m}^{-1}$，这样的乳状液极不稳定。若往水相中加入 $10^{-3}\text{mol}\cdot\text{dm}^{-3}$ 的少量油酸，γ 降至 $31\text{mN}\cdot\text{m}^{-1}$，稳定情况有所好转，但仍不太稳定。若用 NaOH 将油酸中和成油酸钠，γ 降到 $7.2\text{mN}\cdot\text{m}^{-1}$，乳状液变得很稳定。若在水相中另加入 NaCl，使其浓度为 $10^{-3}\text{mol}\cdot\text{dm}^{-3}$，则 γ 降到 $0.01\text{mN}\cdot\text{m}^{-1}$ 以下，此时乳状液十分稳定，静置相当长时间也不发生聚结。如果用橄榄油代替石蜡油，γ 可降到 $0.002\text{mN}\cdot\text{m}^{-1}$ 以下，以致发生自发乳化。以上事实足以说明降低界面张力在形成稳定乳状液时的重要作用。

降低界面张力固然有利于乳状液的稳定，但通常情况下界面张力的降低程度是有限的，往往单靠降低界面张力不足以保证乳状液的稳定。除非 γ 值降至极小。例如戊醇能将油-水界面张力降至相当低，但却不能形成稳定的乳状液。而有些固体粉末的表面活性虽不高，但却是效果极佳的乳化剂。可见还有其他因素影响乳状液的稳定性。

② 吸附膜的强度　乳状液中的液珠由于布朗运动而频繁地相互碰撞，若吸附膜在碰撞时破裂，则液珠会相互聚结。如此下去，系统的界面能降低，最终导致乳状液的破坏。可见液珠的聚结是以吸附膜破裂为前提的，所以，吸附膜的机械强度是决定乳状液稳定性的主要因素之一。固体粉末的乳化作用主要是由于它能在油-水界面处形成坚固的吸附膜。实验结果表明，需要加入足够量的乳化剂才能有良好的乳化效果，主要是由于只有当乳化剂浓度高到一定程度后界面上才能形成比较紧密排列且具有一定强度的吸附膜。

除以上两个因素以外，外相的黏度以及有些电解质的浓度也会对乳状液的稳定性产生影响，此处不再详细介绍。

若改变某些条件，一种 O/W 型(或 W/O 型)的乳状液就变成 W/O 型(或 O/W 型)，这种现象称为乳状液的变型。乳状液变型实际上是原来的分散相聚结成连续相，同时原来的连续相分裂成液滴的过程。对于确定的水和油，由于乳化剂的性质是决定乳状液类型的主要因素，所以乳状液变型的途径有两种：a. 更换乳化剂；b. 改变原乳化剂的亲水与亲油性质。

乳状液在工农业生产和日常生活中具有广泛的应用。许多形成高分子的聚合反应都是在乳状液中进行的。农药工业中为了节省药量、提高药效，常将农药制成乳状液使用，许多食品和化妆品也都制成乳状液的形式。但有时乳状液的形成反而有害，例如原油是油包水型乳状液，在加工之前必须将乳状液破坏，以达到两相分离的目的，这就是所谓破乳。原油脱水、从污水中除去油珠、从牛奶中提取奶油等都是破乳过程的实例。

根据内相和外相的性质，可采用不同方法实现破乳，例如离心破乳即是用离心方法将两相分离，若乳化剂是离子型表面活性剂，则可在高压电场中使带电液珠移向一侧，称为静电破乳。利用超声波加速液滴间的聚集，也是工业上常用的一种破乳手段。

另一类破乳方法，是设法破坏吸附在界面上的乳化剂，使其失去乳化能力。常用方法是加入破乳剂，破乳剂其实是某种表面活性剂，一方面它具有很高的表面活性，因此能将界面上原来的乳化剂赶走并取而代之，另一方面它的分子结构支化度较高，不能在界面上紧密排列成坚固的吸附膜，从而使乳状液的稳定性大大降低。例如由环氧乙烷与环氧丙烷共聚而成的聚醚表面活性剂，就是一种常用的原油破乳剂。

对于以固体粉末为乳化剂的乳状液，若加入润湿剂(也是一种表面活性剂)，使粉末粒子被一相完全润湿，从而脱离界面进入该相之中，使乳状液破坏。

由此可见，表面活性剂对于乳状液的稳定与破坏都至关重要。

14.9.2　悬浮液

由不溶性的固体粒子(半径大于 0.1μm)分散在液体中所形成的分散系统称为悬浮液(或悬浮体)。例如泥水是由微小的泥土粒子悬浮在水中而成的悬浮液。

悬浮液的分散相粒子比胶粒大得多，故无布朗运动，自然也就不具有扩散、渗透压和动力稳定性等与布朗运动有关的性质，因此稳定性较溶胶低，易沉淀析出。悬浮液的光学性质也和溶胶有很大区别，其散射光强度极微弱。悬浮液和溶胶相似之处是粒子结构与溶胶的粒子一样是由数目众多的分子或原子所构成的，是高分散、多相和热力学不稳定系统，具有相当大的界面吉布斯函数，能自发地吸附溶液中的某种离子而带有一定的电荷，高分子化合物对悬浮液也有保护作用。这些都是悬浮液能暂时稳定的原因。

大多数的悬浮液是由大小不同的粒子所构成的非均匀系统。测定粒子粒度分布的目的是了解不同大小的粒子在试样中所占的百分率，这对科研和生产有着重要的作用。通常利用沉降分析法测定悬浮液体中分散相的高度分布，例如测定黄河水不同区段的泥沙分布。

14.9.3 泡沫

气体分散在液体或固体中所形成的分散系统称为泡沫。若分散介质为熔融体，由于它具有很高的黏度，使其中分散的小气泡既不易破裂，又难以互相靠近，降温凝固后得到固体泡沫，如浮石、泡沫玻璃、泡沫塑料等。若分散介质为液体，则称为液体泡沫。要得到稳定的液体泡沫必须加入起泡剂，如表面活性剂，它们在气液界面上发生正吸附，形成定向排列的吸附膜。这样既可明显地降低气-液界面张力，又可增加界面膜的机械强度，使泡沫能比较稳定地存在。泡沫构造示意于图 14-54。

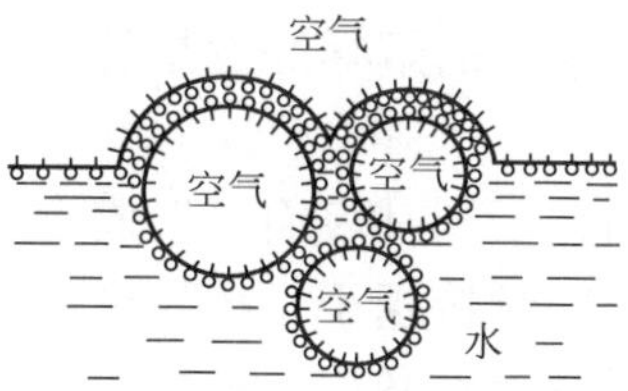

图 14-54 泡沫构造示意图

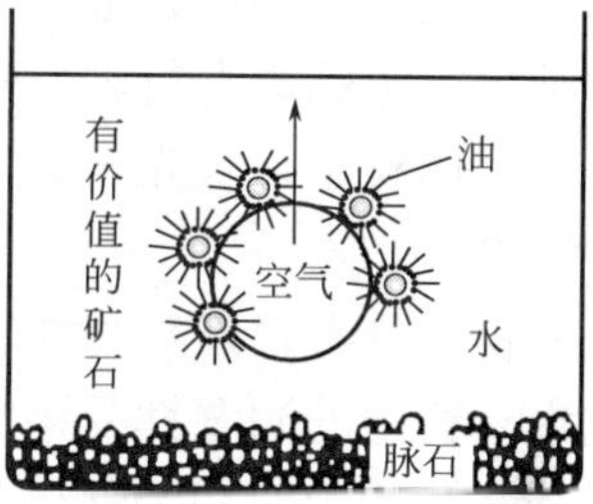

图 14-55 泡沫浮选示意图

泡沫技术的应用也很广泛。例如，先将矿石粉碎成尺度在 0.1mm 以下的颗粒，加入大量的水，适量的矿物油及少量的起泡剂，再强烈地鼓入空气，可形成无数的气泡，如图 14-55 所示。矿物油砂虽难溶于水，但它易于润湿金属矿粒，许多金属矿粒吸附于气泡的表面层而上升到液面上。易被水润湿的长石、石英等颗粒，因其密度大而沉于水底，这种选矿的方法，称为泡沫浮选。经泡沫浮选可大大提高矿石的品位，而利于冶炼。此外，在泡沫灭火剂、泡沫杀虫剂、泡沫除尘及泡沫陶瓷等方面皆用到泡沫技术。

但有时需要消除泡沫，如发酵、蒸馏、造纸、印染及污水处理等工艺过程中泡沫的存在影响操作，必须设法防止泡沫的出现或破坏泡沫的存在。

14.9.4 气溶胶

我们将固体或液体作分散相，气体为分散介质所形成的分散系统，称为气溶胶。气溶胶中分散相的粒度往往超出上述溶胶中分散相的线度，所以把它归到粗分散系统中讨论。自然界或生产过程中所排放出的烟雾及粉尘，是以固体或液体为分散相，气体为分散介质所形成的分散系统。线度在 $10^{-8}\sim10^{-6}$m 的微小固体粒子或小水滴悬浮在空气之中分别称为烟和雾；线度在 $10^{-6}\sim10^{-3}$m 范围的固体颗粒分散于空气中形成的系统称为粉尘，属于粗分散系统。

气溶胶在科学技术上的应用十分广泛，如将液体燃料喷成雾状或固体燃料以微尘的形式燃烧，可大大提高燃料的发热量，而且燃烧完全，减少污染。如将催化剂分散成颗粒状，悬浮于气流之中的流态化技术，可以加大固-气传质速率，提高催化效果。军事上用烟雾达到隐蔽或传递信号的目的。同时，许多工业生产过程中所排放出的烟雾及粉尘，如煤烟表面上，含有致癌性很强的碳氢化合物(3,4-苯并芘之类)，会严重地污染环境，危害各类生物，必须设法除尘。表面吸收了酸性液膜的烟雾，对呼吸道产生严重的刺激，1952 年 12 月份伦敦的酸性烟雾曾经致死近 4000 人。

以固体粒子分散在气体中形成的分散系统为例，讨论气溶胶及粉尘的分类及性质。按固体粒子在静止的空气中沉降性质不同，可将其分为三类：①尘埃：粒子的直径为 $10^{-5}\sim10^{-4}$m，颗粒较大，在静止的空气中呈加速沉降的尘粒；②尘雾：粒子的直径在 $2.5\times10^{-6}\sim10^{-5}$m 的范围内，在静止的空气中，可呈现等速沉降的尘粒；③尘云：粒子的直径在 10^{-7}m 以下，颗粒非常小，在静止的空气中不能自动下沉，而是处于无规则布朗运动状态的浮尘。人们也把由尘埃、尘雾、尘云所构成的多级分散系统称为粉尘。显然，粉尘具有比较大的比表面，表面效应十分突出。因此，它具有一些比较独特的性质。

(1) 气溶胶的光学性质

气溶胶对光的散射也服从瑞利公式，即散射光的强度与入射光波长的 4 次方成反比。通过气溶胶的透射光呈橙红色，散射光呈淡蓝色。例如，我们看到炊烟呈淡蓝色就是太阳光被烟尘散射的结果；车辆雾大行驶，规定车灯为黄色也是应用了这个原理。由于大气中常飘浮有体积较大的固体粒子，乳光效应则被混浊现象所代替，这时的烟雾好像是乳白色的。

(2) 润湿性

新生成的粉尘具有很强吸附能力，极易吸附空气中的粒子到其表面上形成一层较牢固的气膜。因此水对粉尘的润湿性受该气膜左右。一般，粉尘的颗粒越小，越易形成气体膜，气膜也越牢固，水对粉尘的润湿性也就越弱，甚至能从润湿变为不润湿。粉尘的润湿性还随温度的上升而下降，随压力的增加而增加，随粉尘与水的接触时间的延长而加大，此外还与粉尘带电多少有关。

(3) 粉尘的沉降

在静止的空气中，尘埃表现为加速沉降，尘云则不能自动地下沉，尘雾在空气中等速沉降，其沉降速度表示为

$$v=\frac{2}{9}r^2(\rho-\rho_0)\frac{g}{\eta}$$

式中，r 为分散相粒子半径；ρ 为分散相的密度；g 为重力加速度；η 为分散介质的黏度；ρ_0 为空气的密度，远小于粉尘的密度，故可忽略不计。

在自然界中，经常出现大气的流动，在厂房及矿井中由于各种机械设备的运转、人的行走等因素的影响，空气不可能处于静止的状态，这些因素会使粉尘的沉降速度变得更慢，实际上，那些半径小于 10^{-6}m 的粉尘，将长时间地在大气中随风飘移而不下沉。

(4) 粉尘的荷电性

粉尘产生的过程中，由于物料粒子的激烈碰撞、彼此摩擦、放射性的照射以及高压静电场等作用而带电。粉尘若带有不同电性的电荷后，则彼此吸引力增强，有助于粉尘聚结成大颗粒而沉降。若带有相同电性的电荷时，则不利于粉尘的沉降。粉尘带电时附着性增大，不仅容易黏附管壁，对除尘不利，严重的是，更易黏附在人的气管壁和肺泡上，对人体产生危害。

(5) 粉尘的爆炸性

粉尘是高度分散的多相系统，是热力学不稳定系统，在适当条件下就会发生燃烧或爆炸现象。粉尘的爆炸，实质上是激烈的化学反应，只有在一定浓度范围内才可能发生。发生爆炸时粉尘的最高浓度，称为粉尘的爆炸上限，最低浓度则称为爆炸下限。粉尘在空气中的浓度达到或高于爆炸下限时，遇明火会立即爆炸。如粒径在 5～200nm 的面粉，表面吸附了氧

气就成为“炸药”，其爆炸下限为 $3.0\times10^{-4}\mathrm{kg\cdot m^{-3}}$。

(6) 粉尘的凝聚性

干燥粉尘的表面常带有电荷，由于空气的流动、声波的振动及磁力的作用，使尘粒处于杂乱无章的运动状态。经相互碰撞，可使微小的粉尘聚结成较大的粒子，当质量足够大时，即使有空气流动的干扰，也能自动沉降，这一特性对除尘的机理起着不可忽视的作用。

目前国际上普遍采用静电除尘器，其除尘效率可高达 99%。静电除尘器又称为科特雷尔(Cottrell)除尘器，如图 14-56 所示。

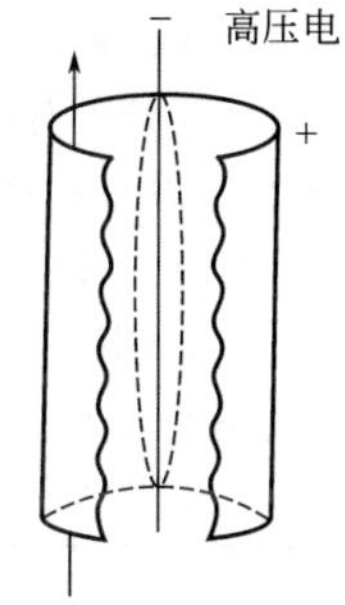

图 14-56　静电除尘器

当含尘气体流经高压静电场时，在由阴极射出的高能电子束的作用下，气体电离，并使粉尘带负电荷，在库仑力的作用下，带负电荷的粉尘射向阳极表面而放电沉积。通过机械振动或刮板的移动，可将沉积物卸下。这种装置常用于化工、冶金工业以净化烟尘，收集锡、铅、锌之类的金属氧化物，净化高炉煤气和捕集焦油等。

学习基本要求

1. 了解分散系统的分类，熟悉溶胶胶粒结构的表示方法以及溶胶的制备和净化方法等。

2. 了解溶胶在光学性质(丁铎尔现象)、动力学性质(布朗运动、沉降和沉降平衡)、电学性质(四种电动现象以及斯特恩扩散双电层理论)和流变性质等方面的特点。以及如何利用这些特点对胶体进行粒度大小、带电情况和黏度等方面的研究。

3. 了解溶胶在稳定性方面的特点，掌握什么是电动电位以及影响溶胶稳定性的因素，会判断电解质聚沉能力的大小。

4. 了解牛顿流体与非牛顿流体的区别，了解各种不同流体的特点。

5. 了解高分子溶液与溶胶的区别，以及大分子物质平均分子量的种类和测定方法。

6. 了解唐南平衡的概念，能准确地用渗透压法测定聚电解质的数均分子量。

7. 了解乳状液的种类、乳化剂的作用以及在工业和日常生活中的应用(稳定与破乳)。了解泡沫、气溶胶、悬浮液等的基础知识。

习　题

14-1　何谓胶体分散系统？胶体分散系统主要包括哪三种体系？各有何特点？

14-2　丁铎尔效应是由光的什么作用引起的？其强弱与入射光波长有什么关系？粒子大小范围落在什么区间内可观察到丁铎尔效应？

14-3　简述超显微镜的原理及应用。

14-4　某溶胶中粒子平均直径为 4.2nm，设其黏度和纯水相同。已如 298K 纯水黏度 $\eta=0.001\mathrm{Pa\cdot s}$。试计算：

(1) 298K 时在 1s 内由于布朗运动，粒子沿 x 轴方向的平均位移；

(2) 胶体的扩散系数。

14-5　某一球形胶体粒子，293K 时扩散系数为 $9\times10^{-12}\mathrm{m^2\cdot s^{-1}}$，求胶粒的半径及摩尔胶团质量。已知胶粒密度为 $1452\mathrm{kg\cdot m^{-3}}$，水的黏度为 $0.0011\mathrm{Pa\cdot s}$。

14-6　写出由 $FeCl_3$ 水解所得 $Fe(OH)_3$ 溶胶的胶团结构。已知稳定剂为 $FeCl_3$。

14-7 用 $AgNO_3$ 和 KCl 溶液混合制备 AgCl 溶胶时，若 KCl 过量，写出这个溶胶的胶团结构并指出胶粒的电泳方向。

14-8 用 KI 和 $AgNO_3$ 溶液混合制备 AgI 溶胶，若 $AgNO_3$ 过量，下列哪种电解质的聚沉值最大？(1) $CaCl_2$；(2) Na_2SO_4；(3) $MgSO_4$。

14-9 高分子对溶胶起稳定作用的途径有哪些？何为高分子的聚沉作用？有何应用？

14-10 设有一聚合物样品，其中摩尔质量为 10.0kg·mol^{-1} 的分子有 10mol，摩尔质量为 100kg·mol^{-1} 的分子有 5mol，试分别计算各种平均分子量 $\overline{M}_n$、$\overline{M}_w$、$\overline{M}_z$ 和 $\overline{M}_\eta$（设 $\alpha=0.6$）。

14-11 293K 时，一种蛋白质在水中的扩散系数和沉降系数分别为 $3.84\times10^{-11}\text{m}^2\text{·s}^{-1}$ 和 $14.7\times10^{-13}\text{s}$。蛋白质的密度为 $1.350\times10^3\text{kg·m}^{-3}$，水的密度为 $0.998\times10^3\text{kg·m}^{-3}$。计算此蛋白质的 $\overline{M}_w$。

14-12 在 298K 时，溶解在有机溶剂中的聚合物的特性黏度如下表所示。求该系统的 α 和 K 值。

M	34000	61000	130000
$[\eta]/\text{dm}^3\text{·g}^{-1}$	1.02	1.60	2.75

14-13 溶胶中电解质浓度增加对扩散层的厚度、电荷密度、ξ 电位及其电动性质有何影响？

14-14 298K 下，测得分子量为 1.64×10^4 的天然橡胶在甲苯中的黏度 $[\eta]=0.0332\text{m}^3\text{·kg}^{-1}$；分子量为 5.98×10^5 的天然橡胶在甲苯中的 $[\eta]$ 为 $0.4530\text{m}^3\text{·kg}^{-1}$。

(1) 求 298K 下，天然橡胶-甲苯溶液的经验公式 $[\eta]=KM^\alpha$ 中的 K、α；

(2) 在 298K 下，测得另一天然橡胶样品在甲苯中的 $[\eta]=0.260\text{m}^3\text{·kg}^{-1}$，试求其黏均分子量。

14-15 某蛋白质的平均摩尔质量为 40kg·mol^{-1}，求 298K 浓度为 0.1kg·dm^{-3} 蛋白质水溶液的凝固点降低，蒸气压下降和渗透压。已知 298K 时纯水的饱和蒸气压为 3167Pa，密度为 $1\times10^3\text{kg·m}^{-3}$，凝固点降低常数 $K_f=1.86\text{kg·K·mol}^{-1}$。

14-16 简述 pH 值对两性高分子溶液流变性质、电性质的影响，并解释之。

14-17 今有一大分子电解质 Na_xP（蛋白质钠盐）水溶液及 NaCl 水溶液分别置于一张半透膜两侧，该半透膜允许溶剂分子和 Na^+ 及 Cl^- 透过，P^{z-} 不能透过，当达到 Donnan 平衡时，试用热力学证明，在膜的两侧有：$[b(Na^+)b(Cl^-)]_{左}=[b(Na^+)b(Cl^-)]_{右}$。

14-18 浓度为 510mol·m^{-3} 的胶体电解质（$Na_{15}X$）的水溶液与浓度为 25mol·m^{-3} 等体积的 NaCl 水溶液分别置于半透膜两侧，在 293K 下达到唐南平衡。试问：

(1) 膜两边溶液中各种离子浓度各为多少？

(2) 单位体积 NaCl 溶液中有多少 NaCl 扩散到胶体电解质一侧？

(3) 渗透压为多少？

14-19 非牛顿流体有哪几种流型？各自有何特点？

14-20 利用什么方法可以分离高度分散在石油中的水？

参 考 文 献

[1] 傅献彩，沈文霞，姚天扬等编．物理化学．第5版．北京：高等教育出版社，2006.
[2] 天津大学物理化学教研室编．物理化学．第5版．北京：高等教育出版社，2009.
[3] 胡英主编．物理化学．第5版．北京：高等教育出版社，2007.
[4] 韩德刚，高执棣，高盘良编．物理化学．北京：高等教育出版社，2001.
[5] 高月英，戴乐蓉，程虎民等编．物理化学．北京：北京大学出版社，2009.
[6] 肖衍繁，李文斌编．物理化学．第2版．天津：天津大学出版社，2004.
[7] 傅玉普主编．多媒体物理化学．大连：大连理工大学出版社，1998.
[8] 侯新朴主编．物理化学．北京：人民卫生出版社，2006.
[9] 范崇正，杭瑚，蒋淮渭编．物理化学．第3版．合肥：中国科学技术大学出版社，2006.
[10] 朱传征，褚莹，许海涵主编．物理化学．第2版．北京：科学出版社，2008.
[11] 许金焜，刘艳主编．物理化学．北京：北京大学医学出版社，2005.
[12] 鲁新宇，刘建兰，冯鸣主编．物理化学．北京：化学工业出版社，2008.
[13] 梁玉华，白守礼主编．物理化学．北京：化学工业出版社，1996.
[14] 冯新，宣爱国，周彩荣等编．化工热力学．北京：化学工业出版社，2011.
[15] 陈钟秀，顾飞燕，胡望明编．化工热力学．第3版．北京：化学工业出版社，2012.
[16] 程传煊编．表面物理化学．北京：科学技术文献出版社，1995.
[17] 李葵英编．界面与胶体的物理化学．哈尔滨：哈尔滨工业大学出版社，1998.
[18] 江龙编．胶体化学概论．北京：科学出版社，2002.
[19] 周公度，段连运编．结构化学基础．第4版．北京：北京大学出版社，2008.
[20] 马树人编．结构化学．北京：化学工业出版社，上海：华东理工大学出版社，2001.
[21] 唐敖庆，徐元直编．量子力学．杭州：浙江大学出版社，2011.
[22] 周世勋编．量子力学教程．第2版．北京：高等教育出版社，2009.
[23] 曾谨言编．量子力学教程．第2版．北京：科学出版社，2008.
[24] Atkins，Peter William. Physical Chemistry. 6th ed. Oxford：Oxford University Press，1998.
[25] 王元星，侯文华．化学热力学的建立与发展概略[J]．大学化学，2011，26（4）：87.
[26] 郭子成，任聚杰，罗青枝等．热力学变化过程方向的完整判据[J]．化学通讯，2013，76（5）：471.
[27] 彭庆蓉，高海翔，张春荣等．讲授大学化学中热力学第二定律的探讨[J]．大学化学，2011，26（2）：28.
[28] 祁学永，毕言锋．浅谈热力学第三定律的建立和规定熵的求算[J]．山东教育学院学报，2003，6：97.
[29] 居学海，周素芹．如何理解热力学基本公式适用条件[J]．大学化学，2011，26（1）：77.
[30] 卢星河．有机电合成的理论与应用[J]．精细化工，2000，17：123.
[31] 王欢，陆嘉星．有机电化学合成简谈[J]．电化学，2011，17（4）：366.